KB219273

홋카이도 홀리데이

홋카이도 홀리데이

2023년 6월 5일 개정 3판 1쇄 펴냄

지은이	인페인터글로벌
발행인	김산환
책임편집	유효주
디자인	기조숙
지도	글터
펴낸곳	꿈의지도
인쇄	다라니
종이	월드페이퍼

주소	경기도 파주시 경의로 1100, 604호
전화	070-7535-9416
팩스	031-947-1530
홈페이지	www.dreammap.co.kr
출판등록	2009년 10월 12일 제82호

979-11-6762-053-8-14980
979-11-86581-33-9-14980(세트)

HOKKAIDO
홋카이도 홀리데이

인페인터글로벌 지음

꿈의지도

Prologue

박성희

일본 아키타, 아오모리, 이와테, 홋카이도 공동 관광청 오픈 멤버로 근무했다. 당시에는 알려져 있지 않던 일본의 북쪽 지역의 숨은 매력을 찾기 위한 열정으로 TV 여행프로그램 및 매체와의 공동 사업, 스키 대회 등을 기획하고, 코디네이터로 활동했다. 일본어를 전공하고, 동경 어학연수, 일본 총영사관, 서울시 월드컵 홍보를 거쳐 지금은 인페인터글로벌에서 문화와 예술, 여행을 통합한 새로운 여행에 대한 기획을 총괄하고 있다. 홋카이도의 자연이라는 멋진 공간에서 소박하고 행복하게 살아가는 사람들을 만날 수 있는 여행, 물질적인 계산을 잠시 잊고 자연스러운 삶을 생각하게 되는 특별한 여행지, 그동안의 애정을 담아 준비한 〈홋카이도 홀리데이〉가 행복한 여행자를 꿈꾸는 분들에게 소중한 친구가 되기를 바란다.

TIP 홋카이도의 진짜 매력 느낄 수 있는 방법! 하코다테, 도야, 니세코, 오타루, 삿포로, 후라노, 비에이, 아사히카와, 오비히로, 구시로까지의 열차 여행

이윤정

고삼, 엑스재팬에 빠져 일본어를 공부한 후 일본에서 3년을 일했다. 한국에 돌아와서도 전공과는 상관없이 일본을 어필하는 일을 하고 있다.

홋카이도를 취재하면서 "이건 꼭 공유해야 해!"라고 생각했던 놀라움&팁 세 가지.

1. 여름엔 덥다. 삿포로가 홋카이도 북쪽에 있다지만, 시내에서 36도 온도 표지판을 보며 걷는 기분은… 숲, 강, 바다로 목적지를 변경!

2. 겨울엔 진정한 폭설을 경험하게 될 수도 있다. 눈이 안 보이게 내리는 건 기본인데 쌓이는 속도도 마하급? 제설작업을 아무리 열심히 해도, 치우는 속도보다 쌓이는 속도가 훨씬 빠르다. 그렇다보니 버스나 택시 운행이 힘들고, 노선에 따라서는 열차 운행도 미뤄진다. 날이 이상하다 싶으면 미리 운행 상황을 확인해 보기를 추천.

3. 넓다. 정말 넓다. 지도상으로 보이는 거리로는 언뜻 가깝게 느껴질 수 있지만 홋카이도가 남한만 하다는 점을 간과해서는 안 된다. 너무 여러 곳에 가보려고 하면, 이동과 숙소만 기억에 남을 수도 있다. (일몰시간이 한국과 비교해 한 시간 정도 이른 것도 있고…)

이정선

건축학도 시절 한 달간의 유럽 배낭여행 이후 삶의 나침반이 완전히 달라져 버린 흔한(?) 케이스다. 건축 잡지와 여행 잡지에서 기자생활을 하다가, 잡지사를 나와서도 여전히 글로 밥벌이를 하고 있다. 인페인터글로벌과는 여행 잡지사 시절 인연이 있었다. 일본을 제 집처럼 오가며 문화전달자로 활약하던 모습이 인상적이었기에 훗카이도 가이드북 작업을 마다할 이유가 없었다. 막연하게 동경하던 훗카이도는 참 더럽게 추웠다. 뒷골이 당길 정도의 추위가 지나가니 일본 혼슈와는 사뭇 다른 총천연색의 꽃과 단풍이 눈에 들어왔고 대지의 풍요를 한껏 품은 각종 먹을거리로 삼시세끼가 기다려졌다. 지난 봄 내내 원고를 쓰다 보니 훗카이도의 매력에 푹 빠져 올 여름 다시 망설임 없이 항공 티켓을 질렀다. 저서로는 〈기차여행 컨설팅북〉(공저)이 있고 틈틈이 잡지와 사보 등에 글을 쓰며 JG와 경기도 모처에서 별일 없이 살고 있다.

우리에게 훗카이도는….

겨울이면 눈 축제와 스키로, 여름이면 라벤더와 꽃밭 언덕으로. 그리고 사시사철 온천으로 유혹하는 선망의 여행지이면서 가격 때문에 선뜻 선택할 수 없었던 애증의 땅이었지만, 요즈음은 항공의 선택 폭이 넓어지면서 부쩍 가깝게 다가왔다. 갈 때마다 다음에 다시 와야 할 이유가 늘어나는 훗카이도의 매력이 이 책을 보는 분께도 전해졌으면 한다.

Thanks to

취재와 사진 제공 등에 협조를 아끼지 않은 JR훗카이도와 훗카이도 숙소연합 도마리타이넷에 깊은 감사 말씀을 전합니다.

〈홋카이도 홀리데이〉 100배 활용법

홋카이도 여행 가이드로 〈홋카이도 홀리데이〉를 선택하셨군요. '굿 초이스'입니다. 홋카이도에서 뭘 보고, 뭘 먹고, 뭘 하고, 어디서 자야 할지 더 이상 고민하지 마세요. 친절하고 꼼꼼한 베테랑 〈홋카이도 홀리데이〉와 함께라면 당신의 홋카이도 여행이 완벽해집니다.

01
홋카이도를 꿈꾸다
① STEP 01 » PREVIEW를 먼저 펼쳐보세요. 여행을 위한 워밍업. 홋카이도에서 놓치면 안 될 재미와 매력을 소개합니다. 당신이 홋카이도에 왔다면 꼭 봐야할 것, 해야 할 것, 먹어야 할 것을 알려줍니다. 놓쳐서는 안 될 핵심요소들을 사진으로 정리했어요.

02
여행 스타일 정하기
② STEP 01 » PLANNING을 보면서 나의 여행 스타일을 정해 보세요. 눈부신 설국 삿포로를 중심으로 펼쳐지는 겨울 축제 코스와 드넓은 호수를 바라보며 노천욕을 즐길 수 있는 온천 코스, 초록의 홋카이도가 기다리는 여름 에코투어 등을 상세한 일정으로 보여줍니다. 광활한 대자연을 빠짐없이 놓치지 않기 위한 교통수단까지 정하고 나면 여행 계획이 한결 쉬워집니다.

03
할 것, 먹을 것, 살 것 고르기
여행의 밑그림을 다 그렸다면, 구체적으로 여행을 알차게 채워갈 단계입니다. **③ STEP 03 » ENJOYING**에서 **④ STEP 05 » SHOPPING**까지 펜과 포스트잇을 들고 꼼꼼히 체크해두세요. 유빙 워크, 보랏빛의 황홀한 라벤더 밭, 꼭 먹고 싶은 음식과 꼭 사야 할 쇼핑 아이템까지 찜해 놓으면 됩니다.

04

숙소 정하기

어디서 자느냐가 여행의 절반을 좌우합니다. 숙소가 어디냐에 따라 여행 일정도 달라집니다. ⑤ STEP 06 » SLEEPING을 보면서 내가 묵고 싶은 스타일의 숙소를 찜해 놓으세요. 정성 가득한 가이세키 요리를 맛볼 수 있는 온천료칸, 깜깜한 밤하늘의 별을 세며 잠을 청하는 펜션, 해저터널을 지나는 럭셔리 침대열차 등 콘셉트와 가격대, 안전까지 고려해 숙소를 제시합니다.

05

지역별 일정 짜기

여행의 콘셉트와 목적지를 정했다면 이제 도시별로 묶어 동선을 짜봅니다. ⑥ ⑦ HOKKAIDO BY AREA에서 홋카이도의 구석구석까지 모아놓은 지역별 관광지와 쇼핑할 곳, 레스토랑을 보면 이동경로를 짜는 것이 훨씬 수월해집니다. ⑧ GET AROUND에서는 지역별로 어떻게 갈지, 어떻게 다닐지에 대한 상세한 정보를 찾을 수 있습니다.

06

D-day 미션 클리어

여행 일정까지 완성했다면 책 마지막의 ⑨ 여행준비 컨설팅을 보면서 혹시 빠뜨린 것은 없는지 챙겨보세요. 여행 50일 전부터 출발 당일까지 날짜 별로 챙겨야 할 것들이 리스트 업이 되어 있습니다.

07

홀리데이와 최고의 여행 즐기기

이제 모든 여행 준비가 끝났으니 〈홋카이도 홀리데이〉가 필요 없어진 걸까요? 여행에서 돌아올 때까지 내려놓아서는 안돼요. 여행 일정이 틀어지거나, 계획하지 않은 모험을 즐기고 싶다면 언제라도 〈홋카이도 홀리데이〉를 펼쳐야 하니까요. 〈홋카이도 홀리데이〉는 당신의 여행을 끝까지 책임집니다.

Have a nice Holiday!

홋카이도
北海道

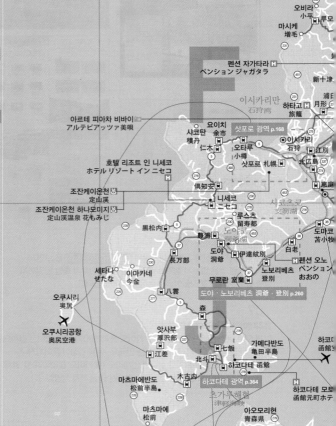

레분공항
礼文空港

레분도
礼文島

왓카나이
稚内

왓카
稚内

리시리공항
利尻空港

리시리토
利尻島

리시리잔
利尻山

데시오
天塩

쇼산베츠
初山別

오비라
小平

루모
留萌

마시케
増毛

펜션 자가타라 H
ペンション ジャガタラ

新十津

浦上
月形

이시카리만
石狩湾

하타고
旅籠

아르테 피아차 비바이
アルテピアッツァ美唄

요이치
余市

샤코탄
積丹

仁木

이시카리
石狩

江別

北広島

오타루
小樽

삿포로 광역 p.168

호텔 리조트 인 니세코
ホテル リゾート イン ニセコ H

삿포로 札幌

惠庭

倶知安

조잔케이온천 온
定山渓

니세코
ニセコ

조잔케이온천 하나모미지 온
定山渓温泉 花もみじ

루스츠
留寿都

도마코
苫小牧

黒松内

洞爺

이다테몬베츠
伊達紋別

白老

長万部

도야
洞爺

세타나
せたな

이마카네
今金

무로란 室蘭

노보리베츠
登別

펜션 오노
ペンション
おおの

오쿠시리
奥尻

八雲

도야 · 노보리베츠 洞爺 · 登別 p.260

森

오쿠시리공항
奥尻空港

앗사부
厚沢部

가메다반도
亀田半島

하코
函館

江差

七飯

마츠마에반도
松前半島

北斗

하코다테 函館

하코다테 광역 p.364

木古内

하코다테 모토
函館元町ホテ

마츠마에
松前

츠가루해협
津軽海峡

아오모리현
青森県

공항
○사루후츠 猿払

굿샤토코
ッチャ口湖

하마톤베츠
浜頓別

에사시
枝幸

中川
音威子府

오콧페
興部

몬베츠
紋別

시레토코 知床 p.418

美深

나요로 名寄
니시오콧페
西興部

몬베츠공항
紋別空港

메만베츠공항
女満別空港

라우스
羅臼

시모카와
下川

가미유베츠
上湧別

유베츠 湧別

아바시리
網走

시레토코반도
知床半島

시베츠 士別

다키우에
滝上

샤리
斜里

사로마호
サロマ湖

다이세츠잔 大雪山 p.322

기타미
北見

고시미즈
小清水

清里

나카시베츠공항
中標津空港

카와공항
旭川空港

剣淵
和寒

굿샤로코
屈斜路湖

굿샤레라
クッシャレラ

나카시베츠
中標津

칫부베츠
秩父別

아사히카와
旭川

当麻

아사히다케
旭岳

소운쿄협곡
層雲峡

마슈코
摩周湖

베츠카이
別海

네무로반도
根室半島

후카가와
深川

비에이
美瑛

다이세츠잔 大雪山

아칸코
阿寒湖

데시카가
弟子屈

네무로 根室

赤平

가미후라노
上富良野

시로가네온천
白金温泉

리쿠베츠
陸別

메아칸다케
雌阿寒岳

시베차
標茶

奈井江

도카치다케온천
十勝岳温泉

나카후라노
中富良野

美唄

후라노
富良野

후라노 · 비에이
富良野 · 美瑛 p.284-285

구시로습원
釧路湿原

구시로
釧路

하마나카
浜中

유바리
夕張

安平

신토쿠
新得

남후라노
南富良野

도카치시미즈
十勝清水

白糠

구시로 釧路

앗케시
厚岸

무카와
むかわ

占冠

오토후케
音更

이케다
池田

호텔 고미
ホテル五味

신치토세공항
新千歳空港

펜션 아시야테
Pension あしたや

芽室

오비히로
帯広

구시로 광역 釧路広域 p.394

日高

펜션 잉그 토마무
pension ing tomamu

幕別

浦幌

豊頃

구시로공항
釧路空港

펜션 호시니네가이오
ペンション 星に願いを

나카사츠나이
中札内

오비히로 · 도카치 帯広 · 十勝 p.340

新ひだか
新冠

훼리엔도르프
フェリーエンドルフ

오비히로공항
帯広空港

浦河

樣似

에리모
えりも

CONTENTS

HOKKAIDO BY STEP
여행 준비&하이라이트

HOKKAIDO BY AREA
홋카이도 지역별 가이드

Step 01
Preview
·····················
홋카이도를
꿈꾸다

홋카이도 **MUST SEE**

일본에서도 손꼽히는 힐링 여행지 홋카이도. 끝없이 펼쳐진 대평원과 태고의 자연 그리고 넉넉한 마음을 지닌 사람들이 있는 아름다운 북쪽 나라로 떠나보자.

1 **후라노** 富良野
보랏빛 라벤더에 취하다, 후라노 라벤더 밭, 후라노 · 비에이 → **P.288**

2 비에이 美瑛
CF에 등장한 그림 같은 설경, 비에이언덕과 나무들 후라노·비에이 → **P.293**

©City of Hakodate.
Hakodate Yunokawa Onsen Hotel Association.
Hakodate International Tourism and Convention Association.

3 하코다테야마 函館山
세계 3대 야경의 품격, 하코다테야마 야경, 하코다테 → **P.371**

4 모토마치언덕 元町の坂
타박타박 빈티지 도보 여행,
모토마치 언덕
하코다테 → **P.372**

5 아사히카와 旭川
사람과 자연의 콜라보레이션, 홋카이도 정원 아사히카와 → **P.326**

6 구시로습원 釧路湿原
사람의 발길이 닿지 않은 원시 자연, 구시로습원 구시로 → **P.400**

7 아사히야마동물원 旭山動物園
뒤뚱뒤뚱 귀여운 펭귄의 산책, 아사히야마동물원 아사히카와 → **P.328**

8 **시레토코고코 호수** 釧路湿原
쉿! 야생 불곰이 살고 있다고, 시레토코고코 호수 아바시리 · 시레토코 → **P.424**

9 **도야코 호수의 불꽃놀이** 洞爺湖 花火
까만 하늘과 호수를 도화지 삼아, 도야코 호수의 불꽃놀이 도야 · 노보리베츠 → **P.267**

PREVIEW **02**
홋카이도
MUST DO

홋카이도가 아니면 경험할
수 없는 유빙부터 최고의 수
질을 자랑하는 온천, 그리고
스키어들을 숨 막히게 하는
설질의 슬로프까지. 당신의
홋카이도 여행을 더욱 특별하
게 만들어줄 리스트다.

1 '철덕'들의 심장이 바운스, 증기기관열차(SL) **구시로**(397p)

3 아날로그 감성 충전, 노면전차 **삿포로**(170p), **하코다테**(366p)

2 뽀송뽀송 파우더 스노 위를 내달리다

4 지친 몸과 마음에 힐링, 온천욕

5 서걱서걱 오호츠크해의 얼음바다, 아바시리 유빙선
쇄빙선 아바시리·시레토코(433p)

6 세상에서 가장 느린 경마, 반에이경마 **오비히로**(347p)

8 맛있는 안주와 술 한 잔이 고플 때, 야타이(포장마차) 골목 **하코다테**(381p), **오비히로**(357p)

9 대자연의 품속에서 보내는 하룻밤, 펜션

7 로맨틱한 눈 축제, 오타루 유키아카리노미치 **오타루**(244p)

10 신들의 정원, 다이세츠잔 오르기 **아사히카와**(330p)

노란 과육의 달콤한 유혹,
멜론

홋카이도의 바다가
한 그릇에, 가이센돈

삿포로 사람들의
힐링 푸드, 수프카레

PREVIEW 03
홋카이도 MUST EAT

한겨울의 보양식,
삿포로 미소라멘

색도 맛도 특별한
라벤더 소프트아이스크림

하코다테에서만 맛볼 수
있는 수제 햄버거

양고기 구이의 신대륙,
징기스칸

쫄깃하고 고소한
장작가마 피자

부드럽게 넘어가는
비프스튜

'밥도둑' 돼지고기 덮밥,
부타돈

홋카이도의 풍토를 닮은
와인

독일 브루마스터의
지비루(지역 맥주)

음식 맛을 좌우하는 건 8할이 재료. 너른 땅과 따사로운 햇살,
풍족한 어장이 길러낸 신선하고 질 좋은 홋카이도산 채소와 육류,
해산물이 진정한 로컬 푸드를 완성한다.

눈과 입이 호사스런
스위츠

상큼 부드러운
염소젖 치즈

단순하지만 절묘한 궁합,
후라노 오무카레

입에서 살살 녹는
치즈케이크

홋카이도 특산물
털게

홋카이도산 재료로 탄생한
프렌치 요리

Step 02
Preview

홋카이도를
그리다

북으로 떠나는 설국여행 4박 5일

온 세상을 순백의 도화지로 만들어버리는 홋카이도의 겨울. 축제·스키·온천의 삼박자가 맞아떨어지는 북쪽나라로의 여행은 12월 초부터 3월 말까지 가능하니 겨울의 끝을 잡고 싶은 이들에게 딱이다.

PLAN 겨울축제로 가득한 삿포로가 이번 여행의 중심지. 거대한 눈조각상을 볼 수 있는 삿포로 유키마츠리와 무릎까지 푹푹 빠지는 새하얀 눈, 환상적인 일루미네이션 등 겨울의 낭만을 제대로 만끽할 수 있다. 스노파우더 위에서의 시원한 활강과 하늘에서 내리는 눈을 바라보며 즐기는 노천욕은 잊지 못할 겨울 여행을 완성한다.

숙소 삿포로에서는 깔끔하고 편리한 비즈니스호텔에서 묵고 마지막 날은 '온천 백화점'으로 불리는 노보리베츠온천에서 푹 쉬도록 하자. 예산이 충분하다면 문 밖에 바로 스키 리프트가 짠 하고 나타나는 리조트호텔을 선택하는 것도 좋다.

식사 차디찬 겨울 날씨를 녹여주는 삿포로 미소라멘과 수프카레로 여독을 풀고 삿포로, 오타루의 달콤한 디저트로 마음까지 녹인다. 길고 긴 홋카이도의 겨울밤은 삿포로맥주와 징기스칸으로 마무리하는 것도 잊지 말자.

이동 삿포로에서 오타루로 JR열차와 시외버스가 자주 다니는데 초심자는 아무래도 열차가 이용하기 쉽다. 노보리베츠온천 호텔에서 운영하는 송영 버스나 스키장 리조트의 무료 셔틀버스 등을 미리 예약해 이용하면 교통비를 절약할 수 있다.

주의사항 홋카이도의 겨울은 해가 정말 빨리 진다. 보통 오후 4시면 해가 떨어지기 시작해 5시가 되면 완전히 깜깜해질 정도. 레스토랑이나 상점의 영업도 그만큼 일찍 끝나니 미리 체크해두자. 또한 2월 눈 축제 기간에는 숙소를 구하기 어려워 일찌감치 예약해두어야 한다.

TIP 홋카이도의 가장 유명한 눈 축제 '삿포로 유키 마츠리'는 2월 초순, '오타루 유키 아카리노미치'는 2월 초순에 개최되니 둘 중 더 마음이 가는 쪽으로 여행 스케줄을 잡도록 하자.

삿포로 맥주 박물관

루스츠 스키장

1일 삿포로

13:00 신치토세공항 입국. 간단한 점심식사 후
삿포로 시내로 이동 » JR열차 40분
15:00 삿포로역 하차. 비즈니스호텔 체크인.
1-Day 패스 구입
15:30 삿포로 워크 버스 이용. 삿포로 맥주 박물관 견학
16:30 삿포로 워크 버스 이용. 디자인 잡화와 홋카이도의
각종 스위츠가 가득한 오도리빗세
18:00 지하철 스스키노역 하차. 아시안 바 라마이의
매콤달콤 수프카레 맛보기
20:00 노면전차 로프웨이이리구치역+셔틀버스 이용.
아름다운 도심 야경을 즐길 수 있는 모이와야마

2일 오타루

09:00 아름다운 눈 축제 삿포로 유키마츠리를
만나러 오도리공원으로 이동
또는 일일 지하철권으로 지하철 미야노사와역
하차. 동화 같은 과자 공장 시로이 코이비토 파크
방문
11:14 삿포로역에서 오타루 방면 열차 승차

오도리공원   시로이 고이비토 파크

11:46 오타루역 하차. 이세즈시에서 초밥 장인의
정통 초밥 즐기기
13:00 오타루 캔들공방, 기타이치가라스 등 다양한
공방 기웃거리기
15:00 오타루 오르골당 구경 및 쇼핑
16:00 메르헨교차로의 롯카테이·르타오·
기타카로에서 달콤한 디저트 타임
18:00 오타루운하 야경 만끽하기,
오타루 눈 축제 기간이라면 감동 두 배!
19:04 오타루역에서 삿포로 방면 열차 승차
19:36 삿포로역 하차
20:00 지하철 스스키노역 하차. 징기스칸 다루마에서
양고기 구이와 생맥주 한잔
21:30 오도리공원에서 일루미네이션 감상

3일 루스츠 스키장

08:00 삿포로역에서 루스츠 스키장
무료 셔틀버스 탑승(예약필요)
10:00 루스츠 스키장 하차
10:30 스키 장비 렌탈 및 리프트권 구입.
도야코 호수를 바라보며 활강
17:00 루스츠 스키장 무료 셔틀 버스 탑승
19:00 삿포로역 하차
19:30 JR타워 에스타 10층 라멘교와코쿠에서
삿포로 미소라멘과 생맥주

4일 삿포로

09:30 호텔 체크아웃. JR타워 쇼핑 또는
홋카이도청 구본청사와 시계탑 도케이다이,
텔레비전 타워에서 기념 촬영
11:30 다양한 게 요리를 맛볼 수 있는
가니혼케에서 점심식사
14:00 온천 송영버스 또는 JR열차로
삿포로역에서 노보리베츠온천 행 승차
15:00 노보리베츠온천 호텔 체크인
15:30 유황 냄새 폴폴 풍기는 지고쿠다니와
오유누마 산책
16:30 온천욕 및 휴식
18:00 온천호텔에서 저녁식사
20:00 밤하늘 아래 노천욕 즐기기

5일

10:00 온천 송영버스 타고 공항으로 이동
11:00 신치토세공항 하차. 쇼핑 후 점심식사
14:00 신치토세공항 출국

노보리베츠온천

PLANNING 02

꽃바람 타고
로맨틱여행
4박 5일

더위를 피해 강과 바다로 떠나는
계절, 홋카이도에서는 언덕과
들판으로 향한다. 싱그러운
산들바람이 솔솔 불어오고 꿈에
그리던 천상의 화원에서 로맨틱한
여름을 만날 수 있다.

PLAN 홋카이도 중·동부는
한여름의 싱그러운
홋카이도를 즐기기에 최적의
장소. 진귀한 습원 생물의 보고인
광대한 구시로습원과 아름다운
정원가도의 중심지 오비히로,
그리고 라벤더의 보랏빛 물결에
휩싸이는 후라노와 비에이를
달리면서 한여름의 홋카이도를
만끽하자.

숙소 구시로와 오비히로는
역에서 가까운 비즈니스
호텔을 이용하면 편리하다.
후라노·비에이에서는 대자연에
안겨 하룻밤을 보낼 수 있는
펜션이 정답. 화장실과 욕실을
공동으로 이용해야 하지만 살뜰히
챙겨주는 주인장이 있어 불편함을
모른다.

식사 꽃다운 계절에 어울리는
로맨틱한 테이블을
만나보자. 비에이의 프렌치
레스토랑 아스페르주와 오비히로
도카치 센넨노모리 내의 정원
레스토랑에서 우아한 점심식사를
즐길 수 있다. 노란 과육의 달콤한
멜론 등 여름 햇살에 잘 익은 각종
과일도 이 계절이 주는 선물.

이동 대중교통이 불편한 지역
이므로 렌터카를 이용하는
것이 여러모로 편리하다.

**주의
사항** 홋카이도는 해외에서뿐만
아니라 혼슈의 일본인들이
몰려드는 여름철 피서지로
유명하기 때문에 한여름에
항공료, 교통비, 숙박비 등의
경비가 상승한다.

TIP 운전면허가 없는 여행자
라면 관광버스 상품을
이용하자. 구시로에서는 아칸버스,
오비히로에서는 도카치버스,
후라노·비에이에서는 트윙클
버스나 구루루버스 등 다양한
관광상품을 선택할 수 있다.

팜도미타

구시로습원호소오카전망대

무기오토

마슈코제1전망대

아이누코탄

도카치 센넨노모리

1일 구시로
13:00 구시로공항 입국
14:30 역 앞 비즈니스호텔 체크인
16:04 구시로역 승차
16:23 구시로시츠겐역 하차,
　　　 호소오카 전망대에서 구시로습원 전망
18:24 구시로시츠겐역 승차
18:46 구시로역 하차
19:00 노천가에서 즐기는 즉석 숯불 해산물구이,
　　　 간페키로바타

2일 아칸국립공원
09:00 렌터카 대여(3일)
10:30 세계 최고의 투명 호수 마슈코 제1 전망대
11:30 열차역 안 레트로 카페레스토랑, 오차드 그라스

13:00 천연 모래 온천, 굿샤로코 호반의 스나유
15:00 아칸코 호반의 아이누 민족 마을, 아이누코탄 산책
17:00 렌터카로 아칸코 온천가 승차
19:00 오비히로 하차. 시내 비즈니스호텔 체크인
19:30 밤의 포장마차 기타노야타이

3일 오비히로&후라노
09:00 호텔 체크아웃
09:10 침엽수로 꾸며진 마나베정원
11:00 쫄깃한 도가치산 빵이 한 가득, 무기오토
12:30 도카치 센넨노모리, 정원 내 야외 레스토랑에서
　　　 점심식사
15:00 렌터카 승차
17:00 신후라노 프린스호텔 내 수공예 숍
　　　 닝구루테라스와 아름다운 정원 가제노가든
19:00 마사야의 후라노 오므카레와 오코노미야키
21:00 후라노 숙소(펜션) 체크인

4일 후라노
09:00 목장 우유로 만든 수제 치즈를 맛볼 수 있는
　　　 후라노 치즈공방
11:00 보랏빛 물결의 원조 라벤더 밭 팜도미타
13:30 근사한 프렌치 레스토랑 아스페르주
15:00 신비한 푸른빛 호수 아오이이케
17:00 라벤더와 갖가지 꽃을 구경할 수 있는
　　　 시키사이노오카
22:00 구시로에서 렌터카 반납

5일
08:00 숙소 체크아웃
10:00 구시로공항 출국

> **Tip 홋카이도의 원주민, 아이누 민족**
> 홋카이도와 일본의 도호쿠 지역, 사할린 남부 등지에 독자적인 언어와 역사, 문화, 신앙을 간직하며 정착해온 소수 민족이다. 혹독한 날씨를 견디며 자연과 공생하는 법을 스스로 터득한 아이누 민족은 19세기 후반에서야 일본에 편입되었다. 일본 혼슈와 달리 홋카이도에 일본 전통 문화와 건축물의 색채가 옅은 것은 이런 이유. 일본인들과 융화되어 현재 순수 아이누 민족은 극소수만 남았다. 최대의 아이누 민족 마을로는 아칸코 호숫가의 아이누코탄이 있다. 일본 정부에서 공식적으로 아이누 민족을 인정한 것은 2008년의 일이다. 현재는 박물관 건립과 전통 예술 공연 지원 등 적극적인 정책을 펼쳐 아이누 민족의 문화를 보존하기 위해 애쓰고 있다.

PLANNING 03

대자연 구석구석 탐험여행 4박 5일

춥고 긴 겨울을 준비하는 듯 홋카이도의 가을 낙엽은 더 없이 붉게 물든다. 9월에서 10월 사이, 온 산야가 가장 화려한 옷으로 갈아입는 홋카이도의 가을을 마중하러 지금 떠나보자.

PLAN 홋카이도의 지붕이라 불리는 다이세츠잔과 야생동물들의 낙원인 시레토코반도를 구석구석 탐방하는 일정이다. 홋카이도 가장 동쪽의 메만베츠공항으로 입국해 시레토코반도를 돌아본 후 다이세츠잔 여행의 중심지인 소운쿄로 이동한다.

숙소 시레토코 여행의 거점인 우토로온천과 다이세츠잔 여행의 거점인 소운쿄온천은 질 좋은 온천수를 즐길 수 있는 온천호텔이 즐비하다. 트레킹과 등반으로 고단해진 몸을 뜨끈한 온천탕에서 충전하도록 하자.

식사 온천호텔에서 마련한 다채로운 요리를 즐길 수

있다. 아사히카와 시내에서는 특제 간장으로 맛을 낸 쇼유라멘과 다이세츠잔의 청정수로 빚은 지비루를 맛보자. 이동 중 열차 안에서 즐기는 도시락 '에키벤'도 놓칠 수 없는 별미다.

이동 대중교통이 쉽지 않은 곳은 렌터카로 돌아보고 장거리 이동은 JR열차를 이용하는 것이 합리적인 선택. 도로가 한적해 렌터카 운전이 어렵지 않지만 사슴, 다람쥐 등 야생동물들이 갑자기 튀어나올 수도 있으니 과속은 금물이다.

주의 사항 구두나 샌들은 피하고 등산화나 최소 운동화 정도는 갖추어야 한다.

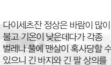

다이세츠잔 정상은 바람이 많이 불고 기온이 낮은데다가 각종 벌레나 풀에 맨살이 혹사당할 수 있으니 긴 바지와 긴 팔 상의를 입도록 하자.

TIP 시레토코에서 렌터카가 여의치 않을 경우 관광 버스인 시레토코로만후레아이호를 이용하는 방법이 있다. 시레토코 대부분의 명소를 편리하게 돌아볼 수 있으며 4월 말부터 10월 말까지 운행된다.

오론코이와

1일 시레토코

14:00 메만베츠공항 입국, 렌터카 대여(24시간)
16:00 우토로온천 도착. 온천호텔 체크인
16:30 유히다이 석양전망대, 오론코이와,
　　　　우토로항 등 온천가 산책.
18:00 온천호텔 저녁식사
20:00 온천 후 휴식

2일 시레토코&소운쿄협곡

08:00 호텔 체크아웃
08:30 프유니미사키 전망대, 시레토코 자연센터,
　　　　후레페노타키 산책로, 시레토코고코 탐방
11:00 렌터카 승차

시레토코고코

13:00 아바시리역 렌터카 반납. 에키벤으로 점심식사
13:29 아바시리역 승차
16:31 가미카와역 하차.
　　　　소운쿄 방면 버스 승차(30분 소요)
17:00 소운쿄온천 하차. 온천호텔 체크인
18:00 온천호텔 저녁식사
20:00 온천 후 휴식

에키벤　　소운쿄온천

3일 다이세츠잔

08:00 진귀한 고산식물이 펼쳐지는 구로다케에서
　　　　로프웨이+등반
12:00 이탈리안 요리를 즐길 수 있는 비어 그릴
　　　　캐니언

긴센다이

12:50 셔틀버스 승차
13:50 버스 하차. 단풍 절경지 긴센다이 트레킹
16:00 셔틀버스 승차
17:00 버스 하차. 호텔에서 휴식
18:00 온천호텔 저녁식사
20:00 온천 후 휴식

4일 아사히카와

08:40 소운쿄온천 버스 승차
10:30 아사히카와역 하차, 역 앞 비즈니스호텔 체크인,
　　　　짐 보관
11:00 미우라아야코 기념문학관
12:30 60년 전통의 라멘집 하치야의 진한 쇼유라멘
13:40 아사히카와역 앞에서 41번 버스 탑승
14:20 일본 최고의 동물원, 아사히야마동물원
17:30 41번 버스 탑승
18:12 아사히카와역 하차.
　　　　다이세츠 지비루칸에서 시원한 지비루 한잔

다이세츠 지비루칸　　하치야

5일

08:00 호텔 체크아웃
10:00 아사히카와공항 출국

PLANNING 04

때깔 좋은
귀신 되기,
미식여행
4박 5일

홋카이도는 일본
내에서도 알아주는 미식
천국이다. 최상의 품질을
자랑하는 식재료와
가짓수를 셀 수 없는
각종 스위츠는 눈물이
날 지경. 없던 식탐까지
돋게 하는 먹부림의
신세계가 펼쳐진다.

PLAN 식량자급률 1,200%라는
어마어마한 수치의
오비히로·도카치 지역을 비롯해
홋카이도 중부는 먹부림에
최적화된 지역이다. 오비히로에서
시작해 후라노, 비에이 그리고
삿포로로 이어지는 일정 동안
잠시 다이어트는 묻어 두는 것이
정신 건강에 좋다. 틈틈이 산책과
자전거 라이딩을 하며 조금이나마
죄책감을 덜어보자.

숙소 대부분의 레스토랑과
카페가 도심에 밀집돼
있어 역 인근에 숙소를 잡는 것이
기동성 면에서 유리하다. 조식이
맛있기로 유명한 호텔을 예약하는
것 또한 먹부림을 행하는
여행자의 바람직한 자세다.

식사 하루 세끼는 물론 간식과
후식까지 챙겨야 할
정도로 먹을거리가 넘쳐난다.
오비히로와 후라노, 비에이가
재료 본연의 맛을 살린 요리를
낸다면, 홋카이도 유행의
집결지인 삿포로는 세련된 만찬과
디저트를 즐길 수 있다. 먹기 좋게
포장된 제품들도 판매해 선물이나
기념품으로도 그만이다.

이동 도시 간 이동이 잦은 만큼
홋카이도 레일패스 연속
3일권을 구입하면 알뜰하게
사용할 수 있다.
신치토세공항에서 오비히로를
이동하는 첫 날 개시해, 셋째 날
비에이에서 삿포로로 이동할 때
종료된다. 삿포로 시내에서는
원데이패스로 만사 오케이.

주의 사항 일본에는 자릿세 개념의
추가요금 오토시お通し가
있다. 이자카야와 같은
술술집에서 기본 안주에 대한
비용으로 청구되는 것이
보통이지만 간혹 레스토랑에서도
1인당 200~500엔의 비용을
받는다. 영수증에 수상쩍은
금액이 찍혀 있다고 기분
나빠하지 말고 그네들의 문화로
이해하는 편이 속 편하다.

TIP 여행의 마지막까지도
먹부림을 놓칠 수 없다는
이들에게 신치토세공항은 크나 큰
축복이다. 국내선 터미널에
마련된 상점가와 레스토랑에는
홋카이도의 지역 특산물과 스위츠
등이 즐비해 흡족하게 배를
두드리며 비행기에 오를 수 있다.

1일 오비히로

13:00 신치토세공항 입국.
간단한 점심식사 후
오비히로역 이동
※홋카이도 레일패스
개시

17:00 오비히로역 하차, 역 앞
비즈니스호텔 체크인

18:00 도카치 식재료를
이용한 장작피자,
햄버그 등을 즐길 수
있는 도카치노엔

20:00 밤의 포장마차
기타노야타이

도카치노엔

2일 후라노

09:00 홋카이도 대표 스위츠 기업, 롯카테이의 본점

10:08 오비히로역 승차

10:35 이케다역 하차

10:45 독특한 산미의 지역 와인을 생산하는
이케다 와인성

후라노 마르셰 / 판초 부타돈 / 유이가도쿠손

12:00 이케다역 승차

12:29 오비히로역 하차

12:30 쫄조름한 밥도둑,
돼지고기 덮밥
부타돈의 원조 판초

13:12 오비히로역 승차

15:47 후라노역 하차

16:00 후라노 숙소 체크인.

16:30 택시 10분. 천연 치즈와
젤라토를 맛볼 수 있는 후라노 치즈공방

18:30 택시 10분. 후라노의 맛이 한 자리에 모인
후라노 마르셰

20:00 유이가도쿠손의 소시지 카레에 지비루 한잔

3일 비에이

07:30 후라노 숙소 체크아웃. 후라노역 짐 보관

08:00 후라노 베이커리의 갓 구운 홈메이드 빵으로
아침식사

08:18 후라노역 승차

08:54 비에이역 하차. 자전거 대여 및 짐 보관

09:10 비에이의 맛이 한 자리에 모인 비에이센카

10:00 비에이 언덕과 나무 사이로 자전거 라이딩

11:30 와인에 푹 익힌 블랑 루즈의 비프스튜

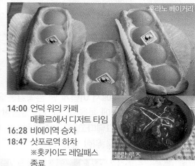
후라노 베이커리 / 블랑 루즈

14:00 언덕 위의 카페
메를르에서 디저트 타임

16:28 비에이역 승차

18:47 삿포로역 하차
※홋카이도 레일패스
종료

19:00 역 앞 비즈니스호텔 체크인

19:20 삿포로 미소라멘을 제대로 맛볼 수 있는 니토리노
게야키

4일 삿포로

08:00 원데이패스 구입. 지하철 니주욘켄역 하차.
조가이시장에서 아침식사로 신선한
가이센돈(해산물 덮밥)

09:30 지하철 미와노사와역 하차.
과자 공장 시로이 코이비토 파크 견학

12:00 지하철 스스키노역 하차. 얼큰하고 진한 스아게
플러스의 수프카레

14:00 오도리공원 산책

15:00 삿포로 워크 버스 이용. 삿포로 맥주박물관 견학

16:30 삿포로 워크 버스 이용. 오도리빗세 스위츠에서
황홀한 디저트 타임

18:00 노면전차 로프웨이이리구치역에서 셔틀버스 이용.
모이와야마 야경 감상

20:00 노면전차 스스키노역 하차.
징기스칸 다루마에서 양고기 구이와
생맥주 한잔

5일

10:00 호텔 체크아웃 후 신치토세공항 이동

11:00 신치토세공항에서 쇼핑 후 점심식사

14:00 신치토세공항 출국

다루마 징기스칸

PLANNING 05

나에게 선물하는 쉼표,
온천여행 3박 4일

바쁜 직장 생활 속에서 어렵게 낸 금쪽같은 3박 4일의 휴가. 따뜻한 온천에 몸을 푹 담그고 달콤한 휴식을 만끽하고 싶지만 그렇다고 관광을 놓치기도 아쉽다. 욕심 많은 직장인을 위한 맞춤 플랜.

PLAN 신치토세공항으로 입국해 서남쪽 방향으로 노보리베츠, 도야코, 하코다테를 차례로 여행하고 출국하는 일정이다. 노보리베츠의 유황 계곡 지고쿠다니 산책, 도야코의 활화산인 우스잔 트레킹, 하코다테의 개항기 거리 산책과 하코다테야마 야경 등 핵심적인 관광지만 쏙쏙 챙겼다.

숙소 바다, 호수, 강, 산 등 물 좋고 경치 좋은 온천가가 수두룩한 홋카이도. 활화산 계곡에 아늑하게 자리 잡은 노보리베츠온천, 드넓은 호숫가를 바라보며 노천욕을 즐길 수 있는 도야코온천, 그리고 철썩거리는 파도소리가 귓가에 맴도는 유노카와온천에서

홋카이도 온천의 매력에 빠져보자.

식사 대부분의 온천호텔에서는 오랜 경력의 셰프가 조리한 식사를 아침저녁으로 맛볼 수 있다. 일본의 식재료 창고라 불리는 홋카이도니만큼 지역 식재료를 이용한 신선한 메뉴를 기대해도 좋다.

이동 휴식을 위한 여행인 만큼 2시간 이상의 장거리 이동이나 자가운전은 피하는 일정이다. 도시 간 이동은 JR열차로 편리하게 하고 관광지에서는 노선버스와 노면전차를 적절히 이용하면 된다.

주의 사항 일본 온천호텔은 동일한 온천탕을 남녀가 격일로 이용하는 경우가 있다. 저녁에 이용하고 아무 생각 없이 다음 날 아침에 같은 곳으로 들어갔다가는 낭패를 볼 수도 있으니 입구에서 꼭 확인하자.

TIP 온천을 즐기는 마니아라면 시내 구경보다 각 호텔의 각양각색 온천탕을 순례해 보자. 호텔 입구나 카운터에 '히가에리뉴요쿠日帰り入浴', 즉 당일입욕이라고 적혀 있으면 온천호텔당 500~1,000엔으로 여러 온천을 체험할 수 있다.

오유누마

1일 노보리베츠

13:30 신치토세공항 입국. 간단한 점심식사 후 온천호텔
송영버스로 노보리베츠온천 승차(1시간 소요)
15:00 노보리베츠온천 호텔 체크인
15:30 유황 냄새 폴폴 풍기는 지고쿠다니와
오유누마 산책
16:30 온천욕 및 휴식
18:00 온천호텔에서
저녁식사
20:00 밤하늘 아래
노천욕 즐기기

노보리베츠 디너코스

2일 도야

08:00 호텔 체크아웃
08:20 노보리베츠온천 버스터미널에서
도난버스로 노보리베츠역 하차
08:45 노보리베츠역 승차
09:27 도야역 하차. 도난버스로 도야코온천 승차
10:00 도야코온천 호텔 체크인 후 짐 보관.
맑고 투명한 도야코 산책 및 족욕

도야코 / 우스잔

11:30 도야코온천가에서 점심식사
12:35 도야코온천발 도난버스로 쇼와신잔 하차
12:55 로프웨이를 타고 활화산 우스잔 유람
15:00 쇼와신잔발 도난버스 승차
15:20 온천호텔에서 휴식 및 온천
18:00 온천호텔에서 저녁식사
20:00 호수의 불꽃놀이를 바라보며 노천욕 즐기기

3일 하코다테

08:00 호텔 체크아웃
08:30 도야코온천 버스터미널에서 도난버스로
도야역 하차

08:56 도야역 승차
10:14 하코다테역 하차. 노면전차 1일 승차권 구입
11:00 유노카와온천 호텔 체크인 후 짐 보관
11:30 노면전차로 주지가이역 이동. 항구와 어우러진
빨간 벽돌의 가네모리 아카렌가 창고군에서 쇼핑
삼매경

가네모리 아카렌가 창고군

13:00 럭키피에로에서 하코다테 로컬 버거와
밀크셰이크 맛보기
15:00 모토마치언덕의 고풍스런 개항기 건축물 산책
17:30 아지사이에서 깔끔한 국물의 하코다테의
시오라멘 맛보기
19:00 하코다테야마의 황홀한 야경 감상
21:00 유노카와온천 호텔에서 바다를 바라보며
노천욕 즐기기

유노카와 온천 / 모토마치 언덕 건축물

4일

08:30 호텔 체크아웃. 하코다테역 승차
14:00 신치토세공항 출국

PLANNING 06

도전
홋카이도 일주
8박 9일

며칠 찔끔 갔다 오는 걸로는
성이 차지 않는다. 여러 도시
중에 어디를 가야 할지도
고민된다. 그렇다면 방법은 하나,
홋카이도 일주다. 여행의 동반자
홋카이도 레일패스가 있으니
마음도 든든하다.

PLAN 홋카이도 서남쪽의
하코다테공항으로 입국해
하코다테에서부터 시계 반대
방향으로 노보리베츠, 오비히로,
구시로, 시레토코(또는
아바시리), 아사히카와,
후라노·비에이, 삿3포로(오타루)
등 홋카이도의 주요 도시를
여행하는 일정이다. 양쪽 주말을
끼고 직장인이 쓸 수 있는 최대
기간인 8박9일 동안 알차게
홋카이도를 돌아볼 수 있다.

숙소 열차로 여행하는 만큼 역
앞의 비즈니스호텔을
이용하는 것이 편리하다. 하지만
노보리베츠와 가와유온천 등
온천으로 유명한 지역에서는
온천호텔을 이용하는 것이 정답.
후라노·비에이에서는 펜션을
이용해도 좋다.

식사 삿포로에서는 징기스칸과
수프카레, 항구도시
하코다테와 오타루에서는
가이센동과 스시, 후라노는
오므카레, 오비히로의 부타돈과
각종 스위츠 등 각 지역을
특산물을 마음껏 맛보자.

이동 홋카이도 레일패스를
아낌없이 쓸 수 있는 기회.
연속 7일권을 구입해
하코다테에서 노보리베츠로
이동할 때 개시하고
아사히카와에서 삿포로로
들어가는 날을 마지막으로
사용하면 된다. 레일패스가 있는
경우 JR렌터카 할인도 된다.

주의사항 홋카이도 레일패스의
좌석은 자유석이다. 즉
주말이나 특정 시간대에 이용객이
많으면 자리에 앉지 못할 수도
있다는 의미. 30분 정도 일찍
나와 열차를 기다리고, 먼 곳을
가는 일정이라면 역 내 티켓
창구에서 지정석권을 미리
발급받도록 하자.

TIP 장기여행인 만큼 짐이
만만치 않을 테니 가방
선택이 중요하다. 기동성을
생각하면 배낭이 편리하지만
어차피 숙소와 역 사물함 등에
두고 다닐 가능성이 높기 때문에
캐리어도 무방하다.

가네모리 아카렌가 창고군

1일 하코다테

15:00 하코다테공항 입국
15:30 하코다테역으로 이동. 역 앞 비즈니스호텔 체크인
16:00 노면전차로 주지가이역 이동. 항구와 어우러진
      빨간 벽돌의 가네모리 아카렌가 창고군에서
      쇼핑 삼매경
17:30 아지사이에서 깔끔한 국물의 시오라멘

아지사이 시오라멘   다이몬요코초

19:00 하코다테야마의 황홀한 야경 감상
21:00 포장마차 골목 다이몬 요코초에서 시원한
      삿포로 생맥주 한잔

2일 하코다테&노보리베츠

08:00 하코다테 아침시장 구경. 신선한 해산물 덮밥이
      유명한 기쿠요에서 아침식사
09:00 호텔 체크아웃. 짐 보관
09:30 노면전차 주지가이역 이동.
      모토마치언덕의 고풍스런 개항기 건축물 산책
11:30 럭키피에로에서 하코다테 로컬 버거와
      밀크셰이크 맛보기
13:30 하코다테역으로 이동. 짐 찾기

모토마치 언덕 건축물

14:13 하코다테역 승차
      ※홋카이도 레일패스 개시
16:55 노보리베츠역 하차.
      도난버스로 노보리베츠온천 이동
17:20 노보리베츠온천 호텔 체크인
18:00 온천호텔에서 저녁식사
20:00 밤하늘 아래 노천욕 즐기기

기쿠요   노보리베츠온천
반에이 경마

3일 오비히로&구시로

07:00 호텔 체크아웃.
      노보리베츠온천
      버스터미널에서
      도난버스로
      이동(17분 소요)
07:26 노보리베츠역 승차.
      미나미치토세역 환승
10:36 오비히로역 하차. 역내 짐 보관
11:00 시내버스 또는 택시 이동.
      반에이 오비히로 경마장 관람
12:00 도카치무라에서 점심식사
13:30 롯카테이 본점
14:23 오비히로역 출발
15:58 구시로역 하차
16:04 구시로역 승차
16:23 구시로시츠겐역 하차, 호소오카 전망대에서
      구시로습원 전망
18:24 구시로시츠겐역 승차
18:46 구시로역 하차. 역 앞 비즈니스호텔
19:00 노천변의 간페키로바타 또는
      피셔맨즈 워프 무에서 로바타야키 맛보기

피셔맨즈 워프 무

시레토코 고코

후라노 라벤더 히노데공원

4일 시레토코

08:30 호텔 체크아웃
09:05 구시로역 승차
11:19 시레토코샤리역 도착. 렌터카 대여(24시간)
12:00 우토로온천의 호텔 체크인, 짐 보관 후 점심식사
13:00 프유니미사키 전망대, 시레토코 자연센터,
　　　　 후레페노타키 산책로, 시레토코고코 등
　　　　 시레토코 구석구석 탐방
18:00 온천호텔 저녁식사
20:00 오호츠크해를 바라보며 온천욕

5일 아사히카와

07:00 호텔 체크아웃. 렌터카 탑승
08:00 샤리버스터미널 하차. 렌터카 반납
08:34 시레토코샤리역 승차. 아바시리역 환승
13:13 아사히카와역 하차.
　　　　 역 앞 비즈니스호텔 체크인 후 짐 보관
13:40 아사히카와역 앞에서 41번 버스 탑승
14:20 일본 최고의 동물원, 아사히야마동물원
17:30 41번 버스 탑승
18:12 아사히카와역 하차
18:30 60년 전통의 라멘집
　　　　 하치야의 쇼유라멘
19:30 다이세츠 지비루칸에서
　　　　 지비루로 마무리

아사히야마동물원

6일 비에이&후라노

08:10 호텔 체크아웃
08:40 아사히카와역 승차
09:13 비에이역 하차. 자전거 대여 및 짐 보관
09:30 비에이의 맛이 한 자리에 모인 비에이센카
10:00 비에이 언덕과 나무들 사이를 자전거 라이딩
11:00 와인에 푹 익힌 블랑 루즈의 비프스튜
12:00 자전거 찾기
12:08 비에이역 승차
12:40 후라노역 하차. 후라노 숙소 체크인 후 짐 보관
13:30 여름시즌에는 팜도미타,
　　　　 그 외에는 후라노 치즈공방
　　　　 또는 닝구루테라스 구경
18:00 후라노의 맛이 한 자리에 모인
　　　　 후라노 마르셰
19:00 마사야의 후라노 오므카레,
　　　　 오코노미야키와 생맥주

후라노 치즈공방　　　마사야 오므카레

오타루 운하

삿포로 맥주 박물관

7일 오타루

09:30 숙소 체크아웃
10:04 후라노역 승차
12:14 삿포로역 하차.
역 앞 비즈니스호텔 체크인
12:44 삿포로역 승차
13:16 오타루역 하차.
이세즈시에서 초밥 장인이
만든 정통 초밥 즐기기
14:30 오타루운하에서
메르헨교차로까지
상점 구경하며 산책
18:00 오타루운하 야경 즐기기
19:04 오타루역 승차
19:36 삿포로역 하차
20:00 지하철 스스키노역 하차.
스스키노 징기스칸의 양고기구이와 생맥주

이세즈시

스스키노 징기스칸

8일 삿포로

09:00 지하철 미와노사와역 하차. 동화 같은
과자 공장 시로이 코이비토 파크 견학
12:30 지하철 스스키노역 하차. 스아게 플러스의
얼큰 달달한 수프카레 맛보기

14:00 오도리공원, 텔레비전 타워 산책
15:00 삿포로 워크 버스 승차, 삿포로 맥주 박물관 견학
16:30 삿포로 워크 버스 승차, 디자인 잡화와
각종 스위츠가 가득한 오도리빗세
18:00 노면전차 로프웨이이리구치역+셔틀버스.
아름다운 도심 야경을 즐길 수 있는 모이와야마
20:00 노면전차 스스키노역 하차.
라멘요코초에서 뜨끈한 라멘과 생맥주 한잔

9일

08:00 호텔 체크아웃 후 삿포로역에서 신치토세공항
이동
08:40 신치토세공항 하차. 선물 및 기념품 쇼핑
11:00 신치토세공항 출국

오도리빗세 유이크

시로이 코이비토 파크

삿포로 노면전차

홋카이도 여행 만들기

모로 가도 서울로만 가면 된다지만, 한 번에 잘 가는 것과 길을 헤매다 겨우겨우 가는 것은
전혀 다르다. 홋카이도 여행을 준비하면서 미리 알아두어야 할 항공권 예매와 스케줄,
예산 짜기의 노하우 대방출.

홋카이도 여행 스케줄 짜기

인천공항에서 직항 노선이 있는 삿포로를 중심으로
그 인근 도시를 여행하는 것이 가장 일반적인 방법. 오
타루처럼 삿포로에서 가까운 곳도 있지만 시레토코처
럼 삿포로에서 6시간 이상 열차로 이동해야 하는 곳
도 있으니 여행 스케줄을 짤 때 이동 시간과 거리를 잘
계산해야 한다. 4박5일 일정이라면 삿포로와 오타루,
후라노·비에이 정도를 여행하기에 적당하다.

홋카이도 항공권 예약하기

직항 노선이 삿포로와 가까운 신치토세공항에 있다.
대한항공과 아시아나항공을 비롯해 저가항공사 진에
어와 티웨이항공, 제주에어, 에어부산(김해공항) 등
에서 취항한다. 삿포로(오타루)를 중심으로 홋카이
도 중앙부의 아사히카와, 후라노·비에이, 오비히로
나 홋카이도 남부의 도야, 노보리베츠를 여행할 계획
이라면 신치토세공항에서 모두 출·입국 하면 된다.
하지만 그 외의 지역이라면 동선을 고려해 출국과 입
국 공항을 달리하는 것이 여러 모로 효율적이다. 구
시로습원에서 가까운 구시로공항, 아바시리와 시레
토코에서 가까운 메만베츠공항, 하코다테 시내 인근
의 하코다테공항, 홋카이도 중앙의 아사히카와공항
을 참고하자. 다만 이들 공항은 직항 노선이 운행되
지 않기 때문에 도쿄 하네다공항을 경유해 국내선으

로 환승해야 한다. 경유지인 하네다공항에서 최소
2시간 이상의 대기 시간이 있지만, 서울과 가까운 김
포공항에서 승차하고 이동시간 및 교통비를 줄일 수
있다는 점을 고려하면 보다 합리적인 선택이다. 일본
항공과 전일본항공에서 경유 노선을 운항하고 있다.
한편 홋카이도의 성수기 7~8월과 삿포로 눈 축제가
있는 2월 중순, 일본의 골든위크 4월 말~5월 초에
는 항공권과 숙소 예약이 어렵다.

> **Tip** 하네다공항에서 국내선 환승하기
> 1. 김포공항 국제선 터미널에서 하네다공항 행 티켓
>   과 홋카이도행 티켓, 두 장을 받은 후 탑승한다.
> 2. 도쿄 하네다공항에서 내려 출입국심사대를 통과
>   한 후 짐을 찾는다.
> 3. 짐을 챙겨 세관신고대를 통과해 나오면 오른편
>   에 국내선 체크인 창구가 있다.
> 4. 항공편에 따라 일본항공과 전일본항공의 카운터
>   로 간다.
> 5. 김포공항에서 받은 홋카이도행 티켓과 여권을
>   제시하고 짐을 부친다.
> 6. 무료셔틀버스를 이용해 국내선 터미널로 이동
>   한다.
> 7. 일본항공은 제1터미널, 전일본항공은 제2터미
>   널에서 하차한다.
> 8. 홋카이도행 항공편에 탑승한다.

대한항공

	인천 → 신치토세		
편명	출발시간	도착시간	요일
KE765	10:05	12:45	매일

	신치토세 → 인천		
편명	출발시간	도착시간	요일
KE766	14:00	17:15	매일

아시아나

	인천 → 신치토세		
편명	출발시간	도착시간	요일
OZ174	09:10	11:40	매일

	신치토세 → 인천		
편명	출발시간	도착시간	요일
OZ173	13:15	16:25	매일

진에어

	인천 → 신치토세		
편명	출발시간	도착시간	요일
LJ231	08:35	11:15	매일
LJ233	10:55	13:50	

	신치토세 → 인천		
편명	출발시간	도착시간	요일
LJ232	12:25	15:45	매일
LJ234	14:50	18:10	

	김해 → 신치토세		
편명	출발시간	도착시간	요일
LJ237	10:00	12:30	매일

	신치토세 → 김해		
편명	출발시간	도착시간	요일
LJ238	13:30	16:30	매일

※ 7~8월 여름휴가 시즌 추가 편성

티웨이항공

	인천 → 신치토세		
편명	출발시간	도착시간	요일
TW251	10:30	13:20	매일
TW253	12:10	15:00	매일

	신치토세 → 인천		
편명	출발시간	도착시간	요일
TW252	14:55	18:15	매일
TW254	16:00	19:20	매일

제주항공

	인천 → 신치토세		
편명	출발시간	도착시간	요일
7C1902	12:05	15:00	매일
7C1962	07:20	10:20	매일

	신치토세 → 인천		
편명	출발시간	도착시간	요일
7C1901	15:55	19:10	매일
7C1961	11:20	14:35	매일

에어부산

	부산 → 신치토세		
편명	출발시간	도착시간	요일
BX	08:35	11:00	매일

	신치토세 → 부산		
편명	출발시간	도착시간	요일
BX	11:55	14:40	매일

Tip 2023년 5월 현재 대한항공, 아시아나항공, 제주항공, 진에어, 에어부산이 인천과 부산에서 출발하는 신치토세 항공편을 운행하고 있다. 자세한 내용은 해당 항공사 홈페이지를 참고하자.

홋카이도 화폐와 여행 예산

화폐
홋카이도는 일본의 공식 통화인 엔화를 사용한다. 1엔, 5엔, 10엔, 500엔은 동전이며 지폐는 1,000엔, 2,000엔, 5,000엔, 10,000엔이 있으나 이중 2,000엔은 잘 사용되지 않는다. 환율은 100엔에 990원(2023년 5월 현재)

신용카드
도심의 편의점이나 식당, 쇼핑몰, 호텔에서 사용 가능하지만 의외로 카드결제가 안 되는 곳도 많다. 만약의 불상사를 막기 위해 가능하면 여행 경비는 현금으로 가져가도록 하자. 해외 신용카드나 직불카드의 현금인출은 대부분의 세븐일레븐 편의점(24시간)과 우체국의 ATM에서 가능하다.

여행 경비
숙박비를 제외한 시내 교통비, 식사비, 간식비 등을 하루 3,000~5,000엔 정도로 잡고 여행 기간에 따라 계산하면 된다. 홋카이도 여행에서 또 하나 고려해야 할 항목이 도시 간 이동 비용이다. 비용이나 편의성을 고려했을 때 3회 미만이라면 고속버스를 이용하고 그 이상이라면 JR패스를 구입해 사용하는 것이 낫다. 여행 지역에 따라 렌터카로 다녀야 하는 곳도 있기 때문에 다음 페이지의 교통 정보를 확인한 후 비용을 계산해 넣도록 하자.

(PLANNING **08**)

홋카이도 교통정보

열차, 고속버스, 렌터카 등 다양한 홋카이도의 교통 정보 총정리. 꼼꼼히 체크해서 자신의
여행 스타일과 일정, 예산에 맞는 방법을 선택하도록 하자.

교통수단

1. 열차

철도는 홋카이도를 여행하는 가장 편리한 교통수단
이다. 재래선 열차가 구석구석까지 운행하는 점이 옛
향수를 떠올리게 해 철도 마니아들에게 사랑받고 있
다. 홋카이도 전역을 아우르고 이용법이 어렵지 않으
며 외국인 대상의 레일패스를 구입하면 교통비도 절
약할 수 있다. 유럽일주의 단짝 유레일패스처럼, 홋
카이도 일주에는 JR홋카이도 패스가 필수다.

열차 종류
신칸센 초고속열차 전용 철로를 달리며 도쿄에서 신
하코다테호쿠토역까지 운행
보통열차 대부분의 역에 정차하는 완행열차
쾌속·특급열차 주요 역에서만 정차하는 급행열차

관광열차 여름 성수기나 겨울 유빙시즌에 특별 운행

열차 티켓 종류
일본의 열차 티켓은 2장을 구입해야 하는 경우가 있
는데, 대표적인 예가 특급열차이다. 자유석과 지정석
이 구분돼 있기 때문에 2장 모두 구입해야 특정 자리
에 앉아 갈 수 있다. 또한 관광열차인 노롯코호와 증
기기관차도 지정석권을 따로 판매하기도 한다. 단 쾌
속·보통열차는 승차권만 판매한다. 만 6~12세 미
만의 어린이는 어른 가격의 반액으로 티켓을 구입할
수 있다.

열차 티켓 구입처

기본적으로 모든 열차 티켓은 JR티켓 창구(미도리
노 마도구치) · JR여행센터(트윙클 플라자)에서 구
입할 수 있으며, 지정석권만 따로 구입할 때도 이곳
을 이용하면 된다. 근거리 보통열차의 승차권은 자
동발매기에서 구입이 가능하며 일부 영어 안내가
되는 자동발매기도 있다. JR티켓 창구에서는 신용
카드도 가능하다. 티켓 구입 시에는 출발역, 도착
역, 승차일시, 열차 종류, 인원수, 좌석 종류의 구
분을 쪽지에 적어 건네면 보다 수월하게 티켓을 받
을 수 있다.

JR 홋카이도 패스 종류

홋카이도 레일패스

홋카이도 내 신칸센을 제외한 JR열차를 이용할 수 있
는 패스 티켓. 연속 5 · 7일권은 이용개시일을 선택해
그 날로부터 연속되는 5 · 7일 동안 이용할 수 있고 관광
열차인 증기기관차(SL), 노롯코호 등도 레일패스로
이용 가능하다. 특급열차, 급행열차, 쾌속에어포트
호, 관광열차에는 지정석이 설치되어 있으며, 지정석
이용 시에는 역 매표소에 레일패스를 제시한 후 탑승
일, 열차명, 구간을 이야기하면 지정석권을 무료로 받
을 수 있다. 단 지정석이 만석일 경우 자유석을 이용해
야 한다. 아래 가격은 한국에서 구입했을 때의 가격이
며 일본 현지에서 구입할 경우 조금 더 비싸진다.

구분	보통객차(2등석)	
	어른(엔)	어린이(엔)
Ordinary 5-Days	19,000	9,500
Ordinary 7-Days	25,000	12,500

재팬 레일패스

JR동일본 · 미나미홋카이도 레일패스 /
JR도호쿠 · 미나미 홋카이도 레일패스

홋카이도 신칸센을 타고 홋카이도 남쪽 지역과 도호
쿠 및 도쿄 근교를 여행할 수 있는 레일 패스. JR동일
본 · 미나미 홋카이도 레일패스(Flexible 6-Days)로
는 삿포로, 하코다테, 신치토세공항을 포함하는 미나
미 홋카이도(도난) 지역과 도호쿠 지역의 신칸센 및 특
급열차 등을 이용할 수 있다. 또한 JR동일본과 도부
철도의 닛코호, 스페이사 닛코호, 기누가와호, 스페
이사, 아오이모리 철도, IGR 이와테 은하철도, 센다
이공항철도도 이용 가능하다. JR도호쿠 · 미나미 홋카

이도 레일패스(Flexible 6-Days)는 도호쿠와 홋카
이도 남쪽 지역만 이용할 수 있다. 국내 여행사를 통해
교환권을 구입하면 좀 더 저렴하다.

구분	가격(엔)	
	어른	어린이
JR도호쿠 · 미나미 Flexible 6-Days	24,000	12,000
JR동일본 · 미나미 Flexible 6-Days	27,000	13,500

JR 패스 구입처

우리나라에 있는 일본
관련 여행사에서 JR
패스를 어렵지 않게
구입할 수 있다. 다만
이것은 어디까지나 교환권이므로 홋카이도에 입국해
서 신치토세공항이나 삿포로역 내의 JR정보 외국어
안내데스크나 기차역 내 티켓 창구에서 실제 티켓으
로 교환해야 한다. 이 때 티켓 사용 자격(일본 이외의
여권으로 단기체재 상륙허가를 받는 자)을 증명하기
위해 여권이 필요하다. JR정보 외국어 안내데스크에
서는 영어, 중국어, 한국어를 구사하는 직원이 있다.

JR정보 외국어 안내데스크

신치토세공항 지점
가는 법 신치토세공항 국제선 여객터미널에서
연결통로를 지나 상점가를 따라 직진, 국내선
여객터미널로 이동 후 엘리베이터를 타고 지하 1층
하차 내려서 왼편 운영시간 08:30~19:00

삿포로역 지점
가는 법 JR삿포로역 서쪽 출구 운영시간 08:30~19:00

> **Tip JR홋카이도 한국어 홈페이지**
> www.jrhokkaido.co.jp/global/korean/
> index.html
> 일본어가 익숙하지 않은 여행자에겐 JR홋카이도의
> 한국어 홈페이지는 가뭄의 단비 같은 존재다. 주요
> 역의 시간표는 물론 홋카이도 레일패스, 계절에
> 따른 다양한 열차 상품 등을 한국어로 자세히 소개
> 하고 있다. 다만 쾌속 · 특급열차
> 기준의 시간표만 있으므로 보통
> 열차가 지나는 작은 역의
> 시간표는 일본어 사이트를
> 찾아봐야 한다.

2. 고속버스

지역 간 이동이 적을 경우에는 고속버스가 열차보다 시간은 좀 더 걸리지만 저렴하게 이용할 수 있다. 대부분 주요 역 인근에 버스터미널이 있으며, 멀어도 차로 10분 내외의 거리에 자리하고 있다. 버스터미널에서 여러 버스 회사를 통합해 예약 관리하고 있는 우리나라와 달리, 일본은 각 버스 회사의 홈페이지나 전화로 예약해야 한다. 홋카이도의 대표 버스 회사로는 홋카이도 전역을 아우르는 주오버스中央バス, 삿포로를 중심으로 홋카이도 중앙과 동부를 운행하는 JR버스, 하코다테와 노보리베츠 등 남쪽 지역을 운행하는 도난버스道南バス, 아사히카와를 중심으로 운행하는 도호쿠버스道北バス 등이 있다.

홋카이도 버스 회사 홈페이지
주오버스 www.chuo-bus.co.jp
JR버스 www.jrhokkaidobus.com
도난버스 donanbus.co.jp
도호쿠버스 www.dohokubus.com

3. 렌터카

홋카이도는 워낙 면적이 넓고 생각보다 대중교통이 잘 발달되지 않은 지역이 많아 렌터카가 간절해지는 순간이 온다. 거리가 먼 도시 간 이동은 주로 열차나 버스로 하고 대중교통이 발달하지 않은 홋카이도 중부나 동부 지역은 렌터카를 이용하는 것이 여행의 질을 높이는 현명한 방법이다. 주요 열차역과 버스터미널, 공항에서 렌터카 영업소를 쉽게 찾아볼 수 있다.

홋카이도 렌터카 회사 홈페이지
도요타 렌터카
rent.toyota.co.jp/en(영어 지원)

JR 에키렌터카
www.jrh-rentacar.jp(영어 지원)
닛산 렌터카
nissan-rentacar.com/kr(한국어 지원)
닛폰 렌터카
www.nrh.co.jp/foreign(영어 지원)
오릭스 렌터카 car.orix.co.jp
니코니코 렌터카 www.2525r.com

> **Tip** 환상의 짝꿍, 홋카이도 레일패스와 렌터카
> JR홋카이도에서 운영하는 에키렌터카는 렌터카 영업소가 역 내에 있어 이용이 편리하고, 대여 장소와 반납 장소를 서로 다른 역으로 지정할 수 있어 일정을 효율적으로 계획할 수 있다(단, 거리에 따라 수수료 발생). 무엇보다 홋카이도 레일패스와 함께 사용하면 더욱 빛을 발한다. 렌터카 비용을 할인 받을 수 있으며, 아래 링크 사이트에서 이용 3일전까지 예약하면 된다.
> https://www.jrh-rentacar.jp/kr

렌터카 예약 시 주의사항
1. 렌터카 대여 시 국제면허증과 여권을 반드시 지참해야 한다.
2. 인터넷과 전화 예약이 가능하며, 일부 지점에서는 영어 또는 한국어 인터넷 예약을 지원한다.
3. 신용카드로만 지불할 수 있는 차종도 있으니 신용카드를 준비하면 좋다.
4. 7~8월 성수기에 대부분 렌트 비용이 상승한다.
5. 어린이가 만 6세 이하라면 어린이용 카시트를 의무적으로 예약해야 한다.
6. 사고 등 긴급 상황에 대비해 렌터카 회사와 통화 가능한 시간을 알아두자.

도로주행 시 주의사항
1. 한국과 반대로 좌측통행이므로 좌회전, 우회전 시에는 되도록 앞차를 따라가는 편이 좋다.
2. 표시가 따로 없는 경우 법정 제한 속도는 일반도로에서 60km/s, 고속도로에서 100km/s이다.
3. 깜박이와 와이퍼의 위치 역시 우리나라 차와 반대다.
4. 야간에 도심을 벗어나면 도로에 가로등이 적어 그야말로 암흑이 된다. 가능하면 야간 운전은 하지 않는 것이 좋다.

5. 일본은 노상주차 단속이 엄격하고 과태료를 물 수 있으니 꼭 지정된 주차 장소에 주차하자.

6. 홋카이도는 겨울에 도로가 상당히 미끄럽다. 초보 운전자는 가급적 겨울철 운전은 피하자.

주유 시 주의사항

1. 주유소를 일본에서는 '가솔린스탠드', 줄인 말로 GS라고 한다.

2. 도시 주변이나 교통량이 많은 간선도로에는 GS가 많지만 도시에서 멀어질수록 극단적으로 줄어든다. 반드시 이동 거리와 주유량을 체크해두자.

3. 종업원이 있는 주유소와 셀프서비스 주유소가 있으며, 셀프서비스가 약간 저렴하다.

4. 연료의 종류는 고급휘발유(하이오크), 보통(레귤러), 경유(디젤) 세 가지가 있다. 일본의 렌터카는 대부분 가솔린 엔진이므로 보통을 주유하면 된다.

5. 종업원에게 주문할 때는 연료의 종류, 양 또는 금액을 이야기한다. 연료를 가득 채워달라고 할 때는 '만땅'이라고 하면 된다.

6. 셀프 주유 시에는 노즐 색으로 연료를 구분한다. 노란색이 고급휘발유, 빨간색이 보통, 녹색이 경유이다.

> **Tip) 알아두면 좋아요!**
>
> **미치노에키 道の駅**
> 우리로 치면 고속도로 휴게소에 해당하는 시설로 홋카이도 국도변에 자리한다. 화장실을 이용할 수 있고 지역 특산품도 판매한다. 각 지역의 관광 정보나 도로 정보도 얻을 수 있다.
>
> **편의점**
> 고속도로 진입 전 음료수나 간식 등을 구입하는 것 말고도 편의점이 유용한 이유는 바로 화장실 때문. 따로 제재하진 않지만 물건 구매 후 화장실을 쓰면 마음이 편하다.
>
> **맵코드**
> 일본의 내비게이션에서는 도로명 말고도 맵코드라는 6~10자리의 번호를 입력해 목적지를 찾을 수 있다. 맵코드를 미리 알고 있으면 영어나 한국어 내비게이션에 구애받지 않아도 되어 편리하다.

공항에서 시내 가기

홋카이도 내에는 최대 규모의 국제공항인 신치토세 공항을 비롯해 주요 도시에 12곳의 공항이 자리하고 있다. 공항에서 시내 및 주요 관광 포인트까지는 열차 또는 공항 리무진버스 등을 이용할 수 있다. 대부분 항공편 출입국 시간에 맞춰 운행되어 편리하다.

1. 신치토세공항~삿포로

JR

국내선 터미널 지하 1층에서 보통열차 또는 쾌속에어포트호를 이용한다. 삿포로역까지 보통열차로 40~50분, 쾌속열차로 36분 소요된다. 편도 운임은 1,150엔.

버스

국내선 및 국제선 터미널의 버스 정류장은 모두 1층에 있다. 삿포로 시내까지 운행하는 공항리무진 버스는 국내선의 경우 14번과 22번, 국제선의 경우 84번 승강장에서 탑승한다. 편도 운임은 1,100엔이며, 삿포로역까지 1시간 20분 정도 소요된다.

2. 신치토세공항~도야 · 노보리베츠

JR

국내선 터미널 지하 1층에서 노보리베츠역까지는 1시간 내외, 편도 요금 2,850엔이고 도야역까지는 1시간 30분 내외, 편도요금 4,700엔이다.

버스

노보리베츠 온천 직행버스(도난버스)가 1일 1회 (13:15) 운행되며 1시간 5분이 소요된다. 도중에 JR 노보리베츠역 근처에 내려서 숙소가 운영하는 셔틀버스를 이용해도 된다. 국내선 2번과 29번 승차장, 국제선 86번 승차장에서 탑승할 수 있으며 편도 요금은 1,540엔이다.

3. 메만베츠공항~아바시리/우토로온천

버스

공항 1층 1번 버스승강장에서 아바시리행 노선버스를 이용할 수 있으며 아바시리역까지 30분 소요되고 편도 운임은 930엔이다. 시레토코 여행의 중심지인 우토로온천까지 운행하는 공항 리무진버스는 4번 버스승강장에서 탑승하며 아바시리역과 시레토코샤리역을 경유해 2시간 10분 정도 소요된다. 편도 운임 3,300엔.

4. 하코다테공항~하코다테

버스

공항 1층 3번 버스 승강장에서 공항 리무진버스를 탑승할 수 있으며 유노카와온천을 경유해 하코다테역까지 20분 정도 소요된다. 편도 운임 500엔.

5. 아사히카와공항~아사히카와/비에이 · 후라노

버스

아사히카와 방면은 공항 1층의 1번 승강장, 비에이 · 후라노 방면은 2번 승강장에서 탑승하면 된다. 아사히카와는 후라노버스와 공항 리무진버스가 있으며 편도 요금과 소요 시간은 35분, 750엔으로 동일하다. 비에이 · 후라노는 후라노버스를 탑승하면 되고 비에이까지 16분 소요, 편도 요금은 380엔, 후라노역까지 1시간 소요, 편도 요금은 790엔이다.

6. 구시로공항~구시로

버스

공항 1층 버스승강장에서 아칸버스를 이용하면 45분 소요되며 편도 요금은 950엔이다.

Step 03
Enjoying
....

훗카이도를
즐기다

얼음 바다 위를 달리다

땅도 얼고 호수도 얼어버린
홋카이도에선 망망대해마저
얼음으로 뒤덮인다. 한 번
보면 잊지 못할 정도로 짜릿한
오호츠크해의 유빙은 겨울왕국
홋카이도가 선사하는
한 편의 스펙터클한 서사시다.

홋카이도 동부 사람들은 아주 오래전부터 겨울이면 유빙이 '찾아온다'고 말하곤 했다. 신비한 자연 현상을 사람에 빗댄 시적인 표현이지만 사실 이는 매우 과학적인 이야기이다. 염분의 농도가 높은 바다는 영하 2도 이하에서 얼기 때문에 보통 북극이나 남극에서는 1년 내내 유빙 현상을 볼 수 있다. 반면 홋카이도의 유빙은 러시아 아무르강 하구의 염분 낮은 바닷물이 한겨울 시베리아 기단의 영향으로 얼기 시작해 해류를 타고 점점 성장하면서 오호츠크해를 건너 홋카이도 동부 연안까지 밀려오는 것이다. 극지방이 아니고서 유빙을 체험할 수 있는 지역은 세계적으로도 매우 드물기 때문에 이 신비한 체험을 하기 위해 홋카이도 동부엔 매년 2~3월 전 세계에서 관광객이 몰려들고 있다. 유빙을 체험하는 방법은 크게 두 가지. 우선 얼음을 부수기 위해 배 앞머리가 뾰족한 각을 이루는 쇄빙선을 타고 얼음 바다를 헤치며 나아가는 것이다. 아바시리항에서 출발하는 오로라호, 그리고 몬베츠항에서 출항하는 가린코호가 대표적인 쇄빙 관광선. 보는 것만으로 만족하지 못한다면 유빙 위를 걷고 직접 만질 수 있는 유빙 워크도 있다. '유빙의 천사'라 불리는 바다생물 클리오네를 가까이서 볼 수 있다는 것이 무엇보다 매력적이다. 안타깝게도 지구온난화의 영향으로 유빙을 볼 수 있는 기간은 점점 짧아지고 있다.

아바시리 유빙관광 쇄빙선 오로라
網走流氷観光砕氷船おーろら

1, 2층의 객실과 3층 전망대로 이루어진 쇄빙선 오로라는 아바시리항에서 출항해 1시간가량 유빙 속을 항해한다. 날카로운 뱃머리가 얼음을 가르며 길을 내는데 서걱거리는 소리가 마치 유빙이 살아 있는 것같은 묘한 착각을 불러일으킨다. 접근성이 좋아 관광객들에게 인기가 높다.

Data 지도 423p-B 하
가는 법 JR아바시리역 앞 1번
승강장에서 아바시리 메구리 버스
승차 미치노에키 류효사이효센
道の駅流氷砕氷船 하차(8분 소요)
/ 아바시리
버스터미널에서 도보 10분
주소 網走市南3条東4-5-1
전화 0152-43-6000
운영시간 1월 말~3월말 운행
(하루 4~5편, 시간은 유빙 상황에
따라 변경)
요금 어른 4,000엔, 초등학생
2,000엔
홈페이지 www.ms-aurora.com/
abashiri

Data 지도 423p-A 상
가는 법 샤리버스터미널에서 버스로
1시간, 우토로온천에서 내려 도보 3분
주소 斜里郡斜里町ウトロ東51
전화 0152-24-3231
(고질라이와 관광)
운영시간 2월 초~3월 하순(시간은
유빙 상황에 따라서 변경)
요금 6,000엔(드라이슈트 대여료,
가이드료 포함)
홈페이지 www.kamuiwakka.jp/
driftice

유빙 워크 流氷遊ウォーク
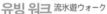

방수·방한의 드라이 슈트를 입고 오호츠크해의 얼음 바다 속으로 걷거나 풍덩 빠지는 유빙 워크는 홋카이도에서만 할 수 있는 특별한 체험이다. 지역의 전문 다이버에게 가이드를 받으며 안전하게 진행하기 때문에 수영을 못하더라도 문제없다. 유빙 체험 후 가까운 온천에서 몸을 풀 수 있는 패키지도 있다. 키 130cm 이상의 초등학생~75세 미만의 사람만 참가 할 수 있다.

ENJOYING 02

숲 사이로 거닐다,
꽃 정원에 취하다

쾌청한 하늘 아래 형형색색 만개한
꽃과 초록빛의 영롱한 잎사귀.
홋카이도 여름날의 주인공은
단연 로맨틱하고 아름다운 숲과
정원이다. 그리고 그 뒤에는
땅 위의 모든 것이 잠들어 버린
듯한 설국의 땅을 묵묵히 지켜온
사람들이 있다. 홋카이도의 숲과
정원, 그리고 꽃보다 아름다운
사람들의 이야기.

Tip **홋카이도 가든 가도** 北海道ガーデン街道
홋카이도의 대표적인 정원과 숲 8곳이 자리한 아사히카와,
후라노, 오비히로를 잇는 250km의 루트. 영국의 코츠월드, 독일의
로맨틱 가도를 꿈꾸며 홋카이도에 새로운 정원문화를 뿌리내리기
위해 2009년부터 매해 개최하고 있다. 아사히카와의 다이세츠
모리노가든 · 우에노팜, 후라노의 가제노가든, 오비히로의 도카치
센넨노모리 · 마나베정원 · 도카치힐 · 시치쿠가든 · 롯카노모리
등 홋카이도의 축복 받은 대자연과 사람의 손길이 만나 탄생한
아름다운 숲과 정원을 놓치지 말자. 가제노가든, 우에노팜, 다이세츠
모리노가든 공통 입장권(2,300엔)과 그 외 5곳 중 3곳을 입장할 수
있는 공통 입장권(2,000엔) 2가지 공통 입장권을 구입하면 조금 더
저렴하게 이용할 수 있다. 각 정원 티켓 창구에서 구매할 수 있다.
Data 운영시간 5월 초~10월 중순 요금 어른 500~800엔 /
가든 가도 티켓 2,200엔 홈페이지 www.hokkaido-garden.jp

지역을 살린 보랏빛 축제
팜도미타 ファーム富田

여름날의 후라노를 빛나게 하는 각양각색의 꽃 중에 으뜸은 라벤더다. 7월 중순 후라노를 보랏빛의 황홀한 풍경으로 탈바꿈시키는 라벤더 밭. '정원' 대신 '밭'이라 불리는 이유는 라벤더가 관상용이 아니라 지역의 경제를 책임지는 경작물이기 때문이다. 1958년부터 라벤더를 향료용으로 경작한 팜도미타는 비교적 뒤늦게 합류해 1970년대까지 남아있던 후라노 최후의 라벤더 농가였다. 후라노 라벤더의 명맥만을 이어가던 팜도미타는 우연한 기회에 반전의 열쇠를 잡는다. JR홋카이도 열차 달력에 팜도미타의 사진이 실리면서 관광객이 점차 늘어나게 된 것. 덩달아 문을 닫았던 다른 라벤더 농가에도 서서히 변화의 바람이 일기 시작했다. 시골마을 후라노에 독보적인 관광자원이 생긴 것이다. 이 기회를 놓치지 않고 팜도미타는 독자적인 라벤더 에센셜 오일 개발을 통해 라벤더 상품화에 박차를 가하고 향수, 라벤더 비누 등을 선보이며 라벤더 명가로서 당당히 이름 올린다. 1990년에는 프랑스에서 열린 '라벤더 향기 페어'에서 1등을 차지하고 라벤더 재배의 공로를 인정받아 라벤더 수도 기사의 칭호를 수여 받으며 국제적인 명성도 얻게 되었다. 25ha까지 확장된 농장에는 현재 라벤더뿐 아니라 5월부터 10월까지 피어나는 다양한 꽃을 심어 더욱 화려해진 풍경을 감상할 수 있다. 팜도미타 가장 안쪽에 자리하고 있는 '트래디셔널 라벤더 꽃밭'은 지금의 팜도미타를 만든 초창기 라벤더 밭으로, 여전히 7월이면 보랏빛의 화사한 꽃망울을 터트린다.

Data 지도 285p-G
가는 법 JR라벤더바타케역에서 도보 10분 또는 JR나카후라노역에서 미야마치宮町 방면으로 도보 25분
주소 中富良野町中富良野基線北15
운영시간 6월 말~8월 중순 08:30~18:00, 5~6월 중순·8월 말~9월 9:00~17:00, 4월 중순~하순·10~11월 09:30~16:30, 12~4월 초 10:00~16:30
전화 0167-39-3939
홈페이지 www.farm-tomita.co.jp

홋카이도 정원의 탄생
우에노팜 UENO FARM

홋카이도의 정원은 우에도팜 이전과 이후로 나뉜다 해도 과언이 아니다. 그리고 그 중심에 가드너인 우에노 사유키(上野砂由紀) 씨가 있다. 대대로 벼농사를 짓던 우에노 가족은 1989년 개인의 쌀 판매가 법적으로 가능해지자 농장을 찾은 손님들을 위해 농장 한구석과 오솔길에 꽃을 심었다. 농장에 딸린 소박한 정원은 집안의 장녀인 우에노 사유키 씨가 영국 유학에서 돌아오면서 일대 변화를 맞게 된다. 영국식 정원에 심취한 그녀는 농장 내 약 3천m²(900평)의 부지를 영국식 정원으로 탈바꿈시킨 것이다. 꽃의 종류와 배치, 심지어 돌멩이 하나까지 그녀의 손길이 닿지 않은 곳이 없었다. 완성된 정원은 아사히카와뿐 아니라 홋카이도 전역에서 방문객이 찾아올 정도로 호평을 받지만 그녀에겐 완벽한 영국식 정원이라고 하기엔 미심쩍은 부분이 남아 있었다. 그러던 어느 날 정원을 구경하러 온 손님들이 홋카이도에선 같은 꽃도 색이 더 진하다든가, 도쿄에서는 같이 피지 않는 꽃이 어우러져 드문 광경이라는 등의 이야기를 듣고 깜짝 놀라게 된다. 홋카이도의 대지와 공기 속에서 탄생한 정원은 이미 영국식이라 할 수 없었던 것이다. 이 땅에서 잘 자라는 식물, 개화시기에 따른 조합, 일교차로 인한 색감 차이 등을 설명하는 한 단어. 우에노 사유키 씨는 이를 '홋카이도 가든'이라 말한다. 1천여 종의 꽃이 달마다 피고 지며 변화하는 우에노팜의 풍경은 북국의 계절만큼이나 다채롭고 다이내믹하다.

Data 지도 323p-B
가는 법 JR사쿠라오카桜岡역 하차 후 도보 15분 또는 JR아사히카와역에서 차로 30분
주소 旭川市永山16-186-2
전화 0166-47-8741
운영시간 4월 하순~10월 중순 10:00~17:00(가든 영업기간 외에는 카페만 영업)
요금 중학생 이상 1,000엔 중학생 500엔, 초등학생 이하 무료
홈페이지 www.uenofarm.net

©UENO FARM

미래를 준비하는 숲
도카치 센넨노모리 十勝千年の森 | 천년의 숲

히다카 산맥과 도카치평야 경계에 자리한 400ha의 거대한 부지가
'천년의 숲'이라는 뜻의 '도카치 센넨노모리'로 2008년 문을 열었다.
조림을 위해 인위적으로 심었던 낙엽송 등 침엽수를 도태시키고 도카
치 지방의 전통 숲을 복원한다는 목표 아래 향후 천년 동안 키워낼 계
획이다. 환경운동 선언과도 같은 이 프로젝트는 2002년 일본의 랜드
스케이프 건축가 다카노 후미아키高野文彰와 영국의 가든 디자이너 댄
피어선Dan Pearson의 참여로 구체적인 모습을 띠게 되었다. 도카치 숲만
의 매력을 살리고 홋카이도의 기후와 풍토에 맞는 정원을 가꿔 그곳
에서 자란 건강하고 맛있는 농산물을 소비하며, 인간이 만든 예술작
품을 자연과 함께 숨 쉬게 하는 것. 그리하여 땅, 숲, 초원, 농장을 테
마로 한 네 곳의 정원과 세계적인 현대예술작가 8인이 참가한 아트라
인ARTLINE이 조성되었다. 이후 〈2012 홋카이도 가든 쇼〉를 통해 4명
의 가든 디자이너가 참여한 HGS디자이너스 가든까지 더해지면서 숲
의 모습은 한층 더 풍부해졌다. '사람과 자연의 공생'이라는 범지구적
주제 의식을 담고 있지만, 실제 숲과 정원의 모습은 지극히 자연스럽
다. 도카치에서 자생하는 은방울꽃이나 에조 조팝나무 같은 작은 들
꽃 옆으로 콩과 잡곡이 자라고, 실개천이 흐르는 울창한 숲에선 깊은
숨을 들이마시게 된다. 웅장한 히다카산맥을 배경으로 바람의 움직임
이 보이는 듯 연출된 구릉도 자연스런 멋을 느낄 수 있다. 10월 말부
터 겨울 동안은 영업을 중지한다.

Data 지도 340p-A
가는 법 JR오비히로역에서 차로
45분. JR도카치시미즈역에서 택시
15분. 또는 당일 버스여행팩 이용
주소 上川郡淸水町字羽帶南10線
전화 0156-63-3000
운영시간 4월말~6월말 09:30~
17:00, 7월 1일~8월 31일
09:00~17:00, 9월~10월말초
09:30~16:00
요금 고등학생 이상 1,200엔,
초·중학생 600엔
홈페이지 www.tmf.jp

ENJOYING **03**

얼음 위, 바다 옆,
강바닥,
하늘 아래 온천

홋카이도 전역 곳곳에 자리한
뜨끈한 온천 덕분에 가차없이
몰아치는 설국의 눈보라가 오히려
반갑다. 온천마니아를 설레게 하는
홋카이도의 천연 온천 10곳.

원숭이들이 온천에 몸을 담그고 있는 진귀한 광경을 볼 수 있는 홋카이도. 하코다테의 유노카와온천처럼 300년이 훌쩍 넘은 온천도 있지만 대부분 개발된 지 100년이 넘지 않는다. 홋카이도 온천의 역사는 홋카이도 개척사와 맞닿아 있기 때문이다. 따뜻한 지역에 사는 원숭이가 추위를 이기기 위해 온천에 몸을 맡겼듯, 츠가루해협을 건너온 이주민들에게 본섬에서는 상상할 수조차 없던 혹독한 추위를 견디게 해준 것은 화화산과 강바닥에서 솟는 온천수였다. 홋카이도 전역에 크고 작은 온천지가 200곳이 넘고 산, 바다, 강, 호수 등 주변 풍경도 다채롭다. 뭐니 뭐니 해도 홋카이도의 겨울 날씨는 온천을 즐기기에 최적이다. 코끝이 쩡하게 추운 겨울날일수록 온몸을 휘감는 따뜻한 온천의 열기는 확실한 위로와 힘이 되곤 한다.

> **Tip** 유명 온천을 가볍게 즐기는 법, 당일치기 입욕&족욕
> 온천에는 들어가고 싶지만 온천호텔에 묵기에는 예산이 부족할 때 당일로 온천탕만 즐기고 오는 것을 '히가에리뉴요쿠日帰り入浴'라고 한다. 호텔에 따라 당일치기 입욕이 가능한 탕과 투숙객만 이용할 수 있는 탕을 구분해 두거나, 당일 입욕 시간을 따로 정해두기도 하니 프런트에서 확인하도록 하자. 입욕료는 500~1,000엔 정도이다. 당일치기 입욕조차 불가능할 정도로 촉박할 일정이라면 야외에 마련된 무료 족욕탕에 발을 담그는 것만으로도 위안이 된다.

홋카이도 온천

우토로온천
ウトロ温泉

소운쿄온천
層雲峽温泉

가와유온천
川湯温泉

시로가네온천
白金温泉

아칸코와온천
阿寒湖温泉

조잔케이온천
定山渓

도카치카와온천
十勝川温泉

도아코온천
洞爺湖温泉

노보리베츠온천
登別温泉

유노카와온천
湯の川温泉

조잔케이온천 定山渓温泉

'삿포로의 안뜰'로 불리는 삿포로 근교 온천. 1866년 떠돌이 수도승에 의해 발견되었다고 전해지며 계곡을 따라 온천호텔이 자리하고 있다. 강 연안이나 암반에서 솟아나는 온천의 용출양은 매분 8,600L에 달할 정도로 풍부하고 온도도 60~80℃로 고온이라 양과 질에서 모두 만족할 수 있다. 무색의 온천수는 염분 농도가 높은 나트륨 염화천.

Data 지도 063p 가는 법 삿포로에키마에터미널 12번 승강장에서 조잔케이온천 직행버스 갓파라이나호 승차, 조잔케이온천 하차(1시간 소요) 주소 札幌市南区 定山渓温泉 전화 011-598-2012(조잔케이 관광협회) 홈페이지 jozankei.jp

유노카와온천 湯の川温泉

홋카이도에서 가장 역사가 깊은 온천. 츠가루해협의 파도 소리를 들으면 노천욕을 즐길 수 있고 노면전차가 운행돼 하코다테 시내에서의 교통이 편리하다. 노면전차 유노카와온천역 건너편에 무료 족욕탕이 있고, 이를 기준으로 양쪽 길로 온천호텔이 늘어서 있다. 무색무취의 나트륨, 칼륨염화물천(식염천)으로 몸을 따뜻하게 해주는 효능이 탁월하다.

Data 지도 063p 가는 법 하코다테 노면전차 유노카와 온천역에서 도보 8분 또는 하코다테공항에서 공항버스 타고 유노카와온천 정류장 하차(8분 소요) 후 바로 주소 函館市 湯川町 전화 0138-57-8988(하코다테 유노카와 온천료칸 협동조합) 홈페이지 hakodate-yunokawa.jp

가와유온천 川湯温泉

활화산인 이오잔에서 흘러나온 고온의 강줄기를 따라 수증기와 유황 냄새가 피어오르는 온천. pH1.8의 강산성유황온천으로 살균력이 뛰어나고 나트륨이 많이 포함되어 목욕 후 한기가 잘 들지 않는다. 가문비나무, 자작나무의 아름다운 숲에 둘러싸여 있어 온천욕과 산림욕을 동시에 즐길 수 있다. 가와유온센역과 온천가 곳곳에 족욕탕이 마련되어 있다.

Data 지도 063p 가는 법 JR가와유온센역에서 차로 8분 주소 川上郡弟子屈町川湯温泉 전화 015-482-2200(마슈코 관광협회) 홈페이지 www.kawayu-onsen.com

아칸코온천 阿寒湖温泉

천연기념물 마리모(공 모양의 해초)로 유명한 호수 아칸코의 온천. 예로부터 홋카이도의 원주민인 아이누족도 이용하던 온천으로, 아칸코와 메아칸다케雌阿寒岳를 바라보며 50~80℃의 단순천과 유황온천을 즐길 수 있다. 수욕手湯의 원조로 알려진 아칸코온천가에는 무료이용 가능한 수욕탕과 족욕탕이 여러 곳 마련되어 있다.

Data 지도 063p 가는 법 JR구시로역 앞 터미널에서 아칸버스 아칸선 타고 아칸코온센(종점) 하차(약 2시간 소요) 주소 釧路市阿寒町阿寒湖温泉 전화 0154-67-3200(아칸코 관광협회) 홈페이지 akanko-spa.jp

도야코온천 洞爺湖温泉

칼데라호 도야코의 남쪽 호숫가에 자리한 온천. 나트륨칼슘염화물의 온천수는 신경통에 효과가 있으며 온천 협동조합에서 일괄적으로 관리하면서 급탕하기 때문에 어느 온천시설이나 물은 같다. 4월부터 10월 말까지 매일 밤마다 선상 불꽃놀이가 펼쳐지는데, 노천탕에 몸을 담근 채 밤하늘과 호수를 화려하게 밝히는 불꽃을 감상할 수 있다.

Data 지도 063p 가는 법 JR도야코역에서 도난버스 도야코온천행 승차 후 도야코온천 버스터미널 하차(18분 소요) 주소 虻田郡洞爺湖町洞爺湖温泉 전화 0142-75-2446(도야코온천 관광협회) 홈페이지 www.laketoya.com

도카치가와온천 十勝川温泉

홋카이도 유산으로 선정된 바 있는 희귀한 식물성 모르Moor 온천. 일반적인 광물성 온천과 달리 흑갈색의 온천수는 식물성 유기물을 풍부하게 함유하고 있어 피부 자극이 적고 보습 효과가 탁월하다. 유유히 흐르는 도카치가와 강과 웅장한 히다카 산봉우리에 둘러싸여 있어서 온천욕을 즐기며 바라보는 경치가 아름답다.

Data 지도 063p 가는 법 JR오비히로역에서 차로 20분 또는 JR오비히로역 남쪽 출구 6번 승강장에서 45번 버스 승차 도카치가와온센 하차(약 30분 소요) 주소 河東郡音更町十勝川温泉 전화 0155-32-6633 (도카치가와온천 관광협회) 홈페이지 www.tokachigawa.net

노보리베츠온천 登別温泉

일본인들이 가장 가보고 싶은 온천으로 꼽히기도 한 홋카이도 대표
온천. '온천백화점'이라는 별칭답게 유황천, 식염천, 명반천, 망초천,
석고천, 철천, 산성천 등 온천 성분이 수십 종에 달한다. 하루 용출량
이 1만 톤에 달하고 수온도 45~90℃까지 다양하다. 사계절 하얀 연
기를 뿜어대는 지코쿠다니 계곡에서는 굽이굽이 흐르는 뽀얀 원천수
를 볼 수 있다.

Data 지도 063p
가는 법 JR노보리베츠역에서 도난
버스 타고 노보리베츠온센 버스
터미널에서 하차(17분 소요)
주소 登別市登別温泉町
전화 0143-84-3311
(노보리베츠온천 관광협회)
홈페이지 www.noboribetsu-
spa.jp

(Tip) 노보리베츠온천의 다양한 온천 성분과 효과

유황천硫黄泉
대표적인 온천수로 유백색에 삶
은 달걀과 같은 독특한 냄새가 난
다. 모세혈관을 확장시켜 혈액
순환을 좋게 해주어 심장병, 고
혈압, 만성 관절염, 피부염 등에
좋다.

식염천食塩泉
무색투명하며 바닷물 성분과 비
슷한 염분이 포함되어 있다. 염분
이 땀의 증발을 막아주어 보온 효
과가 높아 목욕 후에도 한기가 잘
들지 않는다.

명반천明礬泉
무색투명 또는 다소 황갈색의 온
천으로 알루미늄과 황산이온을
함유하고 있어 결막염 등에 효험
이 있고 피부 미용 외에 만성 피부
질환과 무좀, 두드러기 등에도 효
과가 있다.

망초천芒硝泉
무색무취지만 짠맛이 난다. 나트
륨과 황산이온 성분이 혈관을 확
장시켜 혈액순환을 돕고 장의 운
동을 촉진시켜 변비, 비만 등을
해소한다.

라듐천ラジウム泉
라돈과 토론이 있어 치유력을
높여주는 것으로 인기 있는 온
천. 진정 작용이 뛰어나 신경통,
류머티즘, 갱년기 증상에 특히
좋다.

녹반천緑礬泉
철과 구리 등의 광물을 함유하고
있어 공기와 만나면 다갈색으로
변한다. 강산성으로 빨리 몸을 따
뜻하게 해주고 빈혈과 만성습진
등에 좋다.

철천·함철천 鉄泉·含鉄泉
원천은 투명하지만 공기로 인해
갈색으로 산화하여 수건이 붉게
변하곤 한다. 금속 맛이 나기도
하며 류머티즘, 갱년기 증상, 빈
혈, 만성습진 등에 좋다.

산성천酸性泉
무색투명 또는 옅은 황갈색의 온
천. 다량의 수소 이온을 함유하
고 있으며 살균력이 강해 습진 등
에 효능이 있지만 피부가 약한 사
람은 입욕 후 담수로 씻어주어야
한다.

중조천·탄산수소염천
重曹泉·炭酸水素塩泉
무색투명의 중탄산소다를 함유
하고 있어 피부의 각질층을 부드
럽게 해준다. 마치 비누로 씻은
것처럼 피부가 매끈해져 '미인탕'
이라고도 불린다.

시로가네온천 白金温泉

1950년에 분출된 온천을 보고 촌장이 '진흙 속에서 백금(시로가네)을 발견했다'며 기뻐했던 데서 이름이 유래된 온천. 4km의 자작나무 길을 지나면 도가치다케 산봉우리가 보이는 곳에 고즈넉하게 자리 잡았다. 신경통에 효과가 있다는 무색무취의 망초천으로 철분을 포함하고 있어서 공기와 닿으면 서서히 산화되어 갈색으로 변한다.

Data 지도 063p 가는 법 JR비에이역에서 차로 30분 또는 JR비에이역 앞에서 시로가네 온천행 노선버스 승차 후 종점 하차(30분 소요) 주소 上川郡美瑛町字白金 전화 0166-94-3025 홈페이지 www.biei-shiroganeonsen.com

소운쿄온천 層雲峡温泉

다이세츠잔 북동쪽 기슭의 깎아지른 듯한 소운쿄 대협곡 사이에 자리한 온천. 단순유황천으로 신경통, 고혈압 등에 효과가 있다. 캐나다의 산악 리조트를 본뜬 온천상점가 '캐니언 몰Canyon Mall'은 다른 온천가와 달리 유럽풍의 분위기를 낸다. 다이세츠잔과 협곡을 바라보며 노천욕을 즐길 수 있다.

Data 지도 063p 가는 법 JR아사히카와역 출구 앞 8번 승강장에서 소운쿄행 81번 버스 승차 후 소운쿄 버스터미널 하차(1시간 50분) 주소 上川郡上川町層雲峡温泉 전화 01658-2-1811(소운쿄 관광협회) 홈페이지 www.sounkyo.net(한국어 지원)

우토로온천 ウトロ温泉

시레토코 에코 관광의 거점인 우토로항 인근의 온천. 나트륨, 탄산수소염천으로 여러 종류의 성분이 혼합되어 폭 넓은 효능을 볼 수 있다. 노천탕이나 큰 유리창의 대욕탕에서 석양이 아름다운 우토로항과 오호츠크해를 감상할 수 있고, 겨울에는 유빙으로 뒤덮인 얼음 바다 위에 둥둥 떠 있는 듯한 기분을 느낄 수 있다.

Data 지도 063p 가는 법 샤리버스터미널에서 샤리버스 승차 우토로온천 하차(55분 소요) 주소 斜里郡斜里町ウトロ 전화 0152-22-2125(시레토코 관광협회) 홈페이지 www.shiretoko.asia

홋카이도의 지붕,
다이세츠잔을 오르다

홋카이도 중심부에 우뚝 솟은 다이세츠잔. 로프웨이를 타고
깊은 협곡과 울창한 숲 사이를 가로질러 정상부까지 단숨에
오른다. 만년설이 지척인 고산지대에 야생화가 수북하게
피어난 다이세츠잔은 천상의 화원이 따로 없다.

후지산에 올라 산의 높이를 말하지 말고, 다이세츠잔에 올라 산의 크기를 말하지 말라. 다이쇼시대의 한 문인의 말처럼 다이세츠잔은 일본에서 적수가 없는 최대 넓이의 국립공원이다. 전체 면적 약 23만ha로 우리나라 지리산국립공원의 5배가 넘고, 해발 2,291m의 최고봉 아사히다케를 비롯한 2,000m 전후의 봉우리들이 웅장한 산세를 자랑한다. 가문비나무, 분비나무 등의 침엽수가 울울창창한 원시림은 에조사슴, 북방여우, 북방줄무늬다람쥐가 뛰놋 노는 야생 동물의 낙원이기도 하다. 다이세츠잔의 하이라이트는 산 정상부. 여름이면 산꼭대기의 만년설 뒤로 평탄한 고산지에 250여 종의 희귀한 고산식물이 활짝 꽃피우며 가슴 벅찬 풍경을 선사한다. 에조쥐토끼와 황모시나비, 아사히효몬(표범나비의 일종), 북방새 솔양진이 등 추운 고산지대의 진귀한 동물들도 볼 수 있다. 다이세츠잔은 가을철 단풍 명소로도 유명하다. 마치 산 전체가 시뻘건 불길에 휩싸인 듯 눈부신 단풍의 자태는 감탄을 자아낸다. 노약자 혹은 저질 체력 소유자도 이 비범한 풍경을 누릴 수 있도록 정상 바로 아래까지 로프웨이를 설치해두었다. 다이세츠잔 소운쿄 대협곡 방면의 구로다케 로프웨이와 그 반대쪽의 아사히다케 로프웨이가 있으며 채 10분도 걸리지 않아 정상 턱밑까지 도달할 수 있다.

구로다케 黑岳

소운쿄 대협곡 방면의 구로다케(1,984m)는 로프웨이를 이용해 5부 능선까지 7분 만에 오를 수 있다. 다이세츠잔의 봉우리와 소운쿄 대협곡을 전망한 후 다시 2인용 리프트를 타고 7부 능선인 1,500m 지점에 도달한다. 구로다케의 다채로운 고산식물은 여기서 정상까지 향하는 1시간 30분 정도의 등산 코스를 오르면서 관찰할 수 있다. 경사면의 강한 바람과 혹독한 환경에서 살아남은 키 작은 고산식물들이 가슴 저릿한 풍광을 선사한다. 등산하기 전에 7부 능선 등산 관리소에서 입산 신고서를 작성해야 한다. 여름철 새벽 운해를 볼 수 있는 가이드 투어도 진행하고 있다.

Data 지도 322p-B
가는 법 JR아사히카와역 북쪽 출구 앞 8번 승강장에서 소운쿄 행 81번 버스 승차, 소운쿄 버스터미널 하차 (1시간 50분) 후 도보 5분
전화 01658-5-3031
운영시간 여름 시즌 06:00~19:00, 겨울 시즌 08:00~16:00 (20분 간격)
요금 로프웨이 왕복 어른 (중학생 이상) 2,400엔, 어린이(초등학생) 1,400엔, 초등학생 미만 무료 / 2인용 리프트 왕복 어른 600엔, 어린이 400엔 / 오하요 로프웨이(운해) 어른 3,000엔, 어린이 2,000엔
홈페이지 www.rinyu.co.jp/kurodake

아사히다케 旭岳

다이세츠잔 최대 높이의 아사히다케(2,291m)는 식생이 변화하는 숲 한계선을 타고 넘어 고산지대까지 로프웨이가 운행하는 일본 유일의 산이다. 로프웨이를 타고 10분 만에 스가타미역에 도착하면, 그 주변을 1시간 정도 도는 산책코스와 아사히다케 정상 또는 스소아이다이라裾合平 평원까지 2시간여를 오르는 등산코스를 선택할 수 있다. 일명 스가타미 코스로도 불리는 산책코스는 과거 분화구에 물이 고여 만들어진 스가타미 연못을 포함한 네 개의 연못 습지를 지나는 비교적 평탄한 지대이다. 흰 연기를 피워내는 화구와 다양한 고산식물, 빙하기 시대의 희귀한 조류를 관찰할 수 있어서 다이세츠잔을 충분히 만끽할 수 있다.

> **Tip** **다이세츠잔 등산 복장**
> 다이세츠잔 정상부는 한여름에도 서늘하기 때문에 복장에 특히 유의해야 한다. 바지와 티셔츠는 속건성의 재질로 된 것을 입고 반드시 발목까지 오는 등산화를 착용하도록 하자. 갑작스럽게 비바람이 불 수 있기 때문에 우비는 필수. 1~2리터의 물과 비상용 헤드램프, 나침반, 초콜릿 등을 챙기고 쓰레기를 담아 올 수 있도록 비닐봉투를 가져가자.

Data 지도 322p-B
가는 법 JR아사히카와역 북쪽 출구 앞 9번 승강장에서 66번 버스 아사히다케 이데유旭岳いで湯호 승차 후 종점 아사히다케온천 하차(1시간 25분)
주소 上川郡東川町旭岳温泉
전화 0166-68-9111
운영시간 로프웨이 09:00~17:00 (동계 ~15:40, 20분 간격 운행))
요금 로프웨이 왕복 티켓
6월 1일~10월 20일(성수기) 중학생 이상 3,200엔, 초등학생 이하 1,600엔, 10월 21일~5월 31일(비수기) 중학생 이상 2,200엔, 초등학생 이하 1,500엔, 초등학생 미만 무료
홈페이지 asahidake.hokkaido.jp

자연 그대로의 자연,
홋카이도 동부 에코투어

불편한 교통과 긴 이동시간 탓에 늘 후순위로 밀렸던 홋카이도 동부.
그러나 일본 본섬과는 전혀 다른 천혜의 자연 환경과 토착 문화를 가진
홋카이도의 속살을 보고 싶다면 선택은 주저 없이 홋카이도 동부다.
에코투어의 끝판왕, 홋카이도 동부 핵심 코스 세 곳.

자연이 빚은 물의 땅
구시로습원 釧路湿原

1980년, 국제적으로 중요한 습지에 관한 '람사르 협약'에 일본 제
1호로 등재된 일본 최대의 습원이자 물새 서식지다. 구시로습원의
총면적은 축구장 3만 개와 맞먹는 2만2천여ha. 이곳에 서식하는
진귀한 동식물은 그 수를 헤아리기 어려울 정도다. 에조사슴, 에조
다람쥐, 얼룩다람쥐, 북방여우 등 포유류 26종은 물론 '습원의 신'
이라는 별명을 가진 두루미를 비롯해 흰꼬리수리, 백조, 검은머리
촉새, 물총새, 오색딱따구리 등 조류 약 170종, 그리고 멸종 위기
종인 네발가락도롱뇽과 환상의 물고기라는 사할린자치가 서식하
고 있다. 조름나물, 각시석남, 황새풀, 검은낭아초, 구시로꽃고비,
에조용담 등 이름도 생김새도 예쁜 습지식물도 600여 종이다. 습
원에서는 땅이 움푹 패어 물이 고여 있는 곳을 발견하게 되는데 이
는 습원의 눈동자란 의미의 '야치마나코谷地眼'다. 붉게 물든 석양이
수면에 비치면 마치 붉은 눈동자처럼 보인다는 데서 유래했다. 얕
은 웅덩이겠거니 싶어도 맨홀 크기만 한 웅덩이의 깊이가 3~4m
에 달한다. 습원의 특이한 풍경 중 하나로 꼽히는 '야치보즈谷地坊主'
도 시선을 사로잡는다. 이는 쑥쑥 자라난 식물의 뿌리가 추운 겨울
을 맞아 지면이 위로 들리는 동상현상Frost Heaving에 의해 까까머리
또는 모히칸 헤어스타일처럼 지표면 위로 불쑥 솟아난 것이다. 한
편 구시로습원에는 호소오카 전망대, 호쿠토 전망대, 구시로시 습
원 전망대 등 여러 곳에 전망대가 마련되어 있으니, 이들 전망대와
연결된 나무보도와 산책로를 따라 습원 가까이 돌아볼 수 있다.

Data 지도 401p 가는 법 JR구시로시츠겐역 하차(동부 습원) 또는
아칸버스 츠루이선을 타고 구시로시 습원 전망대 하차(서부 습원)

야생 동물의 마지막 지상낙원
시레토코반도 知床半島

홋카이도 동쪽 끝 비죽이 나온 시레토코반도는 원생림과 야생동물의 낙원이다. '시레토코 팔경'이 있을 정도로 빼어난 절경을 자랑하는 이곳에서 첫 손에 꼽히는 곳은 바로 다섯 개의 호수 시레토코고코. 신이 다섯 개의 손가락을 눌러 생겼다는 전설이 전해지는 시레토코고코는 숲과 산맥이 둘러싸고 있는 호면 위로 수생식물과 산의 그림자가 환상적인 그림을 그려낸다. 아직 시레토코 연산의 눈이 녹지 않은 봄, 야생화가 피어나고 새끼 에조사슴이 뛰어 노는 여름, 단풍이 절정에 이른 가을을 지나 호수 주변이 긴 잠을 자는 겨울까지 사계절 아름다운 태곳적 원생림을 만날 수 있다. 야생 불곰의 주요 서식지이므로 '곰의 집에 잠시 놀러 간다'는 자세로 조용하고 차분히 산책할 것을 당부한다.

Data 지도 423p-A 상 가는 법 샤리버스터미널에서 샤리버스 승차 시레토코고코 하차(1시간 25분 소요)

> **Tip** **시레토코 팔경**
> • 두 갈래로 떨어지는 박력 넘치는 폭포 오신코신노타키
> • 우토로항의 거대 바위 오론코이와
> • 오호츠크해의 석양을 감상할 수 있는 유히다이 석양전망대와 프유니미사키(곶)
> • 다섯 개의 호수 주변으로 원생림이 조성된 시레토코고코
> • 온천이 솟아나는 계곡 폭포 가무이왓카유노타키
> • 단애 절벽을 흐르는 폭포 후레페노타키
> • 고산의 아찔한 고갯길 시레토코토게

활화산이 선물한 기적의 호수
아칸국립공원 阿寒国立公園

아칸국립공원은 아카코·굿샤로코·마슈코
의 세 칼데라 호수를 아우르는 총면적 9만
481ha의 국립공원으로 1934년에 지정됐다.
아칸코 호수바닥에서만 서식하는 둥근 수초
'마리모'가 1921년 천연기념물로 지정된 것이
계기가 되었다. 주변에 메아칸다케, 오아칸다
케, 아칸후지 등 빼어난 산봉우리가 우뚝 솟
아있어서 숲과 호수와 화산이 만들어낸 자연
의 하모니를 감상할 수 있다.

1. 아칸코 阿寒湖

잔물결 하나 없이 거울 같은 아칸코. 갖가지 수중 생물
이 살고 있는 아칸코에서 가장 유명한 것은 '마리모'다.
1cm도 안 되는 것부터 직경 25cm 이상인 것까지, 크
고 작은 마리모가 무려 6억 개 넘게 아칸코 바닥에 분포
하는 것으로 알려졌다. 25cm 이상의 대형 마리모는 3
천개 정도. 둥근 공 모양을 유지하면서 광합성에 의해
점점 커나간다. 둥근 마리모가 무리 지어 서식하는 것은
일본의 아칸코와 아이슬란드의 뮈바튼 호수뿐이다. 게
다가 이처럼 크고 예쁜 둥근 모양은 아칸코에만 서식한
다. 마리모뿐 아니라 다양한 동식물의 천국인 아칸코는
2005년 구시로습원에 이어 람사르 협약 등재 습지가 되
었다. 아칸코 호숫가를 따라 뻗어 있는 1.5km의 봇케
산책로를 따라 걷다 보면 가문비나무와 분비나무가 빼
곡한 숲 사이로 황화수소 냄새로 가득한 '봇케'를 볼 수
있다. 섭씨 100도 가량의 달궈진 진흙이 지하로부터 화
산가스와 함께 끊임없이 분출되는 봇케는 여전히 왕성
한 화산활동의 증거다. 아칸코 주변에는 아이누인들이
모여 사는 마을 '아이누코탄'이 있다. '신이 있어 우리가
있고, 우리가 있어 신이 있다'는 아이누인들에게 신은 곧
자연이다. 자연과 사람의 공존하는 전통과 생활 문화는
부엉이와 곰을 흉내 낸 전통 춤, 아이누 전통악기 뭇쿠
리, 전통적인 횃불 의식 등에서 엿볼 수 있다.

Data 지도 407p-A 상 가는 법 JR구시로역 앞 터미널에서
아칸버스 아칸선 타고 종점 아칸코온센 하차(2시간 소요)

2. 마슈코 摩周湖

파랑, 남색, 감색, 군청색, 아청색, 물색, 하늘색, 이 중 어떤 것도 세계 제일의 투명도를 자랑하는 마슈코 의 신비한 색에 꼭 맞아떨어지지 않는다. 맑고 깨끗 한 마슈코에는 몇 가지 비밀이 숨어 있다. 우선 유입 되는 강줄기가 없기 때문에 플랑크톤이나 토사 등에 의한 오염이 없다. 또한 수원의 대부분을 차지하는 비 와 융설수融雪水가 일단 지하로 스며들었다가 침투성 이 높은 화산재 층에서 여과된 후 다시 용출되는, 칼 데라 호만의 독특한 순환 시스템이 갖추어진 덕분이 다. 마지막으로 해발 351m의 높은 칼데라 절벽에 폭 싸여 있어 인간이 손이 쉽게 닿지 않는 지형과 위치라 는 점이다. 이 세 가지 요건 덕분에 기적과도 같은 푸 른빛의 투명한 호수가 보존될 수 있었다. 밤이 되면 호수의 색은 더욱 진해지고 어느새 하늘은 온통 별빛 으로 가득 찬다. 여름에는 한 달에 절반 정도 안개가 낄 정도로 마슈코를 볼 수 없는 날이 꽤 빈번하다. 멀 리서 온 관광객들의 아쉬움을 달래기 위해선지 '안개 때문에 마슈코를 보지 못한 커플은 오래 간다'는 이야 기가 전해지기도 한다.

Data 지도 407p-B 상
가는 법 JR마슈역에서 아칸버스 마슈선(摩周線)을 타고
마슈다이이치텐보다이(제1전망대) 하차(20분 소요)

3. 굿샤로코 屈斜路湖

일본 최대의 칼데라 호인 굿샤로코는 둘레 57km에 면적은 8,000ha에 이른다. 신비로운 분위기의 마슈코와 달리 굿샤로코 주변은 역동적이고 개방적이다. 여름이면 요트와 윈드서핑 돛이 호수 위를 수놓고, 호숫가에는 갖가지 색의 캠핑 텐트가 들어선다. 주변에 무료로 들어갈 수 있는 천연 노천탕이 드문드문 있고, 특히 겨울이면 큰고니도 온천욕을 하는 이케노유 노천탕이 유명하다. 그보다 더 인기 있는 것은 여름에 즐길 수 있는 '나만의 노천탕.' 굿샤로코 호반의 모래를 파면 온천수가 샘솟아, 마음에 드는 곳에 구멍을 파고 그 속에 몸을 담글 수 있다. 칼데라 호 내의 분화로 형성된 활화산 이오잔은 지옥 불을 닮은 지독한 유황냄새와 함께 가와유온천이라는 천상의 선물도 안겨주었다. 광대한 굿샤로 칼데라의 전망 포인트는 비호로토게(표고 525m), 츠베츠토게(표고 947m), 모코토토게(표고 620m) 3개의 고개다. 6월부터 8월에는 일출 시각에 맞추어 운해를 보기 위한 여행객들이 이른 새벽부터 부지런을 떨기도 한다.

Data 지도 407p-B 상
가는 법 JR가와유온센역에서 차로 18분

홋카이도의
겨울 축제 BEST 3

홋카이도의 도시 전체가 가장
화려하게 변신하는 계절, 눈이 소복이
쌓인 하얀 겨울의 홋카이도는 축제의
열기로 가득하다. 친구, 연인, 가족과
잊지 못할 추억을 만들 수 있는
홋카이도의 겨울 축제 셋.

눈과 얼음의 도시
삿포로 유키마츠리 さっぽろ雪まつり

독일 뮌헨의 맥주 축제, 브라질 리우의 삼바 축제와 어깨를 나란히 하는 세계적인 눈 축제가 삿포로에서 열린다. 매년 전 세계에서 300만 명 이상 다녀가는 삿포로 유키마츠리는 1950년에 지역 학생들이 오도리공원에 눈 조각을 만든 것이 계기가 되었다. 시작은 소박했지만 이후 삿포로의 시민들로 확대되고 자위대가 참여하면서 날이 갈수록 규모가 확대되었다. 축제 기간 동안 동원되는 눈은 5톤 트럭 7,000여 대 분량에 달할 정도. 오도리공원 주 무대에는 매년 세계 각국의 유명 건축물이 눈 조각으로 탄생하는데 영국의 대영박물관, 그리스의 파르테논 신전, 캄보디아의 앙코르와트 등이 지어졌으며 우리나라의 남대문과 백제궁을 선보이기도 했다. 오도리공원 11초메에서는 전 세계에서 참여한 팀들이 3일 동안 제작하는 기상천외한 눈과 얼음 조각을 감상할 수 있다. 밤에는 형형색색 조명이 더해져 삿포로의 겨울밤을 화려하게 수놓는다.

Data 지도 174p-F
가는 법 지하철 도자이선·난보쿠선·도호선 오도리역 27번 출구(니시1초메) 운영시간 2월 초순(일주일간) 홈페이지 www.snowfes.com

Data 지도 240p-B
가는 법 JR오타루역 정문 출구에서 주오도리(거리)를 따라 도보 10분 후 오타루운하, 또는 데미야선 手宮線 폐선 부지
운영시간 2월초(일주일간) 17:00~21:00
홈페이지 www.yukiakarinomichi.org

촛불이 흐르는 따뜻한 겨울
오타루 유키아카리노미치 小樽雪あかりの路

삿포로 눈 축제의 여운은 인근 도시 오타루로 이어진다. 현대적인 도시인 삿포로와 달리, 옛 건축물과 거리가 그대로 남아 있는 오타루는 축제 역시 지극히 아날로그적이다. 전 세계에서 모인 자원봉사자들과 동네의 주민들이 힘을 합쳐 오타루운하, 옛 폐선 부지 등에 얼음 조각과 눈 산책로를 만든다. 축제는 해가 지기 시작하는 4시경, 미리 만들어 놓은 눈과 얼음 장식에 촛불을 붙이는 것으로 반전된다. 투명한 얼음과 하얀 눈 조각 사이로 발산되는 따뜻한 노란색 촛불은 빛의 도시 오타루를 완성하며 화려함 대신 차분하면서 따뜻한 분위기에 젖어 들게 한다.

로맨티스트를 위한 선택
하코다테 크리스마스 판타지 Hakodate Christmas Fantasy

12월이 되면 거리와 건물이 온통 크리스마스 장식과 캐럴로 휩싸이는 하코다테. 연인들에게 로맨틱한 겨울을 선사할 하코다테 크리스마스 판타지는 하코다테 베이의 붉은 벽돌 창고군 앞바다에 18m 높이의 대형 크리스마스트리가 설치되면서 시작된다. 매일 저녁 6시 수많은 관광객들이 함께 카운트다운을 외치며 대형 트리에 장식된 2만 개의 전구 점등식이 개최되고 화려한 불꽃놀이가 잊지 못할 낭만적인 겨울밤을 선사한다. 축제장 인근의 수프 바에서에 10여 종류의 컵 수프를 판매하는데, 차가워진 몸을 녹여줄 뿐 아니라 각종 채소와 해물, 빵이 들어간 수프의 맛이 제법 괜찮다.

Data 지도 369p-B
가는 법 하코다테 노면전차 주지가이역 하차, 가네모리 아카렌가 소코군(붉은 벽돌 창고군) 주변
운영시간 트리 일루미네이션 점등시간 16:30~22:00(12월1일 18:00~)
홈페이지 www.hakodatexmas.com

©City of Hakodate.
Hakodate Yunokawa Onsen Hotel Association,
Hakodate International Tourism and Convention
Association

지금은 축제 중!
홋카이도 축제 캘린더

봄에는 라일락, 여름엔 맥주, 가을엔 미식,
겨울엔 눈. 이왕이면 홋카이도의 사계절을
만끽할 수 있는 축제에 맞춰 여행을 계획해보자.

소운쿄 효바쿠마츠리(얼음폭포축제)
1월말~3월 중순

소운쿄 대협곡의 이시카리 하천 부지에서 개최되는 행사로 강물을 이용해 거대한 고드름, 얼음터널, 얼음동굴 등을 선보인다. 홋카이도의 추운 기후와 사람의 지혜가 합쳐진 개성 있는 눈 축제. 밤에는 일곱 색깔 라이트업과 불꽃출제도 진행된다.

www.sounkyo.net/hyoubaku

아사히카와 후유마츠리 (겨울축제)
1월말~3월 중순

삿포로 유키마츠리에 버금가는 눈 축제. 기네스북에도 등재된 적이 있는 대규모의 눈 조각을 선보이며 얼음조각 세계대회가 개최된다. 눈 미끄럼틀, 눈 조각 제작 체험 등 즐길 거리도 다양하다.

www.city.asahikawa.hokkaido.jp/awf/

삿포로 라일락마츠리 5월 중순

삿포로의 긴 겨울이 끝났음을 알리는 봄 축제. 삿포로 시화인 라일락 400여 그루가 오도리공원 5~7초메에 걸쳐 향긋한 꽃향기를 내뿜는다. 축제 첫날 라일락 묘목 증정을 비롯해 음악제와 차를 마시는 행사 등이 마련된다.

lilac.sapporo-fes.com

삿포로 요사코이소란마츠리
6월 초순

일본 전통 타악기 '나루코'와 홋카이도의 민요 '소란 타령'을 접목시켜 군무를 추는 젊은이들의 대규모 퍼레이드이다. 박력 넘치는 안무 이외에도 화려한 의상이 볼거리. 오도리공원 주변에서 닷새간 진행된다.

www.yosakoi-soran.jp

삿포로 비어 가든 7월~8월

오도리공원, 역 광장, 쇼핑몰 옥상, 대학 캠퍼스 등 삿포로 시내의 야외에서 동시다발적으로 열리는 맥주 축제. 삿포로, 아사히, 기린 등 일본 맥주 브랜드뿐 아니라 독일의 유명 맥주까지 한 자리에서 즐길 수 있다.

https://sapporo-natsu.com/beer-garden/

삿포로 오텀페스트 9월 중순

미식천국 홋카이도 전역의 음식을 한곳에서 맛볼 수 있는 미식 축제. 각 지역의 제철 식재료로 만든 요리와 술, 디저트 등이 선보이는 오도리공원은 축제 기간 내내 맛있는 냄새가 진동한다.

www.sapporo-autumnfest.jp

아칸코 마리모마츠리
10월 초순

홋카이도 동부 아칸코에 사는 천연기념물 '마리모'의 멸종을 막기 위해 마리모를 호수로 돌려보내는 의식 등을 개최하는 아이누 민족의 전통 축제. 횃불 행사나 아이누 민족의 전통 무도 경연도 펼쳐진다.

ja.kushiro-lakeakan.com/marimomaturi

(ENJOYING **07**)

스키마니아의 천국,
홋카이도 스키리조트 BEST 3

11월부터 4월까지, 1년의 절반이나 스키를 즐길 수 있는
홋카이도는 스키어와 보더들의 천국이다. 솜털처럼
가벼워 '스노 파우더'라는 극찬을 받는 홋카이도의 스키장.
그중에서도 최고로 손꼽히는 리조트 세 곳.

> **Tip** **스노 파우더**Snow Powder**란?**
> 홋카이도의 겨울은 시베리아에서 불어오는 찬바람의 영향으로 건조하면서 가볍게 눈이 내린다. 연간
> 적설량이 8~11m에 이르며, 영하의 날씨 덕에 눈이 녹지 않고 부드러운 상태를 유지하기 때문에 겨울 내내 솜
> 털처럼 푹신한 설질을 누릴 수 있다.

설원 사이를 누비는 환상적인 트리 런 코스
루스츠 리조트 ルスツリゾート

웨스트, 이스트, 이조라 세 개의 산에 37개의 코스, 4기의 곤돌라, 총 연장 42km의 루스츠 리조트는 단일 스키리조트로는 홋카이도에서 가장 큰 규모다. 넓고 긴 슬로프가 조성되어 있어서 모든 레벨의 스키어나 보더가 만족할 수 있다. 신치토세 공항에서 유료 셔틀버스(3,500엔), 삿포로에서 무료 셔틀버스를 운행한다. 전화 또는 메일로 일주일 전까지 예약하면 된다.

» Course Guide
웨스트 마운틴은 완·중·급사면의 다양한 코스 구성이 특징이고 야간 스키도 운영하고 있다. 이스트 마운틴의 폭이 넓고 완만한 하단은 초급 스키어, 평균 경사도 32도인 아찔한 상단은 상급 스키어들에게 알맞다. 높이 3,500m의 루스츠 메인 코스를 갖춘 이조라 마운틴은 도야코를 바라보며 활강할 수 있는 '헤븐리 뷰'가 인기 있으며, 눈 덮인 나무 사이를 활주하는 트리 런Tree Run 코스로는 최고로 손꼽힌다.

» Hotel&Restaurant
루스츠 리조트 호텔&컨벤션, 웨스틴 루스츠, The vale Rusutsu라는 3곳의 숙박 시설을 운영하고 있다. 루스츠 리조트 호텔&컨벤션은 스키장까지 바로 연결되어 있는 리조트로 3~4인 규모로 숙박하기 좋은 다다미 객실과 침대 객실 외에 20명 이상이 숙박할 수 있는 로그하우스도 있다. 웨스틴 루스츠는 모든 객실이 76㎡ 이상의 넓은 공간으로 마련되어 있으며 고급 침구류가 특징인 타워형 숙박시설로 루스츠 각 시설을 모노레일로 이동할 수 있다. 2020년에는 콘도식 숙박시설인 The vale rusutsu가 오픈했으며 캠핑장도 있다. 또한 일본 향토요리에서부터 프랑스 요리, 이탈리아 요리, 이자카야, 뷔페 등 입맛대로 고를 수 있는 다양한 레스토랑을 갖추고 있다. 특히 홋카이도산 3종류의 게 요리를 맛볼 수 있는 뷔페가 인기.

» etc.
스키 외에도 인간과 동물이 하나가 되어 눈 위를 달리는 개썰매, 설원 위를 시원하게 달리는 스노모빌, 색다른 설원의 풍경을 볼 수 있는 스노슈잉 등 다양한 겨울철 액티비티를 즐길 수 있다.

Data 가는 법 신치토세공항에서 무료 셔틀 버스로 약 1시간 30분 주소 虻田郡留寿都村字泉川13 전화 0136-46-3111 요금 1일권 8,800엔, 2일권 16,600엔, 3일권 24,900엔 홈페이지 https://rusutsu.com

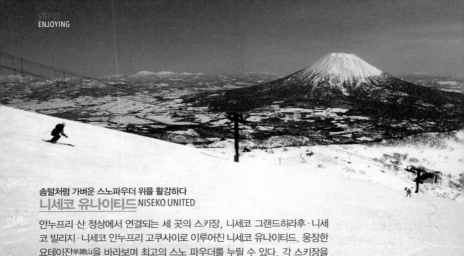

솜털처럼 가벼운 스노파우더 위를 활강하다
니세코 유나이티드 NISEKO UNITED

안누프리 산 정상에서 연결되는 세 곳의 스키장, 니세코 그랜드히라후·니세코 빌리지·니세코 안누프리 고쿠사이로 이루어진 니세코 유나이티드. 웅장한 요테이잔羊蹄山을 바라보며 최고의 스노 파우더를 누릴 수 있다. 각 스키장을 잇는 셔틀버스가 운행되며 공통 리프트권으로 세 곳을 모두 이용할 수 있다.

≫ Course Guide
안누프리 남사면에 위치한 니세코 빌리지 스키장은 다이내믹한 코스에서 과감한 활주가 가능하다. 중급자 이상의 코스가 많지만 초급자를 위해 우회 코스도 설치해두었다. 타베사 코스와 나마라 코스는 야간에도 이용할 수 있다. 완만한 사면에 길게 이어지는 니세코 안누프리 고쿠사이 스키장은 주변의 경치를 보면서 여유로운 스킹을 만끽 할 수 있다. 하나조노 스키장과 히라후 스키장이 합쳐진 니세코 그랜드히라후 스키장은 총 34개의 코스와 사방이 탁 트인 오픈 사면에서 5.6km의 가도 가도 끝나지 않는 딥 파우더 라이딩을 즐길 수 있다. 킹 제4리프트에서 내려 30분 정도 걸어 올라가면 안누프리 정상에 도착해 요테이잔의 기막힌 경관을 한눈에 담을 수 있다.

≫ Hote l&Restaurant
니세코 그랜드히라후 스키장은 슬로프와 바로 연결된 호텔 니세코 알펜과 호텔형 콘도미니엄 아야 AYA 니세코를 갖추고 있다. 니세코 빌리지 스키장에서는 곤돌라에 인접한 리조트 호텔 힐튼 니세코 빌리지와 슬로프 앞에 위치한 그린리프호텔 등 5개의 숙박 시설을 선택할 수 있다. 또한 안누프리 스키장에는 온천이 가까운 니세코 노던 리조트 안

누프리와 일본식 객실이 있는 호텔 니세코 이코이 노무라도 있다. 스키 후 몸을 풀 수 있는 온천도 모든 리조트에 완비되어 있다. 외국인들이 많이 찾는 니세코 스키장은 일식부터 양식까지 다양한 종류의 레스토랑을 자랑한다. 하나조노 리조트는 럭셔리한 하야트 니세코와 콘도형 숙소 베케이션 니세코 등 다양한 숙소들이 있다.

≫ etc.
아이들도 즐기기 좋은 눈썰매, 설피Snowshoe를 신고 스키장 숲속을 산책하는 '네이처 하이킹', 그밖에 스노모빌, 스노우 래프팅, 크로스컨트리 등을 즐길 수 있다. 만 6세 이하의 어린이를 위한 실내 및 야외 놀이시설 '니세코 키즈 어드벤쳐'는 아이들에게 인기 만점.

Data 가는 법 신치토세 공항이나 삿포로역에서 셔틀버스 이용(예약 0570-200-600) 주소 ニセコ町字ニセコ485(니세코 안누프리 고쿠사이), ニセコ町東山温泉(니세코 빌리지), 俱知安町字山田204(니세코 그랜드히라후) 전화 0136-58-2080(안누프리 스키장), 0136-44-2211(니세코 빌리지), 0136-22-0109(니세코 그랜드히라후) 요금 공통 리프트 1일권 8,500엔, 2일권 15,600엔, 3일권 22,700엔 홈페이지 www.niseko.ne.jp

최고의 가족 스키리조트
호시노 리조트 토마무
Hoshino Resorts Tomamu

웅대한 자연에 둘러싸인 종합 휴양 리조트로, 25개의 스키 코스에서 최고의 샴페인 파우더의 설질을 즐길 수 있다. 아이스 빌리지와 파도 풀 등 다양한 부대시설이 있어 온 가족이 함께 할 수 있는 종합 선물 세트 같은 리조트다.

›› Course Guide
초급자도 정상에서 한 번에 내려올 수 있을 정도로 넓고 완만한 슬로프와 상급 스키어, 보더들을 위한 다이내믹한 코스가 조화롭게 갖춰져 있다. 평범한 슬로프를 거부하는 상급 스키어와 보더에게 스키 코스를 벗어난 오프피스테off-piste와 나무 사이를 미끄러지듯 달리는 트리 런을 즐길 수도 있도록 개방하는 '겨울산 해방 프로젝트'가 단연 인기. 다만 들어가려면 사전에 리조트에 신고를 하고 휴대전화를 소지해야 한다.

›› Hotel&Restaurant
36층의 초고층 호텔인 더 타워 호텔은 토마무 리조트의 상징. 모든 객실에서 아름다운 설원을 내려다볼 수 있고 리조트 내의 시설을 이용하기 편한 위치에 있다. 럭셔리를 표방하는 리조나레 토마무 호텔은 전 객실에 월 풀 욕조와 단독 사우나를 갖추고 100m² 이상의 넉넉한 스위트룸에서 휴식할 수 있다. 통유리로 된 니니누프리 레스토랑에서는 홋카이도산 유기농 채소 요리와 유제품, 신선한 제철 해산물로 만든 회덮밥 등을 다양하게 즐길 수 있는 뷔페를 선보인다.

›› etc.
얼음집과 조각상이 있는 아이스 빌리지, 뻥 뚫린 숲 사이에서 노천욕을 즐길 수 있는 기린노유온천, 일본 최대 규모의 파도 풀을 자랑하는 미나미나 비치 등 놀이와 휴식이 모두 충족된다. 리조트 내에 세계적으로 유명한 건축가 안도 다다오의 대표작 '물의 교회'도 있으니 그만의 건축미와 깊이를 느껴보자.

Data 가는 법 신치토세공항에서 셔틀버스 이용(예약 011-219-4411) 또는 JR토마무역에서 셔틀버스 이용 주소 勇払郡占冠村中トマム 전화 0167-58-1122(호텔), 0167-38-2106(스키) 요금 1일권 5,900엔 2일권 10,000엔 3일권 13,500엔 홈페이지 www.snowtomamu.jp/winter/ko

ENJOYING **08**

반짝반짝 빛나는
홋카이도의 야경

일본 3대 야경이라는 찬사가 아깝지 않은
하코다테야마, 대도시의 화려함을 느낄 수
있는 삿포로, 그리고 고풍스러운 오타루 운하
야경까지. 잊지 못할 홋카이도의 밤은 야경과
함께 완성된다.

황홀한 항구의 야경

하코다테야마 函館山

하코다테 여행에서 빼놓을 수 없는 것이 바로 야경. 모토마치 언덕 뒤편 높이 334m의 그리 높지 않은 하코다테야마 꼭대기 전망대까지 로프웨이를 이용해 오르면 시가지가 손에 닿을 듯 눈앞에 펼쳐진다. 오른쪽의 츠가루해협과 왼쪽의 하코다테만 사이에 잘록한 허리처럼 도시가 들어선 지형. 해가 지면 깜깜한 밤바다와 휘황찬란한 도시의 불빛이 극명한 콘트라스트를 이루며 어디서도 볼 수 없는 황홀한 야경을 연출한다. 여기에는 하코다테 사람들의 생활이나 거리의 모습을 반영한 야경을 만들려는 노력이 더해진 덕분. 포근한 오렌지색의 가로등을 정비하거나 역사적인 건축물에 조명을 설치하고 가정집의 불빛도 조도를 높인 결과 부드러우면서도 자연스러운 야경이 탄생할 수 있었다. 겨울에는 춥고 바람이 많이 불기 때문에 10여 분만에 구경이 끝나기 마련이다. 좀 더 천천히 야경을 만끽하고 싶다면 전망대 바로 아래층의 레스토랑 제노바를 이용하자. 전면 유리창을 통해 전망대에서와 거의 다름 없는 전경을 즐길 수 있다. 해가 완전히 떨어지면 창가 자리는 잡기 어려우니 그 전에 와서 맥주나 와인을 즐기며 일몰을 기다리면 좋다.

Data 지도 368p-E 가는 법 하코다테 노면전차 주지가이역에서 도보 10분
주소 函館市元町19-7(로프웨이 탑승장) 전화 0138-23-3105
운영시간 로프웨이 10:00~22:00 (10월 16일~4월 24일 ~21:00)
요금 로프웨이(왕복) 어른 1,500엔, 초등학생 이하 7000엔
홈페이지 www.334.co.jp

보석 같은 삿포로의 야경
모이와야마 もいわ山

하코다테야마 야경의 명성에 묻혀있지만 삿포로 시내 서남쪽의 모이
와야마도 야경이 아름답기로 유명하다. 높이 531m의 모이와야마 정
산에서 내려다보이는 삿포로 시내의 야경은 '야근이 만들어낸다'는 도
심지의 야경. 유명한 텔레비전 타워와 스스키노 거리의 관람차, 도로
의 가로등을 비롯해 수많은 불빛이 새까만 밤하늘을 배경으로 반짝
인다. 2011년 리뉴얼 하면서 로프웨이 곤돌라를 최신 기종으로 교체
해 흔들림이 거의 없이 5분 만에 산로쿠山麓역에서 주후쿠中腹역까지
1,200m 이동할 수 있다. 여기서 다시 미니 케이블카인 모리스카를
타면 산 정상에 도달한다.

Data 지도 173p-E
가는 법 삿포로 노면전차 로프웨이
이리구치역 하차, 무료 셔틀버스로
모이와야마산로쿠역까지 5분
(10:45~21:15, 15분 간격 운행)
주소 札幌市中央区伏見5-3-7
전화 011-561-8177
운영시간 로프웨이 10:30~22:00
(12~3월은 11:00~),
12월 31일 11:00~15:00,
1월 1일 05:00~10:00(11월에 장비
점검 장기 휴무 있음)
요금 로프웨이 요금(곤돌라+
모리스카 왕복) 어른 2,100엔,
초등학생 이하 1,050엔
홈페이지 www.mt.moiwa.jp

오도리공원 일루미네이션 최고의 명당
텔레비전 타워 さっぽろテレビ塔

오도리공원 동쪽 끝에 위치한 높이 147.2m 전파 송수신 타워. 타
워 정면의 거대한 전광 시계는 오도리공원의 상징이기도 하다. 높이
90m에 마련된 전망대에 오르면 오도리공원과 삿포로 중심 시가지가
한눈에 들어온다. 전망대 남동쪽은 발밑에서부터 천장까지 이어진 삼
중유리로 만들어 탁 트인 개방감과 함께 스릴까지 맛볼 수 있다. 다른
전망대에 비해 시야가 넓지는 않지만 겨울 눈 축제나 일루미네이션 기
간에는 최고의 명당. 화려한 도심의 전경이 환상적인 겨울밤을 선사
한다. 연인과 천천히 야경을 즐기며 분위기를 잡고 싶다면 3층 레스
토랑이 더 낫다. 게다가 3층까지는 무료.

Data 지도 175p-G
가는 법 지하철 도자이선·난보쿠선·
도호선 오도리역 27번 출구에서
도보 1분
주소 札幌市中央区大通西1
전화 011-241-1131
운영시간 09:00~22:00(12월
22~25일 ~22:30/유키마츠리 기간
08:30~22:30)
요금 입장료 어른 1,000엔, 중학생
이하 500엔(3세 이상)
홈페이지 www.tv-tower.co.jp

야경과 함께 즐기는 칵테일 한 잔
JR타워전망대 T38

JR타워 38층에 자리한 지상 160m의 360도 파노라마 전망대. 삿포로 시내에서 가장 높은 건물로 맑은 날에는 멀리 오타루나 도카치다케 산봉우리의 화산 연기까지 볼 수 있다. 동서남북의 방향에 따라 전망이 다 다른데, 동쪽에 비옥한 저지대가 펼쳐진다면 서쪽에는 마루야마, 오쿠라야마 스키점프장, 시코츠토야 국립공원 등 크고 작은 산과 녹색의 풍경을 볼 수 있다. 가장 드라마틱한 야경은 삿포로 시내를 바라보는 남쪽 전망. 바둑판처럼 구획된 가지런한 시가지 사이로 텔레비전 타워, 오도리공원을 비롯해 삿포로 밤 문화의 중심가인 스스키노거리가 휘황찬란하게 빛난다. 건축가가 설계해 사방이 유리로 되어 있는 화장실도 명물. 낮에는 커피와 소프트드링크를 즐길 수 있는 T카페는 밤이 되면 스탠드바로도 이용된다. 30여 종의 칵테일은 연인, 친구와 함께 가볍게 즐기기 좋다.

Data 지도 175p-C
가는 법 JR삿포로역과
연결(스텔라 플레이스 6층에서
전용 엘리베이터 탑승)
주소 札幌市中央区北5条西2-5
전화 011-209-5500
운영시간 10:00~22:00
요금 입장료 어른 740엔, 중고교생
520엔, 초등학생 이하 320엔 /
칵테일 550엔~
홈페이지 www.jr-tower.com/
smp/t38

가스 가로등이 빛나는 운하의 밤
오타루운하 小樽運河

오타루운하의 밤은 낮보다 아름답다. 칠흑 같은 어둠이 드리우면 폭 40m의 그리 넓지 않은 운하는 번잡한 낮의 소음을 삼키고 잦아든다. 여기에 운하를 따라 들어선 옛 창고 외벽 조명과 63개의 고풍스러운 가스 가로등의 불빛이 은은하게 운하 주변을 감싼다. 포근한 오렌지색 불빛은 한겨울의 눈조차 따뜻하게 느껴지도록 만드는 마법을 부린다. 2월 초순부터 10여 일간 펼쳐지는 눈 축제 '오타루 유키아카리노미치小樽雪あかりの路'에는 물 위에 촛불을 띄워 더욱 몽환적인 분위기를 만든다. 운하의 다리 위에서 바라보는 전경도 아름답다. 옛 창고 건물을 개조해 들어선 레스토랑과 바의 창가 자리는 운하를 즐기기 좋은 또 하나의 명당.

Data 지도 240p-B
가는 법 JR오타루역 정문 출구에
서 주오도리를 따라 10분
주소 小樽市港町5

(ENJOYING **09**)

홋카이도
낭만 기차여행

광활한 대지를 가로지르며 운행하는
기차는 홋카이도를 여행하는 가장 좋은
방법. 하지만 때론 기차가 수단이 아닌
목적이 되기도 한다. 낭만을 싣고 달리는
홋카이도의 기차여행법 셋.

느릿느릿 달리는 앤티크 기차
노롯코호 ノロッコ号

'느리다'라는 의미의 일본어 '노로이純い'에서 따온 이름 그대로 느릿느릿 철로 위를 달리며 홋카이도의 아름다운 경치를 만끽할 수 있는 관광열차. 일반 객차에 비해 큼지막한 차창과 이를 바라보도록 배치된 나무벤치가 노롯코호의 특징이다. 열차 매점에서는 기념품을 구입할 수 있고 관광 스탬프도 마련해두었다. 자유석과 지정석(추가요금 있음)이 있으며, JR 패스 소지자는 모두 무료로 이용할 수 있다. 노롯코호의 인기가 높아 이용객이 많은 만큼 편안하게 이용하려면 미리 지정석을 발급받는 것이 좋다.

1. 후라노 · 비에이 노롯코호 富良野 · 美瑛ノロッコ号

비에이역에서 후라노역까지 홋카이도의 여름 경치를 만끽할 수 있는 노롯코호. 왼쪽으로는 웅장한 다이세츠잔을, 오른쪽으로는 푸른 언덕과 형형색색의 꽃밭을 즐길 수 있다. 라벤더 밭으로 유명한 팜도미타의 인근 기차역인 라벤더바다케ラベンダー畑역도 정차한다.

Data 전화 011-222-7111(JR아사히카와역) 운영시간 6월 중순~9월 하순
요금 후라노역~비에이역 750엔(지정석 840엔 추가)
홈페이지 www.jrhokkaido.co.jp/travel/furanobiei

2. 구시로시츠겐 노롯코호 くしろ湿原ノロッコ号

차가 갈 수 없는 구시로습원 가까이까지 달리는 노롯코호. 차창에 아예 유리가 없어서 느릿느릿 달리며 구시로시츠겐에서 불어오는 바람과 자연의 내음까지 느낄 수 있다. 구시로역에서 출발해 구시로시츠겐역, 호소오카역, 도로역을 왕복 운행한다. 자세한 운행 시간은 홈페이지에서 확인할 수 있다.

Data 전화 0154-22-4314(JR구시로역) 운영시간 4월 하순~10월 초순
요금 구시로역~도로역 편도 640엔(지정석 840엔 추가)
홈페이지 www.jrhokkaido.co.jp/travel/kushironorokko

칙칙폭폭 추억을 싣고 달린다
증기기관열차 Steam Locomotive

박물관에서 볼 법한 증기기관열차가 관광열차로 재탄생 했다. 클래식한 검은 차체가 요란한 기적 소리와 함께 철컹철컹 달리는 모습뿐 아니라 석탄을 동력으로 하고 검은 연기를 피우는 것까지 예전 그대로다. 일본 내에서도 증기기관열차의 인기는 대단해서 선로에 열차가 들어서면 일제히 관심이 집중되고 기관사들도 자부심이 넘치는 모습이다. 객차의 나무 테이블과 좌석이 멋스럽고 추억의 둥근 석탄 난로도 한 자리 차지하고 있다. 노롯코호와 마찬가지로 JR패스 소지자는 무료 이용이 가능하며 지정석은 따로 요금을 내야 한다. 홋카이도 신칸센 개통을 앞두고 SL하코다테오누마호가 운행을 중지하여, 이제는 SL후유노시츠겐호 하나만 남았다.

SL후유노시츠겐호 SL冬の湿原号

겨울의 새하얀 설원이 펼쳐진 구시로습원을 달리는 증기기관차. 운이 좋으면 힘차게 날아오르는 두루미를 차창 너머로 관찰할 수 있다. 구시로역에서 시베차역까지 운행하며, 석탄 난로에서 마른 오징어를 구워먹거나 복고풍의 차장 제복을 입고 기념 촬영을 할 수 있다. 예약제로 운영된다.

Data 전화 0154-22-4314(JR구시로역) 운영시간 1~2월 요금 구시로역~시베차역 1,290엔(지정석 1,680엔 추가)
홈페이지 www.jrhokkaido.co.jp

동네 사람들과 함께
보통열차 普通列車

우리나라 산간오지의 철도가 그렇듯, 특급열차나 관광열차가
아닌 보통열차는 그 지역 주민들의 중요한 교통수단이 되곤 한
다. 출근길의 바쁜 직장인, 재잘거리며 수다 삼매경에 빠진 학
생들 사이에서 자연스레 그 동네의 분위기를 느껴볼 수 있다.
한 량짜리만 운행하는 초미니 객차도 있어서 소소한 일상에서
여행의 잔재미를 발견하는 여행자에게 추천하고 싶은 기차여
행법이다. JR패스가 있다면 마음에 드는 역이나 동네가 나왔을
때 충동적으로 내려 보는 것도 좋은 추억이 될 것이다.

삿포로역~오타루역(하코다테본선) 보통열차

삿포로의 근교 여행지로 유명한 오타루까지 JR홋카이도의 보
통열차를 타고 갈 수 있다. 고층빌딩이 밀집한 삿포로 도심을
벗어나 한가로운 소도시로 기차여행을 떠나는 기분을 느낄 수
있는 구간이기도 하다. JR삿포로역에서 열차를 탄 지 약 30분
정도 지난 JR제니바코錢函역에서부터 푸른 오호츠크해가 차
창 밖으로 펼쳐진다. 출퇴근할 때 이용하는 승객이 많기 때문에
보다 여유롭게 즐기고 싶다면 러시아워는 피하는 것이 좋다.

Tip **기차여행의 묘미, 에키벤** 駅弁
기차역에서 판매하는 도시락 에키벤은 일본 기차여행에서 빼놓을 수 없는 재미다.
전국의 에키벤을 맛보기 위해 기차여행을 하는 사람이 생길 정도로 지역에 특산품과
재료를 이용한 에키벤의 종류는 정말 다양하다. 비싼 것은 10,000엔이 넘을 정도로
어마무시 하지만 500엔에서 1,500엔 사이의 에키벤도 충분히 맛있다. 해산물이
풍부한 홋카이도인 만큼 게와 연어알 등을 이용한 에키벤이 발달했는데, 다라바게의
집게발 살과 연어알 등이 들어 있는 구시로역의 '다라바즈시'가 대표적이다. 기차여행 전
에키벤 홈페이지를 참고해두자. 매년 1월 도쿄 신주쿠의 게이오백화점에서는 에키벤 대회가 열려 전국
각지의 유명 에키벤을 맛볼 수 있다.
홈페이지 www.ekiben.or.jp

Step 04
Eating

· · · · · · · · · · · · · ·

홋카이도를
맛보다

EATING **01**

홋카이도 음식 백과사전

일본 최북단의 홋카이도는 독특한
자연환경만큼이나 독자적인 음식 문화를
가지고 있다. 놓치면 두고두고 아쉬울
홋카이도의 로컬 푸드.

삿포로 미소라멘

진한 돈코츠(돼지뼈) 육수에 미소(된장)를 풀어 육중
하면서도 개운한 뒷맛의 삿포로 미소라멘. 영하 30도
를 넘나드는 삿포로의 추운 겨울, 미소라멘 한 그릇이
면 뜨끈한 기운이 목구멍을 타고 온몸으로 퍼져나간
다. 술 한 잔 걸친 후 면 요리를 즐기는 선주후면先酒後
麵 코스로도 좋다.

징기스칸

불에 달구어진 두꺼운 철판 위에서 구워먹는 양고기
구이. 양을 대규모 방목했던 시절 시작된 음식문화가
50년 넘게 내려와 홋카이도 전역에 뿌리내렸다. 어린
양고기를 사용해 아들아들하고, 가게마다 전해 내려
오는 비법 소스가 있어 특유의 누린내 없이 즐길 수 있
다. 삿포로 맥주와 함께라면 금상첨화.

수프카레

닭고기 육수에 각종 카레 향신료로 입맛을 돋우고 큼
직하게 썰어 구워낸 호박, 감자, 당근 등 채소가 아주
지게 씹힌다. 아기자기한 생김새와 달리 우리나라의
해장국을 먹는 듯한 깊은 맛과 향에 깜짝 놀랄 것. 쌀
밥에 수프카레를 말아 먹다 보면 어느새 한 그릇 뚝딱!

오므카레

오므라이스와 카레가 만나 탄생한 후라노의 오므카
레. 고슬고슬하게 볶은 밥에 신선한 계란으로 만든 오
믈렛을 덮은 후 매콤하고 달짝지근한 카레를 부으면
끝. 예상 가능한 맛이지만 의외로 시너지 효과가 커서
숟가락질이 멈추질 않는다. 후라노 우유와 찰떡궁합.

부타돈

일본식 돼지고기 간장소스 구이 덮밥인 부타돈은 도카치에서 처음 선보였다. 도카치의 질 좋은 돼지고기 등심에 감칠맛 있는 비법 간장소스를 바르고, 숯불에서 자글자글 구워내 흰 쌀밥과 먹으면 임금님 수라상이 부럽지 않은 포만감을 느낄 수 있다.

이쿠라돈

가을철 강으로 거슬러온 산란기의 연어에서 얻은 통통한 연어알을 홋카이도선 간장과 술로 절인 후 밑반찬이나 덮밥으로 즐긴다. 그중에서도 씹으면 톡 터지는 식감과 은은한 간장 향, 비릿한 바다 내음이 뒤섞인 연어알 덮밥 이쿠라돈을 먹어보지 않고 홋카이도를 맛봤다 할 수 없다.

비프스튜

홋카이도의 푸른 목장에서 방목해 키운 건강한 소를 푸짐하고 맛있게 먹을 수 있는 요리 중 하나가 비프스튜다. 두툼하게 자른 소고기 등심과 각종 채소를 넣고 두어 시간 뭉근하게 끓여낸 비프스튜는 입에 넣는 순간 씹을 새도 없이 살살 녹는다.

시샤모 구이

홋카이도 남쪽의 무카와 지역은 도내는 물론 일본 내에서도 알아주는 시샤모 산지. 가을철 기름기가 좔좔 흐르는 시샤모는 구워서 통째로 먹는 것이 정답. 알밴 암컷이 맛있다는 속설과 달리, 실제로는 양분을 빼앗기지 않은 수컷 쪽이 더 알차다. 사케 한 잔이 간절해지는 맛.

이카메시

홋카이도 오징어 최대 산지인 하코다테의 향토 요리로 우리의 오징어순대와 흡사하다. 홋카이도 근해에서 잡아 올린 신선한 오징어 내장을 제거하고 쌀을 채운 다음 간장 양념 국물을 넣은 솥에서 찌면 쫄깃쫄깃하고 짭조름한 맛이 일품인 이카메시가 완성된다.

산조쿠 나베

후라노의 향토 요리인 산조쿠 나베는 산적(산조쿠)이 먹던 냄비(나베) 요리에서 유래되었다. 미소 국물에 얇게 저민 사슴·오리·닭고기와 각종 채소를 넣어 푸짐하게 끓여 먹으면, 겨울철 스태미나 음식으로도 손색없다.

EATING 02

큰 섬에서 꼭 먹어봐야 할
해산물요리 BEST 4

오호츠크해, 동해, 태평양으로 둘러싸인 홋카이도는
해산물을 이용한 요리의 천국이다. 신선하고
푸짐한 해산물 덮밥부터 한 상 거하게 차려지는 게
코스요리까지, 삼시 세끼 해산물만 먹어도 행복하다.

게의 무한 변신
가니 가이세키

홋카이도에서 가장 인기 있는 해산물이라면 단연
게다. 무당게(다라바가니), 털게(게카니), 바다참게
(하나사키가니) 등 다양한 종류의 게를 맛볼 수 있
고, 게를 이용한 요리도 다른 어떤 지역보다 발달
했다. 호텔이나 료칸에서는 저녁코스로 게 코스요
리 '가니 가이세키'가 빠지지 않고, 삿포로 시내에는
가니 가이세키만 전문으로 하는 요리점도 여럿 있
다. 신선한 게는 쪄 먹기만 해도 환상적이지만 그라
탕, 사시미, 샤브샤브(가니스키) 등으로 화려하게
변신한 게 요리 또한 두고두고 기억에 남는 별미다.

가니혼케 かに本家

왕게 두부와 게 죽, 게 그라탕, 대게 튀김, 게 초밥
등 다양한 게 창작요리를 맛볼 수 있는 게 코스요리
전문점. 런치에는 게 가이세키 요리를 부담스럽지
않은 가격으로 즐길 수 있다.

Data 지도 175p-C 가는 법 JR삿포로역 남쪽 출구에서
도보 5분. 또는 지하철 난보쿠선·도호선 삿포로역
13번 출구에서 바로 주소 札幌市中央区北3条西
2-1-18 운영시간 11:30~22:00 요금 런치코스 3,500엔
~(2인 이상), 게 가이세키 4,200엔~(2인 이상)
전화 011-222-0018 홈페이지 www.kani-honke.
co.jp(한국어 지원)

어부의 한 그릇
가이센돈

어부들이 신선한 해산물을 밥에 얹어 먹었던 것이 기원인 해산물 덮밥 가이센돈은 사방이 바다인 홋카이도에선 빼놓을 수 없는 음식이다. 참치, 가리비, 연어, 오징어, 새우, 연어알, 성게알 등 풍부한 재료를 다양하게 조합해 보통 가이센돈 전문점에서는 수십 가지의 메뉴를 선보인다. 또한 맨 밥 위에 얹어 나오기 때문에 가게마다 해산물과 잘 어울릴 수 있는 홋카이도산 품종의 쌀을 엄선하고, 때로는 숯불에서 밥을 짓는 경우도 있다.

1. 기쿠요식당 きくよ食堂

하코다테 가이센돈의 원조. 연어알, 가리비, 성게알이 삼등분으로 얹어 나오는 원조 하코다테 도모에돈巴丼을 비롯해 20여 가지의 가이센돈을 골라 먹을 수 있다. 아침시장에 자리한 만큼 신선도는 어느 정도 보장된 셈.

Data 아사이치 본점 지도 369p-C 가는 법 JR하코다테역 서쪽 출구에서 도보 2분 하코다테 아사이치(아침시장) 내 주소 函館市若松町11-15 전화 0138-22-3732 운영시간 5~11월 05:00~14:00, 12~4월 06:00~13:30 요금 원조 하코다테 도모에돈 2,288엔(하프사이즈1,958엔) 홈페이지 hakodate-kikuyo.com

2. 기타노구루메테이 北のグルメ亭

삿포로의 도매시장인 조가이시장의 첫 번째 개업점인 기타노구루메에 내 자리한 해산물 식당. 홋카이도 각지에서 당일 운송된 신선한 해산물이 듬뿍 들어간 가이센동을 맛볼 수 있다. 털게찜과 각종 생선구이도 인기 메뉴.

Data 지도 173p-B 가는 법 JR소엔역 서쪽 출구에서 도보 15분, 지하철 도자이센 니주욘켄역에서 도보 10분 주소 札幌市中央区北11条西22-4-1 전화 011-621-3545 운영시간 매장 06:00~17:00, 식당 07:00~15:00 요금 가이센돈 3,270엔(미니 사이즈2,720엔), 임연수어 구이 1,280엔, 털게찜 4,370엔~ 홈페이지 www.kitanogurume.co.jp(한국어 지원)

〈미스터 초밥왕〉의 고향
홋카이도 초밥

홋카이도의 초밥을 이야기하자면 만화 〈미스터 초밥왕〉을 언급하
지 않을 수 없다. 도쿄의 유명 초밥집의 견습생으로 시작해 점점 초
밥 장인으로 성장해나가는 주인공 쇼타의 고향이 홋카이도 오타루
이기 때문. 실제 오타루는 쇼타처럼 젊은 요리사들이 전국 각지에서
실력을 쌓은 후 고향으로 돌아와 하나 둘 가게를 개업하면서 초밥거
리를 조성한 홋카이도 초밥의 고향이다. 전통 있는 초밥 전문점에서
먹는 초밥의 맛이 각별하다. 하지만 비용이 부담 된다면 삿포로의
회전초밥 집에서 캐주얼하게 즐겨도 좋다.

1. 이세즈시 伊勢鮨

미슐랭가이드에서 별 한 개를 획득한 유명 초밥집. 오타루 근해의
자연산 재료를 사용해 신선하고 부위도 다양하다. 오타루역 내부에
도 지점이 있다.

Data 지도 240p-A 가는 법 JR오타루역 정문 출구에서 오도리
방향으로 도보 7분 주소 小樽市稲穂3-15-3 전화 0134-23-1425
운영시간 11:30~15:00, 17:00~21:30(수요일, 첫째·둘째 주 화요일
휴무) 요금 오마카세 15개 7,700엔, 사시미 3,300엔~
홈페이지 www.isezushi.com

2. 네무로 하나마루 回転寿司 根室 花まる

삿포로 JR타워의 인기 회전초밥 전문점. 접근성이 좋고 가격 대비 신
선도와 맛에서 추천할 만하다. 대기 시간 30분은 기본. 접시의 색에
따라 초밥의 가격이 다르다. 회전 레일에서 꺼내 먹어도 되지만 주문
쪽지에 적어 직원에게 건네면 더욱 신선한 초밥을 즐길 수 있다.

Data 지도 174p-B 가는 법 JR삿포로역 JR타워 스텔라 플레이스 6층
식당가 주소 札幌市中央区北5条西2丁目 전화 011-209-5330
운영시간 11:00~22:00 요금 초밥 143엔~ 홈페이지 www.sushi-
hanamaru.com

Tip 일본어 몰라도 OK, 초밥 주문하는 법

초밥에 있는 재료명만 알고 가도 충분히 초밥을 주문할 수 있다. 주문을 할 때는 재료 이름 뒤에 '오네가이시
마스(부탁합니다)'를 붙여 주면 끝. 예를 들어 새우 초밥은 '에비 오네가이시마스'로 충분하다. 생강초절임(가리), 녹
차(아가리), 간장(무라사키), 와사비(사비, 나미다) 등도 일본 발음을 알아두면 편리하다.

재료명	일본어	발음	재료명	일본어	발음
새우	海老・えび	에비	참치	鮪・まぐろ	마구로
오징어	烏賊・いか	이카	참치 뱃살	おおとろ	오토로
문어	蛸・たこ	타코	참치 붉은살	マグロ赤身	마구로아카미
붕장어	穴子・あなご	아나고	도미	鯛・たい	타이
성게알	雲丹・うに	우니	방어	鰤・ブリ	부리
꽁치	秋刀魚	산마	전어	こはだ	고하다
군함말이	軍艦	군칸	연어	鮭・さけ	사케
김말이밥	のりまき	노리마키	전갱이	鯵・あじ	아지
전복	鮑・あわび	아와비	대합	蛤・はまぐり	하마구리

생선은 숯불에 구워야 제 맛!
로바타야키

손님 앞의 움푹 들어간 화로에 숯을 넣고 그 위에서 어패류와
채소 등을 굽는 화로구이 로바타야키는 홋카이도 동부의 구
시로가 본고장으로 알려져 있다. 바닷가 마을의 풍족하고 신
선한 해산물이 단단히 한몫 했고, 여기에 생선마다 다른 지방
의 양이나 두께에 맞춰 숯불의 화력을 섬세하게 조절하는 오
랜 노하우가 더해진 덕분. 구시로가와 강변 쪽으로 로바타야
키 전문점이 줄지어 있으며, 봄부터 가을까지 계절 한정으로
열리는 간페키로바타는 구시로의 명물로 자리 잡았다.

간페키로바타 岸壁炉ばた
구시로가와 강변에서 5월 중순부터 10월까지 천막을 치고 각
종 해산물을 화롯불에 구워 먹을 수 있도록 마련된 노천 로바
타야키. 각종 생선, 조개, 오징어를 굽는 맛있는 냄새와 해가
지는 강의 운치가 더해져 술이 마구 당긴다.

Data 지도 399p-E 가는 법 JR구시로역 정문 출구에서
누사마이바시 방향으로 도보 15분 주소 釧路市錦町2-4
피셔맨즈 워프 무 벽면 운영시간 5월 3번째 금요일~10월 말
17:00~21:00 요금 오징어 통구이 400엔~, 맥주 550엔
홈페이지 www.moo946.com/robata/

EATING **03**

홋카이도 소울 푸드, 라멘

영하 30도를 오르내리는 혹한의 날씨에 뜨끈한 라멘 한 그릇은 온몸 구석구석 온기를 전해주던 홋카이도 사람들의 소울 푸드였다. 일본 내에서도 알아주는 라멘 천국 삿포로를 비롯해 홋카이도 전역에는 라멘에 대한 추억과 애정이 넘쳐난다.

라멘 전문점의 경우 메뉴판을 보고 직원에게 주문하기 보다는 입구의 자동판매기에서 라멘뿐 아니라 음료와 사이드 메뉴 선택, 그리고 계산까지 손님이 직접 하는 경우가 많다. 일본어를 모르더라도 유명 라멘집은 대부분 그림이 함께 표시되어 있으니 걱정은 접어두자. 라멘 선택 시 가장 먼저 고려해야 할 것은 육수. 돈코츠(돼지뼈)를 오랜 시간 우려낸 진한 육수에 미소(된장)로 깔끔하게 마무리한 미소라멘, 돼지 뼈와 닭 뼈 육수, 해물 육수에 특제 간장 소스로 감칠맛을 더한 쇼유라멘, 해물 육수에 소금만으로 간을 해 깔끔하면서도 시원한 맛이 일품인 시오라멘 등 입맛에 따라 다양한 라멘을 맛볼 수 있다. 우리의 인스턴트 라면과 달리 일본은 대부분 직접 뽑은 생면을 사용한다. 맛이나 특성에 따라 면의 굵기와 탄성이 다른 것도 특징. 미소라멘은 국물 맛이 강해 굵고 꼬불거리는 면이 일반적이고 시오라멘은 육수가 강하지 않아 대체로 스트레이트 타입의 얇은 면을 사용한다. 추운 고장답게 라멘에 라드(돼지기름)를 쓰는 경우가 많아 독특한 풍미를 느낄 수 있고 간도 짭짤한 편이다. 지역에 따라 특색도 분명해 삿포로 미소라멘, 아사히카와 쇼유라멘, 하코다테 시오라멘을 홋카이도 3대 라멘으로 꼽기도 한다. 라멘 마니아라면 후라노 천연 치즈를 녹여 먹는 치즈라멘, 도카치 목장의 우유를 넣은 우유라멘 등 지역 특산품을 활용한 신개념 라멘들도 놓치지 말자.

골라 먹는 재미가 있는
라멘 골목

같은 미소라멘이라도 가게마다 맛이 다 달라 비교해가며 먹는 것이 일본 라멘의 묘미. 이 가게 저 가게 옮겨 다니기 번거로울 땐 라멘 골목이 딱이다. 라멘에 대한 자부심으로 똘똘 뭉친 가게들이 모여 있는 삿포로의 라멘 골목 둘.

1. 간소 라멘 요코초 元祖 ラーメン横丁

홋카이도의 가장 오래된 라멘 골목. 좁은 골목 양쪽으로 홋카이도 전역에서 내로라하는 라멘집 17곳이 자리하고 있다. 골목 어귀에 각 라멘집에 대한 소개와 함께 면의 굵기와 육수의 맵기를 5단계로 표시한 지도가 있으니 자신의 입맛과 취향을 고려해 선택하도록 하자. 저녁 술 약속 전 빈속을 달래기에도 좋고, 거나하게 술을 마신 후 해장을 하기에도 그만이다.

Data 지도 175p-K 가는 법 지하철 스스키노역 3번 출구에서 도보 2분 주소 札幌市 中央区南5条西3-6 홈페이지 www.ganso-yokocho.com

2. 삿포로 라멘 교와코쿠 札幌ら~めん共和国

8곳의 라멘집이 수시로 달라지는 라멘테마파크. 2004년에 문을 연 신생 라멘골목이지만 삿포로 JR타워에 위치한 편리한 접근성 덕에 인기가 높다. 2023년 5월 현재 삿포로의 시라카바산소, 미소노, 요시야마쇼텐, 소라, 유키무라가, 하코다테의 아지사이, 오타루의 쇼다이, 아사히카와의 바이코켄이 입점해 있다.

Data 지도 175p-C 가는 법 JR삿포로역에서 이어진 ESTA 10층 주소 札幌市中央区北5条西2丁目エスタ10階 운영시간 11:00~22:00 홈페이지 www.sapporo-esta.jp/ramen

EATING 04

홋카이도 카레에는
뭔가 특별한
것이 있다

일본 사람들의 카레 사랑은 익히
알려진 바. 홋카이도 역시 예외는
아니다. 더군다나 신선하고 질 좋은 각종
식재료에 힘입어 홋카이도만의 이색
카레를 탄생시켰으니, 삿포로 수프카레와
후라노의 오므카레가 그 주인공. 미식 천국,
홋카이도에서는 카레도 특별하다.

삿포로의 여심을 사로잡은
수프카레

수프카레의 방점은 '카레'가 아니라 '수프'에 찍혀있
다. 이게 카레 맞나 싶을 정도로 묽은 국물에 카레
향도 그리 강하지 않다. 수프카레는 닭과 채소의
사용을 다양하게 연구하던 한 삿포로의 카레 전문
점에서 처음 등장했다. 닭 육수 베이스에 향신료로
스파이시한 맛을 내고 여기에 호박, 피망, 가지, 감
자, 연근 등 홋카이도산 채소를 큼직하게 구워 함
께 곁들인 요리. 스튜에 가까운 스타일리쉬한 만듦
새에 얼큰하면서도 깊은 국물 맛으로 삿포로의 여
심을 사로잡으며 2000년대 초반 수프카레 붐이 일
기도 했다. 특히 삿포로의 추운 겨울 위장을 따뜻
하게 녹여주는 기특한 요리로 두고두고 기억에 남
는다.

1. 아시안 바 라마이 Asian Bar RAMAI

인도네시아 스타일의 향신료를 듬뿍 넣은 스파이시
한 수프카레. 밥 역시 인도네시아의 전통 밥인 노란
색의 나시꾸닝이 나온다. 밥과 수프 양을 추가 요금
없이 업그레이드 할 수 있어 푸짐하게 수프카레를
즐길 수 있다.

Data 삿포로 중앙점 지도 174p-J 가는 법 노면전차
시세이칸쇼갓코마에역에서 도보 6분 주소 札幌市
中央区南4条西10-1005-4 전화 011-211-0697
운영시간 11:30~23:00 요금 수프카레 1,250엔~,
토핑 50엔~ 홈페이지 www.ramai.co.jp

2. 수프카레 스아게 플러스
Soup Curry Suage+

깔끔한 닭고기 육수에 숯불 향이 배어나는 닭과 큼
직하게 자른 호박, 감자, 당근 등 각종 채소가 조화
롭게 어우러지는 수프카레를 맛볼 수 있다. 맵기 정
도를 선택할 수 있으며, 추가 토핑의 종류도 다양
하다.

Data 본점 지도 175p-K 가는 법 지하철 도자이선
스스키노역 2번 출구에서 도보 2분 주소 札幌市中央
区南4条西5 都志松ビル2F 전화 011-233-2911
운영시간 11:30~21:30(토요일은 ~22:00) 요금 수프카
레 1,200엔~, 토핑 90엔~ 홈페이지 www.suage.info

후라노 자연의 맛
오므카레

후라노는 라벤더 밭처럼 특색 있는 관광자원이 있
는 반면, 다른 지역에 비해 내세울만한 지역 음식이
없었다. 이에 천혜의 자연 환경에서 얻어지는 신선
한 식재료를 바탕으로 오므라이스 카레, 즉 오므카
레를 개발했다. 후라노 오므카레로 인정받기 위해
서는 몇 가지 원칙을 지켜야 한다. 후라노산 쌀과
계란, 치즈, 버터, 채소, 고기, 피클을 사용해야 하
고 오므카레와 함께 후라노산 우유를 곁들인 세트
의 가격이 세금 빼고 1,000엔 이내여야만 후라노
오므카레연합의 깃발을 꽂은 후라노 오므카레로 당
당히 내세울 수 있다. 윤기가 자르르 흐르는 쌀밥을
부드러운 오믈렛으로 감싸고 매콤달콤한 특제 카레
소스를 얹으면 부담 없이 술술 들어간다.

뎃판·오코노미야키 마사야
てっぱん・お好み焼 まさ屋

원래 오코노미야키 전문점으로, 오픈 주방의 커다
란 철판에서 오므카레를 즉석조리하는 모습을 볼
수 있다. 철판에서 부드럽게 익힌 돼지고기와 오므
카레가 함께 프라이팬에 담겨 나와 다 먹을 때까지
따뜻하다.

Data 지도 287p-C 가는 법 JR후라노역에서 정문
출구에서 도보 5분 주소 富良野市日の出町11-15
전화 0167-23-4464 요금 오므카레 세트 1,210엔~,
오코노미야키 800엔~, 포크 립 스테이크 1,980엔
운영시간 11:30~14:30, 17:00~21:30(목요일 휴무)
홈페이지 furanomasaya.com

EATING 05

홋카이도
아이스크림 홀릭

달기만 한 아이스크림과는 차원이 다르다.
목장 우유의 진한 풍미가 그대로 전해져
고소하면서도 부드러운 홋카이도의
아이스크림은 입에 넣는 순간 사랑에
빠질 수밖에 없다. 다양한 토핑을 골라
먹을 수 있는 젤라토와 우유의 풍미가
제대로 느껴지는 소프트아이스크림까지,
홋카이도의 아이스크림의 무한 매력 속으로
빠져보자.

일본 내 우유 생산의 40%을 담당할 정도로 목장이 많은 홋카이도. 너른 목초지에서 방목하며 건강하게 자란 젖소에서 얻은 우유는 그냥 마셔도 고소하니 맛있지만 아이스크림으로 만들어 먹으면 그야말로 환상적이다. 100% 우유를 베이스로 한 아이스크림의 진한 풍미는 홋카이도에 홀딱 빠지게 되는 한 가지 이유. 여행자들 사이에서는 홋카이도 곳곳을 여행하며 그 지역의 아이스크림을 맛보는 일이 하나의 여행 방법으로 널리 퍼져 있을 정도다.

한편 홋카이도에서 맛볼 수 있는 아이스크림은 젤라토와 소프트아이스크림으로 양분된다. 16세기 이탈리아에서 유래된 젤라토는 우유와 설탕 그리고 각종 신선한 과일과 초콜릿, 견과류 등을 혼합해 얼린 것을 말한다. 이 과정에서 천천히 공기를 주입하기 때문에 진하면서도 쫀쫀한 질감의 젤라토가 만들어지는 것. 더욱이 홋카이도의 풍족한 식재료는 젤라토를 만들기엔 최상의 조건이다. 가짓수가 적게는 10여 가지에서 많게는 30여 가지까지 구미 당기는 대로 골라 먹을 수 있다. 이에 반해 우유와 특별한 재료를 섞은 액상 원료를 기계로 뽑아내는 소프트아이스크림은 지역 특산품이나 관광지를 홍보하기 위해 개발한 경우가 많다. 두세 가지 맛으로, 가짓수는 젤라토에 비해 다양하지 않지만 어디서도 본 적 없는 특이한 빛깔과 색다른 향의 소프트아이스크림이 여행을 추억하는 또 하나의 방법이 된다. 맛은 두 말하면 입 아프다.

젤라토

밀키시모 Milkissimo

이탈리아 본고장 젤라토의 맛을 표방, 진득한 오리지널 젤라토의 맛을 제대로 음미할 수 있다. 홋카이도의 신선한 우유와 다양한 과일, 채소, 스위츠 등을 첨가한 젤라토가 30여 종이 넘고 시즌마다 한정 제품도 선보인다. 하코다테 고료카쿠 타워와 신치토세공항 등에도 매장이 있다.

Data 신치토세 공항점
가는 법 신치토세 공항 국내선 터미널 2층
운영시간 08:00~20:00
전화 0123-45-7177
요금 싱글 390엔, 더블 480엔,
트리플 560엔 홈페이지 www.
milkissimo.com

레이크힐 팜 Lake-Hill Farm

드넓은 목초지에서 풀을 뜯고 자란 젖소의 신선한 우유에 호박, 깨, 하스컵, 옥수수 등을 첨가한 20가지의 자연스럽고 건강한 젤라토를 맛볼 수 있다. 홋카이도 도난 지역의 좋은 재료를 써서 설탕 함량을 낮추었는데도 충분히 맛있다. 포장(컵)도 가능하다.

Data 지도 263p-B 가는 법 JR도야역에서 차로 15분 주소 虻田郡洞爺湖町花和127 전화 0120-83-3376 운영시간 09:00~18:00(11~4월 ~17:00) 요금 젤라토 330엔, 푸딩 300엔 홈페이지 www.lake-hill.com

후라노 치즈공방 富良野チーズ工房

후라노의 맛 좋은 유제품을 총망라한 후라노 치즈공방 내 숲길에 아이스크림 공방이 자리하고 있다. 인기 있는 품목은 순수한 우유 맛을 느낄 수 있는 '화이트', 치즈공방의 치즈를 넣은 '치즈', 토종 호박을 사용한 '호박' 등이다. 후라노 시내의 후라노 마르셰에도 매장이 있다.

Data 지도 285p-J 가는 법 JR후라노역에서 차로 7분 주소 富良野市中五区 富良野チーズ工房 전화 0167-23-1156 운영시간 4~10월 09:00~17:00, 11~3월 09:00~16:00 요금 싱글 310엔, 더블 410엔 홈페이지 furano-cheese.jp

소프트 아이스크림

라벤더 소프트아이스크림

후라노 목장의 신선한 우유와 천연 라벤더 엑기스를 혼합한 라벤더 소프트아이스크림은 팜도미타의 인기 품목. 라벤더 꽃잎을 닮은 예쁜 연보라색에 은은한 라벤더 향까지 느낄 수 있어 후라노 라벤더를 여행하는 데 빼놓을 수 없는 코스다.

Data 지도 285p-G 가는 법 JR라벤더바타케역에서 도보 10분 또는 JR나카후라노역에서 도보 25분 팜도미타 내 주소 中富良野郡 中富良野基線北15 전화 0167-39-3939 운영시간 6월 말~8월 중순 08:30~18:00, 5~6월 중순-8월 말~9월 9:00~17:00, 4월 중순~하순·10~11월 09:30~16:30, 12~4월 초 10:00~16:30 요금 라벤더 소프트아이스크림(콘) 300엔 홈페이지 www.farm-tomita.co.jp

오징어 먹물 소프트아이스크림

하코다테의 명물 오징어를 널리 알리기 위해 착안된 오징어 먹물 소프트 아이스크림. 먹물의 검은색 그대로라 비주얼은 가장 강렬하지만 의외로 맛이나 향은 강하지 않다. 아주 특이한 맛을 기대했다면 실망할 수도 있지만, 소프트아이스크림은 여전히 맛있다.

Data 하코다테 소프트 하우스 가는 법 하코다테역에서 노면전철로스에히로초末広町역 하차 후 도보 5분 주소 北海道函館市元町 14-4 전화 0138-27-8155 운영시간 09:00~17:00(겨울 10:00~16:00) 요금 오징어 먹물 소프트 450엔

마슈 블루 소프트아이스크림

세계적으로도 유명한 푸른빛의 호수 마슈코를 닮은 하늘색의 소프트아이스크림. 색의 비밀은 우유에 섞은 블루 리큐르로, 소다수를 마신 듯 시원한 맛이 특징이다. 마슈 블루와 바닐라를 혼합한 기리(안개) 소프트아이스크림도 인기.

Data 지도 407p-B 상 가는 법 마슈역에서 아칸버스 마슈선으로 마슈다이이치텐보다이(제1전망대) 하차 후 기념품숍 레스트하우스 방문 주소 川上郡弟子屈町 전화 015-482-1530(마슈코 레스트하우스) 요금 마슈 블루 450엔 홈페이지 https://bit.ly/40G4VJF

EATING **06**

홋카이도
스위츠 브랜드
BEST 3

홍콩이 쇼퍼홀릭의 천국이라면
홋카이도는 스위츠홀릭의 성지다.
당신의 입은 물론 눈까지 사로잡을
홋카이도 최강 스위츠 브랜드
셋. 샤넬, 루이비통을 발견했을
때 두 눈을 반짝이는 것처럼 이제
롯카테이와 르타오의 브랜드 로고만
보면 마른 침을 꼴깍 삼키게 될지
모른다. 공항, 백화점, 터미널, 대형
기념품 숍 등에서도 구입 가능.

ドゥーブルフロマージュ

ベイクドクリームチーズにマスカルポーネの
レアチーズを重ねた贅沢なチーズケーキです。

¥367

Data 오타루 본점
지도 241p-I
가는 법 JR미나미오타루역에서
메르헨교차로 방향으로 도보 5분
주소 小樽市堺町7-16
전화 0120-31-4521
운영시간 09:00~18:00
요금 더블 프로마주(직경 12cm)
1,836엔
홈페이지 www.letao.jp

누벨바그 르타오 쇼콜라티에
지도 241p-I
가는 법 JR미나미오타루역에서
사카이마치도리 거리 방향으로
도보 9분
주소 小樽市堺町4-19
전화 0134-31-4511
운영시간 09:00~18:00
요금 생초콜릿 420엔~

오타루에서 온 스위츠 신흥 강자
르타오 Le TAO

1998년 오타루에서 초콜릿 전문 매장으로 출발한 르타오. 비교적 후발 주자였지만 새롭게 선보인 더블 프로마주가 전국적인 치즈케이크 열풍과 맞물리면서 폭발적인 인기를 얻게 되었고, 홋카이도의 대표 스위츠 브랜드로 급부상했다. 여러 번의 시행착오 끝에 홋카이도산 우유로 만든 최상의 생크림 제법을 고안한 르타오는 여기에 어울리는 치즈를 찾기 위해 전 세계의 치즈를 탐색했다. 그리고 마침내 상쾌한 맛의 이탈리아산 마스카포네 치즈와 진중한 맛의 호주산 크림치즈를 엄선해며 마스카포네 치즈는 레어 스타일, 크림치즈는 베이크드 스타일로 구운 더블 프로마주를 완성하게 된 것. 입에 넣는 순간 사르르 녹아버리는 더블 프로마주는 '식감의 기적'이라는 찬사를 받기에 충분하다. 초콜릿 종류 가운데는 피라미드 모양의 생 초콜릿이 가장 인기 있는데, '왕가의 산Royal Montagne'이라는 이름답게 카카오와 다즐링 티의 아로마가 절묘한 밸런스를 이루고 있다. 오타루 본점 인근의 초콜릿 전문점 르 누벨바그 르타오 쇼콜라티에Nouvelle Vague LeTAO chocolatier에서는 생 초콜릿과 함께 매일 50종류 이상의 수제 초콜릿을 선보인다.

예술의 경지로 끌어올린 디저트
롯카테이 六花亭

연 매출 200억 엔이라는 명실상부 홋카이도 굴지의 스위츠 기업. 화이트 초콜릿을 일본에서 처음으로 제조, 판매한 실험 정신에 홋카이도의 꽃, 나무, 풀 등을 모티브로 한 예술적인 감각의 패키지가 더해져 그 명성이 60년 넘게 이어져 오고 있다. 롯카테이가 탄생한 도카치는 일본 최대의 낙농업 지역으로, 이미 그 뿌리는 단단했던 셈. 그렇기 때문에 어떤 일이 있어도 고향을 떠나지 않겠다는 기업 마인드가 확고하다. 롯카테이의 대표 과자 마루세이 버터샌드マル セイバターサンド는 홋카이도 기념품(오미야게) 조사에서 늘 1위를 차지하는 스테디셀러. 바삭하게 부서지는 쿠키 사이에 농후한 화이트 초콜릿 버터크림과 새콤달콤한 건포도가 고급스러운 맛을 자아낸다. 냉동 건조한 딸기 통째로 초콜릿을 입힌 딸기 초콜릿과 어두운 밤에 내리는 눈의 이미지를 본떠 만든 유키야콘코ゆきやこんこ는 먹기 아까울 정도로 예쁘다. 매장에서는 유키야콘코 비스킷에 1cm 두께의 진한 크림치즈를 바른 유키콘치즈를 맛볼 수 있는데, 입에 쩍쩍 달라붙는 묵직한 크림치즈는 상상 그 이상의 맛이다. 딸기 생크림 케이크 한 조각에 300엔이라는 깜짝 놀랄 가격도 칭찬 받아 마땅하다. 2000년대 이후부터는 스위츠를 넘어 문화예술과 외식 분야에도 활발한 활동을 벌이며 롯카테이 고유의 자연과 예술이 살아 숨 쉬는 공간을 창조하고 있다.

Data 오비히로 본점
지도 345p-A
가는 법 JR오비히로역 북쪽 출구에서 도보 5분
주소 帯広市西2条南9-6
운영시간 09:30~18:00
요금 마루세이 버터샌드(4개) 540엔, 유키콘치즈 250엔
전화 0120-12-6666
홈페이지 www.rokkatei.co.jp

홋카이도 최고의 바움쿠헨
류게츠 柳月

류게츠는 1947년 당시 스위츠의 격전지였던 홋카이도 도카치 지역에서 문을 열었다. 60곳이 넘는 유명 과자점이 총칼 없는 전쟁을 치르는 사이, 류게츠는 일본과 서양의 스타일이 절충된 새로운 스위츠를 고안해낸다. 독일의 대표 디저트인 바움쿠헨을 홋카이도의 자작나무 장작 모양으로 재탄생시킨 '산포로쿠三方六'가 그것. 100% 도카치산 밀가루와 홋카이도산 버터, 설탕, 달걀을 혼합한 반죽을 나무막대에 한 겹 한 겹 층을 쌓아 굽고 여기에 녹인 우유 초콜릿과 화이트 초콜릿을 돌돌 돌려가며 묻혀 자작나무의 껍질을 표현한 산포로쿠는 독창성과 맛 두 가지를 모두 만족시키며 주목을 받는다. 특히 1968년 전국 과자 박람회에서 호평을 받은 것을 계기로 날개 돋친 듯 팔려나가게 된다. 최상의 재료로 오랜 시간 공들여 만든 산포로쿠는 촉촉하고 부드러우면서도 고급스러운 맛이 특징. 초콜릿, 메이플시럽 등 새로운 맛도 출시되었다. 산포로쿠에서 발휘된 류게츠의 실험정신은 일본 전통과자를 현대적으로 재해석한 새로운 스위츠를 선보이며 계속 이어지고 있다.

Data **오비히로 본점**

지도 345p-B 가는 법 JR오비히로 역에서 북쪽 출구에서 나와 오도리를 따라 도보 10분
주소 帯広市大通南8-15
전화 0155-23-2101
운영시간 08:00~19:00
요금 산포로쿠 720엔
홈페이지 www.ryugetsu.co.jp

(EATING **07**)

술술 넘어간다,
홋카이도의 주류 열전

좋은 물과 서늘한 기후는 술을 맛있게 숙성시키는 최상의 조건.
일본 최북단의 청정 자연을 간직한 홋카이도에서 맥주, 와인,
위스키, 사케 등 갖가지 술이 발달한 것은 어쩌면 당연한 일일지도
모른다. 주당의 심장을 벌렁벌렁 뛰게 만드는 홋카이도의 매력
넘치는 술의 세계.

도시보다 유명한 맥주
삿포로맥주 SAPPORO BEER

'맥주 하면 삿포로, 삿포로 하면 맥주'라는 말이 있을 정도로 삿포로는 맥주의
도시다. 일본을 대표하는 맥주 브랜드 삿포로맥주의 본고장이기도 하지만 무엇
보다 일본인이 최초로 맥주를 생산한 맥주의 발상지이기 때문이다. 1876년 일
본 메이지시대 독일에서 배워온 맥주 제조법을 토대로 생산된 라거 맥주가 북
극성에서 따온 커다란 별을 심벌마크로 달고 첫 선을 보였다. 일본 최초의 맥주
인 삿포로맥주가 탄생한 역사적인 순간이다. 그 후 붉은 벽돌의 고풍스러운 공
장 건물에서 최첨단의 현대식 시설로 바뀌고 다양한 라벨과 맥주 제품을 선보이
는 등 변천을 거듭했지만 오랜 세월 변함없는 것은 원료에 대한 고집이다. 엄격
한 기준에 부합하는 농가와 계약 재배를 통해 안전하면서도 질 좋은 홉과 보리
등을 확보하고 있는 것. 이러한 까닭에 천편일률적인 공장식 맥주가 아닌, 소규
모 맥주 양조장에서나 볼 법한 개성 있는 맥주를 선보이기도 한다. 매년 후라노
홉 수확시기에 맞춰 판매되는 클래식 후라노 한정 맥주가 대표적. 작황에 따라
달라지는 후라노 홉을 그대로 사용하기 때문에 매년 조금씩 맛이 다른 맥주를
즐길 수 있다. 또한 맥아(몰트) 100%, 파인 아로마홉 100%의 순수한 맥주 맛
의 결정판. 특히 삿포로 클래식 생맥주는 오직 홋카이도 내에서만 맛볼 수 있다.
홋카이도 여행 중에는 망설임 없이 일단 '삿포로 클래식'을 외치고 봐야 하는 이
유다.

1. 삿포로 맥주박물관 サッポロビール博物館

일본 유일의 맥주 박물관으로 삿포로맥주가 탄생한 메이지시대 붉은 벽
돌의 옛 제당공장 안에 자리하고 있다. 삿포로맥주의 역사와 라벨 변천
사, 광고용 포스터 등을 둘러보고 난 후 마시는 삿포로 생맥주의 맛이
더욱 각별하다.

Data 지도 175p-D 가는 법 지하철 도호선 히가시쿠야쿠쇼마에역 3번
출구에서 도보 10분 또는 삿포로역 앞(도큐백화점 남쪽)에서 삿포로 워크
버스 승차 15분 후 삿포로비루엔에서 하차 도보 1분 주소 札幌市東区北7
条東9-1-1 전화 011-748-1876(맥주박물관) 운영시간 맥주박물관 무료견학
11:00~18:00, 유료견학 11:30, 15:30, 16:30(월요일 휴관) 요금 3종 시음
세트 800엔 홈페이지 www.sapporobeer.jp/brewery/s_museum

2. 삿포로맥주 홋카이도 공장
サッポロビール 北海道工場

삿포로 시내 근교의 너른 공원에 자리한 삿포로맥주 생산 공장. 1일 5회 실시되는 투어에 참가(무료)하면 실제 가동 중인 맥주공장의 최첨단 생산라인을 둘러본 후 갓 뽑은 삿포로 생맥주를 시음할 수 있다. 사전 예약은 필수.

Data 가는 법 JR삿포로비루테이엔역 1번 출구에서 도보 10분 주소 惠庭市戸磯 542-1 전화 0123-32-5802 운영시간 10:00~15:00(월요일, 화요일, 연말연시 휴무) 홈페이지 www.sapporobeer.jp/brewery/hokkaido

맥주장인이 만든 지역맥주
홋카이도 지비루 地ビール

지비루 또는 크래프트 비어Craft Beer란 소규모 브루어리(맥주 양조장)에서 생산하는 지역 맥주를 뜻한다. 1994년 맥주 연간 최저생산량을 규정해놓은 일본 내 주세법이 2,000㎘에서 60㎘로 대폭 완화되면서 일본 각지에는 소규모 브루어리가 속속 탄생하게 되었다. 홋카이도 예외는 아니어서 전성기인 1990년대 후반에는 38곳의 지비루 양조장이 있었다고 한다. 현재는 16곳이 남았으며, 홋카이도의 좋은 물과 지역 특산물을 바탕으로 한 개성 있는 지비루를 선보이고 있다. 보통 병이나 캔으로도 판매하기 때문에 홋카이도를 추억하는 기념품으로도 좋다.

1. 하코다테 비어 HOKODATE BEER

하코다테야마 산기슭에서 끌어올린 천연 지하수와 몰트 100%를 고집하는 하코다테의 지비루. 맥주의 대부분을 차지하는 물에 대한 연구 끝에 미네랄이 풍부한 경질의 지하수를 선택, 매일 직접 운반하는 수고를 마다하지 않는다. 또한 보리나 밀을 발아시킨 몰트 이외에는 일체의 부재료가 들어가지 않은 순수한 맛을 추구. 하코다테 비어의 맥주 종류는 바이젠 맥주, 에일 맥주, 알토 맥주, 쾰쉬 맥주 등 4가지. 이름마저 인상적인 '사장님이 잘 마시는 맥주社長のよく飲むビール'는 보통의 몰트보다 2배를 넣고 1개월간 차분히 숙성시킨 스트롱에일 맥주로 여러 맥주 대회에서 우승하며 하코다테 비어의 인지도를 높이는 데 일조했다.

Data 지도 369p-C
가는 법 하코다테 노면전차 우오이치바도리역에서 도보 1분
주소 函館市大手町5-22
전화 0138-23-8000
운영시간 11:00~15:00, 17:00~22:00(수요일 휴무)
요금 맥주 300ml 610엔, 500ml 962엔, 사장님이 잘 마시는 맥주(400ml) 880엔, 맥주 샘플러(3종류) 1,133엔
홈페이지 www.hakodate-factory.com/beer

2. 오타루 소코 NO.1 小樽倉庫NO.1

물, 맥아, 홉, 효모만으로 제조하는 독일의 맥주순수령에 따라 만든 맥주
를 선보이는 오타루 대표 브루어리. 독일인 브루마스터(맥주 장인) 요하
네스 브라운 씨가 집안에서 200년 이상 전해 내려온 맥주 제조법을 바탕
으로 오타루의 미네랄이 풍부한 물을 사용해 개성 강한 지비루를 탄생시
켰다. 필스너, 둔켈, 바이스가 대표 메뉴이며 독특한 풍미의 훈제맥주인
밤베르거 등 계절에 따라 다양한 한정 맥주를 선보인다. 매장에서는 병맥
주도 구입할 수 있다. 매주 목요일, 토요일에는 영업시간 중 3시간 동안
2,200엔 맥주 무제한 코스를 즐길 수 있다.

Data 지도 240p-E
가는 법 JR오타루역에서
도보 15분
주소 小樽市港町5-4
전화 0134-21-2323
운영시간 11:00~22:00
요금 맥주 소 517엔,
중 659엔, 논알콜 맥주 385엔
홈페이지 otarubeer.com

야생의 아로마와 독특한 산미의 와인
도카치와인TOKACHI WINE

밤낮의 일교차가 크고 여름에도 습도가 낮은 홋카이도의 기후는
유럽 포도 품종 재배에 최적의 조건이다. 오래 전부터 후라노, 오
타루 등 홋카이도의 여러 지역에서 품질 좋은 와인을 생산하고 와
이너리가 발달하는 것은 이러한 자연 환경 덕분. 도카치 지역 이케
다정 역시 뛰어난 와이너리로 유명하다. 다만 다른 지역에 비해 현
격히 추운 겨울 날씨 탓에 유럽계 포도 대신 산야에서 자라는 산머
루를 교배한 새로운 품종의 와인을 선보이고 있다. 지역 주민은 재
배를, 포도 품종 개발은 이케다정 공관 내 포도연구소에서 맡았다.
거듭된 연구 끝에 이케다정의 독자 품종인 키요미清見, 그리고 이를
유럽 포도종과 교배한 야마사치山幸, 키요마이清舞로 만든 와인을
차례로 선보였다. 일반 와인과는 다른 야생의 아로마와 독특한 산
미는 와인 본고장 유럽에서도 주목받고 있다. 이케다 와인성에서는 레드, 화이트 등 매년 100여 종의 도카
치와인이 생산되고 있으며, 2차 발효를 거쳐 천연 탄산가스가 생성된 스파클링 와인은 특히 맛이 좋다. 지
역 주민의 노력으로 탄생한 와인인 만큼 도카치 지역에서는 축하할 일이 생기면 도카치 와인을 따는데, 이
로 인해 이케다정의 술 소비량은 다른 지역에 비해 3~4배가량 많다고 한다.

이케다 와인성 池田ワイン城

도카치와인의 와이너리 겸 전시장. 회색빛의 웅장한 석조 성채와
드넓은 포도밭이 인상적이다. 성 안에서는 와인이 익어가는 200여
개의 오크통과 와인 생산 공정을 견학할 수 있으며, 시음도 가능하
다. 판매장에서는 다양한 도카치와인과 안주로 좋은 치즈, 햄 등을
구입할 수 있다.

Data 지도 340p-B 가는 법 JR이케다역에서 도보 10분 주소 中川郡
池田町淸見83-4 요금 유료 와이너리 투어 1인 2,000엔 운영시간 09:00~
17:00, 레스토랑 10:30~17:00(토요일만 17:00~20:00, 화요일 휴무)
전화 015-572-2467 홈페이지 https://ikeda-wj.org

겨울왕국의 스카치 위스키
닛카 위스키 NIKKA WHISKY

닛카 위스키는 산토리와 함께 일본 위스키의 양대 산맥이다. 닛카 위스키를 만든 이는 사케를 제조하는 술도가에서 태어난 다케츠루 마사타카竹鶴政孝(1894~1979). 본격적인 위스키 제조를 위해 스코틀랜드에서 유학한 후, 1934년 스코틀랜드와 기후가 비슷한 홋카이도 요이치에 위스키 증류소를 세우게 된다. 위스키는 맥아(몰트)를 2~3회 증류하는 과정을 통해 알코올 도수 70도 가량의 원액으로 만들어진다. 이때 100% 맥아만을 이용해 한 곳의 팟 스틸 증류기로 증류한 위스키가 바로 싱글 몰트 위스키다. 맛과 향이 뛰어나지만 생산량이 적은 귀한 술. 과거에 마시기 좋은 블렌디드 위스키가 유행했던 것과 달리 요즘에는 묵직하고 강한 싱글 몰트 위스키가 대세다. 특히 요이치 증류소에서는 설립 이후 지금까지 석탄을 이용한 직화 방식의 팟 스틸 증류기를 고수하고 있다. 싱글 몰트 위스키 '요이치余市'가 닛카 위스키의 대표 브랜드. 아직 푸릇한 과일 향이 나는 10년산, 오크통의 숙성된 풍미를 가진 12년산, 육중한 몰트의 긴 여운을 남기는 15년산이 있다.

닛카 위스키 요이치 증류소 NIKKA WHISKY 余市蒸溜所

요이치역 인근에 자리한 닛카 위스키 요이치 증류소. 붉은 지붕의 고풍스러운 유럽의 성을 연상시키는 건축물로 위스키 생산시설과 함께 위스키 박물관, 창업주가 생활하던 저택 등을 관람할 수 있다. 견학 후 위스키 시음도 진행된다.

Data 지도 168p-A 가는 법 JR요이치余市역에서 도보 3분 주소 余市郡余市町黑川町7-6 전화 0135-23-3131 운영시간 닛카 뮤지엄 09:15~15:30, 가이드 안내 09:00~12:00, 13:00~15:00(홈페이지 사전 예약) 홈페이지 www.nikka.com/distilleries/yoichi

일본 최북단 사케 양조장
구니마레 国稀

삿포로 북부 해안가 마을 마시케정에 자리한 구니마레는 일본 최북단의 사케 양조장이다. 한때 청어잡이로 부흥했던 이 마을에 포목점을 내며 크게 성공한 창업주는 당시 홋카이도 내에 양조장이 없어 직원들이 비싼 돈을 주고 술을 사 먹는 걸 보곤 양조장을 차릴 결심을 한다. 1882년 정식 양조장 등록을 한 후 마을의 호경기와 맞물려 구니마레는 날로 번창하였다. 쇼칸베츠다케暑寒別岳 산봉우리의 맑은 물과 양질의 야마다니시키 쌀로 만들어지는 구니마레의 사케는 홋카이도의 추운 날씨에서 천천히 발효되는 과정을 통해 깊은 향과 맛이 더해진다. 쌀의 도정 정도에 따라 사케의 등급이 나뉘는데, 가장 최상급인 준마이다이긴조는 38%만 남기고 깎은 쌀로 만들어 맑고 깨끗하며 진향과 여운이 오랫동안 남는다. 사케의 중요한 원료가 되는 물은 양조장 부지 내에 솟아나는 지하수를 사용하고 있으며, 개방해두고 흔쾌히 마을 사람들과 나누어 쓰고 있다.

구니마레 주조 国稀酒造

양조장에서 생산되는 20여 종의 사케를 무료로 시음할 수 있다. 수량 한정의 사케 또는 막 출시된 사케를 어느 곳에서 보다 빨리 맛볼 수 있다. 옛 주조에서 사용하던 도구나 낡은 라벨과 병 등도 전시하고 있다.

Data 가는 법 JR마시케増毛역에서 도보 5분 주소 増毛郡増毛町稲葉町 1-17 운영시간 09:00~17:00(견학 ~16:30) 전화 0164-53-1050 홈페이지 www.kunimare.co.jp

Pâtisserie Français
MERLE

EATING 08

후라노·비에이에서 찾은 나만의
〈달팽이 식당〉 BEST 4

인적 드문 외딴 시골 마을의 통나무집. 세상에 지친 사람들에게 위로의
수프와 용기의 스테이크를 대접하는 마음 따뜻한 셰프가 있는 레스토랑.
일본 영화 〈달팽이 식당〉같은 공간을 꿈꿨던 사람이라면 후라노와
비에이가 그 답을 준다. 그림 같은 풍경 속에서 맛있는 차와 식사를 즐길
수 있는 레스토랑&카페 네 곳.

언덕 위 카페에서 즐기는 티타임
메를르 MERLE

전문 파티시에가 직접 과자와 케이크를 굽는 프랑스 디저트 카페 메
를르. 세련된 도시에 어울릴 것 같은 디저트를 시골 마을의 언덕 위
에서 만나니 느낌이 새롭다. 검정 나무 널로 장식한 차분한 외관과
흰색 내벽에 마룻바닥을 깔고 나무 테이블과 의자만 놓은 심플한 공
간 디자인 역시 이색적이면서 묘하게 주변과 어울린다. 케이크를 주
문하면 곁들여 먹을 수 있는 과일절임과 잼 등이 하얀 접시에 예쁘
게 담겨 나온다. 인기 메뉴인 푸딩은 늦게 가면 품절되기 일쑤. 숨
겨둔 나만의 공간 같은 분위기에서 맛있는 커피와 디저트를 맛볼 수
있다. 11월~2월은 휴업한다.

Data 지도 284p-A
가는 법 JR비에이역에서 차로 20분
주소 上川郡美瑛町美田第3
전화 0166-92-5317
운영시간 13:00~18:00
(화·수·목요일 휴무)
요금 푸딩 460엔, 치즈 케이크 520엔
홈페이지 www.merle-de-biei.com

요정이 살 것 같은 숲 속 레스토랑
카페 드 라 페 Cafe de la paix

숲 속 오솔길을 지나면 너른 나무 데크 위에 지어진 통나무집을 마주
하게 되는데 자작나무와 어우러져 마치 요정이 사는 집 같다. 맑은
날에는 테라스에도 테이블을 놓고 나뭇잎 사이로 들어오는 햇살 아
래 차와 케이크를 즐길 수 있다. 실내는 소녀 감성이 물씬 묻어나는
테이블보와 꽃 장식 등으로 꾸며져 있다. 스위스 시골의 치즈 요리
라클레트, 제철 채소로 만든 파이 등 재료 본연의 맛을 살린 담백하
고 소박한 메뉴는 통나무집의 분위기와도 잘 어울린다. 임시 휴무가
잦으므로 방문 전에 전화로 확인해두자.

Data 지도 284p-E
가는 법 JR비에이역에서 차로 12분
주소 上川郡美瑛町字美沢希望19線
전화 0166-92-3489
운영시간 10:00~18:00 (목요일 휴무)
요금 라클레트 2,200엔,
토마토 카레 1,100엔
홈페이지 cafedelapaix-biei.com

Data 지도 285p-J
가는 법 JR 후라노역에서 차로 10분
또는 라벤더호 버스로 종점 산후라노
프린스 호텔 하차 후 도보 5분
주소 富良野市中御料 新富良野
プリンスホテル
전화 0167-22-1111
요금 블렌드 커피 650엔, 카레 1,450엔
운영시간 12:00~20:00
홈페이지 www.princehotels.co.jp/
shinfurano/facility/tokei

시간이 천천히 흐르는 숲 속 카페
커피 모리노토케이 珈琲 森の時計

후라노의 닝구르 테라스가 있는 숲에서 조금 더 안쪽으로 들어가면
통나무로 지은 카페가 하나 나온다. 통나무 골조와 회벽으로 된 아
늑한 카페 안에는 편안한 테이블 석도 있지만 인기 있는 자리는 단연
카운터석. 아홉 자리만 있는 카운터석에 앉으면 친절한 바리스타가
내준 원두를 핸드밀로 직접 갈아볼 수 있다. 드르륵거리는 핸드밀 소
리와 함께 코끝에서 은은하게 퍼지는 원두향이 마음을 정화시키는
느낌. 계절에 따라 달라지는 숲의 모습이 큰 창을 통해 카페 안으로
자연스레 스며든다.

통나무집의 푸근한 유럽풍 점심
블랑 루주 Blanc Rouge

도카치다케 산봉우리와 비에이 언덕이 바라다 보이는 숲길을 따라
조금 들어가니 빨간 지붕과 살굿빛 벽으로 된 통나무집이 나타난
다. 〈헨젤과 그레텔〉에 나오는 과자 집 같은 이곳은 유럽식 가정 요
리를 맛볼 수 있는 소박한 레스토랑. 캐나다산 통나무가 그대로 노
출된 내부는 따뜻한 온기를 머금고 있고 겨울에는 장작 난로도 피
운다. 메뉴의 구성은 비교적 단출한데 모두 비에이 식재료만을 사
용한 진정한 로컬 푸드다. 인기 메뉴인 비프스튜는 큼직하게 썬 소
고기를 적포도주와 함께 오래 끓여 부드럽고, 진한 소스는 짜지 않
으면서 정성 들인 맛이 난다.

Data 지도 284p-B
가는 법 JR비에이역에서 차로 20분
주소 上川郡美瑛町大村村山
전화 0166-92-5820
운영시간 11:00~16:30(목요일 휴무,
11월 하순~4월 부정기 휴무), 7~8월
에는 저녁(17:30~19:30)도 영업(예약제)
요금 비프스튜 1,100엔, 비프스튜 세트
1,450엔 홈페이지 http://biei-
blanc.sakura.ne.jp

EATING 09

삿포로맥주의 마리아주,
홋카이도 징기스칸

한국에 삼겹살이 있다면, 홋카이도에는 징기스칸이 있다.
불판에서 구운 담백하고 부드러운 육질의 양고기와
양고기 육즙이 밴 각종 채소는 삿포로맥주와 찰떡궁합.
삿포로의 긴긴 겨울밤이 징기스칸과 함께 무르익는다.

홋카이도에서 징기스칸을 먹기 시작한 것은 80여 년 전으로 거
슬러 올라간다. 일본군 군복의 소재가 되었던 양털이 1차 세계대
전 이후 수입이 어려워지자 홋카이도의 너른 목초지에 목장을 설
치하고 '100만 마리의 양을 키우자'는 운동을 벌이게 된다. 이 과
정에서 양털을 제거하고 남은 늙은 양의 고기를 먹기 시작했던
것. 늙은 양고기의 다소 질긴 식감과 특유의 냄새를 제거하고자
간장을 베이스로 사과, 양파 등을 넣은 양념 양고기가 개발되었
다. 이제 더 이상 양을 대대적으로 방목하진 않지만 양고기를 먹
는 식문화는 여전히 남아 발전을 거듭했다. 이전과 달리 어린 양
(램)을 먹기 시작하면서 양념을 가볍게 하고 부드러운 육질을 즐
기는 스타일이 널리 퍼진 것. 몽골과는 관련 없는 이 요리에 왜 징
기스칸이라는 이름이 붙었는지는 현지인들도 잘 모르는 눈치다.
양고기를 굽는 불판이 몽골족의 모자를 닮았기 때문이라고도 하
고, 대륙으로의 진출을 향한 일본인의 열망이 징기스칸이라는
인물에 담겨 표출된 것이라는 설도 있다. 다만, 쌉싸래하고 청량
감 있는 삿포로맥주와 찰떡궁합이자 후끈하게 달아오른 불판에
양고기를 구워 먹으며 추운 겨울을 이겨내는 음식으로 확고히 자
리 잡았다는 사실만은 분명하다.

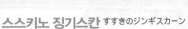

스스키노 징기스칸 すすきのジンギスカーン

소탈, 친근하고 젊은 사장님을 닮아 캐주얼한 분위기의 징기스칸 전문점. 최고급으로 치는 아이슬란드산 어린 양을 사용해 이제까지 먹었던 어떤 양고기보다 부드럽다. 살짝 익혀 먹어야 그 맛을 제대로 느낄 수 있다. 혀, 등심, 소금양념갈비, 양고기 완자 등 이곳에서만 맛볼 수 있는 한정수량 메뉴에 도전해보자. 최대 8명이 앉을 수 있는 칸막이 테이블석이 있고, 사장님과 마주보며 이야기를 나눌 수 있는 5~6자리의 카운터석도 있다. 한 블로거의 포스팅 덕에 한국 여행자들 사이에서도 유명하다.

Data 지도 174p-J 가는 법 지하철 도자이선 스스키노역 5번 출구에서 도보 5분 주소 札幌市中央区南5条西 6丁目多田ビル1F 전화 011-532-8129 운영시간 일~목요일 17:00~01:00, 금·토요일·공휴일 전날 17:00~03:00 요금 램로스 1,320엔, 생 램 990엔, 배부른 코스 3,850엔 홈페이지 genghiskhan.jp

징기스칸 다루마 *ジンギスカン だるま*

삿포로 징기스칸 하면 '다루마'를 떠올릴 정도로 가장 유명한 징기스칸 전문점이다. 양복 차림의 일본 직장인들이 삼삼오오 무리를 지어 들어가는 모습이 자주 목격된다. 전체가 카운터석으로 자리에 앉으면 알아서 숯불과 불판을 세팅하고 인원수대로 양고기와 채소, 특제 소스를 내온다. 이곳만의 스타일인 셈. 살짝 양념된 양고기는 냄새가 거의 나지 않고 식감과 맛이 쇠고기와 돼지고기의 중간이다. 여기에 특제 간장양념 소스를 찍으면 평소 양고기에 거부감이 있던 사람일지라도 만족스럽게 즐길 수 있다. 본점 이외에 다루마6.4점과 다루마4.4점 등 스스키노 거리에만 다섯 곳의 매장을 두고 있다.

Data **본점** 지도 175p-K 가는 법 지하철 난보쿠선 스스키노역 4번 출구에서 도보 3분 주소 札幌市中央区南5条西4 クリスタルビル1 F 전화 011-552-6013 운영시간 17:00~23:00 요금 징기스칸 1인분 1,280엔, 밥 220엔, 채소 추가 220엔, 채소절임 220엔, 생맥주 650엔 홈페이지 sapporo-jingisukan.info

6.4점 지도 175p-K 가는 법 지하철 난보쿠선 스스키노역 4번 출구에서 도보 5분 주소 札幌市中央区南6条西4丁目仲通り 野口ビル1F 전화 011-533-8929 운영시간 17:00~05:00

4.4점 지도 175p-K 가는 법 지하철 난보쿠선 스스키노역 4번 출구에서 도보 1분 주소 札幌市中央区南4条西4丁目 ラフィラ裏 운영시간 17:00~23:00

마츠오 징기스칸 松尾ジンギスカン

사과와 양파를 넣은 진한 특제 간장 양념에 재워둔
양념 징기스칸의 원조. 삿포로에서 차로 1시간 거
리의 다키가와시에 본점이 있다. 삿포로 시내에 두
곳의 지점이 있는데, 넓은 매장과 세련되고 깔끔한
인테리어로 단체나 가족 단위 손님이 많이 찾는다.
사과, 양파 등을 듬뿍 넣은 간장 양념 덕에 양고기
특유의 냄새가 전혀 나지 않고 쫄깃한 육질이 살아
있다. 우리나라 불고기와 생김은 물론 맛도 비슷하
다. 남녀노소 누구나 좋아할 만한 대중적인 맛. 신
치토세공항에도 입점해 한국으로 돌아가기 전 마
지막 식사로 징기스칸을 선택할 수 있게 되었다.

Data 삿포로에키마에점 지도 174p-F 가는 법 지하철
난보쿠선 삿포로역 10번 출구에서 도보 2분 주소 札幌
市中央区北3条西4丁目 日本生命札幌ビルB1 전화
011-200-2989 운영시간 11:00~15:00, 17:00~23:00
요금 특상 징기스칸 1,580엔, 징기스칸 980엔, 모둠채
소(2~3인분) 490엔 홈페이지 www.matsuo1956.jp

삿포로 미나미이치조점 지도 175p-G 가는 법 지하철
난보쿠선 오도리역 10번 출구에서 도보 2분 주소 札幌
市中央区南1条西4丁目16-1 南舘ビル1階 전화 011-
219-2989 운영시간 11:00~15:00, 17:00~23:00

신치토세공항점 지도 012p-F 가는 법 신치토세공항
여객터미널 3층 주소 千歳市美々新千歳空港旅客
ターミナルビル3階 전화 0123-46-5829 운영시간
10:00~21:00

Step 05
Shopping

홋카이도를
남기다

SHOPPING 01

홋카이도
디자인 숍 산책

세련되거나 화려하지는 않다. 품이 넓은 홋카이도의
대지가 디자이너들에게도 영감을 준 것인지 물 흐르듯
자연스럽고 심플한 디자인이 대부분. 두고두고 간직하고
싶은 홋카이도다운 디자인을 만날 수 있는 숍 넷.

Data 지도 175p-G
가는 법 지하철 난보쿠선·도자이선·
도호선 오도리역 13번 출구
오도리빗세 2층
주소 札幌市中央区大通西3-7
大通ビッセ2F
전화 011-206-9378
운영시간 10:00~20:00
요금 지역 와이너리 와인 2,000엔대
홈페이지 www.yuiq.jp

홋카이도의 잡화 문화를 이끌다
유이크 YUIQ

삿포로의 중심가 오도리에 있는 복합 쇼핑몰 오도리빗세ODORI BISSE 2층에 자리 잡은 라이프스타일 숍. '홋카이도의 잡화 문화를 선보인다'는 콘셉트 아래 홋카이도 삿포로, 오타루, 아사히카와 작가들의 수준 높은 잡화뿐 아니라 도쿄, 기후, 치바, 교토 등 일본 각지의 오리지널 잡화가 이곳에 모두 모였다. 대부분이 작가가 분명한 '작품'들. 시기에 따라서는 테마에 맞춘 잡화를 기획전으로 전시하기도 한다. 이곳의 대표 상품은 홋카이도의 각 지역 가마에서 구워 낸 도기들. 이외에도 선물하기 좋은 아이템이 많다.

홋카이도 자연을 모티브로 한 수공예품
닝구르 테라스 Nigle Terrace

신후라노 프린스 호텔 부지 내 숲에 조성된 15채의 수공예품 숍. 후라노를 배경으로 한 3편의 드라마 작가 구라모토 소우倉本聰가 프로듀싱한 공간으로 나무 데크를 따라 들어선 통나무집들이 마치 동화 속 장면을 연상케 한다. 대여섯 명이 들어가면 꽉 차는 작은 통나무집 안에는 자연을 모티브로 나뭇가지, 호두껍데기, 꽃잎, 천연가죽 등을 이용한 액세서리와 장식품, 장난감, 그림엽서 등을 판매하고 있다. 후라노는 물론 홋카이도 전역의 공예 작가들의 오리지널 작품으로 이 가운데는 실제 작가가 상주하며 작업을 하는 곳도 있다. 얼마든지 구경하거나 만져볼 수 있지만 실내 사진 촬영은 엄격하게 금지된다.

Data 지도 285p-J
가는 법 JR 후라노역에서 차로 10분
또는 라벤더호 버스로 종점 산후라노
프린스 호텔 하차 후 도보 5분
주소 富良野市中御料 新富良野
プリンスホテル
전화 0167-22-1111
운영시간 12:00~20:45
(7~8월 10:00~)
홈페이지 www.
princehotels.co.jp/ shinfurano/
facility/ningle_terrace_store/

Data 지도 240p-E
가는 법 JR오타루역에서 도보 15분
주소 小樽市堺町1-27
전화 0134-24-5880
운영시간 10:00~18:00, 카페
11:30~17:30(금요일 휴무)
요금 밀랍 양초 1,870엔, 오타루운
하 실루엣 양초홀더 1,650엔, 양초
만들기 체험 1,650엔~
홈페이지 otarucandle.com

선물하기 좋은 오리지널 캔들&홀더
오타루 캔들공방 小樽キャンドル工房

오타루의 옛 창고 건물에 들어선 오타루 캔들공방에서는 빛의 도시 오타루를 추억하는 기념품이나 선물을 구입하기 좋다. 실내는 조도를 낮춰 양초의 불빛이 한층 더 영롱한 빛을 발하고 아로마의 은은한 향기에 황홀해진다. 숍에 있는 양초는 공방에 있는 캔들 디자이너들이 직접 만든 오리지널 캔들이다. 특히 전통 기법으로 탄생한 색색의 밀랍양초Taper Candle가 유명하다. 모자이크글라스나 다양한 조각이 더해진 양초 홀더는 기념품이나 선물로도 제격. 체험 공방에서는 20~30분간 캔들 제작 체험을 할 수 있는데, 아로마 향초 만들기는 특히 여성들에게 인기가 높다.

하코다테 한정 오징어 먹물 패브릭
싱글러즈 Singlar's

가네모리 창고 BAY하코다테 내에 자리한 오징어 먹물 염색 패브릭 숍. 하코다테 대표 어종인 오징어를 활용한 아이디어도 훌륭하지만, 무엇보다 오묘한 암갈색의 색감이 눈과 마음을 사로잡는다. 라틴어로 갑오징어를 '세피아Sepia'라고 하는데 이는 암갈색의 어원이기도 하다. 자연스러운 암갈색으로 물들인 패브릭에 하코다테의 이미지에서 착안한 사랑스러운 디자인을 더한 손수건, 보자기, 가방, 주머니, 지갑 등은 볼수록 탐이 난다. 모두 하코다테 장인의 핸드메이드 제품. 가격도 착하니 선물이나 기념품으로 좋다.

Data 지도 369p-C
가는 법 하코다테 노면전차 주지가이역에서 도보 5분, BAY하코다테 내
주소 函館市豊川町11-5
전화 0138-27-5555
운영시간 09:30~19:00
요금 수건 980엔,
보자기 1,300엔~
홈페이지 www.
ikasumi.jp

souvenir shop
富良野物産センター ARGENT

SHOPPING 02

홋카이도 지역특산물
안테나숍 BEST 3

옷과 가방만 쇼핑 품목이 아니다. 때론 먹을거리가 가장
중요한 머스트 잇 아이템이 되기도 하는 법. 비옥한 땅,
청정한 자연, 정직한 농부들이 있는 홋카이도가 그렇다.
제철 채소와 과일, 육류, 유제품 그리고 독창적인
가공식품까지. 홋카이도를 온전히 맛볼 수 있는
지역 특산물 판매장 세 곳.

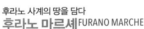

후라노 사계의 땅을 담다
후라노 마르셰 FURANO MARCHE

풍요로운 전원Rural과 세련된 도시Urban 감성을 뜻하는 신조어 '루반
Ruban'을 캐치프레이즈로 내건 후라노. 후라노 마르셰는 그 전진기지로
2009년 후라노 시내에 조성되었다. 홋카이도 내에서도 알아주는 농
축산물 생산지인 후라노의 식문화와 매력을 알리고 현지 소비자, 관광
객, 생산자 누구나 스스럼없이 이야기를 나눌 수 있는 열린 장소인 것.
너른 광장을 감싼 3동의 건물에는 각종 농축산물과 가공식품 판매장
인 파머즈 마켓 오가르HOGAR, 200여 종의 후라노 특산품을 판매하는
아르젠ARGENT, 수제 빵과 케이크, 커피를 즐길 수 있는 스위츠 카페 사
보르SABOR, 푸드코트 후라디시FURADISH까지 4개 존으로 이루어져 있다.
한쪽에는 관광정보센터도 마련되어 제품과 관련된 여행 정보도 얻을
수 있다. 2015년에는 바로 옆에 카페, 레스토랑, 잡화점 등이 입점한
후라노 마르셰2가 오픈하여 더욱 다양한 상품을 만날 수 있게 되었다.

Data 지도 287p-F
가는 법 JR후라노역 정문 출구
에서 298호 도로를 따라 도보 10분
주소 富良野市幸町13-1
전화 0167-22-1001
운영시간 10:00~19:00,
(6월 중순~8월 말 ~19:00)
홈페이지 https://marche.
furano.jp

생산에서 주방까지
비에이센카 美瑛選果

우리의 농협과도 같은 기관인 JA비에이에서 2007년 오픈한 비에이 농축산물 안테나숍. 비에이 농부들의 땀방울을 먹고 자란 건강한 농축산물을 알리고 소비자의 소리를 직접 농가에 전달하기 위해 탄생했다. 쌀과 콩, 제철 채소와 과일 등 신선제품과 이를 가공한 제품들을 판매하고 있다. 재료의 맛을 최대한 살리면서 유통기한을 늘린 냉동건조 가공식품과 레토르트 식품은 독창적인 아이디어가 돋보이며, 신선제품을 구입하기 어려운 관광객들에게 특히 인기가 좋다. 비에이산 식재료로 직접 빵을 구워 판매하는 베이커리도 있다. 신치토세공항에도 지점이 있으니 출국 전 들러도 좋다.

Data 본점 지도 286p-A
가는 법 JR비에이역 정문 출구 반대쪽으로 도보 15분
주소 上川郡美瑛町大町2
전화 0166-92-4400
운영시간 09:30~17:00, 6~8월 09:00~18:00, 11월~3월 10:00~17:00, 연말연시 휴무
홈페이지 bieisenka.jp

신치토세공항점
가는 법 신치토세공항 국내선 터미널 2층 전화 0123-46-3300
운영시간 08:00~20:00

시리베시 지역 특산물이 한자리에
타르셰 駅なかマートTARCHE

오타루역 내에 자리한 타르셰는 삿포로 동쪽의 오타루, 요이치, 니세코 등이 속한 시리베시後志 지역의 질 좋은 해산물과 농산물, 가공식품 등을 판매하는 직영매장이다. 산지직송으로 유통 마진을 줄이고 각 상품마다 생산지와 농장 또는 상점의 이름을 표기해 신뢰감을 더한다. 쇼핑과 함께 간단한 식사도 가능하다. 오타루의 유명 스시집 이세즈시伊勢鮨에서 공수한 재료로 만든 스시, 즉석에서 튀겨주는 프라이드치킨도 인기가 높다. 후식으로는 시리베시의 제철 과일을 넣은 소프트아이크림을 추천.

Data 지도 240p-D
가는 법 JR오타루역 내
주소 小樽市稲穂2-22-15
전화 0134-31-1111
운영시간 마트 09:00~19:00 / 스시 카운터 11:00~14:30 (수요일 휴무)
홈페이지 tarche.jp

홋카이도 **마트 습격사건**

싸고 다양하고 기발하다. 식료품에서부터 각종 생활용품과 주방도구까지, 저렴하면서도
아이디어가 좋은 제품들에 '유레카'를 외치게 될지도 모른다. 카트가 가득 차는 건 시간
문제. 가이드북에 소개한 가격은 대략적인 것으로 점포마다 다를 수 있다.

식품류

❶ 부드럽고 많이 달지 않은
몽블랑 케이크 230엔

❷ 마실 수도 있는 진한
캐러멜 푸딩 158엔

❸ 찌릿 매운 겨자 마요네즈
200g 198엔

❹ 한국보다 저렴한 벨큐브
치즈 125g 378엔

❺ 홋카이도산 우유 100%의
조각 치즈 100g 298엔

❻ 채소를 볶기에도 괜찮은
명란 와사비 스파게티 소스
2인분 198엔

❼ 한국인의 입맛에도 맞는
매운 고추 스파게티
소스 2인분 198엔

❽ 홋카이도 한정 삿포로
클래식 500ml×6캔
1,098엔

❾ 우유 칵테일에 딱!
카시스 리큐르 Lejay Casis
700ml 1,350엔

이온 AEON

우리나라의 이마트쯤 되는 일본의 대형 쇼핑몰이다. 위층에 의류나 전자제품, 장난감 등도 판매하지만 미식 천국인 홋카이도에선 아무래도 1층 식품관에 발길이 더 오래 머문다. 치즈, 버터 등 홋카이도산 유제품과 각종 소스, 홋카이도 한정 판매의 삿포로 클래식 맥주는 선물로도 좋다.

Data 홈페이지 www.aeon.jp

DCM호막 DCMホーマック

일본 전역에 173개 체인을 보유한 DIY 전문 숍. 각종 공구나 조립제품 등 DIY 제품뿐 아니라 기발한 아이디어의 주방도구와 생활용품이 빼곡하다. 평소 꼭 있었으면 하던 물건을 발견했을 때의 희열을 느낄 수 있다. '호막'에서 사명이 변경되어 기존 점포도 DCM호막으로 교체 중이다.

Data 홈페이지 www.homac.co.jp

생활용품류

1 여성에게 꼭 필요한 속옷
세제 120ml 348엔

2 목의 건조함을 해결하는
가습 마스크 3개 398엔

3 달콤한 향의 촉촉한
로션 티슈 4팩 128엔

4 수분 폭탄! 하다라보 고쿠준
보습크림 100g 1,880엔

5 에티켓의 기본, 구취 제거
스프레이 9ml 198엔

6 접착력 최고! 먼지
제거 롤러용 테이프
160mm×3개 208엔

7 슥슥 하면 생선 살을
발라주는 칼 1,980엔

8 냄비 바닥에 넣어 놓으면 끝!
끓어 넘침 방지기 398엔

9 겨울을 이기는 따뜻한
테이블, 코타츠 5,980엔

SHOPPING 04

홋카이도의 마지막 쇼핑 천국, **신치토세공항**

신치토세공항에선 탑승 시간을 기다리며 지루해할 틈이 없다. 먹고 사고 즐길 거리가 웬만한 테마파크나 복합쇼핑몰 부럽지 않다. 마지막까지 완벽한 홋카이도 여행은 신치토세공항이 책임진다.

Tip 신치토세공항 쇼핑 시 참고 사항

1. 와인, 피클, 잼 등 액체/겔 종류는 기내에 가지고 탈 수 없으니, 짐을 부치기 전에 구입하여 깨지지 않도록 가방에 잘 챙긴 다음 화물칸에 부치자.
2. 햄이나 육포 등의 육가공품, 치즈, 버터 등의 유가공품 등은 축산물 신고 대상 품목이므로 인천공항 입국 시 검역대에 신고해야 한다.
3. 쇼핑을 보다 편하게 하고 싶다면 국내선 터미널 곳곳의 유료 보관함에 짐을 맡겨 두면 된다.
4. 면세점에서도 홋카이도의 유명 오미야게를 구입할 수 있으니 탑승 시간이 촉박할 때는 너무 무리하지 말자. 공항에서는 어쨌든 비행기를 타는 것이 가장 중요하다.

공항에서 만난 찰리의 초콜릿 공장
로이즈 초콜릿 월드 Royce' Chocolate World

일본의 유명 초콜릿 기업 로이즈가 신치토세공항에 마련한 전시관 겸 초콜릿 매장. 영화 〈찰리의 초콜릿 공장〉처럼 컨베이어 벨트를 따라 일사분란하게 초콜릿이 완성되는 과정을 보는 것만으로 어느덧 동심에 빠져든다. 매장에서는 유명한 로이즈의 생 초콜릿을 비롯해 아이들이 좋아할 만한 캐릭터 초콜릿, 비스킷 등 다양한 초콜릿 제품을 구입할 수 있다.

Data 지도 012p-F
가는 법 신치토세공항 3층의 국내선과 국제선 터미널 연결통로 중간
전화 0570-030-612
운영시간 매장 08:30~19:00,
공장 08:30~17:30
홈페이지 www.royce.com/
contents/world

내 소원도 들어줘~
도라에몽 와쿠와쿠 스카이 파크
ドラえもん わくわくスカイパーク

일본의 국민 캐릭터 도라에몽을 테마로 한 체험 파크. 도라에몽의 비밀도구를 주제로 한 파크존을 비롯해 아이들이 미끄럼틀에서 신나게 놀 수 있는 키즈 프리존, 도라에몽 오리지널 붕어빵을 맛볼 수 있는 카페, 도라에몽 공식 캐릭터 숍, 도라에몽 공작 워크숍 등 7개의 존으로 이루어져 있다. 아이들과 엄마 모두에게 그야말로 천국. 파크존 입장과 워크숍 체험만 유료이고 나머지는 무료다.

Data 지도 012p-F
가는 법 신치토세공항3층의 국내선과 국제선 터미널 연결통로 중간
운영시간 10:00~18:00
(숍 ~18:30) 요금 파크존 입장료
어른 800엔, 중고생 500엔, 초등학생 이하 400엔, 2세 미만 무료
홈페이지 www.new-chitose-airport.jp/ko/doraemon

삿포로라멘에서 징기스칸까지
구르메 월드 Gourmet World

터미널 음식은 맛없고 비싸기만 하다는 인식을 무참히 깨트려버리는 신치토세공항 식당가. 삿포로 유명 라멘집인 게야키·아지사이·바이코겐, 홋카이도산 단각우短角牛만 고집하는 햄버그스테이크 전문점 가마도 마루야마竈円山, 양념 징기스칸의 원조 마츠오 징기스칸, 15가지 향신료의 풍미가 살아 있는 라비Lavi의 수프카레 등 결정 장애를 불러오는 맛있는 음식이 가득하다. 여행 중 맛보지 못해 아쉬운 음식이 있다면 이곳에서 충분히 먹어볼 수 있다.

Data 지도 012p-F
가는 법 신치토세공항 국내선 터미널 3층
홈페이지 www.new-chitose-airport.jp/ko/spend/shop/eat

|Theme|

신치토세공항 추천 오미야게(기념선물)

노느라 먹느라 정신없이 보내는 사이 '아뿔싸! 아무것도 사지 못했다'며 자책하는 사람에게
홋카이도는 '신치토세공항'이라는 마지막 보루를 남겨두었다. 롯카테이, 르타오 등 홋카이도
대표 스위츠 브랜드뿐 아니라 잼, 버터, 와인 등 선물 하기 좋은 지역 특산품이 가득하다.

스위츠 오미야게 BEST 5

❶ 진한 화이트초콜릿
쿠키, 이시야제과의
시로이 코이비토

❷ 촉촉함이 겹겹이
쌓인 케이크,
류게츠의 산포로쿠

❸ 농후한 버터크림
쿠키, 롯카테이의
마루세이 버터샌드

❹ 떠 먹는 더블
프로마주(치즈케이크),
르타오의 빈데 프로마주

❺ 달콤 쌉싸래한 극강의
부드러움, 로이즈의 생초콜릿

추천 오미야게 리스트

❶ 고소한 천연
버터, 도카치산 버터

❷ 도카치 우유로
만든 밀크잼

❸ 홋카이도산
채소가 듬뿍, 피클

❹ 독특한 산미의
도카치와인

❺ 달콤한
홋카이도산 옥수수로
만든 콘수프

❻ 짭조름
오징어순대, 이카메시

Step 06
Sleeping
....
홋카이도에서
자다

대접받는 즐거움, **료칸**

쉬러 간 건지 극기 훈련을 간 건지 모르겠다고 투덜대는 이들에게 료칸은 그야말로
아무것도 하지 않을 자유를 준다. 노천욕을 하러 왔다 갔다 할 정도의 체력과 가득
차려진 산해진미를 마다하지 않을 만큼의 성의만 있으면 충분하다.

일본의 전통 숙소인 료칸은 단지 하룻밤 자는 것 이상의 의미가 있다. 오래된 일본 목조 가옥, 다다미가 깔린 예스러운 방, 좌식 테이블 위의 차 세트, 유카타(평상복으로 주로 입는 전통 의상)와 게다(전통 나막신) 등 일본인들의 생활문화를 몸소 체험할 수 있기 때문이다. 일본의 문화가 본격적으로 뿌리내린 지 150년이 되지 않는 홋카이도의 경우, 우리가 기대하는 전통적인 료칸의 모습은 다소 희미한 편이다. 현대적인 호텔식 건물이 많고 다다미방 외에 침대방도 있다. 그 대신 대다수가 홋카이도의 풍부한 자연을 누릴 수 있는 곳에 자리 잡고 있고, 특히 다양한 효능과 성분의 온천이 있다. 미식 천국 홋카이도의 지역 특산물로 내는 가이세키 코스 또는 뷔페 요리 역시 홋카이도 료칸의 큰 즐거움 가운데 하나다. 또한 료칸 특유의 친절하다 못해 황송한 응대는 제대로 대접 받는 기분을 느끼는 데 부족함이 없다.

Tip **료칸 1박 2일 이용법**

[1일]
15:00 환대를 받으며 체크인
16:00 정원을 산책하며 휴식 또는 대욕탕 이용
18:00 저녁식사는 객실에서 가이세키 코스
    또는 레스토랑 뷔페 요리
20:00 밤하늘의 별을 보며 노천욕
21:00 어느새 요와 이불이 깔끔하게 펴진
    객실(다다미방)
22:00 취침

[2일]
07:00 아침 온천욕
08:00 식당에서 아침식사
09:00 어느새 정리된 요와 이불(다다미방)
11:00 체크아웃 후 환송을 받으며 이동

조잔케이 츠루가 리조트 스파
모리노우타 定山渓鶴雅リゾートスパ 森の謌

삿포로 인근 조잔케이온천에 자리한 휴식형 리조트 료칸. 숲의 노래라는 뜻의 이름처럼 온천가 계곡의 원시림에 둘러싸여 휴식의 시간을 보낼 수 있다. 저녁 뷔페로는 화덕에 구워 나오는 피자와 특제 스위츠, 계절 재료를 살린 오르되브르(전채) 등 세련된 요리가 선보인다.

Data 지도 168p-A 가는 법 지하철 난보쿠선南北線 마코마나이真駒内駅에서 무료 셔틀버스 이용(1일 3회 운행, 예약제), 삿포로에키마에 버스터미널 12번 승강장에서 갓파라이나호 승차, 조잔케이온센 히가시니초메定山渓温泉東2丁目 하차(약 1시간 소요) 후 도보 3분 주소 札幌市南区定山渓温泉東3-192 전화 011-598-2671 요금 2인 1실 이용시 1인 요금(조,석식 포함) 23,100엔~ 홈페이지 www.morino-uta.com

다키노야 滝乃家

폭포가 떨어지는 자그마한 일본 정원을 둔 온천 료칸. 숲속에 지어진 작은 정자 같은 노천온천탕에서 고즈넉이 쉴 수 있다. 객실 대부분 개별 온천이 딸려 있어 가격대는 살짝 높은 편이다. 식사는 일행끼리만 따로 분리된 공간에 준비된다.

Data 지도 264p-A
가는 법 신치토세공항에서 노보리베츠온천행 고속버스로 1시간. 또는 JR노보리베츠역에서

노보리베츠온천행 버스 타고(17분) 노보리베츠온센 버스터미널 하차 후 도보 3분 주소 登別市登別温泉町162 전화 0143-84-2222 요금 2인 1실 이용시 1인 요금 (조,석식 포함) 34,100엔~ 홈페이지 www.takinoya.co.jp

라 비스타 다이세츠잔 LA VISTA 大雪山

다이세츠잔 아래 자리한 북유럽풍 산장 료칸. 다양한 스타일의 노천탕을 즐길 수 있고 가족, 연인끼리 독점할 수 있는 전세탕도 마련되어 있다. 저녁식사는 프랑스 풀코스 요리와 홋카이도 냄비 요리 중 선택할 수 있다. 1월~4월 휴관.

Data 지도 322p-B
가는 법 JR아사히카와역 서쪽 출구 앞 4번 승강장에서 66번 버스 아사히다케 이데유旭岳

이데 湯호 승차 1시간 25분 후 아사히다케 캠핑장 하차, 도보 1분 주소 北海道上川郡 東川町1418 전화 0166-97-2323 요금 2인 1실 이용시 1인 요금(조,석식 포함) 12,800 엔~ 홈페이지 www.hotespa.net/hotels/daisetsuzan

헤이세이칸 시오사이테이
平成館 しおさい亭

탁 트인 바다가 지척인 온천호텔. 노천탕이 딸린 고급
스런 객실을 갖추고 있고 철썩거리는 파도소리를 들으
며 프라이빗한 시간을 보낼 수 있다. 대욕탕은 전면 유
리창에서 바다를 전망할 수 있는 욕탕과 일본정원을
즐길 수 있는 욕탕 등 다양한 시설을 자랑한다.

Data 지도 364p-B 가는 법 하코다테 노면전차 유노카와
온천역에서 도보 8분 또는 하코다테공항에서 공항버스 타
고 유노카와온천 정류장 하차(8분 소요) 후 바로 주소 函館
市湯川町1-2-37 전화 0138-59-2335 요금 2인 1실(조·석식
포함) 15,740엔~ 홈페이지 www.shiosai-tei.com

도카치가와온천 간게츠엔 十勝川温泉 観月苑

홋카이도 유산으로 지정된 희귀한 모르온천을 경험할 수
있는 도카치가와온천. 식물성 부식물과 유기물을 풍부
하게 함유하고 있어 피부를 매끈매끈하게 만드는 효과
가 탁월하다. 도카치의 풍광을 바라보는 노천탕은 운치
까지 더해진다.

Data 지도 340p-B 가는 법 JR오비히로역에서 차로 20분.
JR오비히로역 남쪽 출구 6번 승강장에서 45번 버스 승차
간게츠엔 하차(31분 소요) 주소 河東郡音更町十勝川温泉南
14-2 전화 0155-46-2001 요금 2인 1실 이용시 1인
요금(조식 포함) 12,600엔~, 입욕료 어른 1,500엔
홈페이지 www.kangetsuen.com

SLEEPING 02

가족과 머물기 좋은
리조트호텔

기억에 남을 만한 우리 가족 여행지로
홋카이도를 선택한다면? 엄마들의 고민은
숙소에서부터 시작된다. 휴식이 필요한
아빠와 다양한 체험을 원하는 아이들을 모두
만족시키는 똑똑한 엄마들의 선택은 바로
리조트호텔.

부부와 어린 자녀로 이루어진 3인 내지 4인 가족끼리 해외로 여행하는 일이 점점 늘고 있다. 특히 홋카이도에서 4인 이상이 묵기엔 좁은 비즈니스호텔도, 온천 외에는 별다른 즐길 거리가 없는 료칸도 마뜩찮은 가족 여행객들이라면 리조트 호텔을 고려해볼 만하다. 아이가 마구 굴러다녀도 좋을 넉넉한 방 크기와 산책하기 좋은 뜰, 수영장 같은 각종 레포츠 시설, 다양한 체험 프로그램 등을 이용하다 보면 휴식이 필요한 어른들에게도, 마음껏 뛰놀고 싶은 아이들에게도 만족할 만한 여행이 될 수 있다. 또한 가족 단위의 여행객들을 위한 스키리조트(p.082)가 발달한 홋카이도에서는 대부분 여름에도 래프팅, 승마체험, 숲 트레킹 등 다양한 프로그램을 운영하기 때문에 선택의 폭이 넓다.

신후라노 프린스 호텔
新富良野プリンスホテル

후라노 서쪽 산에 둘러싸인 리조트 호텔. 후라노의 유명한 관광지인 숲 속 수공예숍 닝구르테라스와 가제노가든이 부지 내 있는 호텔로 더 유명하다. 복층 구조 객실에서는 가족끼리 묵기 좋고 겨울에는 스키, 여름에는 골프 등을 즐길 수 있다.

Data 지도 285p-J 가는 법 JR후라노역에서 차로 10분 주소 富良野市中御料 전화 0167-22-1111 요금 2인 1실 이용시 1인 요금(조,석식 포함) 14,900엔~ 홈페이지 www.princehotels.co.jp/shinfurano

더 윈저 호텔 도야 리조트&스파
The Windsor Hotel TOYA Resort&Spa

도야코 호반 위에 성채처럼 웅장하게 서 있는 리조트 호텔. 넉넉하고 고급스런 객실에서는 시원한 호수의 풍경이 한눈에 들어온다. 수영장 풀과 온천이 완비되어 있으며 세그웨이(1인용 스쿠터) 유람, 트레킹, 유리공예 등 각종 체험프로그램도 운영한다.

Data 지도 263p-A 가는 법 JR도야역에서 셔틀버스로 40분 주소 虻田郡洞爺湖町清水336 전화 0142-73-1111 요금 프리미어 스타일 2인 1실 이용시 1인 요금(조식 포함) 46,600엔~, 캐주얼 스타일 2인 1실 이용시 1인 요금(조식 포함) 31,900엔~ 홈페이지 www.windsor-hotels.co.jp

SLEEPING 03

여심을 사로잡은
디자인호텔

이왕이면 다홍치마라고, 약간의
검색질로 비슷한 위치와 가격대에서
더 예쁘고 아기자기한 호텔을 고를 수
있다. 여자 친구와 함께하는 여행을
준비 중이라면 센스 있다는 칭찬을 들을
수 있는 디자인호텔 넷.

딱히 디자인호텔이라고 명칭이 구분된 것은
아니나, 색다른 디자인 콘셉트가 가미된 호텔
이 삿포로를 중심으로 자리하고 있다. 아늑
한 조명, 디자이너의 가구, 세련된 인테리어,
세심한 욕실 용품 등 로비에서부터 객실까지
하나하나 신경을 써 특히 여성 고객들에게 호
응이 높다. 레스토랑의 메뉴도 여성들이 좋아
할만한 프렌치를 중심으로 한 유럽 스타일의
요리나 홋카이도의 다양한 디저트를 선보이
고 있다. 여성 전용층을 따로 지정하거나 객
실 카드 키를 엘리베이터에서부터 사용하도
록 해 안심하고 묵을 수 있도록 배려한 것도
여심을 사로잡는 부분. 다소 숙박료가 비싼
곳도 있지만, 비즈니스호텔과 비슷하거나 크
게 차이 나지 않는 선에서 더욱 달콤한 하룻
밤을 보낼 수 있다.

메르큐르 호텔 삿포로
Mercure Hotel Sapporo

프랑스 아코 호텔의 직영점으로, 레드와 블랙이
조합된 스타일리시한 외관과 인테리어가 돋보인
다. 프랑스식과 일식이 어우러진 뷔페 스타일의 아
침식사, 홋카이도 제철 재료를 이용한 프렌치 런
치 뷔페가 유명하다.

Data 지도 175p-K 가는 법 지하철 스스키노역 3번
출구에서 도보 3분 주소 札幌市中央区南4条西2丁目
2-4 전화 011-513-1100 요금 2인 1실 이용시 1인 요금
(조식 포함) 7,500엔~ 홈페이지 mercuresapporo.jp

미츠이 가든 호텔 삿포로
三井ガーデンホテル札幌

프라이빗한 공간 제공을 모토로 디자인된 일곱 가
지 스타일의 객실이 여성 고객들 사이에서 호평을
받고 있다. 일본 정원을 보며 입욕할 수 있는 가든
욕장이 마련되어 있고, IC카드 키로 객실은 물론
엘리베이터 사용을 제한해 보안에 신경 썼다.

Data 지도 174p-B 가는 법 JR삿포로역 남쪽 출구에서
서쪽으로 도보 4분 주소 札幌市中央区北五条西6-18-
3 전화 011-280-1131 요금 2인 1실 이용시 1인 요금
(조식 포함) 7,250엔~ 홈페이지 www.gardenhotels.
co.jp/sapporo(한국어 지원)

호텔 그레이서리 HOTEL GRACERY

푸른빛 모자이크 유리 외관의 현대적인 호텔. 싱
글룸에도 고급스러운 세미더블베드를 갖추고 있
으며, 오렌지색으로 포인트를 준 감각적인 인테리
어가 돋보인다. 엘리베이터 탑승 시 객실 카드를
입력하지 않으면 접근이 아예 불가능해 나 홀로 여
성 여행자라도 안심할 수 있다.

Data 지도 174p-B 가는 법 JR삿포로역 남쪽 출구에서
도보 1분 주소 札幌市中央区北4条西4-1
전화 011-251-3211 요금 2인 1실 이용시 1인 요금
(조식 포함) 9,300엔~ 홈페이지 sapporo.gracery.com

빌라 콘코르디아 리조트&스파
Villa Concordia Resort&Spa

북유럽 스타일의 소품과 가구로 꾸며진 디자인호
텔. 편안한 소파와 테이블까지 갖춘 객실은 거실이
있는 것처럼 넉넉하고, 테라스에도 의자와 테이블
이 놓여있어 별장에 온 것 같다. 전망 좋은 레스토랑
에서는 세련된 프렌치 코스 요리를 즐길 수 있다.

Data 지도 369p-E 가는 법 하코다테 노면전차
주지가이역에서 도보 2분 주소 函館市末広町3-5
전화 0138-24-5300 요금 더블룸 2인 1실 이용시
1인 요금(조,석식 포함) 30,000엔~ 홈페이지 villa-
concordia.com

SLEEPING 04

알뜰 여행족을 위한
비즈니스호텔

숙소 비용을 아끼는 대신 더 많은 것을
보고 더 맛있는 것을 먹겠노라 계획한
여행자에게 일본의 비즈니스호텔은
축복이다. 저렴한 가격은 기본, 예상
밖의 부대시설과 각종 무료 서비스 덕에
가격 대비 만족도는 특급호텔 부럽지
않다.

일본 비즈니스호텔의 수준은 상당히 높다. 슈
퍼호텔, 도미인, 컴포트호텔, 호텔루트인, 리
치몬드호텔 등의 호텔 체인은 어느 지역을 가
더라도 일정 수준 이상의 가격대비 만족도를
보장한다. 새하얀 시트의 청결한 침대와 있을
거 다 있는 객실, 그리고 경우에 따라 천연 온
천과 맛있는 아침식사가 기다리고 있다. 특히
'역 앞'을 뜻하는 일본어 '에키마에駅前'가 붙으
면 이름 그대로 역에서 매우 가까워 관광이나
비즈니스로는 최상의 조건이다. 대부분의 비
즈니스호텔은 콤팩트한 공간 활용을 목표로
하기 때문에 어떤 곳은 지나치게 작은 느낌을
받을 수 있다. 예약 전 방 크기와 침대 사이즈
를 꼭 확인해두자. 또한 체크인은 보통 오후
2~3시, 체크아웃은 오전 10~11시로 여유
가 없는 편이니 일정 계획 시 참고하자.

도미인 프리미엄 삿포로
Dormy Inn Premium 札幌

일본 전역은 물론 한국에도 체인이 있는 도미인의 비즈니스호텔. 원목으로 꾸며진 대욕장을 24시간 이용할 수 있고 도미인이 자랑하는 무료 서비스 라멘 '요나키소바'도 맛볼 수 있다.

Data 지도 174p-J 가는 법 지하철 난보쿠선 오도리역 하차, 폴타운 지하상가로 나와 다누키코지욘초메 출구에서 도보 3분 주소 札幌市中央区南2条西6-4-1 전화 011-232-0011 요금 2인 1실 이용시 1인 요금 (조식 포함) 8,490엔~ 홈페이지 www.hotespa.net/hotels/sapporo

리치몬드 호텔 삿포로 에키마에
リッチモンドホテル札幌駅前

일본의 유명 비즈니스호텔 체인인 리치몬드호텔의 삿포로역 앞 지점. 일반적인 비즈니스호텔에 비해 방 크기가 넓어 짐 정리하기 좋다. 일본식, 양식, 덮밥 중 선택할 수 있는 조식이 깔끔하게 나오고, 드립 커피가 서비스로 제공된다.

Data 지도 175p-C 가는 법 지하철 도호선 삿포로역 22번 출구 앞 또는 23번 출구 엘리베이터에서 도보 2분 주소 札幌市中央区北三条西1-1-7 전화 011-218-8555 요금 2인 1실 이용시 1인 요금(조식 별도) 5,500엔~ 홈페이지 www.richmondhotel.jp/sapporo-ekimae

구시로 로열인 釧路ロイヤルイン

구시로역 바로 앞의 접근성이 뛰어난 비즈니스호텔. 강약이 3단계로 조절되는 욕실 샤워헤드와 몸에 꼭 맞는 베개가 여행의 피로를 풀어준다. 갓 구워낸 빵을 다양하게 맛볼 수 있는 조식 뷔페가 기대할만하다.

Data 지도 399p-B 가는 법 JR구시로역 정문 출구에서 도보 1분 주소 釧路市黒金町14-9-2 전화 0154-31-2121 요금 2인 1실 이용시 1인 요금(조식 포함) 4,500엔~ 홈페이지 www.royalinn.jp

호텔 그란티아 시레토코 샤리에키마에
ホテルグランティア知床斜里駅前

호텔 루트인Route Inn 계열의 비즈니스호텔. 시레토코샤리역 바로 앞에 위치해 관광하기에 편리하고 노천온천, 대욕탕, 족탕탕 등 온천 시설에 충실한 것이 특징이다. 아침식사로 화학첨가물이 일체 들어가지 않은 유럽 직수입 빵을 맛볼 수 있다.

Data 지도 423p-A 상 가는 법 JR시레토코샤리역 출구 왼쪽 건너편 주소 斜里郡斜里町港町16-10 전화 0152-22-1700 요금 2인 1실 이용시 1인 요금(조식 포함) 7,950엔~ 홈페이지 hotel-grantia.co.jp/shiretoko

호텔 게이한 삿포로 ホテル京阪札幌

역과도 가깝고 어메니티, 아침식사 모두 훌륭하다. 레이디스 룸에는 세안 스티머가 배치되어 있기도 하며, 아침식사는 종류와 서비스 면에서 모두 만족스러워 평가가 높다. 호텔 입구가 골목 안에 있으니 잘 살펴보자.

Data 지도 174p-B 가는 법 JR삿포로역에서 도보 4분 주소 札幌市北区北6条西6丁目1-9 전화 011-758-0321 요금 2인 1실 이용시 1인 요금(조식 포함) 7,200엔~ 홈페이지 www.hotelkeihan.co.jp/sapporo

호텔 노르드 오타루 ホテルノルド小樽

돌로 외벽을 두른 중후한 유럽풍의 멋진 호텔. 오타루 운하를 바라볼 수 있는 객실과 분수가 있는 테라스 공간을 사용할 수 있다. 오타루역에서 직진해 운하와 맞닥뜨리는 부분에 위치해 찾기도 쉽다. 방도 넓은 편.

Data 지도 240p-B 가는 법 JR오타루역에서 도보 7분 주소 北海道小樽市色内1-4-16 전화 0134-24-0500 요금 2인 1실 이용시 1인 요금(조식 포함) 8,800엔~ 홈페이지 www.hotelnord.co.jp

스마일 호텔 프리미엄 하코다테 고료카쿠

Smile Hotel Premium Hakodate Goryokaku

현지에서도 저렴한 호텔로 유명한 스마일 호텔의 체인. 심플하게 하루 묵을 장소가 필요하다면 주저 없이 선택하자. 편의점도 가깝다. 다다미방과 패밀리룸 등의 방 타입도 다양해 가족이 묵을 때도 좋다.

Data 지도 368p-C 가는 법 하코다테 노면전철역 고료카쿠코엔마에 하차 후 도로 3분 주소 北海道函館市本町8-15 전화 0138-33-3011 요금 2인 1실 이용시 1인 요금(조식 포함) 4,700엔~ 홈페이지 http://bit.ly/3zycqX9

자스막 플라자 JASMAC PLAZA

고급 호텔이면서도 비즈니스호텔의 가격으로 묵을 수 있는 플랜을 판매한다. 널찍한 천연온천을 보유하고 있으며, 삿포로 제1의 번화가인 스스키노가 가깝다. 온천만 이용하는 것도 가능해 숙박객은 약간 번잡하게 느껴질 수도.

Data 지도 175p-K 가는 법 지하철 호스이스스키노역에서 도보 2분, 나카지마코엔역에서 도보 3분 주소 北海道札幌市中央区南7条西3丁目 전화 011-551-3333 요금 2인 1실 이용시 1인 요금(조식 포함) 7,500엔~ 홈페이지 www.jasmacplazahotel.co.jp

호텔 벨힐즈 HOTEL BELLHILLS

노천탕이 딸린 온천을 가진 호텔. 저녁식사를 포함한 플랜이 일반적이지만 조식만 포함한 플랜으로 이용하면 저렴하게 이용할 수 있다. 호텔이 직접 경영하는 농장에서 식재료를 조달해 신선한 채소를 먹을 수 있는 것이 장점.

Data 지도 287p-A 가는 법 JR후라노역에서 차로 5분 주소 富良野市北の峰町20-8 전화 0167-22-5200 요금 2인 1실 이용시 1인 요금(조식 포함) 8,000엔~ 홈페이지 www.bellhills.jp

호텔 닛코 노스랜드 오비히로
ホテル日航ノースランド帯広

오비히로역 바로 앞에 있다. 시몬스 매트리스로
편안한 잠을 제공하면서 객실 공간도 제법 넓은
데 가격은 놀랄 만큼 저렴하다. 도카치의 제철
식재료를 사용한 조식 뷔페가 맛있기로 유명하
니 가능하면 조식 포함으로 묵자.
Data 지도 345p-D 가는 법 JR오비히로역 동쪽
출구에서 바로 주소 帯広市西2条南13-1
요금 2인 1실 이용시 1인 요금(조식 포함) 6,800엔~
전화 0155-24-1234 홈페이지 www.jrhotels.co.jp/
obihiro

호텔 선후라톤 HOTEL SUNFURATON

역에서도 멀지 않고 시내에 있어 편리하다. 정문
앞에 바로 주차장이 있어 렌터카를 이용하는 경
우에도 추천. 전 객실에서 와이파이 사용 가능.
홈페이지에서 영어로 예약할 수 있다.
Data 지도 287p-C 가는 법 JR후라노역에서
도보 6분 주소 富良野市若松町1-1
전화 0167-22-5155 요금 2인 1실 이용시 1인 요금
(조식 없음) 5,500엔 홈페이지 sunfuraton.com

호텔 라브니르 Hotel Lavenir

비에이역 바로 옆에 위치한 호텔로, 관광정보센
터와도 가깝다. 일본의 일반 비즈니스호텔보다
넓은 크기의 방이라 답답하지 않다. 모든 투숙
객에게 갓 구운 빵이 포함된 조식이 무료로 제공
된다.
Data 지도 286p-C 가는 법 JR비에이역에서 도보
3분, 시키노조호칸(관광안내소) 뒤편 주소 上川郡
美瑛町本町1-9-21 요금 2인 1실 이용시 1인 요금
(조식 포함) 6,500엔 전화 0166-92-5555
홈페이지 www.biei-lavenir.com

프티호텔 피에 プチホテル ピエ

비에이역 인근에 위치한 저렴한 호텔. 깔끔한
방에 유럽풍의 아기자기한 외관이라 여행의
분위기를 더한다. 조식은 간단하게 빵과 커피
로 제공된다.
Data 지도 286p-E 가는 법 JR비에이역에서 도보
4분 주소 上川郡美瑛町栄町1-5-17 요금 2인 1실
이용시 1인 요금(조식 없음) 4,500엔~
전화 0166-92-1200

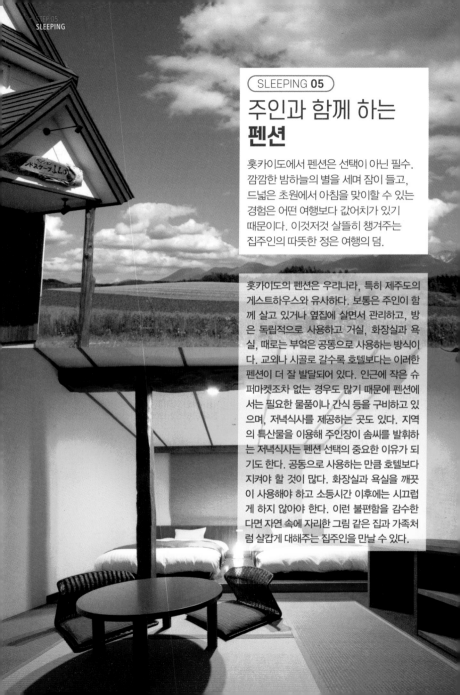

SLEEPING 05

주인과 함께 하는
펜션

홋카이도에서 펜션은 선택이 아닌 필수.
깜깜한 밤하늘의 별을 세며 잠이 들고,
드넓은 초원에서 아침을 맞이할 수 있는
경험은 어떤 여행보다 값어치가 있기
때문이다. 이것저것 살뜰히 챙겨주는
집주인의 따뜻한 정은 여행의 덤.

홋카이도의 펜션은 우리나라, 특히 제주도의
게스트하우스와 유사하다. 보통은 주인이 함
께 살고 있거나 옆집에 살면서 관리하고, 방
은 독립적으로 사용하고 거실, 화장실과 욕
실, 때로는 부엌은 공동으로 사용하는 방식이
다. 교외나 시골로 갈수록 호텔보다는 이러한
펜션이 더 잘 발달되어 있다. 인근에 작은 슈
퍼마켓조차 없는 경우도 많기 때문에 펜션에
서는 필요한 물품이나 간식 등을 구비하고 있
으며, 저녁식사를 제공하는 곳도 있다. 지역
의 특산물을 이용해 주인장이 솜씨를 발휘하
는 저녁식사는 펜션 선택의 중요한 이유가 되
기도 한다. 공동으로 사용하는 만큼 호텔보다
지켜야 할 것이 많다. 화장실과 욕실을 깨끗
이 사용해야 하고 소등시간 이후에는 시끄럽
게 하지 않아야 한다. 이런 불편함을 감수한
다면 자연 속에 자리한 그림 같은 집과 가족처
럼 살갑게 대해주는 집주인을 만날 수 있다.

랜드스케이프 후라노 ランドスケープ ふらの

방 안의 커다란 창을 통해 계절마다 달라지는 아름다운 후라노의 대지를 아침저녁으로 마주할 수 있는 펜션. 더치 오븐에 닭 한 마리가 통째로 구운 요리가 저녁 식사로 나온다. 펜션이지만 타월이나 칫솔이 제공되고 화장실이 각 방에 있는 점도 편리하다.

Data 지도 285p-H 가는 법 JR가미후라노역에서 픽업 가능(16:00~18:00). 또는 아사히카와공항에서 버스 라벤더호 타고 40분 후 가미후라노JA마에上富良野JA前에서 내려 도보 15분 주소 空知郡上富良野町西2線北28号309-2 전화 0167-39-4711 요금 2인 1실 이용시 1인 요금(조, 석식 포함) 12,500엔~ 홈페이지 www.landscapefurano.jp

알파인 게스트 하우스 Alpine Guest House

후라노스키장 인근에 자리한 게스트하우스. 겨울에는 스키 마니아들이 장기 숙박하면서 후라노 스키장을 즐긴다. 2층에 별도의 주방이 있어 직접 조리할 수 있다. 1인실과 2인실 객실이 있으며, 화장실도 객실 내에 있다.

Data 지도 287p-A 가는 법 JR후라노역에서 차로 5분 주소 富良野市北の峰町9－16 전화 0167-56-9894 요금 1인 6,000엔~ 홈페이지 www.facebook.com/people/Alpine-Guesthouse/100065174315412

알프 롯지 비에이 Alp Lodge BIEI

호쿠세이노오카 전망공원 인근에 소나무로 지어진 펜션으로, 총 5개의 객실이 있으며 천창이 뚫린 방에서는 별도 보인다. 벽난로가 있는 거실과 작은 플레이룸도 있다. 저녁식사로는 적포도주에 끓인 햄버그와 각종 계절 채소가 나온다.

Data 지도 284p-B 가는 법 JR비에이역에서 도보 약 30분 또는 픽업 요청 주소 上川郡美瑛町大村大久保協生 전화 0166-92-1136 요금 1인 6,000엔~(조,석식 미포함) 홈페이지 www.alp-lodge.com

| Theme |

홋카이도의 작은 펜션을 추천합니다
도마리타이 넷 泊まりたいネット

호텔에 비해 인터넷 검색이 까다로운 펜션의 경우, 홋카이도의 펜션을 따로 모아
소개하는 홈페이지가 유용하다. 도마리타이 넷은 홋카이도 전역 에 흩어진 펜션들의 연합 사이트로
자신의 여행 코스에 따라 아름다운 풍광과 맛있는 식사, 친절한 주인이 있는 펜션을 고를 수 있다.
홈페이지 stayhokkaido.com

하코다테 모토마치 호텔
函館元町ホテル

모토마치 언덕의 옛 저택을 개조한 고풍스러운 펜
션. 시내를 한눈에 내려다보며 온천을 즐길 수 있다.
지도 012p-J 가는 법 하코다테 노면전차 오마치역에서
도보 2분 주소 函館市大町4-6 전화 0138-24-1555
요금 2인 1실 이용시 1인 요금(조식 포함) 5,000엔~
홈페이지 hakodate-motomachihotel.com

펜션 호시니네가이오
ペンション 星に願いを

다이세츠잔 국립공원이 내다보이는 후라노의 펜
션. 소파며 소품들까지 주인이 직접 고른 아기자기
함이 포인트.
지도 013p-G 가는 법 JR후라노역에서 차로 10분,
도보 40분 주소 富良野市清水山グリーンランド
요금 1인 조식 포함 7,700엔~ 전화 0167-23-1275
홈페이지 www.furano-pension.com

펜션 오노 ペンション おおの

아름다운 도야코 호숫가에 자리한 프티 호텔풍 펜션. 원적외선이 나오는 온천을 자랑한다.
지도 012p-J 가는 법 JR도야역에서 도난버스 승차 도야코온천 버스터미널 하차(20분 소요) 후 택시 4분 주소 有珠郡壯瞥町字壯瞥溫泉56-2 전화 0142-75-4128 요금 1인(조식 포함) 7,000엔~ 홈페이지 www7a.biglobe.ne.jp/~p-ohno

훼리엔도르프 フェーリエンドルフ

도카치 숲 속 오솔길의 통나무집 펜션. 따로 마련된 레스토랑에서 식사할 수 있고 직접 조리도 가능하다.
지도 013p-G 가는 법 JR오비히로역에서 차로 50분, 오비히로 공항에서 차로 30분 주소 河西郡中札内村南常盤東4線 전화 0155-68-3301 요금 1인 11,880엔~ (조,석식 포함) 홈페이지 www.zenrin.ne.jp

호텔 고미 ホテル五味

11月부터 6月까지 선보이는 굴요리가 유명한 펜션으로 도립 앗케시자연공원의 아름다운 풍광도 즐길 수 있다.
지도 013p-H 가는 법 JR앗케시厚岸역 앞 도보 1분 주소 厚岸郡厚岸町宮園1-11 전화 0153-52-3101 요금 2인 1실 이용시 1인 요금(조,석식 포함) 15,000엔~ 홈페이지 www.hotelgomi.com

호텔 리조트 인 니세코
ホテル リゾート イン ニセコ

한적한 들판에 자리한 펜션. 가족끼리 사용 가능한 작은 노천탕이 있으며 주인장의 음식 솜씨가 좋다.
지도 012p-F 가는 법 JR니세코역에서 차로 약 10분 주소 虻田郡ニセコ町字里見151番地2 전화 0136-44-3811 요금 2인 1실 이용시 1인 요금 18,000엔~ (조,석식 포함) 홈페이지 www.e-niseko.com

펜션 아시타야 Pension あしたや

후라노 와인공장 인근의 전망 좋은 2층 통나무집
펜션. 건강한 일본식 저녁식사를 즐길 수 있다.
지도 013p-G 가는 법 JR후라노역에서 차로 7분(예약
시 픽업서비스) 주소 富良野市清水山 전화 0167-
22-0041 요금 2인 1실 이용시 1인 요금(조,석식 포함)
9,000엔~ 홈페이지 www.tomarrowya.com

굿샤레라 クッシャレラ

굿샤로코 호수 주변에 자리해 숲과 호수를 동시에 누
릴 수 있는 펜션. 숲 속을 향해 난 노천온천이 있다.
지도 013p-H 가는 법 JR마슈摩周역에서 차로 15분
주소 川上郡弟子屈町屈斜路市街3-2-3 전화 015-
486-7866 요금 2인 1실 이용시 1인 요금(조,석식 포함)
19,200엔~ 홈페이지 www.kussha-rera.com

펜션 잉그 토마무 pension ing tomamu

도마무의 숲에 자리한 별장 같은 펜션. 광명석을
사용한 온천이 있으며 사슴고기 햄버그도 맛볼 수
있다.
지도 013p-G 가는 법 JR토마무トマム역에서 차로
5분(예약 시 픽업 가능) 주소 勇払郡占冠村上トマム
2408-4 전화 0167-57-2341 요금 2인 1실
이용시 1인 요금(조,석식 포함) 10,800엔~
홈페이지 ingtomamu.com/rooms

모리노 후쿠로 森のふくろう

풍부한 누카비라의 숲에 둘러싸인 온천 펜션. 직접 캔
산나물이나 민물고기 요리를 맛볼 수 있다.
지도 013p-G 가는 법 JR오비히로역에서 도카치버스
누카비라糠平선 승차 1시간 38분 후 누카비라에교쇼
糠平営業所 하차 주소 河東郡上士幌町ぬかびら源
泉郷南区27 전화 01564-4-2013 요금 2인 1실 이용시
1인 요금(조,석식 포함) 10,800엔~
홈페이지 morinofukurou.com

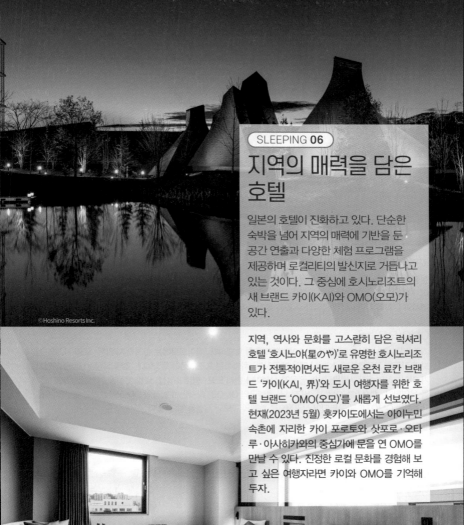

© Hoshino Resorts Inc.

지역의 매력을 담은 호텔

일본의 호텔이 진화하고 있다. 단순한 숙박을 넘어 지역의 매력에 기반을 둔 공간 연출과 다양한 체험 프로그램을 제공하며 로컬리티의 발신지로 거듭나고 있는 것이다. 그 중심에 호시노리조트의 새 브랜드 카이(KAI)와 OMO(오모)가 있다.

지역, 역사와 문화를 고스란히 담은 럭셔리 호텔 '호시노야(星のや)'로 유명한 호시노리조트가 전통적이면서도 새로운 온천 료칸 브랜드 '카이(KAI, 界)'와 도시 여행자를 위한 호텔 브랜드 'OMO(오모)'를 새롭게 선보였다. 현재(2023년 5월) 홋카이도에서는 아이누민속촌에 자리한 카이 포로토와 삿포로·오타루·아사히카와의 중심가에 문을 연 OMO를 만날 수 있다. 진정한 로컬 문화를 경험해 보고 싶은 여행자라면 카이와 OMO를 기억해 두자.

© Hoshino Resorts Inc.

©Hoshino Resorts Inc.

카이(KAI)는?

절경과 사계절을 즐길 수 있는 온천 시설을 중심으로 지역의 자연환경과 전통문화가 녹아 든 건축과 인테리어가 특징이다. 전통 예능이나 공예를 체험하면서 제철 특산물로 만든 음식을 맛보는 등 머무는 동안 지역의 역사와 문화에 자연스럽게 몰입할 수 있는 료칸을 제안한다.

OMO(오모)는?

기존 '비즈니스' 중심의 호텔이 아닌 여행자 맞춤형 호텔이다. 가이드북에는 실려 있지 않은, 로컬 가게와 정보가 가득한 고킨죠(Go-Kinjo) 맵을 제공하고, 차별화된 프로그램이 특징이다. 호텔 직원인 OMO 레인저가 가이드하여 동네 사람만 아는 골목길 산책이나 현지 노포, 향토요리점, 로컬 맛집을 경험하는 프로그램을 운영한다. 캡슐호텔 OMO1, 비즈니스 호텔급의 OMO3, 디자인 호텔급의 OMO5, 그리고 풀 서비스를 제공하는 OMO7으로 구분되어 직관적으로 호텔의 규모와 시설을 알 수 있다.

OMO3 삿포로 스스키노 by 호시노 리조트
OMO3 札幌すすきの by Hoshino Resort

2022년 오픈한 오모 호텔. 삿포로 라멘 골목의 17 점포 중 3곳에서 하프사이즈 라멘을 먹을 수 있는 숙박 플랜이나 OMO 레인저가 삿포로의 노포나 향토 요리점을 안내하는 투어 등 다양한 프로그램을 운영하고 있다.

Data 지도 174p-J 가는 법 지하철 난보쿠선 스스키노역 4번 출구에서 도보 5분 주소 札幌市中央区南5条西6-14-1 전화 050-3134-8096(영어 응대) 요금 1인 10,000엔 홈페이지 hoshinoresorts.com/ko/hotels/omo3sapporosusukino

©Hoshino Resorts Inc.

OMO5 오타루 by 호시노 리조트
OMO5 小樽 by Hoshino Resort

1933년 건립된 옛 상공회의소를 리노베이션 및
신축한 오모 호텔. 오타루 시장에서 OMO 레인저
가 추천하는 해산물 덮밥으로 아침식사 투어, 오
타루 운하 와인 크루징, 사카이마치 거리 산책 등
다채로운 오타루 투어 프로그램을 선보이고 있다.
Data 지도 240p-E 가는 법 JR오타루역에서 도보 9분
주소 小樽市色内1丁目6-31 전화 050-3134-8096
(영어 응대) 요금 16,000엔 홈페이지 hoshinoresorts.
com/ko/hotels/omo5otaru

OMO7 아사히카와 by 호시노 리조트
OMO7 旭川 by Hoshino Resort

2018년 아사히카와에 문을 연 OMO 호텔. OMO
레인저와 함께 아사히카와 라멘과 야키토리, 곱창
요리 등 지역 주민의 맛집과 술을 테마로 동네를
산책하는 프로그램과 동네 가구 및 잡화점, 카페
를 순회하는 투어 프로그램 등 아사히카와의 숨은
골목을 구석구석 탐방할 수 있다.
Data 지도 325p-B가는 법 JR아사히카와역에서 도보
13분 주소 旭川市6条通9丁目 전화 050-3134-8096
(영어 응대) 요금 20,000엔 홈페이지 omo-hotels.
com/asahikawa/ko

호시노 리조트 카이 포로토
Hoshino Resort 界ポロト

2022년 1월 시라오이초의 포로토코탄(아이누민속촌) 인근에 문을 연 카이 포로토는 체류하는 동안 아이누
의 자연과 문화를 체험할 수 있는 온천 호텔이다. 일본에서도 희귀하다는, 식물 유기물을 함유한 다갈색 모
르(モール)온천을 아이누 전통가옥 케튼니(ケトゥンニ)를 적용한 삼각탕에서 즐길 수 있다. 삼각형 구조로
된 삼각탕은 인피니티 설계로 호수와 일체화된 개방감이 압권이다. 이와 정반대로 동굴 같은 돔 구조의 '마
루(O)탕'도 있다. 천장에 달린 창을 통해 부드러운 자연광이 들어오는 고요한 공간이다. 포로토(아이누어로
큰 호수) 호수 전망 객실은 아이누 문양을 본뜬 벽지와 패브릭, 전통 장식품 등으로 꾸며져 있다. 호텔에 체
류하며 아이누의 허브, 약초 블렌딩이나 전통 민속 노래도 배울 수 있다.
Data 가는 법 JR시라오이역 북쪽 출구에서 도보 10분 주소 白老郡白老町若草町1-1018-94 전화 050-3134-8096
(영어 응대) 요금 2인 1실 이용시 1인 요금(조식·석식 포함) 31,000엔 홈페이지 hoshinoresorts.com/ko/hotels/
kaiporoto

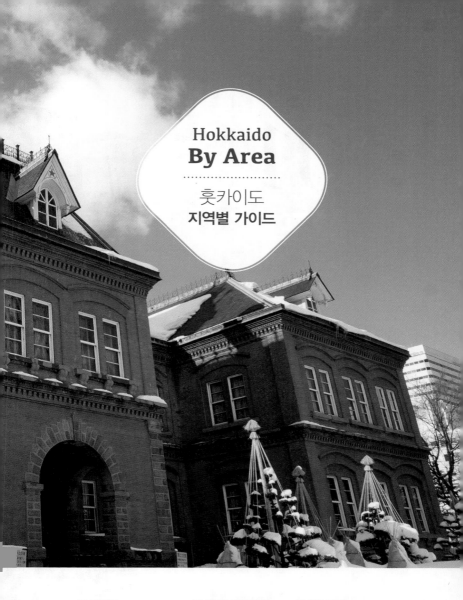

Hokkaido
By Area

훗카이도
지역별 가이드

01

삿포로

札幌

1869년 일본 메이지 정부의 적극적인 홋카이도 이주 정책은 신작대로와 전차, 서양식 벽돌 건물들로 삿포로의 풍경을 완전히 바꾸어버렸다. 하지만 1972년 삿포로 동계올림픽은 더욱 극적인 변화를 가져왔다. 해마다 2m씩 쌓이는 최고의 골칫덩이 '눈'이 삿포로 최대의 관광자원으로 떠오른 것이다. 수십 미터에 달하는 화려한 눈 조각과 전 세계 스키어들을 감탄 하게 만드는 스노 파우더, 겨울왕국 삿포로는 그렇게 탄생했다.

미리보기

바둑판처럼 잘 정비된 계획도시 삿포로. 130여 년 전 일본 본토에서의 이주와 함께 개발된 신도시로 세련된 대도시의 풍모를 갖추고 있다. 쇼핑시설, 음식점, 관광지 대부분이 삿포로역과 스스키노역 주변에 몰려 있어 편리하다.

SEE

첫인상은 어느 대도시와 다르지 않지만 개척시대를 상징하는 여러 역사건축물과 원시림이 살아 있는 웅장한 공원, 개성 있는 테마파크 등 총천연색 매력으로 가득하다. 전 세계에서 관광객이 몰려드는 겨울 눈 축제를 비롯해, 여름 맥주 페스티벌, 가을 미식 축제 등 삿포로는 명실상부 홋카이도 축제의 중심지다.

EAT

닛카위스키 광고판으로 상징되는 스스키노 거리는 레스토랑과 카페, 라멘집, 바가 골목마다 넘쳐난다. 삿포로 유행의 발신지인 만큼 가장 오래된 원조 가게부터 새로운 스타일의 디저트 카페까지 선택의 폭이 넓다는 것도 장점. 늦은 밤 술 한잔 기울이고 싶다면 스스키노 거리로 달려가자.

BUY

대형 쇼핑몰과 세련된 상품 등 대도시스러운 쇼핑은 오직 삿포로에서만 가능하다. JR삿포로역과 이어진 JR타워는 대표적인 쇼핑 메카. 백화점부터 전자전문 매장까지 꽉 들어차 있다. 홋카이도 오리지널 제품을 구입할 수 있는 삿포로 팩토리와 오도리 빗세도 놓치지 말아야 할 쇼핑몰 리스트다.

SLEEP

다른 도시로 이동하는 일정이라면 JR 삿포로역 인근에, 삿포로가 마지막 도시라면 유흥가가 밀집되어 있는 스스키노 거리에 숙소를 잡는 것이 좋다. 시내에서 남서쪽으로 차를 타고 1시간 정도 걸리는 조잔케이온천은 번잡한 도심에서 벗어나 자연을 느낄 수 있는 료칸, 온천 리조트 등에서 머물 수 있다.

홋카이도 개척시대를 상징하는 삿포로 맥주박물관에서 시작해 오도리공원과 스스키노 거리로 이어지는 쇼핑과 맛집 탐방. 삿포로의 밤, 모이와야마의 야경도 놓칠 수 없다.

도보 30분
또는
버스 12분

도보 10분
또는
지하철 3분

삿포로 맥주박물관에서
삿포로맥주의 A에서 Z까지

디자이너 잡화 총집결,
오도리빗세에서 즐거운
쇼핑 타임!

가니쇼군의 탱탱한 게살로
차려진 한 상~

도보 12분 또는
지하철 3분

로프웨이
7분
+
셔틀버스
5분
+
노면전차
30분

노면전차
30분
+
셔틀버스
5분
+
로프웨이
7분

삿포로의 특별한 맛!
양고기구이 징기스칸

모이와야마 전망대에서 아름다운
삿포로의 야경 감상하기

삿포로의 랜드마크
오도리공원&텔레비전 타워
산책

도보 3분

2차 겸 해장은
삿포로의 오래된 라멘 골목 라멘
요코초에서~

삿포로
찾아가기

삿포로는 대중교통이 가장 잘 발달되어 있는 도시다. 도시간 이동은 물론 시내에서도 지하철, 전차, 버스 등 편리하게 이용할 수 있다. 시로이 고이비토 파크, 모이와야마 등 시내 외곽까지 갈 계획이라면 1일 무제한 승차권인 원데이카드가 이득이다.

어떻게 갈까?

홋카이도 교통의 중심지 삿포로. 홋카이도 어느 지역에 있든 찾아가는 것이 그리 어렵지 않다. 특히 JR열차는 웜홀처럼 삿포로와 주요 도시 및 신치토세공항을 연결하니, 이용 방법만 익히면 만사 오케이다. 지역 간 이동이 적을 경우에는 고속버스가 가격 면에서 훨씬 이득이다. 삿포로 역 앞 삿포로에키마에 버스터미널札幌駅前バスターミナル과 텔레비전 타워 뒤편 주오버스 삿포로 터미널中央バス札幌ターミナル이 있다. 삿포로에키마에 버스터미널의 경우 버스 회사에 따라 매표소가 다르니 주의할 것.

어떻게 다닐까?

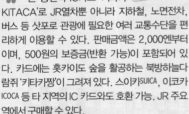

JR홋카이도에서 발행하는 충전식 IC카드 '키타카 KITACA'로 JR열차뿐 아니라 지하철, 노면전차, 버스 등 삿포로 관광에 필요한 여러 교통수단을 편리하게 이용할 수 있다. 판매금액은 2,000엔부터이며, 500원의 보증금(반환 가능)이 포함되어 있다. 카드에는 홋카이도 숲을 활공하는 북방하늘다람쥐 '키타카짱'이 그려져 있다. 스이카SUICA, 이코카 ICOCA 등 타 지역의 IC 카드와도 호환 가능. JR 주요 역에서 구매할 수 있다.

지하철

삿포로 시내를 중심으로 동서 남북을 잇고 있는 시영 지하철. 난보쿠선南北線, 도자이선東西線, 도호선東豊線의 3개 노선으로 이루어져 있으며 대개 오전 6시부터 밤 12시까지 운행한다. 삿포로역에서 스스키노역까지 200엔. 지하철

삿포로さっぽろ역은 JR삿포로札幌역과 구분하기 위해 한자가 아닌 히라가나로 쓰여 있다. 지하철 원데이패스는 어른 830엔, 어린이 420엔이며, 토·일·공휴일 지하철 전용 원데이카드 도니치카 깃푸(어른 520엔, 어린이 260엔)도 있다. 지하철역 티켓 자동판매기에서 구매할 수 있다.

택시

역에서 숙소가 멀거나 양손 가득 쇼핑백이 들려있는 상황에서는 아무래도 택시를 찾게 된다. 기본 요금은 670엔이고 지역마다 약간의 차이가 있으며 밤 11시부터 오전 5시까지는 할증 요금이 붙는다.

삿포로 노면전차

스스키노 거리 남서쪽의 24개 역을 순환하고 있는 노면전차. 시계 방향으로 도는 외선과 반시계 방향의 내선이 운행한다. 100년의 역사를 간직한 삿포로의 유산이자, 달리는 차창 밖으로 삿포로의 거리 풍경을 즐길 수 있다는 점에서 그 자체로 하나의 관광 코스가 되고 있다. 전 구간이 200엔(어린이 100엔)으로 동일 요금이 적용되며 1일 자유 승차권은 500엔이다(어린이 250엔).

🚌 관광노선버스 | 삿포로 워크 さっぽろうぉ~く

지하철과 전차로 가기 번거로운 삿포로 맥주박물
관과 삿포로 팩토리를 갈 때 편리하다. 약 30분 간
격으로 운행하며 오도리공원, 지하철 삿포로역,
도케이다이(시계탑)를 경유한다. 1회 승차권 210
엔, 1일 자유 승차권은 750엔이다(어린이 반값).

Data 홈페이지 teikan.chuo-bus.co.jp/course/411

삿포로 맥주박물관 ▸ 삿포로 팩토리 ▸ 오도리공원 ▸ 도케이다이 ▸ 삿포로역 앞[도큐이 호텔] ▸ 삿포로 팩토리 ▸ 삿포로 맥주박물관

> **Tip** **궂은 날씨도 문제없다! 삿포로 지하보도**
> 겨울에는 폭설이, 여름에는 의외의 무더위
> 가 기승을 부리는 삿포로 시내. 이때 구세주 역할을
> 톡톡히 하는 것이 JR삿포로역에서 지하철 오도리
> 역까지 이어진 520m의 지하보도다. 널찍하고 세
> 련된 지하보도에는 특산물 판매장과 벼룩시장이 서
> 고 미니 갤러리로 꾸며지기도 한다. 오도리빗세, 아
> 카렌가 테라스 등 쇼핑몰 및 레스토랑과 직접 이어
> 져 있는 점도 편리하다.

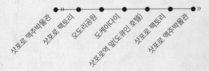

🚌 관광버스투어

주오버스에서 운행하는 관광버스투어를 예약하
면 삿포로 근교는 물론 오타루, 아사히야마동물원
(아사히카와) 등을 편안하게 여행할 수 있어 삿포
로가 처음인 여행자들에게 특히 좋다. 코스에 따
라서는 버스의 헤드폰을 통해 한국어 가이드를 받
을 수도 있으니 1석2조. 관광 상품에는 교통비와
관광지 입장료가 포함되며, 식비는 별도다. 한국
에서도 예약이 가능하고 현지에서 돈을 지불하고
티켓을 수령하면 된다. 일부 코스는 코로나 바이러
스로 인해 운행을 중지하고 있다. 홈페이지를 통
해서 최신 상황을 확인하자.

Data 가는 법 JR타워 에스타ESTA 2층 정기관광버스
창구 전화 011-31-0600(일본), 070-4327-8607 (한국)
홈페이지 teikan.chuo-bus.co.jp/ko

🚌 조잔케이온천 직행 버스
갓파라이나호 かっぱライナー号

삿포로의 근교 온천으로 유명한 조잔케이온천을
왕복 운행하는 직행 버스. 삿포로역 앞 버스터미
널 12번 승강장에서 조잔케이온천의 캐릭터 갓파
(일본 민담에 나오는 전설의 동물로 거북이와 개
구리를 닮은 물의 요정)가 그려진 버스를 타면 된
다(1시간 소요). 조잔케이온천에서 숙박할 경우
미리 호텔과 가까운 정류장 위치를 알아두면 편리
하다.

Data 요금 편도 어른 960엔, 어린이 480엔
전화 0120-37-2615 홈페이지 www.jotetsu.co.jp/
bus/kappa_liner/kappa_liner.html

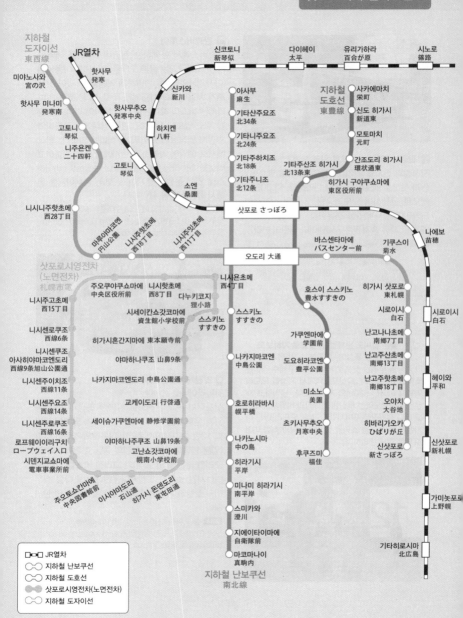

기타노타마유라
北のたまゆら E

소엔역
桑園
S

이온
AEON S

훗카이도대학
北海道大学

요도바시 카메라
ヨドバシカメラ S

호텔 게이한 삿포로
ホテル京阪札幌 H

네무

훗카테이 삿포로 본점
六花亭 札幌本店

호텔 二
HOTEL

미츠이가든호텔 삿포로
三井ガーデンホテル札幌 H

마츠오징기스칸 삿포로
松尾ジンギスカン まつじん

기타고조도리 北5条通

452

훗카이도대학 식물원
北海道大学北方生物圏
フィールド科学センター植物園

훗카이도청 구
北海道庁旧

야마다전기
YAMADA

노동글
230

노동근

326

미기시고타로미술관
三岸好太郎美術館

오도리
大通

근대미술관 학예부
近代美術館学芸部

기타이치조도리 北1条通

124 S 패스큐 아일랜드
パスキューアイランド

니시주잇초메역
西11丁目 R

175도 데노~탄탄멘~ R
175`DENO~担担麺~

S 디앤디파트먼트 훗카이도 바이 3KG
D&DEPARTMENT HOKKAIDO by 3KG

주오쿠야쿠쇼마에역
中央区役所前

니시핫초메역
西8丁目

니시주핫초메역
西18丁目 R

시에스타 라보
Siesta Labo. S

비어 셀러 삿포로
Beer Cellar Sapporo

비아

스페이스1-15
Space1-15

S

도미인 삿포로 아넥스
ドーミーイン札幌ANNEX H

아노라크시티 스토아
Anorakcity Store

니시주고초메역
西15丁目 R

도미인 프리미엄 삿포로
ドーミーインPREMIUM札幌 H

다누키
狸小路

쇼코303
書庫303

시세이칸쇼갓코
資生館小

캡슐 몬스터
カプセルモンスター

아시안 바 라마이
Asian Bar RAMAI R

LAWSON

Seicomart

S

더 스테이 삿포로
The Stay Sapporo H

H

OMO3 삿포로 스스키
by 호시노 리조트
OMO3札幌すすきの by 里野リゾー

히가시혼간지
東本願

니시센로쿠조역
西線6条 R

라멘 모쿠요비
ラーメン木曜日 R

팬케이크&커피 이즈카페
Pancake&Coffee Ease Cafe

삿포로맥주박물관&삿포로 비루엔
サッポロビール博物館&サッポロビール園

JR타워 · 빅카메라
JR TOWER · BIC CAMERA

삿포로역
札幌

JR타워 호텔 닛코 삿포로
JRタワーホテル日航札幌

삿포로 스타일 숍
タイルショップ

삿포로 라멘교와코쿠
札幌ら〜めん共和国

주오 중학교
中央中学校

삿포로역
さっぽろ

기타산조도리 北3条通

삿포로 가니혼케
札幌かに本家 札幌駅前本店

삿포로 팩토리
SAPPORO Factory

리치몬드 호텔 삿포로 에키마에
リッチモンド ホテル札幌駅前

켄가 테라스
ンが テラス

2F 유이크
YUIG

세 스위츠
ジスイーツ

삿포로시 도케이다이
札幌市時計台

오도리 빗세
大通ビッセ

버스센터마에역
バスセンター前

은행
銀行

아린코
オロラタウン점
ありんこ

오도리역
大通

기타 키친
Kita kitchen

삿포로 텔레비전 타워
SAPPORO TV TOWER

미나미이치조도리 南1条通

니시욘초메역
西4丁目

수프카레 트레저
Soup Curry Treasure

길랜드
ランド

마츠오징기스칸 삿포로미나미이치조
松尾ジンギスカン まつじん 札幌南1条店

돈키호테 돈 · 키호테
ドン・キホーテ

츠키토타이요 브루잉
月と太陽 BREWING

나카가와상점 中川商店

프카레&다이닝 스아게 플러스
up Curry&Dining Suage+

가니쇼군 かに将軍札幌本店

카오스 헤븐
カオスヘブン

스스키노역
すすきの

이 호텔
EI HOTEL

메르큐르 호텔 삿포로 メルキュールホテル札幌

호스이스스키노역
豊水すすきの

징기스칸 다루마 4 · 4점
だるま4・4店

간소 라멘 요코초
元祖ラーメン横丁

징기스칸 다루마 본점
だるま本店

니토리노 게야키 본점
にとりのけやき本店

징기스칸
ンギスカーン

징기스칸 다루마 6 · 4점
だるま6・4店

스테이크/햄버거 히게 삿포로미나미로쿠조슈스이점
STEAK/HAMBURG ヒゲ 札幌南6条秋水店

기쿠아사히야마코엔도리
菊水旭山公園通

기스칸
ンギスカーン

자스막 플라자
JASMAC PLAZA

N

0   500m

삿포로 중심부
札幌中心部

SEE

아침 산책하기 좋은 아름다운 캠퍼스

홋카이도대학 北海道大学

너른 잔디밭과 아름드리 포플러, 느릅나무, 그 사이를 가로지르는 실개천이 어우러져, 캠퍼스라기보다 잘 가꿔진 도심 공원에 가깝다. 삿포로역 인근에 숙소를 둔 여행자라면 아침 산책 코스로 제격. 근대적인 농업교육을 위해 1876년 설립된 홋카이도대학은 캠퍼스 곳곳에 100년은 족히 넘은 서양풍의 목조 건물들이 고풍스러운 분위기를 더한다. 누구나 한번쯤 들어봤을 "Boys, be ambitious!"는 초대 교감이었던 클라크 박사가 남긴 명언. 만화 〈동물의사 Dr.스쿠르〉의 배경이 되면서 한때 수의대 입학 문의가 빗발치기도 했다. 관광객들에게는 가을에 노랗게 물든 은행나무가 늘어선 은행나무길이 유명하며, 포플러길은 지역주민의 산책로로 사랑 받고 있다. 시간이 허락된다면 교내 식당이나 카페를 이용해보는 것도 좋겠다. 싸고 양 많은 학생식당과 합리적인 가격의 코스 요리를 내놓는 교수 식당 중 취향에 맞는 곳으로 발길을 정하자.

Data 지도 174p-B 가는 법 JR삿포로역 북쪽 출구에서 도보 10분 주소 札幌市北区北8条西5 전화 011-716-2111 홈페이지 www.hokudai.ac.jp

삿포로 한정 맥주와 무제한 징기스칸

삿포로 맥주박물관&삿포로 비루엔 サッポロビール博物館&サッポロビール園

붉은 벽돌에 푸른 지붕을 얹은 1890년대 메이지 시대 건물에 삿포로 맥주박물관과 비어홀 겸 레스토랑인 삿포로 비루엔이 자리하고 있다. 삿포로 맥주박물관은 일본 유일의 맥주박물관으로, 삿포로맥주의 탄생부터 현재까지 발전과정을 동영상 자료와 맥주 라벨, 광고용 포스터 등으로 소개하고 있다. 가이드가 진행하는 프리미엄 투어(유료, 약 50분 소요, 홈페이지 예약)를 참가하면 1881년도의 제조법을 살린 '홋코쿠 삿포로맥주復刻札幌麦酒'와 삿포로 구로라벨 생맥주가 1잔씩 제공된다(술을 못 마실 경우 무알콜 맥주 또는 소프트 드링크 제공). 자유 견학(무료)도 가능하다. 견학 후에는 시음장에서 구로라벨, 클래식, 가이타쿠바쿠슈(개척자맥주) 세 종류의 삿포로 생맥주를 맛볼 수 있다. 반면 비어홀로 꾸며진 삿포로 비루엔에서는 실제로 맥아즙을 끓이는 데에 사용되던 거대한 자비솥과 3,200석의 넓은 공간이 눈길을 사로잡는다. 모락모락 연기를 피우며 징기스칸(양고기 구이)을 양껏 흡입하고 이곳에서만 판매하는 프리미엄 생맥주 '삿포로 Five Star'도 놓치지 말자.

Data 지도 175p-D 가는 법 지하철 도호선 히가시쿠야쿠쇼마에역 3번 출구에서 도보 10분 또는 삿포로역 앞(도큐백화점 남쪽)에서 삿포로 워크 버스 승차 15분 후 삿포로 비루엔에서 내려 도보 1분 주소 札幌市東区北7条東9-1-1 운영시간 맥주박물관 무료견학 11:00~18:00, 유료견학 11:30, 15:30, 16:30(월요일 휴관), 삿포로 비루엔 11:30~21:00 요금 맥주 박물관 시음 3종 세트 800엔, 프리미엄 투어 500엔(중·고등학생 300엔, 초등학생 이하 무료), 비루엔 징기스칸 뷔페 3,600엔~ 전화 011-748-1876(맥주박물관), 0120-150-550(삿포로 비루엔) 홈페이지 www.sapporobeer.jp/brewery/s_museum(맥주박물관), www.sapporo-bier-garten.jp(삿포로 비루엔)

삿포로 축제의 중심 무대

오도리공원 大通公園

삿포로 중심부를 동서로 가로지르는 1.5km의 도심공원. 2월 눈 축제, 5월 라일락 축제, 6월 요사코이 소란 축제, 8월 맥주 축제, 9월 오텀 페스트(미식 축제), 11~1월 화이트 일루미네이션 등 삿포로의 대표 행사가 열려 1년 내내 현지인과 관광객들의 발길이 끊이지 않는다. 니시1초메 거리부터 니시12초메 거리까지 넓게 자리하고 있으며, 삿포로의 랜드마크인 텔레비전 타워가 니시1초메 거리에 우뚝 서 있다. 다섯개의 테마로 구성된 공원에는 분수대와 조각상 등 소소한 볼거리도 있고, 특히 봄여름에는 갖가지 꽃이 흐드러지니 이곳에서 잠시 여유를 부려도 좋다. 4월 말부터 10월 중순까지 다디단 홋카이도산 옥수수를 구워 파는 오도리공원의 명물 포장마차도 놓치지 말자. 한국어 전화통역이 지원되는 인포메이션 센터(니시7초메, 10:00~16:00)도 마련돼 있다.

Data 지도 174p-F 가는 법 지하철 도자이선·난보쿠선·도호선 오도리역 27번 출구(니시1초메)
주소 札幌市中央区大通西1~12丁目 전화 011-251-0438 홈페이지 https://odori-park.jp

초콜릿과 과자로 꾸민 동화나라

시로이 코이비토 파크 白い恋人パーク

Data 지도 173p-A
가는 법 지하철 도자이선 미야노사와역
2번 출구에서 도보 7분
주소 札幌市西区宮の沢2-2-11-36
운영시간 10:00~17:00 요금 공장 견학
고등학생 이상 800엔·중학생 이하
400엔 / 과자만들기 체험 1,200엔~
전화 011-666-1481 홈페이지
www.shiroikoibitopark.jp

'하얀 연인'이란 뜻의 시로이 코이비토는 공항 면세점은 물론 웬만한 기프트숍에서 빠지지 않는 홋카이도의 대표과자. 프랑스어로 '고양이 혀'라는 뜻의 부드러운 쿠키 '랑그 드 샤Langue de Chat'와 진한 화이트 초콜릿의 조화가 고급스럽게 혀끝에 감돈다. 시로이 코이비토 파크는 시로이 코이비토의 생산 공장이자 과자 만들기 체험과 각종 문화시설을 겸비한 테마파크이다. 유럽의 성을 연상시키는 웅장한 외관에 직원들의 복장은 물론 가구와 인테리어, 초콜릿 컵 컬렉션까지 중세풍으로 세심하게 꾸며졌다. 고양이 발자국을 따라 공장 내부를 견학한 다음 이곳에서만 맛볼 수 있는 오리지널 초콜릿 드링크, 30cm 높이의 점보 파르페, 각종 컵케이크로 달콤한 디저트의 세계에 빠져보자. 매시간 펼쳐지는 태엽시계탑 퍼포먼스와 영국풍 정원 로즈가든, 미니기관차, 축음기 갤러리, 옛날 장난감 박물관 등 볼거리와 즐길 거리가 다양하다.

💬 | Theme |

삿포로 포토 포인트

삿포로에 왔다는 증거 사진 한 장 남기려면 그냥 지나칠 수
없는 세 곳. 도보로 이동할 수 있는 가까운 거리에 몰려 있으니,
여유롭게 둘러보며 삿포로의 과거와 현재를 만나보자.

홋카이도 근대 역사의 산증인

홋카이도청 구본청사 北海道庁旧本庁舎

붉은 벽돌로 지어져 아카렌가라는 애칭을 가진, 미국 네
오바로크 양식의 건축물이다. 큰 문에 들어서면 정면
과 양옆으로 이어지는 높은 2층 계단이 묘한 분위기를
자아낸다. 1888년 세워질 당시의 매끈하지 않은 유리
나 추위 방지를 위한 이중문 등이 그대로 남아 있다. 무
료로 개방하고 있으며 홋카이도의 역사를 전시한 자료
실과 기념품숍을 운영한다. 건물을 배경으로 사진 찍을
수 있는 포토 포인트가 마련되어 있다. 홋카이도청 구본
청사는 리뉴얼 공사를 하고 있으며, 2025년 2월까
지 휴관한다.

Data 지도 174p-F 가는 법 JR삿포로역에서 도보 10분
주소 札幌市中央区北3条西6丁目 운영시간 08:45~18:00
(12월 29일~1월 3일 휴무) 전화 평일 011-204-5303
(홋카이도 도청 관광진흥과) 홈페이지 www.pref.
hokkaido.lg.jp/kz/kkd/akarenga.html

삿포로 시민의 보물 1호

삿포로시 도케이다이 札幌市時計台 | 시계탑

1878년 지어진 미국식 목조건축양식 건축물에 무게 추
를 이용한 기계식 시계를 설치한 시계탑이다. 일본에서
가장 오래된 시계탑으로, 주요 부품의 교체 없이도 여전
히 매시간 정확하게 종을 울린다. 1층에는 삿포로의 개
척역사, 2층에는 시계탑의 역사와 원리 등이 전시되어
있지만 보통은 외부에서 사진을 찍는 데 더 많은 시간을
할애한다. 시계탑의 전경을 담고 싶다면 도로 건너편에
자리 잡을 것.

Data 지도 175p-G 가는 법 지하철 도자이선·난보쿠선·
도호선 오도리역에서 시청방면 출구 도보 5분
주소 札幌市中央区北1条西2-1-1 운영시간 08:45~17:10
(연말연시 휴무) 요금 어른 200엔, 고등학생 이하 무료
전화 011-231-0838 홈페이지 sapporoshi-tokeidai.jp

삿포로의 랜드마크

텔레비전 타워 さっぽろテレビ塔

1967년 설치된 높이 147.2m의 텔레비전 전파 송수신 타워로 삿포로 시가지 어디에서나 눈에 띄는 랜드마크. 현재는 90m 높이의 전망대와 레스토랑, 기념품숍 등이 운영된다. 일몰 시간 이후 켜지는 라이트업 조명과 일루미네이션이 도심을 화려하게 수놓는다. 높이 90m에 마련된 전망대는 삿포로의 대표적인 야경 포인트. 푸근한 옆집 아저씨를 닮은 마스코트 '테레비토상テレビ 父さん'이 그려진 여러 가지 용품은 기념품이나 선물로도 인기가 높다.

Data 지도 175p-G 가는 법 지하철 도자이선·난보쿠선·도호선 오도리역 27번 출구 주소 札幌市中央区大通西1 운영시간 09:00~22:00(12월 22~25일 ~22:30 / 유키마츠리 기간 08:30~22:30) 요금 3층까지 무료, 전망대 어른 1,000엔, 중학생 이하 500엔 전화 011-241-1131 홈페이지 www.tv-tower.co.jp

신성한 원시림
마루야마공원 円山公園

홋카이도 신궁, 마루야마동물원 등이 자리한 유서 깊은 삿포로 도심 공원.
1871년 마루야마 산기슭에 삿포로신사(현 홋카이도 신궁)가 건축되면서 그
주변은 신성한 숲으로 보호되어 왔으며 국가적인 수목시험장으로 활용되
기도 했다. 하늘을 찌를 듯 울울창창한 고목과 일본 고유종부터 외래종까
지 다양한 수종을 자랑하는 마루야마공원이 탄생할 수 있던 배경이다. 60
만m²의 광대한 공원 안에는 물참나무와 계수나무, 삼나무, 단풍나무 등 천
연기념물로 지정된 원시림이 우거지고 1,700그루를 넘는 에조(홋카이도의
옛 지명) 산벚나무와 왕벚나무가 만개한 봄에는 눈부신 꽃비가 흩날린다.
1951년 개원한 마루야마동물원에는 200종 내외의 동물들이 사육되고 있
는데, 최근 동물의 야생 본능을 살리는 서식환경을 위해 원시림 경계에 2만
m²의 '동물원의 숲'을 조성하기도 했다.

Data 지도 173p-E
가는 법 지하철 도자이선
마루야마코엔역 3번 출구에서
도보 5분
주소 札幌市中央区宮ヶ丘
운영시간 동물원 09:30~16:30
(11~2월 09:30~16:00, 매월
둘째·넷째 주 수요일 휴무)
요금 동물원 어른 800엔,
고등학생 400엔
(중학생 이하 무료)
전화 011-621-0453
(삿포로시 공원협회),
011-621-1426(동물원)
홈페이지 maruyamapark.jp

삿포로 시가지를 파노라마에 담다

오쿠라야마 점프경기장 大倉山ジャンプ競技場

삿포로의 대표적인 전망 포인트. 리프트를 타고 해발 300m 높이의 스키 점프대 정상에 오르면 삿포로 시가지는 물론 저 멀리 이시카리 평야가 파노라마처럼 펼쳐진다. 점프대 스타트라인에서는 마치 실제 스키 선수가 출발선에 서 있는 듯한 아찔한 스릴도 느낄 수 있다. 1972년 개최된 삿포로 동계올림픽의 무대로, 겨울철이 아니더라도 서머 점프와 야간 점프가 가능해 시즌별로 각종 국제대회가 개최되고 있다.

Data 지도 173p-E 가는 법 지하철 도자이선 마루야마코엔역 2번 출구로 나와 마루야마 버스터미널에서 JR버스 '마루14' 아라이야마선 환승 후 오쿠라야마쿄기조이리구치(경기장입구)에서 내려 도보 10분 주소 札幌市中央区 宮の森1274 운영시간 리프트 하기 08:30~21:00, 동기 09:00~17:00 / 올림픽 뮤지엄 09:00~18:00, 동기 09:30~17:00 요금 리프트 왕복 중학생 이상 1,000엔·초등학생 이하 500엔 전화 011-641-8585 홈페이지 https:// okurayama-jump.jp

맥주 생산 공정을 한눈에

삿포로맥주 홋카이도공장 サッポロビール 北海道工場

일본에 6곳 있는 삿포로맥주 공장의 홋카이도 지점이다. JR신치토세공항역에서 네 정거장 떨어진 JR삿포로비루테이엔역에 자리하고 있는데, 삿포로맥주의 본고장인 만큼 역명도 특별하다. 특정 브랜드가 역 이름

Data 가는 법 JR삿포로비루테이엔역 1번 출구에서 도보 10분 주소 恵庭市戸磯542-1 운영시간 09:50~16:00(월, 화요일, 연말연시 휴무 전화 0123-32-5802 홈페이지 www.sapporobeer.jp/brewery/hokkaido

에 드러난 경우는 일본에서 유일하다고. 가이드와 함께 실제 가동되고 있는 공장 내부를 견학하며 삿포로맥주의 역사와 주원료, 제작과정 등에 관해 상세히 들을 수 있다. 40여 분의 견학 후 시음장에서 구로(블랙) 라벨과 클래식 생맥주 각 1잔씩이 무료로 제공된다. 맥주잔을 비롯해 각종 기념품을 판매하는 숍도 마련되어 있다. 다만 사전 예약을 해야만 견학 및 시음이 가능하다.

도심 속 노천온천탕
기타노타마유라 北のたまゆら

깨끗하고 편리한 시설과 노천온천탕을 겸비한 도심 온천탕이다. 온천이 딸린 호텔에 숙박하지 않거나 따로 온천 일정을 잡지 않았을 때 이용하기 좋다. 시내에서 가깝고 새벽 1시까지 문을 열어 삿포로의 길고 차가운 겨울 날씨에 지친 여행자의 고단해진 몸을 녹이기에 제격이다. 목욕 후 마시는 시원한 병 우유의 맛이 각별하다. 샴푸나 바디클렌저 등 기본적인 목욕용품은 구비되어 있지만 수건은 가져가거나 구입(100엔)해야 한다. 간단하게 한 끼 먹을 수 있는 식당과 헤어숍, 마사지숍도 운영하고 있다.

Data 소엔점 지도 174p-A 가는 법 JR소엔역 서쪽 출구에서 도보 5분 주소 札幌市中央区北11条西16-1-34 운영시간 07:00~01:00 요금 중학생 이상 480엔, 초등학생 140엔 전화 011-611-2683 홈페이지 www.e-u.jp/souen_main.html

Tip 일본 대중 온천탕 이용하기
❶ 신발이나 귀중품을 넣는 사물함은 100엔짜리 동전을 넣어야 사용할 수 있으며, 사용 후에는 반환된다.
❷ 입욕권은 카운터 옆에 있는 자동판매기에서 구입하며, 카운터에 제출하고 입장한다.
❸ 수건, 샴푸, 스킨, 로션 등의 목욕 용품 역시 카운터 옆 자동판매기에서 티켓을 구매한 후 카운터에서 교환한다. 보통 버튼에 그림으로 표시돼 있다.
❹ 탕 입구 바로 앞 선반 바구니에 옷을 벗어두면 된다.
❺ 탕 이용 방법은 한국과 대동소이하다.

Data 지도 173p-E
가는 법 노면전차 로프웨이
이리구치역에서 하차 후 무료
셔틀버스 이용, 모이와야마산
로쿠역(로프웨이)까지 5분(10:45~
21:15, 배차간격 15분)
주소 札幌市中央区伏見5-3-7
운영시간 로프웨이 10:30~
22:00, 12~3월 11:00~, 12월 31일
11:00~15:00, 1월 1일 05:00~
10:00(11월에 장비 점검 장기 휴무
있음) 요금 로프웨이(곤돌라+
모리스카) 왕복 어른 2,100엔·
초등학생 이하 1,050엔
전화 011-561-8177
홈페이지 www.mt.moiwa.jp

보석 같은 삿포로의 야경

모이와야마 もいわ山

홋카이도의 제1호 천연기념물인 원시림을 간직한 모이와야마. 높이
531m의 낮은 산이지만 서식하는 생물의 종이 다양해 식물학이나 곤충학
을 연구하는 학자들에게 사랑받는다. 대표적인 전망지이기도 해 삿포로
의 경치를 보려는 관광객들로 연중 붐빈다. 정상까지 로프웨이가 설치되
어 있으며 산로쿠山麓역에서 주후쿠中腹역까지 최신식 곤돌라로 이동한 후 미니 케이블카(모리스카)로 갈
아타고 전망대가 있는 산초山頂역까지 빠르게 도달할 수 있다. 모이와야마의 자연을 더 느껴보고 싶다면
주후쿠역에서 모리스카 대신 자연 학습 탐방로를 이용해 전망대까지 걸어서 갈 수도 있다(약 15분 소요).
해가 완전히 지면 새까만 밤하늘을 배경으로 보석처럼 반짝이는 삿포로 도심의 불빛과 멀리 이시카리만
까지 파노라마로 펼쳐진다. 모이와야마의 캐릭터인 모리스(리스는 다람쥐라는 뜻) 관련 상품은 이곳 전
망대 숍에서만 구매할 수 있다.

Data 지도 173p-C
가는 법 지하철 도호선
간조도리히가시역 2번 출구에서
주오버스 히가시東69번 또는
히가시東79번 승차 25분 후
모에레공원 히가시구치東口
하차 도보 6분 주소 札幌市
東区モエレ沼公園1-1
운영시간 공원 07:00~22:00
/ 유리 피라미드 09:00~18:00
(겨울에는 ~17:00)/ 렌탈
사이클 4월 말~10월 중순
09:00~17:00(동기 ~16:00)
전화 011-790-1231
홈페이지 moerenumapark.jp

조각가 노구치 이사무의 마지막 꿈

모에레누마공원 モエレ沼公園

세계적인 조각가이자 조경사이면서 뉴욕을 무대로 굵직굵직한 작품을 선보인 노구치 이사무野口勇
(1904~1988)가 생애 마지막으로 몰두한 예술 공원이다. 원래 쓰레기 처리장이었던 부지에 '공원 전체
를 하나의 조각품으로 만들겠다'는 마스터플랜을 토대로 2005년 삿포로 북동쪽에 모에레누마공원을 열
었다. 광대한 자연과 유기적인 형태의 언덕, 분수, 조형물, 건축물 등이 한데 어우러져 감탄을 자아낸다.
공원의 중심부에 위치한 32m 높이의 유리 피라미드 'HIDAMARI'의 아트리움에 있으면 건축과 자연이
하나가 된 듯 느껴진다. 노구치 이사무 관련 내용을 전시한 갤러리, 프렌치 레스토랑, 숍 등도 들어서 있
다. 자전거를 대여하면 공원 구석구석을 돌아보기에 좋다(자전거 대여 2시간에 200엔).

창포연못 따라 산책하기

나카지마공원 中島公園

창포가 무성한 큰 연못을 중심으로 조성된 도심공원. 스스키노 번화가의 남쪽에 자리하고 있어 스스키노 주변에 숙소를 잡았다면 아침 산책 코스로 삼기에도 좋다. 공원이 눈 속에 파묻힌 겨울철에는 일명 '걷는 스키'라 불리는 크로스컨트리 스키를 즐길 수 있도록 장비를 무료로 대여해주기도 한다. 울창한 느릅나무, 은행나무의 산책로를 따라 홋카이도 최초의 전용 콘서트홀인 키타라KITARA, 사계절 별을 관측할 수 있는 삿포로시 천문대 등의 문화시설이 자리하고 있으며, 국가중요문화재인 호헤이칸, 핫소안 등을 통해 삿포로의 역사를 느낄 수 있는 곳이기도 하다.

Data 지도 173p-E
가는 법 지하철 난보쿠선 나카지마코엔中島公園역 또는 호로히라바시幌平橋역에서 바로. 전차 나카지마코엔도리中島公園通역에서 도보 2분
주소 札幌市中央区中島公園1
전화 011-511-3924
홈페이지 www.sapporo-park.or.jp/nakajima

삿포로 시민과 함께한 호텔

호헤이칸 豊平館

2층 중앙 발코니가 멋스러운 호헤이칸은 1881년 삿포로시 중심부에 들어선 최초의 서양식 호텔이다. 홋카이도와 삿포로 시찰을 위해 방문한 천황의 숙소로 지어진 후 호텔과 연회장으로 쓰이다 홋카이도에 선거구제가 도입되면서 공회당으로 사용되었다. 1958년에는 나카지마공원의 현재 위치로 이축되어 결혼식장으로 활용되는 등 늘 삿포로 시민과 함께했다고 해도 과언이 아니다. 창건 100주년을 기념해 호헤이칸은 청금석으로 만든 안료인 일명 '울트라 마린 블루'의 파스텔 톤 하늘색의 외관을 되찾았다. 또한 2012년부터 3년여간의 공사를 통해 창건 당시의 평면을 복원하는 등 새 단장을 마치고 삿포로 시민과 관광객을 맞이하게 되었다. 천황이 숙박했던 방과 공회당을 재현한 공간, 화려한 샹들리에의 연회장 등 삿포로의 과거로 시간 여행을 떠나보자.

Data 지도 173p-E
가는 법 나카지마공원 내 (전차 나카지마코엔도리 中島公園通역에 인접)
주소 札幌市中央区中島公園1-20
전화 011-211-1951
운영시간 09:00~17:00 (둘째 주 화요일 휴관)
요금 입장료 어른 300엔, 중학생 이하 무료
홈페이지 www.s-hoheikan.jp

옛 도서관의 달콤한 변신

기타카로 삿포로 본관 北菓楼 札幌本館

1926년 지어진 유서 깊은 건축물이 달콤한 과자 냄새 폴폴 나는 공간으로 재탄생했다. 홋카이도 구본청사 인근에 홋카이도청 도서관으로 설립된 후 홋카이도립 미술관, 도립 문서관 별관 등으로 용도를 고쳐가며 홋카이도의 역사와 문화를 대표하던 곳에 슈크림과 바움쿠헨으로 유명한 홋카이도 대표 과자점 기타카로가 콘셉트 스토어를 열었다. 일본의 대표 건축가 안도 다다오安藤忠雄가 리노베이션 디자인을 맡아 기존 공간을 최대한 살리면서 현대적인 멋이 가미된 공간을 완성하였다. 대리석의 계단 공간은 고풍스러운 멋을 한껏 뽐내고 최초 도서관이었던 건물의 이력을 살려 한쪽 벽을 책으로 가득 채운 2층 카페는 시간마저 느긋하게 흐르는 듯하다. 기타카로의 대표 스위츠 외에 이곳만의 한정 쿠키와 슈크림을 구입할 수 있으며, 카페에서는 파스타와 같은 식사(11:00~14:00)를 비롯해서 디저트와 커피를 즐길 수 있다.

Data 지도 173p-E
가는 법 지하철 난보쿠선 오도리역 2번 출구 도보 4분
주소 札幌市中央区北1条西 5-1-2
전화 0800-500-0318
운영시간 1층 매장 10:00~18:00, 2층 카페 11:00~17:00
홈페이지 www.kitakaro.com/ext/tenpo/sapporohonkan.html

삿포로 중심가에 열린 스위츠 천국

롯카테이 삿포로 본점 六花亭 札幌本店

롯카테이가 삿포로 시내 중심가에 '드디어' 본점을 냈다. 도심의 빌딩 사
이에 자리 잡은 10층 건물은 안내 표지판과 입구에서부터 롯카테이의 아
이덴티티를 확연히 드러낸다. 높은 층고의 1층 매장에서는 마루세이 버터
샌드를 비롯해 롯카테이의 대표 스위츠를 구입할 수 있으며, 오비히로 본
점에서만 판매하던 사쿠사쿠 파이サクサクパイ와 마루세이 아이스 샌드マル
セイアイスサンド도 맛볼 수 있다. 롯카테이 패키지 디자인의 패브릭과 문구
제품도 판매한다. 안쪽 계단으로 연결된 2층 카페는 가볍게 먹고 갈 수
있는 스탠딩석과 테이블석으로 구분된다. 두 곳에서 판매하는 메뉴도 각
기 다르니 잘 살펴보자. 오랫동안 문화사업에 힘써온 롯카테이의 본점답
게 갤러리와 콘서트홀 등 문화공간도 마련해두었다. 특히 5층에 자리한
갤러리 카시와柏에서는 홋카이도의 감성과 롯카테이의 디자인 콘셉트를
느낄 수 있는 작가의 작품을 만나볼 수 있다.

Data 지도 174p-B
가는 법 지하철 난보쿠선
삿포로역 도보 5분
주소 札幌市中央区北4
条西6-3-3
전화 011-261-6666
운영시간 1층 매장·5층 갤러리
10:00~17:30,
2층 카페 11:00~16:30
요금 사쿠사쿠 파이 200엔,
마루세이 아이스 샌드 250엔
홈페이지 www.rokkatei.co.jp/
facilities/sapporo_honten/

|Theme|
삿포로 근교 한나절 소도시 여행

보통의 나날이 조곤조곤 새겨진 삿포로 근교 소도시로 떠나는 여행.
이 여행에는 한 템포 느린 홋카이도 보통열차가 제격이다.

자연과 예술, 과거와 현재가 공존하는 공간
아르테 피아차 비바이 Arte Piazza Bibai アルテピアッツァ美唄

비바이시의 한 폐교 부지에 홋카이도를 대표하는 조각가 야스다 칸安田侃의 작품 40여 점이 전시되어 있다. 대리석과 브론즈를 이용한 자유로운 곡선의 작품은 자연의 유기적인 형상과 꼭 닮았다. 삿포로를 비롯해 여러 도시에 전시되어 있지만 하늘과 숲으로 둘러싸인 이곳만큼 잘 어울리는 곳도 드물다. 한때 탄광 마을로 부흥했던 비바이시는 석유의 등장과 함께 서서히 쇠퇴해갔다. 비바이시 출신이자 이탈리아에서 활동하던 야스다 칸은 일본의 아틀리에를 찾던 중 이곳을 눈여겨봤다. 초등학교는 폐교했지만 부설 유치원이 남아 있었고, 여기서 들려오는 아이들의 웃음소리가 그의 마음을 움직였다. 교사와 체육관 건물을 개조 및 보수해 수장고와 전시관으로 삼고, 그 주변 부지를 조각미술관으로 꾸몄다. 조각미술관과 유치원이 공존하는 독특한 공간이 탄생한 것이다. 이후 규모를 확장해 전체 부지는 7만m²로 넓어졌고 카페도 들어섰다. 숲 안쪽에 자리한 카페는 산장처럼 아늑하고 대표 조각 작품이 창문에 액자처럼 걸린다.

Data 지도 012p-F
가는 법 JR비바이美唄역에서 시민버스市民バス로 약 25분 후 아르테 피아차 비바이 하차, 바로
주소 美唄市落合町栄町
전화 0126-63-3137
운영시간 전시관 09:00~17:00, 카페 10:00~17:00(11월 중순~3월 중순 16:00까지), 화요일, 연말연시 휴무
요금 입장료 무료, 카페라테 600엔, 호박수프 세트 1,200엔(겨울한정)
홈페이지 www.artepiazza.jp

홋카이도 소도시 감성 마르셰
에브리 EBRI

에베츠의 상징적인 옛 벽돌공장이 에베츠시의 특산품을 알리는 전초기지로 다시 태어났다. 삿포로시 서쪽에 자리한 에베츠시는 질 좋은 벽돌 생산지로 유명하다. 삿포로에 지어진 대부분의 붉은 벽돌 건축물에 쓰였을 정도. '에브리'는 '에베츠EBETSU'와 '벽돌BRICK'의 합성어이다. 에베츠의 흙과 제조기술이 만나 만들어진 벽돌처럼, 홋카이도의 질 좋은 식재료가 에베츠시의 사람과 문화, 기술을 만나 다양한 2차 가공품으로 선보인다는 의미를 담고 있다. 에베츠 벽돌 장작가마에서 쫄깃한 이탈리안 피자와 달콤하고 부드러운 고구마 케이크를 즉석에서 구워 내고, 산미 가득한 지역 브랜드의 커피를 즐길 수 있다. 홋카이도의 채소와 과일, 유제품, 통조림 등을 판매하고 있는 장터는 현지인들 사이에도 이미 입소문이 나 늘 북적인다. 안 쓰는 그릇과 옷가지, 빈티지 소품 등을 내어 놓은 플리마켓은 보물찾기를 하듯 내 취향의 물건을 저렴하게 구하는 재미가 쏠쏠하다.

Data 지도 012p-F
가는 법 JR놋포로역 남쪽 출구에서 도보 10분
주소 江別市東野幌町3-3
전화 011-398-9570
운영시간 10:00~22:00
홈페이지 www.ebri-nopporo.com

EAT

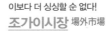

이보다 더 싱싱할 순 없다!
조가이시장 場外市場

홋카이도 각지에서 올라온 신선한 해산물과 청과물을 판매하는 삿포로의 대표 시장이다. 이른 새벽 삿포로중앙도매시장에서 경매로 낙찰받아 바로 매장에서 손님을 맞이하므로 신선도에서 최상. 1959년부터 문을 열어 현재 60여 개의 점포가 자리하고 있다. 대게, 털게는 물론 감자, 옥수수, 멜론 등 홋카이도 제철 식자재를 저렴하게 구입할 수 있고, 시장 내 음식점에서는 신선한 해산물덮밥과 게찜, 회를 즐길 수 있다.

Data 지도 173p-B 가는 법 JR소엔역 서쪽 출구에서 도보 15분, 지하철 도자이선 니주욘켄역에서 도보 10분 주소 札幌市中央区北11条西22-2 운영시간 06:00~17:00 전화 011-621-7044 홈페이지 www.jyogaiichiba.com

Data 지도 173p-B
운영시간 상점 06:00~17:00, 식당 07:00~15:00
요금 가이센돈 3,270엔(미니 사이즈 2,720엔), 임연수어 구이 1,280엔, 털게찜 4,370엔~
전화 011-621-3545
홈페이지 www.kitan ogurume.co.jp(한국어 지원)

조가이시장의 터줏대감
기타노구루메테이 北のグルメ亭

조가이시장에 첫 번째로 개업한 상점 기타노구루메 안의 해산물 식당이다. 성게알, 연어알, 참치뱃살, 새우, 가리비 등이 푸짐하게 올라간 가이센돈(해산물 덮밥)이 대표 메뉴. 홋카이도 특산품인 털게찜과 시마홋케(홋카이도 임연수어)구이도 합리적인 가격에 맛볼 수 있다. 기타노구루메에서 구입한 식재료를 요리사가 그 자리에서 회나 구이로 조리해주기도 한다.

삿포로 직장인들의 회식 1순위

징기스칸 다루마 ジンギスカン だるま

삿포로 스스키노 거리에 위치한 인기 만점의 징기스칸(양고기 구이) 전문점. 가게 안으로 들어서자마자 공간을 가득 메운 하얀 연기와 왁자지껄한 대화소리에 정신이 혼미해진다. 좌석은 모두 카운터석으로 자리에 앉으면 주문하지 않아도 빠른 손놀림의 아주머니가 숯불과 불판을 세팅한 후 징기스칸과 파, 양파, 특제 소스, 야채절임 등을 인원수만큼 내온다. 원래 이곳의 스타일이니 당황하지 말자. 1인분은 양고기의 등심, 안심, 다리살 등 여러 부위가 한 접시에 나오는데, 양이 많지 않아 2접시는 기본으로 먹게 된다. 양고기는 바싹 익히면 질기고 딱딱해지기 때문에 겉만 살짝 익혀 먹는 것이 포인트. 익은 고기는 불판의 채소 위에 얹어 두면 양고기 육즙이 파와 양파에도 배어 더 맛있게 먹을 수 있다. 다루마의 여주인에게만 전해 내려온다는 특제 간장양념 소스는 징기스칸의 맛을 한층 더 살려준다. 취향에 따라 소스에 아오모리산 마늘과 한국산 고춧가루를 첨가하자. 저녁 7~8시경에는 줄 서 있는 경우가 많지만 워낙 회전율이 좋아서 금세 자리가 난다. 본점의 인기 덕에 인근에 지점이 네 곳 더 생겼다. 징기스칸 메뉴는 동일하지만 생맥주의 경우 본점은 기린 이치반 시보리, 6.4점은 삿포로 클래식, 4.4점은 아사히 슈퍼 드라이다.

Data **본점** 지도 175p-K
가는 법 지하철 난보쿠선
스스키노역 4번 출구에서 도보 3분
주소 札幌市中央区南5条西4
クリスタルビル1
운영시간 17:00~23:00
요금 징기스칸 1인분 1,280엔,
밥 220엔, 채소 220엔, 채소절임
220엔, 생맥주 650엔
전화 011-552-6013
홈페이지 sapporo-jingisukan.
info

6.4점 지도 175p-K
가는 법 지하철 난보쿠선
스스키노역 4번 출구에서 도보
5분 주소 札幌市中央区南6
条西4丁目仲通り野口ビル1F
운영시간 17:00~05:00
전화 011-533-8929

4.4점 지도 175p-K
가는 법 지하철 난보쿠선
스스키노역 4번 출구에서 도보 1분
주소 札幌市中央区南4条西
4丁目 ラフィラ裏
운영시간 17:00~23:00

남녀노소 좋아하는 진한 양념 징기스칸

마츠오 징기스칸 松尾ジンギスカン

Data 삿포로에키마에점
지도 174p-F 가는 법 지하철
난보쿠선 삿포로역 10번 출구
에서 도보 2분 주소 札幌市
中央区北3条西4丁目
日本生命札幌ビルB1
운영시간 11:00~15:00,
17:00~23:00
요금 특상 징기스칸 1,580엔,
징기스칸 980엔, 모듬채소
(2~3인분) 490엔
전화 011-200-2989
홈페이지 www.matsuo1956.jp

삿포로 미나미이치조점
지도 175p-G 가는 법
지하철 난보쿠선 오도리 역
10번 출구에서 도보 2분
주소 札幌市中央区南1条西
4丁目16-1南舘ビル1階
운영시간 11:00~15:00,
17:00~23:00
전화 011-219-2989

창업주의 이름을 딴 마츠오 징기스칸은 진한 양념 맛의 양고기 구이를 선보인다. 다키가와시의 사과나 양파를 주 원료로 10여 종류의 조미료나 향료를 더한 양념에 양고기를 재워 양고기 특유의 잡내를 없애고 고기 본래의 맛을 끌어냈다. 삿포로에서 차로 1시간여 떨어진 다키가와시의 작은 가게에서 시작해 현재 홋카이도에는 물론 도쿄에도 지점이 있다. 넓은 매장과 세련되고 깔끔한 인테리어로 단체나 가족 단위 손님이 많이 찾는다. 마츠오 징기스칸을 맛있게 즐기는 방법이 따로 있는데, 우선 호박이나 감자 등 채소를 불판에 올리고 거기에 징기스칸 양념만 더해 어느 정도 익힌 후 고기를 얹고 반 정도 익으면 불을 꺼 남은 열로 익혀 먹는 것이다. 우리나라의 불고기와 생김이 비슷하고 맛도 상당히 익숙하다. 남녀노소 누구나 좋아할 만한 맛. 100분 동안 징기스칸과 채소, 밥, 우동 등을 무제한으로 먹을 수 있는 코스 메뉴(5,000엔부터)도 있다.

Data 지도 174p-J
가는 법 지하철 도자이선
스스키노역 5번 출구에서 도보 5분
주소 札幌市中央区南5条西
6丁目多田ビル 1F
운영시간 일~목요일 17:00~
01:00, 금·토·공휴일 전날
17:00~03:00 요금 램로스
1,320엔, 생 램 990엔, 배부른
코스 3,850엔 전화 011-532-8129
홈페이지 genghiskhan.jp

양고기 부위의 차별화

스스키노 징기스칸 すすきのジンギスカーン

알음알음 찾아오는 단골손님들을 위한 소박한 징기스칸 가게를 내고 싶었다는 젊은 사장님. 하지만 이곳을 다녀간 한 한국 블로거가 포스팅하면서 단숨에 한국 여행자들의 징기스칸 명소로 떠올랐다. 지금은 일본 손님보다 한국 손님이 더 많을 정도. 메뉴판도 한국 손님이 직접 적어준 한글판이 따로 있다. 소탈하고 친근한 사장님도 인기의 한 비결이지만 무엇보다 입에서 살살 녹는 부드러운 양고기가 결정적이다. 최고급으로 치는 아이슬란드 어린 양을 사용한 덕분인데, 살짝 익혀 먹어야 그 맛을 제대로 느낄 수 있다. 양을 한 마리 통째로 사들여 혀, 등심, 소금양념갈비, 양고기 완자 등 이곳에서만 맛볼 수 있는 한정 메뉴가 특별함을 더한다. 양고기는 주인장이 직접 개발한 특제 소금에 찍어 먹어 볼 것. 대식가를 위한 세트 메뉴로 마스터가 추천하는 징기스칸 3인분, 채소, 밥, 김치, 음료와 아이스크림이 3,850엔에 제공된다. 최대 8명이 앉을 수 있는 테이블석이 있고 5~6자리의 카운터석도 있다. 홈페이지의 쿠폰을 프린트해가면 오토시お通し가 무료이거나 추천 메뉴를 서비스로 준다.

시레토코 닭과 매콤한 수프카레의 환상 궁합

수프카레 스아게 플러스 Soup Curry Suage+

재즈가 흘러나오는 캐주얼한 분위기의 수프카레 전문점. 닭고기는 물론 해산물, 각종 채소, 아보카도 등 10여 가지의 수프카레가 있다. 그중 단연 인기 있는 메뉴는 시레토코 닭과 채소를 넣은 수프카레. 직화구이해 숯불 향이 나는 닭과 큼직한 각종 채소, 그리고 매콤하고 진한 국물의 환상적인 궁합에 숟가락질을 멈출 수 없다. 아침마다 정미한 신선한 홋카이도산 쌀로 지은 밥이 수프카레의 향과 맛을 더욱 잘 살려준다. 수프카레는 10단계로 맵기를 선택할 수 있는데, 7단계 이후부터는 할라페뇨 페이스트가 첨가돼 100엔의 추가 요금이 발생한다. 감자·아욱·가지·피망·호박·연근 등 각종 토핑을 추가 시 각각 90엔만 내면 된다. 외국인을 위한 영어 메뉴판도 준비돼 있다.

Data 본점 지도 175p-K
가는 법 지하철 도자이선
스스키노역 2번 출구에서
도보 2분 주소 札幌市中央区
南4条西5 都志松ビル2F
운영시간 11:30~21:30
(토요일은 ~22:00)
요금 수프카레 1,200엔~,
토핑 90엔~
전화 011-233-2911
홈페이지 www.suage.info

인도네시아 스타일의 푸짐한 수프카레

아시안 바 라마이 Asian Bar RAMAI

인도네시아 스타일의 맛을 추구하는 수프카레 전문점 라마이. 각종 향신료가 코끝을 자극하고, 수프는 진하면서 빈틈이 없다. 아스파라거스, 단호박, 연근, 가지 등 최소한의 조리를 거친 채소가 본연의 매력적인 맛을 발휘한다. 갈릭오일이나 코코넛밀크 토핑을 추가하면 한층 더 깊고 감칠맛 나는 수프카레를 즐길 수 있다. 수프와 함께 먹는 밥 역시 인도네시아의 전통적인 노란색 밥인 '나시꾸닝'으로 코코넛 풍미가 제대로다. 무엇보다 계산 철저한 일본에서 무료로 업그레이드가 가능한 것은 황재한 기분. 밥의 양은 S, M, L 중에서, 수프 양은 레귤러와 오모리(곱빼기) 중에서, 매운맛은 10단계 중에서 추가요금 없이 고를 수 있다. 발리 현지에서 사온 장식이나 그림 등으로 인테리어한 공간은 발리 섬에 온 듯한 분위기를 물씬 풍긴다. 삿포로를 비롯해 오타루, 아사히카와, 하코다테 등 여러 곳에 지점이 있다.

Data 삿포로 중앙점
지도 174p-J 가는 법 노면전차
시세이칸쇼갓코마에역에서
도보 6분 주소 札幌市中央区
南4条西10-1005-4
운영시간 11:30~23:00
요금 수프카레 1,250엔~,
토핑 50엔~
전화 011-211-0697
홈페이지 www.ramai.co.jp

칼칼함과 부드러움의 하모니

카오스 헤븐
Chaos Heaven カオスヘブン

닭과 채소 육수, 15가지 향신료를 조합한 카오스 헤븐의 수프카레는 목으로 넘기는 순간 '캬~' 소리가 절로 나오는 깊고 칼칼한 국물이 유명하다. 여기에 홋카이도 우유와 크림치즈 또는 코코넛, 토마토를 추가로 선택할 수 있는데, 매운맛이 부담스러운 사람에겐 이쪽을 추천한다. 칼칼한 국물과 부드러운 질감이 이국적이면서도 잘 어우러진다. 홋카이도산 현미를 넣은 밥이 나오고 사용하는 채소 역시 모두 홋카이도산이다.

Data 지도 175p-K 가는 법 지하철 호스이스스키노역에서 도보 5분 주소 札幌市中央区南5条東2-12-3 2F 전화 011-562-1555 운영시간 11:30~22:00(화요일 휴무) 요금 수프카레 1,100엔~, 토핑 110엔~

> **Tip** 수프카레 전문점에서는 영어도 OK
> 보통 영어가 잘 통하지 않는 일본에서 수프카레 전문점은 이례적이다. 직원이 영어로 곧잘 이야기할뿐더러 영어 메뉴판도 잘 갖추고 있다. 일본어가 익숙지 않은 여행자라면 여기서는 당당히 외치자. "잉글리시 메뉴, 플리즈(English menu, please)."

홋카이도 채소가 보물
수프카레 트레저 Soup Curry Treasure

불에 살짝 그을린 브로콜리를 맛보곤 저도
모르게 탄성이 나왔다. 브로콜리가 이렇게
나 맛있는 채소였던가! 그뿐이 아니다. 우
엉, 파프리카, 양배추, 감자 등 홋카이도산
채소를 찌거나 굽거나 튀기는 등 각각 가장
맛있는 방법으로 조리했다. 가벼운 카레 맛
의 국물은 각각의 채소 맛을 살리는 감초 역
할을 톡톡히 한다. 원래 수프카레는 홋카이
도의 다양한 채소를 맛있게 즐기기 위해 탄
생했다고 한다. 트레저의 수프카레는 그에
대한 모범답안 같은 맛이다.

Data 지도 175p-G 가는 법 지하철 난보쿠선
오도리역 36번 출구에서 도보 2분
주소 札幌市中央区南2条西1-8-2
アスカビル1F 전화 011-252-7690
운영시간 11:30~15:30, 17:00~21:00
요금 수프카레 1,060엔~, 토핑 120엔~
홈페이지 s-treasure.jp

삿포로 시민의 아침식사
아린코 ありんこ

바쁜 삿포로 시민의 아침을 든든하게 채워주는 수제 주먹밥(오니기리)
전문점. 주문 즉시 갓 지은 밥에 연어알, 홍연어살 등 홋카이도산 식재
료로 속을 채우고 김으로 감싼 주먹밥은 푸짐하고 맛도 좋다. 치즈 가츠
오는 개장 이래 가장 인기 있는 메뉴. 가츠오의 풍미가 자극적이지 않으
면서도 입맛을 당긴다. 된장국(미소시루)을 추가하면 한 끼 식사로 부족
함이 없다. 오도리, 마루야마 등 시내에 5개 점포가 있고, 테이크아웃이
모두 가능하다. 삿포로소엔札幌薬園점은 점포 내에서 먹고 갈 수도 있다.

Data 오로라타운점
가는 법 지하철 오도리역 지하상가
내부 18번 출입구 근처
주소 札幌市中央区大通西2丁目
札幌地下街オーロラタウン
전화 011-222-0039
운영시간 08:00~20:00
요금 오니기리 180엔~, 미소시루 150엔
홈페이지 onigiri-arinko.com

Tip 일본 회전초밥 집에서 알아두면 좋아요!

❶ 카운터석에 놓인 접시와 젓가락, 초생강(가리), 녹차(아가리), 간장(무라사키), 와사비(사비, 나미다) 등은 셀프로 사용한다. ❷ 가루녹차는 함께 들어있는 스푼으로 듬뿍 한 스푼 정도를 컵에 털어 넣고 카운터의 뜨거운 물 나오는 곳에서 물을 받아 마시면 된다. 테이블인 경우 점원이 가져다 준다. ❸ 초밥이나 디저트 등을 주문하고 싶은 경우에는 가장 가까운 직원(초밥 만드는 사람 혹은 서빙 직원) 아무에게 말해도 OK. ❹ 계산은 앉은 자리에서 직원을 불러 접시를 확인한 후 확인 전표를 들고 카운터에서 하는 경우가 일반적이다. ❺ 빈 접시는 같은 색깔끼리 쌓아놓으면 나중에 계산이 빠르다.

JR타워 인기 회전초밥집

네무로 하나마루 回転寿司 根室 花まる

삿포로에서 초밥을 먹고자 할 때 가격과 맛에서 추천할 만한 회전초밥집. 그만큼 사람도 많아 피크시간을 지나서 가더라도 30분 정도는 대기해야 한다. 입구 옆에 예상 대기시간이 크게 프린트되어 있다. 회전레일에서 꺼내 먹을 수도 있지만 주문해서 바로 받아 먹는 쪽이 보기에도 좋다. 직원에게 얘기하거나, 테이블(카운터)에 놓여 있는 주문쪽지에 적어 건네면 된다. 메뉴판에는 그림이 없으니 좋아하는 초밥이름을 미리 알아가서 주문하자(p.100 초밥 편 참고). 대구 이리가 얹힌 군함(김으로 싼 초밥 위에 재료를 얹은 것)은 한번쯤 도전해보면 좋을 것. 부드럽고 고소해서 아이스크림처럼 느껴질지도.

Data 지도 174p-B 가는 법 JR삿포로역 JR타워 스텔라 플레이스 6층 식당가 주소 札幌市中央区北5条西2丁目 운영시간 11:00~22:00 요금 초밥 143엔~ 전화 011-209-5330 홈페이지 www.sushi-hanamaru.com

합리적인 가격의 게 런치 코스

가니쇼군 かに将軍

입구의 거대한 게 모양 간판이 아이덴티티를 확실하게 밝히고 있는 게 요리 집. 게 초밥부터 게 샤브샤브, 게 그라탕까지 게로 만들 수 있는 요리로 가득하다. 점심시간에 가면 저렴한 가격으로 다양하게 요리된 게를 먹을 수 있어 여행자에게도 문턱이 그리 높지 않다. 영어 메뉴도 있어 편리한데 저렴하다고 초밥만 고르지 말고 다양한 메뉴를 먹을 수 있는 정식을 시도해보자. 가격대비 맛과 양이 괜찮다.

Data 지도 175p-K
가는 법 지하철 난보쿠선 스스키노역 1번 출구에서 도보 3분
주소 札幌市中央区南4条西 2-14-6
운영시간 11:00~22:30
요금 런치 2,035엔~, 가니(게) 가이세키 6,050엔~
전화 011-222-2588
홈페이지 www.kani-ya.co.jp/shogun

게 요리의 모든 것

가니혼케 かに本家

홋카이도 남쪽 도마코마이항의 해수순환식 어장에서 직접 공수한 신선한 게를 엄선해 요리하는 가니혼케. 대게, 털게, 왕게의 3종류만 요리에 사용한다. 런치에는 게 가이세키를 3,500엔(2인 이상)부터 고를 수 있다. 왕게 두부와 게 죽, 게 그라탕, 게 식초절임 등 다양한 게 창작요리를 맛볼 수 있다. 홈페이지에서 일부 메뉴의 할인쿠폰을 게시하고 있는 경우도 있으니 미리 체크해보자. 쿠폰은 반드시 인쇄해서 가져가야 하고 전액 현금결제 시에만 사용 가능하다.

Data 본점 지도 175p-C 가는 법 JR삿포로역 남쪽 출구에서 도보 5분, 지하철 난보쿠선·도호선 삿포로역 13번 출구 바로 주소 札幌市中央区北3条西2丁目1-18 운영시간 11:30~22:00 요금 런치 3,500엔~(2인 이상), 가니(게) 가이세키 4,200엔~(2인 이상), 가니스키 가이세키 6,600엔~ 전화 011-222-0018 홈페이지 www.kani-honke.co.jp

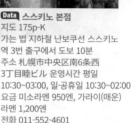

줄 서서 먹는 미소라멘
니토리노 게야키 にとりのけやき

손님 줄이 끊이지 않는 미소라멘 전문점. 스스키노의 본점은 카운터
석 10석이 전부이므로 미처 시내에서 못 먹었다면 신치토세공항점도
노려보자. 중간 두께의 꼬불꼬불한 면은 일주일간 숙성을 거쳐 쫄깃
쫄깃한 식감을 한층 더 살렸고, 반죽에 계란을 넣어 노란빛을 띠는
것이 특징이다. 국물은 일정한 맛을 유지하게 위해 첫 번째 끓여낸
다음 맛을 보고 필요한 부위의 뼈를 더 넣어 우려낸다.

Data 스스키노 본점
지도 175p-K
가는 법 지하철 난보쿠선 스스키노
역 3번 출구에서 도보 10분
주소 札幌市中央区南6条西
3丁目睦ビル 운영시간 평일
10:30~03:00, 일·공휴일 10:30~02:00
요금 미소라멘 950엔, 가라이(매운)
라멘 1,200엔
전화 011-552-4601
홈페이지 www.sapporo-keyaki.jp

신치토세공항점
가는 법 여객터미널 3F 홋카이도
라멘도조 내
주소 千歳市美々987-22
운영시간 09:00~~21:00

현지인이 추천하는 라멘집
삿포로 준렌 純連 さっぽろ純連

삿포로 시내에서 살짝 떨어져 있지만 이동의 수고로움을 기꺼이 감수할
만한 라멘 집이다. 카운터 9석, 테이블 4개의 단정한 내부에는 대기석
도 따로 마련되어 있다. 한눈에도 관광객보다는 현지인 손님이 많다. 외
지인의 입맛이 아닌, 삿포로 사람들의 허기를 달래주던 진짜 미소라멘을 맛볼 수 있다는 의미. 돼지 뼈를
오랫동안 우려낸 국물은 수차례 기름을 걷어내 산뜻하면서도 가볍지 않다. 라면과 같이 먹을 수 있는 밥
도 맨밥과 볶음밥 외에도 마요네즈를 뿌린 밥 등 개성 넘치는 메뉴들이 준비돼 있다.

Data 지도 173p-E
가는 법 지하철 난보쿠선 스미카와역
서쪽 출구에서 도보 5분
주소 札幌市豊平区平岸2条17
丁目1-41 운영시간 11:00~21:00
요금 미소라멘 900엔, 가라(매운)
미소라멘 1,030엔, 추가 토핑
130~310엔 전화 011-842-2844
홈페이지 www.junren.co.jp

제일 잘나가는 라멘만 모았다
삿포로 라멘 교와코쿠 札幌ら～めん共和国

JR타워 에스타 10층, 일본 쇼와시대를 재현한 옛 거리에 라멘집 8곳이 모여 있는 자그마한 라멘테마파크. 레트로한 포스터로 장식한 입구에서 부터 많은 관광객들이 사진을 찍는다. '홋카이도 라멘 프론티어'라는 테마를 내걸고 2004년 문을 열었다. 입점 라멘집은 고정되어 있지 않고, 홋카이도 소재의 라멘집만이 있는 것도 아니다. 개장 이래 지금까지 43곳의 라멘집이 이곳을 거쳐갔다. 2023년 5월 현재 삿포로의 시라카바산소, 미소노, 요시야마쇼텐, 소라, 유키무라가, 하코다테의 아지사이, 오타루의 쇼다이, 아사히카와의 바이코켄이 입점해 있다.

Data 지도 175p-C
가는 법 JR삿포로역에서
이어진 ESTA 10층
주소 札幌市中央区北5条西2
丁目エスタ10階
운영시간 11:00~22:00
홈페이지
www.sapporoesta.jp/ramen

기본에 충실한 미소라멘
시라카바산소 白樺山荘

라멘교와코쿠 내에 있는 라면가게다. 삿포로의 라멘 하면 미소(된장)라멘을 떠올리는데, 시라카바는 그 기본에 충실한 라멘집이다. 돼지고기는 흔히 보기 힘든 깍둑썰기 형태이고, 각진 면을 통통하고 쫄깃하다. 라멘교와코쿠 내에서도 1, 2위를 다투는 인기 지점. 테이블 위에 놓여있는 삶은 계란은 무료지만 양심상 하나만 먹자. 제일 먼저 가져다주는 그릇에 계란껍질을 버리고, 계란은 라멘에 얹어 먹으면 된다. 메뉴에 한글도 적혀 있다.

Data 라멘 교와코쿠점
지도 175p-C 가는 법 삿포로
라멘 교와코쿠 내 운영시간
11:00~22:00 요금 미소라멘 920엔,
가라쿠치(매운맛)라멘 1,000엔
전화 011-213-2711
홈페이지 www.shirakaba-
sansou.jp

간소 라멘 요코초점
지도 175p-K 가는 법 간소 라멘
요코초 내 전화 011-512-7388
운영시간 18:00~03:00, 금·
토요일 ~04:00(일요일 휴무)

Data 지도 175p-K
가는 법 지하철 스스키노역 3번 출구에서 도보 2분
주소 札幌市中央区南5条西3-6
홈페이지 www.ganso-yokocho.com

원조 라멘 골목의 품격

간소 라멘 요코초 元祖ラーメン横丁

삿포로 미소라멘이 탄생한 유서 깊은 라멘 골목. 1951년에 8개의 작은 라멘 가게가 모이면서 자연스럽게 조성된 라멘 요코초는 현재 홋카이도 전역에서 내로라하는 라멘 집 17곳이 오로지 맛 하나로 진검승부를 펼치는 대표적인 음식 골목이자 관광 명소로 자리 잡았다. 두 세 사람이 겨우 지나가는 골목 양쪽으로 오픈 주방과 카운터 석으로 이루어진 라멘집이 들어서 있다. 골목 어귀에 각 라멘집에 대한 소개와 함께 면의 굵기와 육수의 맵기를 5단계로 표시한 지도가 있으니 자신의 입맛과 취향을 고려해 선택하자. 점심 영업을 하는 가게도 있지만 대체로 스스키노 거리의 네온사인에 불이 켜지기 시작하는 저녁 이후가 피크 타임. 큰 길 건너에 라멘 골목이 하나 더 생기면서 '간소(원조)'라는 말이 앞에 붙었다.

아낌없는 재료로 탄생한 호쾌한 맛

데시카가라멘 弟子屈ラーメン

'홋카이도'다운 호쾌한 맛을 추구하는 라멘 요코초 내 라멘집. 체격 다부진 사장님의 힘찬 칼질과 프라이팬 돌리는 솜씨를 보면 맛에 대한 기대감이 높아진다. 어패류를 넣은 비법 간장 소스는 따로 판매할 정도로 깊은 맛을 자랑하고, 육수는 삿포로 근교의 농장에서 사육된 건강한 돼지의 뼈를 24시간 푹 고아 맛이 진하다. 홋카이도산 산마늘을 넣은 한입 크기의 군만두는 꼭 시켜 먹어볼 것.

Data 지도 175p-K 가는 법 간소 라멘 요코초 내 주소 札幌市中央区南5条西3
운영시간 월~목요일 11:00~01:00, 금·토요일 ~02:00, 일요일, 공휴일~23:00 요금 어패류 조림간장 라멘 880엔,
차슈미소라멘 980엔, 군만두 300엔 전화 011-532-0007 홈페이지 teshikaga-ramen.com

쓰촨 성 × 삿포로

175도 데노~탄탄멘~ 175°DENO~担担麵~

삿포로에 흔치 않은 정통 탄탄멘 전문점. 맛에 있어서도 독보적이다. 맵고 고소하고 달고 짜고 시큼한 맛이 입안에서 춤을 춘다. 본고장인 쓰촨 성의 산초로 손수 만든 라유와 캐슈너트, 말린 새우, 다진 고기 등의 토핑은 홋카이도 밀로 만든 납작하고 쫀쫀한 면에 착 달라붙는다. 국물이 없는 탄탄멘 시루나시汁なし와 국물이 있는 시루아리汁あり 중 고를 수 있고, 입맛에 따라 맵기를 정한 후 얼얼한 맛(시비레루루幹れる)도 추가할 수 있다. 삿포로 내에 세 곳의 가게가 있으며, 본점과 에키마에도리駅前通점은 입구의 자판기에서 주문하는 방식이다.

Data 본점 지도 174p-F
가는 법 지하철 오도리역 1번 출구에서 도보 3분 주소 札幌市中央区南1条西6-20 KYビル 1F 전화 011-596-8175 운영시간 월~금요일 11:30~15:00, 17:30~21:00, 토·일요일·공휴일 11:30~16:00 요금 탄탄멘 시루나시 900엔, 탄탄멘 시루아리 950엔 홈페이지 www.175.co.jp

에키마에도리점
가는 법 지하철 삿포로역 9번 출구에서 도보 3분 주소 札幌市中央区北2条西3-1-12 敷島ビル B1F 전화 011-211-4157 운영시간 월~금요일 11:30~15:00, 17:30~21:00 토요일 11:30~16:00(일요일 휴무)

삿포로기타구치점
가는 법 JR삿포로역 북쪽 출구 도보 1분 주소 札幌市北区北7条西4-1-1 東カン札幌ビル1F 전화 011-769-0334 운영시간 11:00~22:30

보통날의 삿포로 라멘

라멘 모쿠요비 ラーメン木曜日

특별할 것 없는 목요일에 어울리는 라멘집. 수제 멸치기름을 넣은 매콤한 가라니보カラニボ 소유 라멘이 인기 메뉴이다. 통밀을 사용해 직접 뽑은 면은 탄력이 제대로 느껴지고 국물은 담백하면서도 깊다. 테이블 위에 놓인 마늘 분말을 뿌려 먹으면 비린 맛도 잡아주고 입맛을 한층 돋운다. 착한 가격도 보통날의 점심으로 꼭 알맞다. 츠케멘 메뉴가 더 있고 계절 한정의 차가운 라멘도 판매한다. 바 석만 있는 작은 가게는 문 열자마자 금세 자리가 차고 매진되는 일도 종종 있다.

Data 지도 174p-I 가는 법 전차 니시센쿠조아사히야마코엔도리西線9条旭山公園通역에서 도보 3분 주소 札幌市中央区南8条西13-3-35 전화 011-563-6525 운영시간 11:00~15:00(일요일 휴무) 요금 가라니보 라멘 550엔, 츠케멘 550엔~ 홈페이지 twitter.com/raamoku

캐주얼한 철판 스테이크&햄버거 레스토랑

스테이크/함바그 히게 STEAK/HAMBURG ひげ

오픈 키친의 철판에서 지글지글 고기 굽는 소리와 냄새로 가득한 스테이크&함박스테이크 전문 레스토
랑. 뜨거운 철 플라이팬에 담겨 나오는 음식을 후후 불어가며 입안에 넣으면 육즙과 식감이 제대로 살아
있는 함박스테이크와 스테이크를 즐길 수 있다. 특히 거칠게 다져 만든 수제 함박스테이크는 거의 모든
세트 메뉴에 딸려 있을 정도로 이곳의 시그니처 요리다. 스테이크는 호주 및 미국산과 일본산 와규 중 고
를 수 있고, 와규는 부위별로 가격이 차이가 난다. 양은 그램(g)으로 구분되어 있다. 분위기도 캐주얼하
고 바 좌석도 있어서 혼자라도 괜찮다.

Data 삿포로 슈스이점

지도 175p-K
가는 법 지하철 스스키노역에서 도보 5분
주소 札幌市中央区南6条西3丁目第8桂和ビル1F
전화 011-511-1129
운영시간 11:00~03:00(일요일 ~23:00)
요금 함박스테이크&스테이크 1,980엔~,
함박스테이크&와규 3,300엔~, 치즈 함박스테이크
1,650엔~, 콘스프 세트 605엔
홈페이지 hige-style.com

홋카이도 스위츠의 향연
오도리빗세 스위츠 大通ビッセスイーツ

홋카이도의 목장이나 지역에서 난 식재료를 사용하는 디저트숍 마치무라町村 팜·기노토야KINOTOYA가 자리한 스위츠 카페. 빗세 스위츠에 오면 꼭 소프트 아이스크림을 맛보자. 홋카이도 내 각지의 목장 우유로 만든 소프트 아이스크림의 농후함과 깔끔함의 차이를 비교하는 재미를 즐길 수 있다. 마치무라팜은 삿포로 인근의 마치무라 농장 우유로 만든 다양한 디저트를 선보인다. 특히 마치무라팜 오도리빗세 지점에서는 천연효모와 농장 우유, 밀을 듬뿍 사용해 부드럽고 쫄깃한 도넛을 추천. 또한, 홋카이도 대표 과자점 기노토야에서는 오믈렛 생지에 생크림과 커스터드 크림, 팥소, 달콤한 과일을 듬뿍 담은 오믈렛 파르페를 오도리빗세점 한정으로 맛볼 수 있다. 카페는 좌석을 공유하는 푸드 코트 형태지만 번잡하지 않고 단정하다. 지하철 오도리역에서 지하로 연결되어 접근성이 좋고 화창한 날에는 야외 테라스에 앉아 즐거운 디저트 타임을 보낼 수 있다.

Data 지도 175p-G
가는 법 지하철 난보쿠선·도자이선·도호선 오도리역 13번 출구에서 지하도로 연결, 오도리빗세 1층
주소 札幌市中央区大通西3-7
요금 마치무라팜 소프트 아이스크림 418엔 **운영시간** 10:00~20:00 **홈페이지** www.odori-bisse.com

행복한 디저트 타임
팬케이크&커피 이즈카페 Pancake&Coffee Ease Cafe イーズカフェ

스위츠 천국 홋카이도에서 팬케이크 맛집으로 소문난 이즈카페. 두툼한 팬케이크 위에 생크림, 각종 과일, 견과류가 예쁘게 올려진 한 접시를 보는 순간, 세상의 근심 걱정은 사라지는 듯하다. 탄력 있게 잘리는 팬케이크는 많이 달지 않고 입안에서 부드럽게 녹는다. 진득한 크림치즈 생크림과 상큼한 각종 베리가 어우러진 팬케이크를 비롯해, 소금 캐러멜과 구운 견과류 팬케이크, 초콜릿 바나나 팬케이크 등 여섯 가지의 팬케이크 메뉴 중 고를 수 있다. 점심시간(11:30~13:20)에는 오므라이스와 그라탱 등의 식사 메뉴도 판매한다. 팬케이크는 14:00부터 판매한다.

Data 지도 175p-C
가는 법 JR삿포로역 북쪽 출구에서 도보 8분
주소 札幌市東区北九条東1-1-8 札幌共和女子学生会館 1F
전화 011-731-9102 운영시간 11:30~18:00(팬케이크 14:00~), (월요일 휴무, 화요일 부정기 휴무)
요금 팬케이크 1,260엔~
홈페이지 www.sapporo-easecafe.com

작은 빵집이 맛있다
마루무기 円麦

홋카이도 유기농 밀가루를 사용하는 마루야마의 작은 빵집. 작은 규모의 가게 안에는 포카치아, 캄파뉴, 크루아상, 단팥 호빵 등 여러 종류의 소박한 빵이 줄 맞춰 진열되어 있다. 유기농 효모와 유기농 감자, 유기농 설탕, 홋카이도 버터 등 엄선된 식재료로 만드는 것에 비하면 가격도 그리 비싸지 않다. 비교적 최근에 문을 열었지만 입소문이 나서 일찌감치 빵이 다 팔리곤 한다.

Data 지도 173p-E 가는 법 지하철 도자이선 마루야마코엔역 4번 출구에서 도보 4분 주소 札幌市中央区南3条西26-2-24
전화 011-699-6467
운영시간 07:00~15:00(월,화요일 휴무, 매진 시 종료) 요금 크루아상 226엔, 단팥 호빵 194엔
홈페이지 marumugi.business.site

삿포로 감성 카페
모리히코 MORIHIKO 森彦

삿포로의 하얀 눈과 어울리는 빨간 지붕의 2층 카페. 마루야마 공원
인근 뒷골목의 목조 주택을 개조해 문을 연 카페 모리히코는 20년이
지난 현재, 삿포로에서 가장 유명한 카페가 되었다. 삐걱대는 나무 계
단과 오래된 나무 테이블, 의자로 채워진 공간은 어쩐지 그리운 기분
을 자아낸다. 다락방 같은 2층 좌석이 특히 인기. 본점 한정의 커피 '모
리노시즈쿠森の雫'를 비롯해, 직화 로스팅의 원두를 이용한 넬드립 커
피와 수제 케이크, 쿠키 등을 즐길 수 있다. 이곳 외에도 모리히코는
삿포로에 콘셉트와 분위기가 서로 다른 두 곳의 카페와 한 곳의 파티
세리를 더 두고 있다. 오리지널 원두와 핸드 드립백을 판매하고 있어
서 선물이나 기념품으로 구입해 와도 좋다.

Data 지도 173p-E
가는 법 지하철 도자이선
마루야마코엔역 4번 출구에서
도보 4분
주소 札幌市中央区南2条西
26-2-18
전화 0800-111-4883
운영시간 10:00~20:00
요금 커피 680엔~,
가토 프로마주 462엔
홈페이지 www.morihico.com

💬 | Theme |

삿포로 수제 맥주

소규모 양조장에서 독창적인 제법으로 탄생한 개성 강한 수제 맥주. 100여 년 전
삿포로맥주가 그랬던 것처럼, 새로운 맥주의 맛을 전파하고 있는 삿포로의 펍 세 곳.

삿포로 마이크로 브루어리의 선두주자

비어 바 노스 아일랜드 ビアバーノースアイランド

소규모의 양조장에서 소량의 맥주를 생산하는 마이크로 브루어리는
대중적인 기호보다는 독창적이고 실험적인 수제 맥주 생산에 주력한
다. 일본 향토맥주인 지비루地ビール도 이 범주에 속한다. 2003년 작은
맥주 공방으로 시작한 노스 아일랜드는 삿포로의 대표 마이크로 브루
어리다. 청량감 있는 필스너부터 초콜릿 향의 스타우트, 그리고 고수
를 넣은 블랙비어 등 5종의 고정 맥주가 있으며, 때때로 한정 맥주와
시즌 맥주를 선보이기도 한다. 2017년에는 스코틀랜드 브루어리 브
루도그BrewDog의 롯폰기점 3주년을 기념해 콜라보레이션한 화이트아
웃White Out을 내놓기도 했다. 홋카이도 밀을 사용한 인디안 페일 스파

Data 지도 175p-G
가는 법 노면전철 다누키코지역
하차 후 도보 3분 주소 札幌市
中央区南2条西4丁目10ー1
라ージカントリービル 10F
전화 011-251-8820
운영시간 18:00~00:00(일요일 휴무)
요금 270ml 700엔, 420ml 850엔
홈페이지 northislandbeer.jp/
beeabar

이시드 바이젠으로 꽃향기가 감도는 개성 강한 맥주다. 비어 바는 노스 아일랜드의 신선한 맥주와 다양한
안주를 즐길 수 있고 혼자도 부담 없는 편안한 분위기다. 2009년 삿포로시의 옆 동네 에베츠시에 좀 더
큰 맥주 공장을 짓고 병맥주도 생산하고 있다.

Tip **삿포로 크래프트 비어 포레스트 Sapporo Craft Beer Forest**
매년 7월 삿포로 반케이 스키장의 너른 잔디밭에서 열리는 수제 맥주 축제. 홋카이도를 대표하는 수제
맥주뿐 아니라 이와테, 나가노, 도쿄, 오사카 등 일본의 수제 맥주를 한 자리에서 즐길 수 있다. 흥을 돋우는
라이브 공연과 맥주 안주도 준비된다. 입장료는 따로 없지만 어드밴티지 티켓을 미리 구입하면 할인된 금액으
로 여러 종류의 수제 맥주를 즐길 수 있다.
Data 홈페이지 www.sapporo-craft-beer-forest.com

실험적인 수제 맥주

츠키토타이요 브루잉 月と太陽 BREWING

삿포로의 인기 수제 맥주 펍. 주중에도 빈자리를 찾아보기 어렵
고, 주말에는 대기가 다반사다. '달과 태양'이라는 뜻의 츠키토
타이요 브루잉은 2014년 니조시장 인근에서 브루 펍(점포 내
에 양조 설비를 갖추고 맥주 생산)으로 시작했다. 2020년 홋
카이도 도청 인근에 미레도miredo 점을 오픈했다. 2021년에는
양조장을 새로 지었다. 병맥주와 캔맥주도 출시했다. 규모는
커졌지만 여전히 다양한 맥주를 생산한다. 필스너, 페일에일,
IPA 등의 고정 맥주와 함께 실험적이고 흥미로운 한정 맥주를
선보이고 있다. 두 곳의 펍에서는 총 10종류의 수제 맥주를 가
장 신선한 상태에서 맛볼 수 있다. 홈페이지에 그날의 맥주 리
스트가 업데이트되니 참고할 것. 샐러드부터 육류 요리, 디저
트까지 망라된 안주도 상당히 수준급이다.

Data 지도 175p-G 가는 법 지하철 난보쿠선오도리역 35번 출구
에서 도보 4분 주소 札幌市中央区南3条東1-3
전화 011-218-5311 운영시간 17:30~23:00, 주말·공휴일에는
16:00~(부정기 휴무) 요금 하프 파인트(250ml) 550엔,테이팅
세트(150ml, 3종류) 1,100엔 홈페이지 moonsunbrewing.jp

포틀랜드 수제 맥주를 삿포로에서

비어 셀러 삿포로 Beer Cellar Sapporo

자연 속의 소박한 삶의 추구하는 '킨포크 라이프'의 도시 포틀랜드는 맥주 애호가의 성지이기도 하다. 서울의 절반 크기도 되지 않는, 미국 오리건 주의 작은 도시에 무려 80여 개에 이르는 맥주 양조장이 몰려있다. 비어 셀러 삿포로는 포틀랜드의 자매 도시인 삿포로에서 포틀랜드의 수제 맥주를 즐길 수 있는 펍이다. 10종류의 포틀랜드 수제 맥주 및 발효 사과주Hard cider가 수시로 바뀌며 탭핑되고, 이 가운데 4가지를 골라 마실 수 있는 테이스팅 세트가 있어 선택의 고민을 줄여준다. 병과 캔으로 된 맥주도 200종류나 진열되어 있다. 낮부터 영업을 시작하고 테이크아웃도 가능하니 인근 공원에서 '낮맥'을 즐겨도 좋다.

Data 지도 174p-E 가는 법 지하철 도자이선 니시주잇초메西11丁目역 2번 출구에서 도보 3분. 또는 전차 주오쿠야쿠쇼마에中央区役所前역에서 도보 2분 주소 札幌市中央区南1条西12-322-1 AMSビル1F 전화 011-211-8564 운영시간 15:00~21:00(토,일요일 12:00~) 요금 하프 파인트(250ml) 660엔, 테이스팅 세트 (120ml, 4종류) 1,210엔 홈페이지 beer-cellar-sapporo.com

BUY

옛 맥주공장이 종합쇼핑몰로
삿포로 팩토리 SAPPORO Factory

삿포로 맥주공장의 전신이었던 양조소 자리에 지어진 종합쇼핑시설로, 160여 곳의 점포가 모여 있다. 프론티어관과 1~3조관, 붉은 벽돌의 렌가(벽돌)관과 길 건너의 서관으로 이루어져 있고, 2조관과 3조관 사이의 아트리움에서는 이벤트가 열리기도 한다. 100엔숍에서 펫숍, 가구전시장까지 다양한 종류의 상품뿐만 아니라 채소레스토랑, 비어홀 등 홋카이도를 느낄 수 있는 다채로운 음식도 맛볼 수 있다. 벽돌 건물 특유의 옛 분위기가 남아

있는 렌가관에서는 마룻바닥을 걸으며 아기자기하게 구성된 숍에서 작가가 직접 작업하고 있는 기념품을 구입할 수 있다. 쇼핑몰의 규모가 커서 미리 계획을 세워두고 움직이지 않으면 체력이 많이 소모될 수 있다.

Data 지도 175p-D 가는 법 지하철 도자이선 버스센터 마에역 8번 출구에서 도보 3분. 또는 지하철 삿포로역 앞(도큐백화점 남쪽)에서 삿포로 워크 버스 승차 5분 후 삿포로 팩토리에서 내려 도보 1분 주소 札幌市中央区北2条東4丁目 운영시간 상점 10:00~20:00, 레스토랑 11:00~22:00(매장마다 다름) 전화 011-207-5000 홈페이지 sapporofactory.jp(한국어 지원)

Data 삿포로소엔점
지도 174p-A 가는 법 JR소엔역 동쪽 출구에서 도보 5분
주소 札幌市中央区北8条西 14-28 운영시간 09:00~22:00
전화 011-204-7200
홈페이지 www.aeon.jp/sc/ sapporosoen

현지인처럼 쇼핑하기
이온 AEON

일본의 대표적인 대형마트 체인 이온이 삿포로 시내에서 멀지 않은 곳에 있다. 편의점이 발달한 일본이다 보니 바쁜 여행자로서는 여기까지 와서 웬 마트냐고 할 수도 있겠으나, 일단 한 번 가보면 생각이 달라질 것이다. 너른 매장에는 채소, 과일부터 유제품, 공산품 그리고 화장품이나 생활용품까지 없는 것이 없고 종류도 어마어마하다. 가격이 저렴한 것은 당연지사. 홋카이도 한정판으로 나오는 것도 다양해 여행 고수들은 백화점이나 쇼핑몰 대신 이곳에서 기념품을 장만하기도 한다.

삿포로 쇼핑 1번지

JR타워 JR TOWER

JR삿포로역과 이어진 복합쇼핑시설. 삿포로에 오는 여행자는 무조건 JR
타워를 지나칠 수밖에 없고 다양한 쇼핑 시설이 한곳에 모여 있어 삿포로
제1의 쇼핑 메카로 떠올랐다. 언뜻 한 동으로 보이나 실상은 서로 다른 건
물이 가까이 모여 있는 구조이다. 삿포로에서 가장 큰 백화점인 다이마루
백화점 삿포로점과 4개의 쇼핑센터 아피아APIA · 에스타ESTA · 스텔라플레이
스STELLAR PLACE가 지하 1층부터 지상 10층까지 들어가 있다. 다이마루백화
점 지하 1층 식품관 및 8층 식당가, 에스타 10층 라멘교와코쿠, 스텔라플
레이스 6층 식당가 등 가지각색으로 골라먹을 수 있는 레스토랑과 카페도
즐비하다. 23층에서 34층까지 위치한 특급호텔 JR타워 닛코 삿포로, 아
름다운 야경을 감상할 수 있는 38층의 전망대 T38까지 먹고 자고 즐기는
모든 일들이 JR타워 한 곳에서 가능하다.

Data 지도 175p-C
가는 법 JR삿포로역과 연결
운영시간 다이마루백화점
10:00~20:00, 쇼핑센터 10:00~
21:00, 전망대 T38 10:00~22:00
전화 011-828-1111(다이마루
백화점), 011-209-3500(아피아),
011-213-2111(에스타),
011-209-5100(삿포로 스텔라
플레이스), 011-209-5500(T38)
홈페이지 www.jr-tower.com

| Theme |
얼리어답터들의 핫 플레이스

한국에는 수입되지 않은 신상 제품과 한정 모델의 매력에 값비싼
카메라 장비를 직접 체험해볼 수 있다는 것도 큰 장점.
얼리어답터라면 지나칠 수 없는 삿포로의 전자제품 전문 매장 둘.

빅 카메라 BIC CAMERA

1층부터 4층까지 각종 가전제품과 AV기기,
컴퓨터, 소프트웨어 등을 판매하는 곳이다. 특
히 3층에는 빅 카메라 자회사인 소프맙ソフマッ
プ이 있어 게임 소프트웨어, 컴퓨터 및 게임기의
주변기기, 카메라 등의 중고 거래도 가능하다.
가전제품뿐만 아니라 어린이용 완구나 피규
어, CD 및 DVD, 블루레이 등 다양한 상품을
한 곳에서 구매할 수 있다. 8층에는 기발한 잡
화를 모아놓아 재미있고 유쾌한 빌리지 뱅가드
VILLAGE VANGUARD가 있다. 특이하게도 2층에는
BIC슈한酒販이라고 해서 알코올음료를 판다.
가격 대비 퀄리티가 높은 와인을 판매하는 와인
가성비페어 등을 진행하므로 호텔로 돌아가 한
잔하고 싶다면 기억해두자.

Data 지도 175p-C 가는 법 JR삿포로역에서
이어진 ESTA 내 1~4층 주소 札幌市中央区
北五条西2-1 운영시간 10:00~21:00
전화 011-261-1111 홈페이지 www.biccamera.
com/bc/i/shop/shoplist/shop015.jsp

요도바시 카메라 ㅋドバシカメラ

빅카메라와 함께 일본 전자제품 전문 매장의 양대 산맥. 가전제품과 AV기기, 컴퓨터, 소프트웨어 등과 어린이용 장난감, 이·미용재료, 만화책 등을 판매한다. 스마트기기에서는 애플숍, 완구에서는 레고, 오디오시스템 쪽에서는 보스BOSS 매장이 특히 발길을 붙잡는다. 고성능 오디오 매장, 액티브 스피커 매장이 별도로 마련되어 있는 등 오디오 장비에 있어서 전문성을 자랑한다.

Data 지도 174p-B 가는 법 JR삿포로역 북쪽출구에서 도보 3분 주소 札幌市北区北6条西5-1-22 운영시간 09:30~22:00 전화 011-707-1010 홈페이지 www.yodobashi.com/ec/store/0063/

> **Tip** 쇼핑 시 주의 사항
> ❶ 받을 수 있는 할인을 꼼꼼히 챙기자. 외국인에게는 면세 혜택(5,000엔 이상 구입 시)이 있고 특정 신용카드 사용 시 추가로 할인 받을 수 있다. ❷ 일본과 한국의 전압차에 주의하자. 일본에서는 100V를 사용하기 때문에 220V의 한국에서 전자제품을 사용하려면 별도의 플러그나 변압기가 필요하다. ❸ 전자제품의 AS가 한국에서 안 되는 경우가 많고 사용 언어 역시 한국어를 제공하지 않는 것이 대부분.

Data 지도 175p-G
가는 법 지하철 난보쿠선·
도자이선·도호선 오도리역
13번 출구, 오도리빗세 2층
운영시간 10:00~20:00
요금 지역 와이너리 와인
2,000엔대
전화 011-206-9378
홈페이지 www.yuiq.jp

작가가 만든 유니크한 잡화
유이크 YUIQ

삿포로의 중심가 오도리에 있는 복합쇼핑몰 오도리빗세 2층의 잡화점. '홋카이도의 잡화문화를 선보인다'는 콘셉트로 홋카이도의 염색, 유리공예품, 도기, 가구, 와인 등을 판매하고 있다. 각양각색의 잡화가 널찍한 매장에 아기자기하게 놓여 있어 복작복작한 전시장처럼 느껴지기도 한다. 유이크는 '유이結い(잇다)'와 '이크育(자라다)'의 합성어로 생산자와 소비자가 이곳에서 연결되어 홋카이도의 멋진 물건들이 자라난다는 의미를 담았다. 시기에 따라 테마에 맞춘 잡화의 기획 전시도 진행하며, 반응이 좋은 경우 신제품으로 판매하기도 한다. 유이크의 대표 상품은 각 지역 가마에서 구워낸 도기들. 작가의 스타일에 따라 투박하기도 하고 섬세하기도 한 도기들은 선물로도 좋다. 에조 문양의 액세서리나 오리지널 패브릭의 지갑, 가방 등도 추천. 홋카이도 내에서 퀄리티 높기로 소문난 소규모 와이너리 야먀자키와이너리山崎ワイナリー의 와인도 판매하니 와인 애호가라면 놓치지 말자. 그밖에 오도리빗세 1층에는 홋카이도 유명 스위츠를 판매하는 빗세 스위츠가 있고, 지하 1층과 2~3층의 매장도 홋카이도의 지역성을 드러내는 상품들이 주를 이룬다. 4층에는 홋카이도 각지의 인기 있는 레스토랑과 카페가 입점해 있어 오도리빗세 빌딩 전체가 작은 홋카이도라 불릴 만하다.

메이드 인 삿포로

삿포로 스타일 숍 札幌スタイルショップ

삿포로시에서 인증하는 지역 브랜드 '삿포로 스타일'의 제품만 취급하는 셀렉트 숍. 매년 두 차례 공예 작가나 디자이너의 제품을 모집하고 심사를 거쳐 선정한다. 삿포로의 눈과 자연을 모티브로 하거나 홋카이도의 자재를 사용하는 등 지역의 문화를 담은 디자인 제품이 대다수여서 기념품이나 선물로도 매력적이다. 패션 아이템부터 화장품, 인테리어 소품, 식기, 캔들, 문구류, 인형 등 종류도 다양하다. JR타워의 T38 전망대 입구에 자리하고 있어서 접근성도 좋다. 오도리 공원과 신치토세 공항에 지점이 있다.

Data 지도 175p-C
가는 법 JR타워 6층 T38
전망대 입구
주소 札幌市中央区北5条西2-5
JRタワーイースト 6F
전화 011-209-5501
운영시간 10:00~20:30
홈페이지 www.sapporostyle.
jp/shop/official-shop/

홋카이도 로컬푸드 집결
기타 키친 KITA KITCHEN きたキッチン

삿포로에 본점을 두고 있는 백화점 마루이이마이marui imai 직영의 푸드 셀렉트 숍. 홋카이도 각지에서 생산되는 품질 좋고 생산자가 확실한 먹거리로만 꽉꽉 채워져 있다. 신선한 채소부터 잼, 버터, 치즈, 소스, 소시지 등의 가공품, 선물하기 좋은 과자, 갓 구운 빵과 파이까지 그 종류가 셀 수 없이 다양하다. 보통 현지에 가지 않으면 살 수 없는 제품도 있다 보니 관광객뿐 아니라 현지인에게도 인기 만점이다. 개점시간에 맞춰 가면 세일가로 판매하는 제품을 '득템'할 수도 있다.

Data 지도 175p-G
가는 법 지하상가 오로라타운 고토리노히로바小鳥の広場 인근
주소 札幌市中央区大通西2丁目 地下街オーロラタウン
전화 011-205-2145
운영시간 10:00~20:00
홈페이지 www.maruiimai. mistore.jp/sapporo/kita.html

삿포로의 새로운 안뜰
아카렌가 테라스 赤れんが テラス

붉은 벽돌의 구 홋카이도 본청사 인근에 2014년 여름 문을 연 아카렌가 테라스는 삿포로의 새 명소다. 팬케이크로 유명한 카페 '요시미 YOSHIMI'(B1F), 캠핑 및 아웃도어 브랜드 '몽벨'(1F), 한·중·일의 요리를 모두 즐길 수 있는 푸드코트 '바루 테라스バルテラス'(3F) 등 27개 점포가 입점해 있다. 시내를 조망하는 2층의 아트리움 테라스는 누구나 편히 쉬었다 갈 수 있는 열린 공간이다.

Data 지도 174p-F
가는 법 JR삿포로역 남쪽 출구에서 도보 5분(삿포로 지하보도에서 연결)
주소 札幌市中央区北2条西4-1
운영시간 점포마다 다름
홈페이지 https://mitsui-shopping-park.com/urban/akatera/

홋카이도 라이프 스타일의 재발견

디앤디파트먼트 홋카이도 바이 3KG D&DEPARTMENT HOKKAIDO BY 3KG

일본의 '롱 라이프 디자인'을 선도하는 디앤디파트먼트가 삿포로 디자인 회사 3KG와 함께 문 연 홋카이도 셀렉트 숍. 유행이나 시대에 상관없이 오랫동안 사랑받아온 물건을 일본 각지와 전 세계에서 발굴해 소비자와 연결하는 곳이다. 패션 잡화, 주방 용품, 가구, 그릇 등 다양하며 이러한 개념을 담은 디자인 여행 서적 〈d design travel〉도 발간하고 있다. 특별히 이곳에는 삿포로, 오타루, 아사히카와, 하코다테 등에서 엄선한 물건을 소개하는 '메이드 인 홋카이도' 코너를 마련해 홋카이도의 롱 라이프 디자인을 엿볼 수 있다. 2층에는 심플하고 실용적인 디자인 가구로 유명한 '가리모쿠60カリモク60'의 쇼룸과 필름 카메라 인화소 '맥기나 포토Macchina Fotografica'가 자리한다.

Data 지도 174p-E
가는 법 지하철 도자이선 니시주핫초메西18丁目역 4번 출구에서 도보 3분
주소 札幌市中央区大通西17-1-7 전화 011-303-3333 운영시간 11:00~19:00(일·월요일 휴무)
홈페이지 www.d-department.com/ext/shop/hokkaido.html

낮은 아파트의 대변신
스페이스1-15 SPACE1-15

30년 된 도심의 흔한 아파트가 삿포로의 새로운 쇼핑과 문화의 거점으로 재탄생했다. 점점 입주자가 줄어들고 있던 임대 아파트에 수공예 작가의 공방이나 잡화점, 카페 등이 하나둘 모여들기 시작한 것. 각기 주인의 개성대로 꾸며놓은 20여 곳의 점포는 대개 금요일과 주말에 문을 연다. 아파트 입구에서 해당 호수의 초인종을 누르면 현관을 열어주는 방식이다. 일단 아파트 안으로 들어가면 엘리베이터나 계단을 통해 자유롭게 돌아다닐 수 있다. 간혹 비정기적으로 문을 닫는 점포가 있으니 미리 홈페이지에서 확인해두는 것이 좋다.

Data 지도 174p-I
가는 법 지하철 도자이선
니시주핫초메西18丁目역 5번
출구에서 도보 3분. 또는 전차
니시주고초메西15丁目역에서 도보
2분 주소 札幌市中央区南1条西
15-1-319 シャトールレェーヴ
운영시간 점포마다 다름
홈페이지 www.space1-15.com

유러피언 빈티지 잡화점
아노라크시티 스토아 ANORAKCITY STORE

프랑스와 영국에서 공수한 빈티지 옷, 가방, 그릇, 그림책, 문구류, 인테리어 소품, 가구 등을 판매하는 잡화점. 영국에서 5년간 빈티지 숍 등에서 일한 경력이 있는 주인장이 눈썰미 있게 구해온 물건이 작은 공간 구석구석 진열되어 있다. 핀 배지처럼 부담 없이 살 수 있는 물건도 많으니 보물찾기를 한다는 마음으로 천천히 구경하도록 하자.

Data 지도 174p-I
가는 법 스페이스1-15 201호
전화 011-676-5163
운영시간 목~일요일 13:00~18:00
홈페이지 https://anorakcity.
stores.jp

보석 같은 디저트

캡슐 몬스터 CAPSULE MONSTER カプセルモンスター

요즘 삿포로에서 가장 인기 있는 디저트 숍. 진열되어 있는 트러플 초콜릿, 쿠키, 브라우니, 피낭시에, 스콘, 케이크가 주얼리숍의 보석 못지않은 자태를 뽐낸다. 바로 위층의 공방에서 매번 새로운 레시피와 디자인의 디저트를 선보인다. 테이크아웃 가능한데도 워낙 매장이 좁고 손님은 많다 보니 줄이 금세 생긴다. 스페이스1-15 내 303호의 쇼코303書庫303에서 테이크아웃해 온 디저트와 커피를 함께 즐길 수 있다. 커피 값도 100엔 할인해준다.

Data 지도 174p-I
가는 법 스페이스1-15 503호
전화 011-633-0656
운영시간 목~일요일, 공휴일
12:00~19:00
요금 케이크 300엔~
홈페이지 www.capsulemonster.net

책과 커피의 공간

쇼코303 書庫303

책을 좋아하는 친구의 서재에 놀러 온 것 같은 편안한 분위기의 북 카페. 벽에 빼곡히 꽂혀 있는 책은 주인장이 오랫동안 모은 것으로 소설부터 그림책, 사진집까지 장르가 다양하다. 책장 사이사이 유기농 잼이나 인테리어 및 패션 소품도 진열되어 있다. 작가가 책을 모티브로 디자인한 액세서리와 같이 이 공간과 어울리는 수공예품을 전시하고 판매한다. 좀 더 오랫동안 머물고 싶다면 커피를 주문하자. 503호의 캡슐 몬스터에서 케이크를 포장 구매해오면 정성껏 내린 넬드립 커피와 함께 즐길 수 있다.

Data 지도 174p-I
가는 법 스페이스1-15 303호
전화 없음
운영시간 토·일요일 13:00~18:00
요금 넬드립 커피 500엔
홈페이지 www.instagram.com/
shoko_303

시간의 멋을 품은 잡화
패스큐 아일랜드 PASQUE ISLAND パスキューアイランド

핸드메이드 패브릭 소품을 비롯해 각종 잡화를 판매하는 패스큐 아일
랜드. 다이쇼 시대의 오래된 문을 열고 들어가면 시간의 깊이가 충만한
공간이 나타난다. 나무 선반에는 여러 문양의 테이블 매트와 당장 주방
에 놓고 싶은 그릇이 차곡차곡 쌓여 있고, 다른 쪽에는 이곳의 오리지
널 에코백과 앞치마, 셔츠가 걸려 있다. 더 안쪽으로 들어가니 삿포로
의 풍경을 담은 엽서가 보이고 맞은편에는 어마어마한 양의 LP가 천장
까지 빼곡하게 진열되어 있다. 턴테이블에서 흘러나오는 음악을 배경
삼아 오랫동안 머무르고 싶은 곳이다. 단, LP는 판매용이 아니다.

Data 지도174p-E
가는 법 지하철 도자이선 니시주
핫초메西18丁目역 4번 출구에서
도보 3분 주소 札幌市中央区大通西
17丁目1 - 3 太田ビル1階
전화 011-215-9331
운영시간 화~일요일 12:00~19:00
(월요일 휴무)
홈페이지 pasqueisland.com

홋카이도 자연을 담은 천연비누
시에스타 라보 SIESTA LABO

후라노의 라벤더, 도카치의 팥, 오호츠크의 천연 소금 등 홋카이도의
천연 재료를 활용한 수제 비누 전문 숍. 어린 아이나 민감한 피부에도
자극 없이 사용할 수 있고, 피부 타입에 따라 적합한 비누를 추천해준
다. 5개 혹은 10개로 포장된 미니 사이즈 비누는 선물이나 기념품으
로 추천. 천연 소재의 디퓨저와 립밤도 있다. 시에스타 라보의 비누 외
에도 홋카이도 수공예 작가의 액세서리와 잡화, 의류 등을 전시 및 판
매하고 있으니 함께 천천히 둘러보자. 숍 안쪽에는 삿포로의 대표 커
피 전문점 아틀리에 모리히코ATELIER Morihiko도 자리하고 있다.

Data 지도 174p-E 가는 법 지하철
도자이선 니시주잇초메西11丁目역
2번 출구에서 도보 3분. 또는 전차
주오쿠야쿠쇼마에 中央区役所前
역에서 도보 1분 주소 札幌市中央区
南1条西12-4-182 ASビル1F
전화 011-206-0710 운영시간
12:00~18:00(월,화요일 휴무)
요금 비누 1,100엔~, 테스트용
미니비누 330엔
홈페이지 at-siesta.com

가장 오래된 아케이드 상점가
다누키코지 狸小路

니시1초메 거리에서 니시7초메 거리까지 이어진 900m의 아케이드 상점가. 패션 관련 매장과 게 요리 전문점 등 200여 개의 상점이 모여 있다. 날씨에 관계없이 편리하게 쇼핑할 수 있다는 게 장점. 이곳을 찾는 쇼핑객의 발길이 예전만지 못하지만 1869년 문을 열어 홋카이도에서 가장 오래된 상점가의 내공은 여전하다. 밤이 되면 현지 젊은이들이 춤과 노래 등 공연을 펼치기도 한다. 아케이드에서는 무선 와이파이의 사용이 가능하다.

Data 지도 174p-J
가는 법 지하철 난보쿠선 스스키노역 1번 출구에서 도보 5분 또는 노면전차 다누키코지역에서 바로
주소 札幌市中央区南2条 / 南3条西1丁目~西7丁目
전화 011-241-5125
홈페이지 www.tanukikoji.or.jp

쇼핑 개미지옥
돈키호테 ドン・キホーテ

일본의 대표 잡화 할인매장으로 삿포로점이 다누키코지 상점가에 있다. 매장 가득, 쌓인 저렴하고 다양한 상품들 때문에 한 번 들어가면 빠져 나오기 힘들다. 1~4층에 뷰티, 일상 잡화와 식품, 전자제품과 가구, 패션 제품과 장난감을 판매하는데 4층에서부터 에스컬레이터를 타고 내려오면서 쇼핑하는 것이 일반적인 방법.

Data 다누키코지점
지도 175p-G
가는 법 지하철 난보쿠선 스스키노역 1번 출구에서 도보 5분 또는 노면전차 다누키코지 역서 바로
주소 札幌市中央区南3条西4-12-1
운영시간 24시간
전화 0570-096-811
홈페이지 www.donki.com

SLEEP

Data 지도 175p-C
가는 법 JR삿포로역과 연결
주소 札幌市中央区北5条
西2-5 요금 2인 1실 이용시
1인 요금 (조식 포함) 15,600엔~
전화 011-251-2222
홈페이지 www.
jrhotels.co.jp/tower

최고의 도심 야경을 가진
JR타워 호텔 닛코 삿포로 JRタワーホテル日航札幌

삿포로역에서 바로 연결된 JR타워의 22층에서 36층에 걸쳐 있는 호텔. 객실은 23~34층이고 22층과 35, 36층에 레스토랑, 스파 등 부대시설이 들어서 있다. 가장 낮은 23층의 객실도 삿포로의 웬만한 전망대보다 높아 창밖으로 보이는 경치는 어느 호텔보다도 근사하다. 객실은 군더더기 없는 세련되고 깔끔한 스타일. 22층에 위치한 온천탕은 삿포로역 지하 1,000m에서 솟는 천연 온천수를 이용해 24시간 언제든 노곤하게 몸을 덥힐 수 있다. 지나가는 사람들도 훤히 보이는 위치라 프라이빗한 맛은 없다.

Data 지도 175p-C
가는 법 지하철 도호선
삿포로역 22번 출구에서 바로.
또는 23번 출구의 엘리베이터
에서 도보 2분
주소 札幌市中央区北三条
西1-1-7
요금 2인 1실 이용시 1인 요금
(조식 별도) 5,500엔~
전화 011-218-8555
홈페이지 richmondhotel.
jp/sapporo-ekimae

삿포로역 앞의 편리한 비즈니스호텔
리치몬드 호텔 삿포로 에키마에
リッチモンドホテル札幌駅前

삿포로역과 오도리공원 사이에 있어 삿포로의 관광에 매우 편리한 비즈니스호텔. 심플한 화이트 빌딩이며 일반적인 비즈니스호텔에 비해 방이 넓어, 짐을 풀고 정리하기에 좋다. 일본식, 양식, 덮밥 중 선택할 수 있는 조식이 깔끔하게 나오고, 서비스로 제공되는 커피도 드립식인 것이 기쁘다. 짐이 많거나 무겁다면 삿포로역 23번 출구의 엘리베이터를 이용해 지상에서 100여m 이동하는 것이 더 편리하다. 로비에 체크인과 체크아웃을 정산해주는 자동 기기가 마련되어 있어 대기 시간을 줄여준다.

여심을 사로잡은 디자인호텔

메르큐르 호텔 삿포로 Mercure Hotel Sapporo

삿포로 최고의 번화가 스스키노 중심에 위치한 프랑스 아코 호텔의 직영
점. 스타일리시한 외관과 인테리어로 특히 여성 고객들 사이에서 인기가
높다. 중심가라 방의 넓이는 살짝 좁지만 시몬스 침대가 제공하는 편안
한 잠과, 프랑스식과 일식이 어우러진 뷔페 스타일의 아침식사에서 만족
을 찾을 수 있다. 홋카이도 제철 재료를 이용한 프렌치 런치 뷔페도 유명하
다. 전망 좋은 13~15층의 '프리 빌리지 플로어'는 커피로 유명한 UCC의
캡슐 커피 머신도 있어 하나하나 신경 쓴 서비스가 여심을 사로잡고 있다.
밤에는 스스키노 거리의 현란한 야경이 한눈에 내려다보인다.

Data 지도 175p-K
가는 법 JR삿포로역 북쪽 출구
에서 무료셔틀버스. 또는
지하철 스스키노역 3번
출구에서 도보 3분
주소 札幌市中央区南4条西
2丁目2-4 요금 2인 1실 이용시
1인 요금(조식 포함) 7,500엔~
전화 011-513-1100
홈페이지 mercuresapporo.jp

비즈니스호텔도 엣지있게
호텔 그레이서리 HOTEL GRACERY

삿포로 JR타워 바로 맞은편의 비즈니스호텔. 편리한 입지와 더불어 청색 계열을 모자이크 유리로 장식된 현대적인 외관이 인상적이다. 스탠더드 객실의 경우 크지 않은 공간임에도 요모조모 쓸모 있게 가구와 조명 등이 배치되어 불편함을 잘 느낄 수 없다. 싱글룸에도 고급스러운 세미더블베드를 갖추고 있으며, 오렌지색으로 포인트를 준 감각적인 인테리어가 여성 투숙객들에게 플러스 요인으로 작용한다. 특히 엘리베이터 탑승 시 객실 카드를 입력하지 않으면 접근이 아예 불가능해 나 홀로 여성 여행자라도 안심할 수 있다. 7층에 마련된 로비 한쪽에는 캐주얼한 분위기의 와인 바가 있어서 다양한 종류의 홋카이도 와인을 즐기며 담소를 나누기 좋다.

Data 지도 174p-B
가는 법 JR삿포로역 남쪽 출구에서 도보 1분 주소 札幌市中央区北4条西4-1 요금 2인 1실 이용시 1인 요금 (조식 포함) 9,300엔~ 전화 011-251-3211 홈페이지 gracery.com/sapporo

스스키노 번화가의 중심 호텔
삿포로 도큐 레이 호텔 SAPPORO TOKYU REI HOTEL

스스키노 거리의 이정표 역할을 할 정도로 주황색 외벽이 인상적인 10층 규모의 비즈니스호텔. 483개 객실로 단체 손님도 문제없고 삿포로의 최대 유흥가인 스스키노 거리와 가까워 연중 숙박률이 높다. 예약 시 금연룸과 여성전용룸을 선택할 수 있는데, 특히 여성전용룸에는 화장품과 클렌징용품 등이 추가로 준비된다. 일본 명품 쌀로 자자한 하에누키はえぬき 쌀로 지은 밥과 갓 구운 빵 등 조식에도 신경을 많이 썼다.

Data 지도 175p-K
가는 법 지하철 난보쿠선 스스키노역 4번 출구에서 도보 2분 주소 札幌市中央区南4条西5-1 요금 2인 1실 이용시 1인 요금(조식 포함) 6,900엔~ 전화 011-531-0109 홈페이지 www.tokyuhotels.co.jp/sapporo-rei

내 집처럼 아늑한 프라이빗 호텔
미츠이 가든 호텔 삿포로 三井ガーデンホテル札幌

도심에 있으면서도 집 안의 거실처럼 프라이빗한 공간 제공을 모토로 서비스하는 호텔. 2010년에 오픈한 비교적 최신의 시설과 특별 디자인된 7개의 객실이 여성 고객들 사이에서 호평을 받고 있다. 모든 객실에 침구전문회사인 로프티사와 공동 개발한 오리지널 베개를 사용하고 일본 정원을 보며 입욕할 수 있는 가든 욕장을 운영해 더욱 편안한 휴식을 제공한다. 객실 출입은 IC카드 키를 사용, 숙박 목적 외에는 엘리베이터 이용을 제한해 여성들도 안심할 수 있도록 보안을 한층 강화했다. 홋카이도 제철 식재료를 사용하는 아침식사에서는 시샤모 구이와 징기스칸 등의 홋카이도다운 음식을 맛볼 수 있다.

Data 지도 174p-B
가는 법 JR삿포로역 남쪽 출구에서 서쪽으로 도보 4분
주소 札幌市中央区北五条西 6-18-3 요금 2인 1실 이용시 1인 요금(조식 포함) 7,250엔~ 전화 011-280-1131
홈페이지 www.garden-hotels.co.jp/sapporo (한국어 지원)

다누키코지의 새로운 명물
도미인 프리미엄 삿포로 Dormy Inn Premium 札幌

삿포로 젊음의 거리, 다누키코지 내에 자리한 도미인 체인의 비즈니스호텔.
2012년 리뉴얼을 통해 프리니엄 호텔로 거듭났다. 입구부터 아늑함이 느껴
지는 원목의 인테리어가 번화가에서 휴식의 공간을 구분해준다. 대욕장 역시
원목으로 꾸며져 편안한 분위기를 자아내고, 삿포로 클래식 생맥주를 저렴
하게 제공해 입욕 후 한 잔 들이켜도 좋다. 도미인 특유의 '요나키소바(밤 출
출할 시간에 무료로 서비스하는 라멘)' 서비스가 있으니 수량이 다하기 전에
먹어볼 것. 맛이 제법 괜찮다. 뷔페 스타일의 조식에서는 신선한 참치회 · 연
어알 · 새우회를 얹은 해산물 덮밥도 즐길 수 있다.

Data 지도 174p-J
가는 법 지하철 난보쿠선 오도리역
하차, 폴타운 지하상가로 나와
다누키코지은(4)초메 출구에서
도보 3분
주소 札幌市中央区南2条
西6-4-1
요금 2인 1실 이용시 1인
요금(조식 포함) 8,490엔~
전화 011-232-0011
홈페이지 www.hotespa.
net/hotels/sapporo

삿포로의 실속파를 위한 호텔
도미인 삿포로 아넥스 Dormy Inn 札幌 ANNEX

도미인 프리미엄 삿포로와 등을 마주하고 있는 같은 체인의 비즈니스호텔로
전화번호도 같다. 조식 레스토랑도 프리미엄관을 사용하는 별관 격 호텔. 방
은 프리미엄관에 비해 작은 대신 가격을 낮췄다. 도미인의 요나키소바 서비
스는 건재하다. 온천은 실내탕과 반 노천탕이 있고, 남탕은 미스트사우나,
여탕은 고온사우나를 이용할 수 있다. 객실에는 욕조 없는 샤워부스가 딸려
있다.

Data 지도 174p-J
가는 법 지하철 난보쿠선
오도리역 하차, 폴타운
지하가로 나와 다누키코지은
(4)초메 출구에서 도보 3분
주소 札幌市中央区南3条
西6-10-6
요금 2인 1실 이용시 1인 요금
(조식 포함) 6,050엔~
전화 011-232-0011
홈페이지 www.hotespa.
net/hotels/sapporo_ax

Data 지도 168p-A
가는 법 지하철 난보쿠선
南北線 마코마나이真駒内駅
에서 무료 셔틀버스 이용(1일
3회 운행, 예약제), 삿포로
에키마에 버스터미널 12번
승강장에서 갓파라이나호 승차,
조잔케이온센 히가시니초메
定山渓温泉東2丁目 하차
(약 1시간 소요) 후 도보 3분
주소 札幌市南区定山渓温泉
東3-192
요금 2인 1실 이용시 1인 요금
(조,석식 포함) 23,100엔~
전화 011-598-2671
홈페이지 www.
morino-uta.com

온천과 숲에서 진짜 휴식을 만나다

조잔케이 츠루가 리조트 스파 모리노우타

定山鶴雅リゾートスパ 森の謌

1866년 떠돌이 수도승에 의해 발견된 삿포로의 대표적 온천가, 조잔케이에 자리한 휴식형 리조트호텔. 홋카이도의 풍부한 자연환경에 녹아든 온천호텔을 선보이는 츠루가 그룹의 체인답게 자연 풍광이 탁월하다. 숲의 노래라는 뜻의 이름처럼 조잔케이온천가 계곡의 원시림을 라운지와 객실, 노천탕과 호텔 곳곳에서 마주하게 되고, 천천히 산책하며 진정한 힐링의 시간을 보낼 수 있다. 트윈 베드룸을 기본으로 하고 모든 객실에는 편안하게 쉴 수 있는 소파가 놓여 있다. 화덕 가마에 구워 나오는 피자와 특제 스위츠, 계절 재료를 살린 오르되브르(전채) 등을 즐길 수 있는 저녁 뷔페와 가마솥 밥, 갓 구운 빵 등이 나오는 신선한 조식 뷔페가 힐링의 정점을 찍는다.

Data 지도 168p-A
가는 법 삿포로에키마에 버스터미널
12번 승강장에서 갓파라이나호 승차,
약 1시간 후 조잔케이호텔
定山渓ホテル 하차 바로 맞은편.
또는 사전 예약 시 무료 송영
(JR삿포로역 북쪽 출구 버스탑승장
오후 3시 출발)
주소 幌市南区定山渓温泉西3-32
전화 011-598-2002
요금 2인 1실 이용시 1인 요금
(조,석식 포함) 16,500엔~
홈페이지 shikanoyu.co.jp/hana/

내 집처럼 편안한 하룻밤

조잔케이온천 하나모미지 定山渓温泉 花もみじ

깊은 계곡 사이로 온천 연기가 폴폴 올라오는 조잔케이 원천 공원에서 가까운 호텔. 잘 관리된 다다미 객실에서는 계곡과 주변 숲의 풍광이 시원하게 펼쳐진다. 저택의 응접실처럼 꾸며진 1층 로비에는 서재와 오디오룸, 기념품 숍이 있어서 기웃거리기 좋다. 작은 정원을 끼고 있는 아늑한 노천탕과 널찍한 파우더 룸, 무료 커피&와인 서비스 등 곳곳의 세심한 배려가 기분을 한층 느긋하게 만든다. 홋카이도의 제철 식재료를 사용한 저녁 가이세키 요리도 꽤 만족스럽다.

현지인처럼 즐기는 스스키노 밤거리
OMO3 삿포로 스스키노 by 호시노 리조트 OMO3 札幌すすきの by Hoshino Resort

삿포로 최대 번화가 스스키노 거리에 2022년 1월 호시노리조트의 OMO 호텔이 문을 열었다. 징기스
칸, 수프카레, 파르페, 라멘 등 골목마다 맛집이 넘쳐나는 스스키노 거리를 완전 정복하려는 여행자를 위
해 오모 레인저 투어 프로그램이 다양하게 준비되어 있다. 원조 삿포로 라멘 골목 17 점포 중 3곳에서 하
프사이즈 라멘을 먹을 수 있는 숙박 플랜도 있다. 1층 로비에 삿포로 지역 음식을 소개하고 맛볼 수 있는
'OMO Food&Drink Station'도 24시간 셀프서비스로 이용 가능하다.

Data 지도 174p-J
가는 법 지하철 난보쿠선
스스키노역 4번 출구에서
도보 5분
주소 札幌市中央区南
5条 西6-14-1
요금 10,000엔
전화 050-3134-8096
(영어 응대)
홈페이지 hoshinoresorts.
com/ko/hotels/
omo3sapporosusukino

| Theme |

나 홀로 여행자를 위한 게스트하우스

일행 눈치 보지 않고 시간 구애받지 않고 가고 싶은 곳, 먹고 싶은 것을 마음껏 즐기는
나 홀로 여행자에게는 게스트하우스가 딱이다.

삿포로 집밥과 온기를 전하다

언탭드 호스텔 Untapped Hostel

홋카이도 대학교 인근에 자리한 언탭드 호스텔은 삿포로 집밥으로 유명한
식당 '하루야はるや'를 계승해 문을 연 게스트하우스다. 식당과 게스트하우
스의 출입구를 함께 사용해서 문을 열고 들어서면 바로 오픈 키친의 아담
한 식당이 보인다. 제철 식재료로 만든 반찬 플레이트와 된장국, 현미밥이
기본이고 그날의 메인 요리를 추가 선택할 수 있다. 채소 위주의 대여섯 가
지 반찬은 조합이 좋고 건강한 맛. 저녁에는 술 한잔 기울이기 좋은 단품
요리를 판매한다(영업시간 12:00~14:00, 17:00~22:00). 화요일 휴
무. 게스트하우스의 프런트는 식당 한쪽 구석에 있고 2층 계단을 오르면
숙소다. 10인실 도미토리와 2인실, 테라스가 딸린 4인실이 있고 공용실과
부엌, 샤워실이 있다. 본관 뒤편에 작은 마당이 있는 별관도 새로 마련했
다. 별관은 1층에 공용실과 부엌, 샤워실, 세탁기가 있고 2층에 도미토리
와 2~3인실이 있는 구조. 전체적인 공간은 별관이 좀 더 넉넉하다. 가정
집을 개조한 덕분에 여기저기 따뜻한 기운이 느껴진다.

Data 지도 173p-B
가는 법 지하철 난보쿠선
기타주하치조北18条역
2번 출구에서 도보 1분
주소 札幌市北区北18条
西4-1-8
전화 011-788-4579
요금 도미토리 3,200엔~,
2인실 4,500엔~,
하루야 런치 1,000엔~
홈페이지
untappedhostel.com

비즈니스호텔급의 게스트하우스
더 스테이 삿포로 The Stay Sapporo

삿포로에서 가장 큰 규모의 게스트하우스. 10층 건물의 3층부터 10층까지 게스트하우스 시설이 자리하고 있다. 다국적의 많은 손님을 상대하기 위해 시스템과 시설도 잘 갖추고 있는 편이다. 3층과 10층에 커다란 텔레비전이 있는 널찍한 공용 공간이 자리하고 있고 직접 조리할 수 있는 부엌도 두 곳이다. 공용 샤워실과 화장실, 파우더 룸 외에 탕이 있는 목욕실을 유료로 사용할 수도 있다. 세탁실도 비즈니스호텔과 별반 차이가 없다. 관광에 있어서 유쾌하고 영어가 유창한 스태프의 도움을 받을 수 있고 잡지, 팸플릿, 가이드북 등 관광 안내서도 잘 구비하고 있는 등 여러모로 편리하다.

Data 지도 174p-J
가는 법 지하철 난보쿠선 스스키노역 4번 출구에서 도보 10분 주소 幌市中央区 南5条西 9-1008-10
전화 011-252-7401
요금 도미토리 2,300엔~, 2인실 5,000엔~
홈페이지 thestaysapporo.com

Tip 게스트하우스 미리 알아두기
❶ 체크인 시간은 오후 3~4시, 체크아웃 시간은 오전 10~11시이다. 단, 체크인 시간 전에 짐은 무료로 맡아준다.
❷ 공용 샤워실에는 대부분 샴푸, 바디워시, 드라이어 등이 비치되어 있다.
❸ 수건, 슬리퍼, 치약&칫솔 등 필요한 물품은 유료로 판매 및 대여해주기도 한다.
❹ 현관과 방의 출입문은 대개 번호 키로 되어 있으며, 체크인 시 적어준다. 핸드폰 카메라로 찍어두면 편리하다.
❺ 베갯잇을 끼거나 매트리스 커버를 까는 등 침대 세팅은 숙박인이 직접 한다. 취침 후에는 도로 빼놓고 가자.
❻ 객실 소등 시간은 밤 10~11시, 공용 거실의 소등 시간은 밤 12시 정도이다. 반드시 지키도록 하자.
❼ 여러 사람이 쓰는 공간이다 보니 아무래도 보안에 취약하다. 귀중품은 따로 사물함(보통 유료)에 보관해두자.

02

오타루

小樽

100년 전이나 지금이나 변함없는 모습을 간직한 동네, 전기 대신 석유램프를 고집하고 손이 많이 가는 유리 공예를 전수하는 옛 도시에서는 어쩐지 시간도 천천히 흐르는 것 같다. 속도에 매몰되었던 일상에서 잠시 벗어나 그저 발길 닿는 대로, 손길 닿는 대로 한나절 보내기에 오타루만 한 곳도 없다.

삿포로의 대표적 근교 여행지 오타루. JR열차로 불과 30여 분만 타고 가면 번잡한 대도시와는 다른 예스럽고 낭만적인 홋카이도의 모습을 만날 수 있다. 타박타박 산책하듯 거닐다가 마음에 드는 가게에 들어가서 구경도 하고 차도 한잔 마시며 하루를 보내자.

SEE

81개 건물이 역사건축물로 지정된 오타루는 살아 있는 박물관이다. 단지 보존에 그치지 않고 상점, 레스토랑, 전시관 등으로 현재까지 사용되고 있다는 점이 포인트. 오타루 근대 발전의 흥망성쇠를 간직한 오타루운하를 비롯해 100년 이상 된 건축물 사이로 시간여행을 떠나보자.

EAT

오타루의 먹거리는 디저트와 스시, 이 두 가지로 압축된다. 만화 《미스터 초밥왕》의 주인공 쇼타의 고향으로도 유명한 오타루에서 본고장 스시의 맛을 느껴보자. 여기에 르타오 본점을 비롯, 입안 가득 행복해지는 달콤한 스위츠와 전통 떡, 사탕 등을 맛볼 수 있다.

BUY

홋카이도에 갔다 왔다는 걸 드러낼 수 있는 기념품이나 선물을 장만하고 싶다면 오타루만 한 곳이 없다. 유리 공예품이나 오르골, 핸드메이드 양초 등 지역 색깔이 가득한 특산품들이 오타루 시내 상점 곳곳에서 판매된다.

SLEEP

오타루역과 오타루운하 주변에 숙소가 몰려 있다. 오타루운하 주변 호텔은 창 밖으로 보이는 전망과 야경이 아름다워 연인이나 신혼부부에게 특히 인기. 온천을 제대로 즐기고 싶다면 오타루 시내에서 차로 15분 떨어진 아사리가와온천으로 가자. 일본 전통 정원 안에서 노천욕을 즐길 수 있는 료칸 고라쿠엔이 유명하다.

오타루
📍 1일 추천 코스 📍

오타루운하에서 시작해 사카이마치도리와 메르헨교차로를 둘러본 후, 다시 오타루운하로 돌아오는 코스다. 왕복을 해도 30분 내외의 짧은 거리지만 각종 상점과 디저트숍 구경에 발걸음은 더뎌지게 마련.

오타루운하에서 시원한
바람을 맞으며 타는 운하
크루즈

도보 2분 →

오타루 소코 NO.1에서
운하를 바라보며
지비루 한 잔

도보 5분 →

돈보다마칸에서 세상에
하나뿐인 구슬 팔찌 만들기

도보 1분 ↓

오르골당에서 오르골이
선사하는 천상의 하모니 감상

도보 2분 →

100년을 이어온 거리
사카이마치도리를 걷다가
기타카로, 롯카테이, 르타오에서
영혼까지 녹이는 디저트 타임

도보 10분 →

갖고 싶은 핸드메이드 캔들이
한가득! 오타루 양초공방
둘러보기

도보 9분 ↓

오타루운하에서 해 질 녘
운하의 아름다운 야경 감상

도보 8분 →

이세즈시에서 장인의 내공이
느껴지는 초밥 한 접시

도보 6분 →

역 마트 타르셰에서 산지직송
지역 특산물 구입

오타루는 삿포로 여행 시 반나절 또는 한나절 정도 할애하는 것이 보통. 그만큼 삿포로에서의 이동이 편리하다. 오타루 시내는 덴구야마를 제외하면 대개 도보로 다닐 수 있는 거리이나 빨간색의 오타루산사쿠버스를 추억 삼아 타보는 것도 좋다.

어떻게 갈까?

JR열차를 이용하는 것이 가장 좋은 방법. 신치토세공항역 또는 삿포로역에서 오타루역까지 가장 빠르고 편리하게 갈 수 있기 때문이다. 메르헨교차로를 먼저 돌아보려면 한 정거장 전인 JR미나미오타루역에서 내리면 된다. 버스로 이동하려면 삿포로에키마에터미널 1번 승강장에서 승차해 오타루에키마에터미널에서 하차하면 된다. 수시로 운행되며 소요시간은 1시간 5분.

어떻게 다닐까?

오타루운하에서 메르헨교차로メルヘン交差点에 이르기까지 작은 상점들이 다닥다닥 붙어 있는 오타루는 걸어 다니는 것이 가장 좋다. 덴구야마 전망대에 갈 계획이라면 오타루산사쿠(산책)버스 1일권 구입을 추천. 이 티켓으로 시내버스도 이용 가능하고 다양한 할인 혜택도 받을 수 있으며 주오버스 오타루에키마에터미널에서 구입 가능하다. 여름과 가을에는 자전거를 이용해보는 것도 좋다. 데미야手宮 동굴 쪽이나 칫코築港 임해공원 등 좀 더 먼 곳까지 다녀와 보자.

🚌 오타루 산사쿠버스 おたる散策バス

오타루 주요 관광지를 순환하는 빨간색의 미니 관광버스. 2월 중순의 오타루 겨울 축제 '유키아카리노미치' 기간에는 코스가 달라지니 주의할 것. 코로나 이후 2023년 5월 현재 운행 중지.

Data 요금 1회권 어른 240엔·어린이 120엔, 1일권 어른 800엔·어린이 400엔 전화 0134-25-3333 홈페이지 www.chuo-bus.co.jp/main/feature/otaru/

주요 정류장	운행 시간
오타루역 앞 ▶ 오타루운하 터미널 ▶ 기타이치가라스 ▶ 메르헨교차로 ▶ 오타루운하 터미널 ▶ 오타루역 앞	09:40~18:10 오타루역 앞 출발, 약 30분 간격 운행

🚍 덴구야마행 시내버스

오타루가 한눈에 내려다보이는 덴구야마까지는 시내버스가 운행한다. 오타루 산사쿠버스보다 배차간격이 짧아 이용하기에는 더 편리하다.

Data 가는 법 오타루에키마에터미널에서 출발 운영시간 08:30~20:55, 1시간에 2~3대 운행 요금 1회 240엔, 오타루산사쿠버스 1일권 사용 가능

🚲 자전거

상점이 다닥다닥 붙어 있는 거리에서는 자전거가 짐이 될 수 있다. 자전거 대여점에 자전거 코스를 문의하거나 지도를 받도록 하자. 자전거를 빌리면 대부분 짐을 무료로 보관해준다.

Data 기타린 きたりん
가는 법 오타루역 앞 주소 小樽市稲穂3丁目10-16 운영시간 09:00~18:30(일요일 08:00~, 겨울철 10:00~) 요금 일반 자전거 2시간 900엔~, 전동자전거 2시간 1,200엔~ 전화 070-5605-2926 홈페이지 www.kitarin.info

> **Tip 오타루 국제 인포메이션센터**
> 외국인 관광객이 많이 찾는 오타루인 만큼 관광안내소 또한 국제적이다. 영어는 물론 한국어, 중국어를 구사하는 담당자가 따로 있고, 오타루의 관광 정보가 담긴 한글 지도와 함께 삿포로, 하코다테 등 홋카이도의 다른 지역에 대한 다양한 자료를 찾아볼 수 있다. 직원들도 친절하고 휴게 공간도 넉넉하니 특별히 궁금한 게 없어도 한번 들러 기웃거려 보자.
>
> **Data** 지도 240p-B 가는 법 JR오타루역 정문 출구에서 주오도리를 따라 10분, 오타루운하 주오바시 건너편 운하플라자 내 주소 小樽市色内2-1-20 운영시간 09:00~18:00(여름 09:00~19:00) 전화 0134-33-1661 홈페이지 otaru.gr.jp(한국어 지원)

오레노오타루온가
おれの小樽運河

아카렌가다이도
あかりえ大同

오타루 소코 NO.1
小樽倉庫 NO.1
Otaru Beer

오타루운가소쿠도
小樽運河食堂

다이도소코
大同冷蔵

SUNKUS

와인쿠 和楽

오타루캔들광장
小樽キャンドル工房

GLASS GALLERY

시가이(오타루도리)(메인 상점가) 오타루쿠리코보
おた名浦璃工房

UO MARU

오타루 by 호시노 리조트
OMO5 오타루 by 星野リゾート

규카쿠 牛角

오타루데누키고지
小樽出抜小路

17

Otaru Canal Terminal

다이쇼가라스칸
大正硝子とんぼ玉館

0785

小樽運河

오타루운하

오타루 우체국
小樽郵便局

오타루 데누키고지
도로다미칸

오타루도로민
小樽浪漫館

054

오타루 국제 인포메이션 센터
小樽国際インフォメーションセンター

호텔 노르도 오타루
HOTEL NORD OTARU

오모5 오타루 by 호시노 리조트

오타루바인
小樽バイン

H

구 데미야선(폐선)

LAWSON

중앙도리
中央通

LAWSON

KFC

오타루운가아트도리
小樽運河り

상점가

068

타르셰
TARCHE

이세조시
伊勢鮨

黒人 1250

도미인 프리미엄 오타루
Dormy Inn Premium 小樽

렌탈 자전거 기타린

오타루관광안내소
小樽観光案内所

Nagasakiya

호쿠요은행
北洋銀行

호쿠요은행
北洋銀行

LAWSON

오타루룬스반이 아부한
小樽鮨麥腹數半

SUNKUS

NTT

주오 버스 승차장

오타루역 小樽
小樽観光案内所

텐구야마
天狗山

오타루 본선 函館本線

LAWSON

오로론라인 オロロンライン

고속도로

하코다테본선 函館本線

5

오타루시청
小樽市役所

오타루공원
小樽公園

200m

기타이치가라스 3호관
北一硝子三号館

롯카테이 六花亭

기타카로 北菓楼

르타오 본점 LeTAO本店

Victoria

오타루 오르골당 본관
小樽オルゴール堂本館

누벨바그 르타오 쇼콜라티에
Nouvelle Vague LeTAO chocolatier

쇼이텐구
水天宮

오르골 엔티크 뮤지엄
オルゴールアンティークミュージアム

르타오 치즈케이크 랩
LeTAOチーズケーキラボ

홋카이도은행
北海道銀行

쇼와이료미샷신
昭和アルミサッシン

세로 일레븐
セブンイレブン

오타루 쿠라아
おたる蔵屋

미나미오타루역 南小樽

N

SEE

오타루 여행의 시작과 끝

오타루운하 小樽運河

운하의 마을 오타루. 시가지를 관통해 근해로 1km 가량 이어지는 오타루운하는 운치와 낭만을 더하며 매년 수많은 관광객들을 이 작은 마을로 끌어들이고 있다. 특히 아사쿠사바시浅草橋와 주오바시中央橋 두 개의 다리 사이로 이어지는 폭 40m의 운하 산책로는 오타루운하의 백미. 운하를 따라 들어선 창고를 개조한 레스토랑과 바, 상점 등이 조성되어 있고, 밤에는 60여 개의 가스 가로등이 켜져 한층 더 아름다운 빛을 발한다. 2월 초순부터 10여 일 동안 펼쳐지는 눈 축제 오타루 유키아카리노미치小樽雪あかりの路의 주 무대로 운하와 눈, 수백 개의 촛불이 만들어내는 환상적인 풍경을 볼 수 있다. 아사쿠사바시 인근에 관광 안내소(09:00~18:00)가 있으며 인력거와 운하 크루즈 승하차장도 이곳이다.

Data 지도 240p-B 가는 법 JR오타루역 정문 출구에서 주오도리를 따라 10분 주소 小樽市港町5

| Theme |

오타루운하의 시간은 거꾸로 흐른다

1923년 운하가 조성되며 한때 삿포로를 뛰어넘는 국제무역 거점으로
성장한 오타루. 과거의 영광은 사라졌지만 그 시절을 추억할 수 있는
방법이 있다. 오타루의 시계를 잠시 뒤로 돌리는 두 가지 방법!

인력거

전통 복장을 한 인력거꾼들은 오타루운하의 명물. 자동
차가 거의 없던 시절, 바쁜 오타루 시민의 발이 되어주던
인력거는 이제 관광객들의 차지가 되었다. 숙련된 젊은
청년들이 안전하게 인력거를 운행할 뿐 아니라, 주요 관
광지에 대한 안내도 해준다. 30분·1시간·2시간 코스
중 선택할 수 있다. 운행이 끝난 후에는 기념품도 증정한
다. 승차하지 않고 기념촬영만 하는데도 엄연히 비용을
지불해야 하니 무턱대고 카메라를 들이밀지는 말자.

Data 운영시간 09:30~일몰
요금 1구간 1인 4,000엔, 2인 5,000엔 전화 0134-27-7771
홈페이지 https://ebisuya.com/branch/otaru

운하 크루즈

크루즈보다는 통통배라는 말이 더 어울리는 작은 배를 타고 오타루운하를 유유자적 유람한다. 각종 물품
을 가득 실어 나르던 옛 시절의 뱃사공 시점에서 오타루운하를 느껴볼 수 있다. 아사쿠사바시 아래 선착
장에서 출발해 기타운하北運河를 경유하고 돌아오는데 걸리는 시간은 40분. 4월 말부터 10월 말까지 하
루 18~20회 정도 운항하며, 저녁 5시 이후부터 야간 크루즈 요금이 적용된다. 주오바시 근처에 있는 승
선장에서 티켓을 판매한다.

Data 운영시간 접수08:45~17:00(겨울철에는 11:00~) 요금 주간코스 어른 1,500엔, 어린이 500엔, 야간코스 어른
1,800엔, 어린이 500엔 전화 0134-31-1733 홈페이지 otaru.cc

Data 지도 241p-l
가는 법 JR미나미
오타루역에서 메르헨교차로
방향으로 도보 5분
주소 小樽市住吉町4-1
운영시간 09:00~18:00,
휴일 전일 및 금~일요일과
여름 시즌 ~19:00
요금 무료 전화 0134-22-
1108 홈페이지 www.otaru-
orgel.co.jp/korean/
k_index.html(한국어 지원)

천상의 하모니
오타루 오르골당 본관 小樽オルゴール堂 本館

전 세계에서 수집한 오르골을 전시하고 다양한 오르골 기념품을 판매하는 오
타루 오르골당. 100년 된 2층 붉은 벽돌 건물 안에는 온통 오르골 소리로 넘
쳐난다. 이런저런 멜로디가 뒤엉켜 귀에 거슬릴 것 같지만 오히려 절묘한 하모
니를 만들어내니, 그게 오르골의 매력이다. 1800년대 중반 네덜란드인으로
부터 전해진 오르골은 지금껏 일본인들의 지극한 사랑을 받고 있는데, 오타루
오르골당은 그 절정이라 할 만하다. 1층과 2층 구석구석 전시된 1만5천여 점
의 갖가지 오르골을 구경하다 보면 어느새 시간이 훌쩍 지나간다. 다양한 종류의 판매용 오르골은 기념
품이나 선물로 인기가 좋다. 건물 앞에는 캐나다의 시계 장인이 만든 증기 시계가 서 있고 15분마다 증기
를 내뿜으며 5음계의 멜로디를 연주한다. 이곳에서 기념사진 한 컷!

100년의 시간을 달려온 파이프오르간
오르골 앤티크 뮤지엄 アンティークミュージアム

오타루 오르골당 본관 맞은편에 자리한 오르골 앤티크 뮤지엄은 역사적인
가치가 있는 앤티크 오르골과 기계식 인형(오타머터)를 전시하고 있다. 특히
100년도 넘은 파이프오르간의 실제 연주를 들을 수 있어 한번쯤 들러볼 만
하다. 690개의 파이프를 갖춘 이 오르간은 전문 연주자가 직접 연주하기도
하지만 연주용 페이퍼 롤을 이용해 자동 연주도 가능하다. 오전 10시에서
오후 4시 사이 정시에 20분간 에올리언 파이프오르간 시연이 펼쳐진다.

Data 지도 241p-l
가는 법 JR미나미오타
루역에서 메르헨교차로
방향으로 도보 5분
주소 小樽市堺町6-13
운영시간 09:00~18:00
요금 무료
전화 0134-34-3915
홈페이지 www.otaru-orgel.
co.jp/shop

Data 지도 241p-I
가는 법 JR미나미오타루역에서
사카이마치도리 방향으로 도보
8분 주소 小樽市堺町7-26
운영시간 10:00~18:00
요금 커피 430엔, 시폰 케이크 세트
780엔 전화 0134-33-1993
홈페이지 www.kitaichiglass.co.
jp/shop/kitaichihall.html

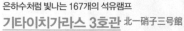

은하수처럼 빛나는 167개의 석유램프

기타이치가라스 3호관 北一硝子三号館

오타루의 대표적인 유리 공예 기업 기타이치가라스가 운영하는 곳으로,
수준 높은 유리 공예 제품을 전시 및 판매하고 레스토랑과 바, 카페도 갖추고 있다. 특히 이곳이 유명해진
이유는 카페로 운영되는 기타이치홀 때문. 1891년 세워진 오래된 목조 건물 안에 오로지 167개의 석유램
프만 켜지면 마치 깜깜한 밤하늘의 은하수 아래 앉아 있는 것 같다. 따로 입장료를 받지는 않지만 입구 카
운터에서 음료나 음식 등을 주문하게끔 되어 있다. 월·수·금 오후 2시·3시·4시에 30분간 피아노 연주
도 들을 수 있다. 2023년 5월 현재 코로나 이후 일부 시설은 휴업 중이다.

Data 지도 168p-A
가는 법 JR오타루역 앞 오타루
에키마에터미널에서 주오버스
덴구야마행 승차, 20분 후 종점
하차 주소 小樽市最上2-16-15
운영시간 09:00~21:00(계절마다
다름) 요금 로프웨이 왕복 어른
1,400엔·어린이 700엔(버스
1일 승차권과 왕복티켓세트 어른
2,680엔, 어린이 1,350엔)
전화 0134-33-7381
홈페이지 tenguyama.ckk.
chuo-bus.co.jp

영화 〈러브레터〉 속 그 눈밭

덴구야마 天狗山

오타루 시가지와 항구를 한눈에 내려다볼 수 있는 전망 포인트로 유명
한 덴구야마. 하지만 우리에겐 영화 〈러브레터〉의 촬영지로 더 잘 알려
져 있다. 무릎까지 푹푹 빠지는 눈밭 사이에서 여주인공이 하늘을 향해
'오겡끼데스까~'를 외치던 바로 그곳. 산 정상 전망대까지 오르려면 30
인승의 로프웨이를 이용하면 된다. 정상 주변에는 삼림욕장이 조성되어
있고, 봄에는 벚나무를 비롯해 사시사철 아름다운 꽃이 피어 천천히 산
책하기 좋다. 겨울에는 스키장으로 이용되는데, 눈 덮인 오타루 시가지를 내려다보며 달리는 기분이 나름
특별하다. 덴구야마 로프웨이 타는 곳까지는 오타루산사쿠버스 또는 시내노선버스를 이용하면 된다.

Data 지도 168p-A
가는 법 JR요이치역에서 정면
도로를 따라 도보 3분
주소 余市郡余市町黒川町7-6
운영시간 닛카 뮤지엄
09:15~15:30, 가이드 안내
09:00~12:00, 13:00~15:00
(홈페이지 사전 예약)
전화 0135-23-3131
홈페이지 www.nikka.com/
distilleries/yoichi

겨울왕국의 스카치 위스키

닛카 위스키 요이치 증류소 NIKKA WHISKY 余市蒸溜所

홋카이도를 대표하는 위스키 브랜드인 닛카 위스키의 생산시설 겸 박물관.
오타루에서 보통열차로 20여 분 거리에 있는 요이치역 앞에 자리하고 있다.
스코틀랜드에서 정통 위스키 제조법을 익힌 다케츠루 마사타카竹鶴政孝가 스
코틀랜드와 기후가 비슷한 홋카이도 요이치에 1934년 설립한 이래 현재까
지 가동되고 있는 유서 깊은 시설. 요이치 증류소의 빨간 지붕을 한 킬른탑
(제1건조탑)을 비롯한 아홉 채가 등록유형문화재로 지정될 정도로 고풍스러운 분위기를 자아내고, 주변
의 너른 녹지와 어우러져 유럽의 오래된 성에 온 듯하다. 이곳에서 위스키 생산시설과 함께 위스키 박물
관, 창업주가 생활하던 저택 등을 관람할 수 있다. 특히 유학 시절 만난 스코틀랜드인인 아내 리타와의 러
브 스토리는 아주 유명하다. 한 시간 가량 가이드와 함께 원료가 되는 맥아의 건조에서부터 증류, 술통 만
들기, 저장까지 위스키 제조의 주요 과정과 시설을 돌아볼 수 있다. 견학 후 시음도 가능하다.

EAT

Data 지도 240p-E
가는 법 JR오타루역에서 정문
출구에서 니치긴도리 방향으로 도보
12분
주소 小樽市色内1-1
전화 0134-27-2233
홈페이지 www.otaru-denuki.com

옛 골목을 재현한 음식 백화점

오타루 데누키코지 小樽出抜小路

오타루운하 주오바시 다리 인근의 오타루 옛 거리를 재현한 음식골목이다. '데누키코지'는 과거 운하에서 짐을 나르던 골목길이라는 뜻에서 유래했다. 해산물덮밥, 징기스칸, 꼬치구이, 라멘, 아이스크림, 타코야키 등을 먹을 수 있는 20여 곳의 가게가 옹기종기 모여 있다. 대부분 점심 영업도 하고 있으니 이곳에서 식사를 해결해도 좋다. 오타루를 비롯해 근교의 엄선된 재료만 사용하는 것을 원칙으로 하고, 주인과 손님이 편하게 이야기 나눌 수 있는 아늑한 크기의 식당들이다. 나루토의 명물 반 마리 닭튀김은 시원한 생맥주와 찰떡궁합. 또 닛카 위스키 증류소의 한정 위스키를 맛볼 수 있는 '닛카 바 리타ニッカバー リタ'는 늦은 밤 딱 한 잔이 생각날 때 추천한다. 데누키코지의 상징이자 그 옛날 화재감시 망루를 본 따 만든 망루에 오르면 오타루 운하의 전경이 한눈에 펼쳐진다.

Data 지도 240p-E
가는 법 JR오타루역 정문
출구에서 주오도리 방향으로
도보 15분 주소 小樽市港町
5-4 전화 0134-21-2323
운영시간 11:00~22:00
요금 맥주 소 517엔,
중 659엔, 논알콜 맥주 385엔
홈페이지 otarubeer.com

오타루에서 만난 개성 강한 독일 맥주

오타루 소코 NO.1 小樽倉庫NO.1

오타루의 대표적인 지비루(지역 맥주)를 맛볼 수 있는 맥주하우스. 오타루운하에 면한 오래된 석조 창고
를 개조해 운하의 경치를 바라보며 맥주를 즐길 수 있는 곳이다. 독일인 맥주 장인의 제조 기술과 오타루
의 미네랄 풍부한 물이 만나 탄생한 개성 강한 지비루를 맛볼 수 있다. 황금빛의 신선한 아로마 향이 특징
인 '필스너', 전통 제조법으로 만든 풍부한 캐러멜 향의 갈색 맥주 '둔켈', 산뜻한 목 넘김의 여름 맥주 '바
이스'가 대표 메뉴. 또한 계절 맥주로 몰트 향이 진한 라거 맥주 '헤레스', 구 동독의 흑맥주 '슈바르츠', 독
일의 유명한 맥주 축제 옥토버 페스트에 맞춰 판매되는 '페스트' 등 다양한 한정 메뉴를 선보인다. 특히 겨
울 한정 맥주인 밤베르거는 독일 밤베르크 지역의 훈제 맥아와 맥주 장인이 훈제한 맥아를 혼합해 어디에
서도 맛볼 수 없는 훈제맥주. 독특한 풍미, 향미, 맛의 밸런스가 절묘하다. 홋카이도산 재료로 만든 감자
튀김과 수제 소시지 등 다양한 안주 메뉴를 맛볼 수 있다. 메뉴판에 각각의 맥주와 어울리는 안주를 소개
하고 있어 선택의 고민을 줄여준다. 맥주공장 내부도 견학(유료)할 수 있다. 매주 목요일과 토요일에는
영업시간 중 3시간 동안 2,200엔 맥주 무제한 코스를 즐길 수 있다.

Data 지도 240p-A
가는 법 JR오타루역 정문 출구에서
오도리 방향으로 도보 7분
주소 小樽市稲穂3-15-3
전화 0134-23-1425
운영시간 11:30~15:00,
17:00~21:30(수요일,
첫째·둘째 주 화요일 휴무)
요금 오마카세 15개 7,700엔,
사시미 3,300엔~
홈페이지 www.isezushi.com

미슐랭 스타에 빛나는 스시 전문점

이세즈시 伊勢鮨

오타루는 만화 〈미스터 초밥왕〉의 주인공 쇼타의 고향으로 나올 정도로 스시가 유명한 도시다. 200m의 길에 130여 곳의 스시집이 몰려 있는 오타루의 스시 거리 스시야도리寿司屋通り에는 본고장의 맛을 즐기려는 관광객들로 넘쳐난다. 이세즈시는 북적이는 스시야도리에서 조금 떨어져 있지만 오히려 더 유명세를 떨치고 있는 스시 전문점이다. 까다로운 레스토랑 잡지 〈미슐랭가이드〉에서 별 한 개를 받았을 정도. 명성에 비해 자그마한 식당 입구를 들어서면 오타루 근해에서 가져온 자연산 재료가 스시 장인의 손을 거쳐 수준 높은 요리로 탄생하는 장면을 목격할 수 있다. 선택이 어려울 때는 세트를 주문하면 되는데 참치, 광어, 연어, 새우 등 기본 재료로 이루어진 스시에서도 내공이 느껴진다. 외국인 손님이 많은 까닭에 영어 메뉴판도 준비돼있다. 오타루역 내부에도 지점이 있다.

| Theme |

메르헨교차로의 스위츠 삼총사

유럽풍의 둥근 첨탑이 가까워지자 달콤한 향기가 솔솔
풍겨온다. 로맨틱한 도시에 어울리는 근사한 디저트
타임. 다이어트 걱정일랑 잠시 뒤로 미뤄두자.

입에서 살살 녹는 치즈케이크

르타오 LeTAO

메르헨교차로의 상징인 3층의 유럽풍 종탑 건물이
바로 르타오 본점. 이 부근에만 본점을 포함해 초
콜릿 전문점 누벨바그 르타오 쇼콜라티에Nouvelle
Vague LeTAO chocolatier, 프로마쥬 대니쉬 대니 르타오
Fromage Danish Dani Letao 등 르타오 매장이 6곳이나 된
다. 직원들이 적극적으로 초콜릿과 치즈케이크 시
식을 권하며 판촉을 벌이는데, 한 번 맛을 보면 매
장 안으로 들어가지 않고 못 배긴다. 홋카이도산
밀가루, 르타오 특제 생크림에 구운 크림치즈와
마스카포네치즈의 레어치즈무스를 이층으로 조합
해 궁극의 진함과 부드러움을 자아내는 더블 치즈
케이크가 대표 메뉴. 르 쇼콜라에는 상시 50종류
이상의 초콜릿이 있으며, 그중 피라미드 모양의 생
초콜릿이 인기다. 너무 달지도 않고 입에서 사르르
녹는다. 프로마쥬 대니쉬 대니 르타오에서는 72시
간 숙성한 대니쉬 빵과 홋카이도산 크림치즈, 이탈
리아산 마스카포네치즈 등의 황금 조합을 맛볼 수
있다.

Data 본점 지도 241p-I 가는 법 JR미나미오타루역에서
메르헨교차로 방향으로 도보 5분 주소 小樽市堺町
7-16 운영시간 09:00~18:00 요금 더블 프로마주(직경
12cm) 1,836엔 전화 0120-31-4521 홈페이지
www.letao.jp

누벨바그 르타오 쇼콜라티에 가는 법 JR미나미
오타루역에서 사카이마치도리 방향으로 도보 9분
주소 小樽市堺町4-19 운영시간 09:00~18:00
요금 생초콜릿 420엔~ 전화 0134-31-4511

프로마쥬 대니쉬 대니 르타오 가는 법 JR미나미
오타루역에서 사카이마치도리 방향으로 도보 6분
주소 小樽市堺町6-13 운영시간 09:00~18:00
요금 프로마쥬 데니슈 297엔 전화 0134-31-5580

예술의 경지로 승화시킨 디저트
롯카테이 六花亭

알록달록 꽃문양의 패키지로 유명한 홋카이도 최대 디저트 기업 롯카테이의 오타루점. 개척 시대의 정취가 물씬 풍기는 석조 건물을 기타카로와 사이좋게 나눠 쓰고 있다. 1층에서 롯카테이 대표 과자인 마루세이 버터샌드를 비롯해 다양한 과자, 떡, 초콜릿 등을 판매하고 있다. 패키지는 물론 제품 역시 먹기 아까울 정도로 예쁘다. 2층에서는 제품 패키지를 그린 화가 사카모토 나오유키坂本直行의 다양한 수채화를 전시하고 있으며, 크림퍼프, 유키콘치즈 등 매장에서 구운 과자를 무제한 리필 커피와 즐길 수 있다.

Data **오타루운하점** 지도 241p-I 가는 법 JR미나미오타루역에서 사카이마치도리 방향으로 도보 8분 주소 小樽市堺町7-22 운영시간 10:00~17:00 요금 크림퍼프(슈크림) 102엔, 유키콘치즈 250엔, 소프트아이스크림 350엔 홈페이지 www.rokkatei.co.jp

Data **오타루점** 지도 241p-I 가는 법JR미나미오타루역에서 사카이마치도리 방향으로 도보 8분 주소 小樽市堺町 7-22 운영시간 10:00~17:00 요금 바움쿠헨 요정의 숲(4cm) 1,296엔, 홋카이도 개척 쌀과자 490엔 전화 0134-31-3464 홈페이지 www.kitakaro.com

촉촉달콤 바움쿠헨과 짭조름 쌀과자
기타카로 北菓楼

기타가로의 대표 상품은 일본 전통 방식으로 만든 쌀과자. 엄선된 찹쌀과 홋카이도산 소금뿐만 아니라, 다시마와 새우 역시 홋카이도 현지의 최상급 재료를 사용해 만들어 그 정성 못지않게 맛도 일품이다. 하지만 오타루점에서 이 쌀과자보다 더 유명한 것이 있다. 바로 '요세이노모리妖精の森(요정의 숲)'로 불리는 바움쿠헨Baumkuchen이다. 오타루점에서 첫 선을 보인 이 바움쿠헨은 독자적인 제조법으로 오랜 시간 천천히 구워내 하늘하늘한 결과 촉촉한 식감, 상쾌한 달콤함을 자랑한다.

거친 소바의 담백한 매력

오타루소바야 야부한 小樽蕎麦屋·籔半

홋카이도의 정통 소바를 맛볼 수 있는 소바 전문점. 1954년 가게를 열어 지금 2대째 여주인이 운영하고 있다. 이 집에서 사용하는 메밀 면은 거칠게 도정한 메밀을 가루로 빻아 반죽한 것으로, 홋카이도산 메밀로 만든 지모노코地物粉 면과 홋카이도산 메밀에 중국과 몽골에서 수입한 메밀을 혼합해 만든 나미코並粉 면 두 가지가 있다. 다시마, 가츠오부시, 표고버섯 등을 달인 다시국물에 간장을 가미한 츠유의 자연스러운 풍미는 거친 메밀 면과 잘 어우러진다. 식사를 거의 다 마칠 쯤 면수(메밀 면을 삶은 물)를 내오는데, 그냥 마셔도 담백하니 좋고 남은 츠유를 섞어 먹으면 그게 또 별미다. 일본식 다다미 스타일의 방과 간편한 테이블석이 마련되어 있다.

Data 지도 240p-D 가는 법 JR오타루역 정문 출구 앞 횡단보도 건너서 왼쪽으로 도보 3분 주소 小樽市稲穂 2-19-14 운영시간 11:00~15:00, 17:00~20:00(화요일 휴무, 임시로 수요일 휴무) 요금 따뜻한 소바 800엔~, 냉소바 910엔~, 덮밥 930엔~ 전화 0134-33-1212 홈페이지 www.yabuhan.co.jp

BUY

선물하기 좋은 오리지널 캔들&홀더
오타루 캔들공방 小樽キャンドル工房

오타루의 작은 운하를 끼고 있는 빨간 지붕의 석조 창고를 개조해 만든 양
초 공방 겸 숍. 담쟁이덩굴로 덮인 외관은 사계절 다른 얼굴을 보여준다. 1
층은 캔들 숍과 체험 공방, 2층은 카페와 크리스마스 상품 숍이 자리하고

Data 지도 240p-E
가는 법 JR오타루역 정문
출구에서 사카이마치도리
방향으로 도보 15분
주소 小樽市堺町1-27
운영시간 10:00~18:00, 카페
11:30~17:30(금요일 휴무)
요금 밀랍양초 1,870엔,
오타루운하 양초 만들기 체험
1,650엔~
전화 0134-24-5880
홈페이지 otarucandle.com

있다. 색색의 밀랍 양초Taper Candle는 서양 전통의 디핑Dipping 기법을 충실히 지켜 탄생한 것. 녹은 밀랍이
든 솥에 심지를 담그고 꺼내고 다시 담그는 공정을 몇 번이나 반복해 심 주위에 균일하게 층이 생긴 밀랍
양초가 완성된다. 이렇게 만들어진 밀랍 양초는 연소가 안정적이고 불길이 예쁘다. 처음엔 양초에 눈이
가지만 갈수록 마음을 사로잡는 건 양초를 담는 홀더. 모자이크글라스나 다양한 조각이 더해진 양초 홀
더는 평범한 양초도 특별하게 만드는 마법을 발휘한다. 체험 공방에서는 20~30분간 캔들 제작 체험을
할 수 있는데 그리 어렵지 않다. 그레이프프루트, 커런트, 녹차 등의 에센셜 오일을 첨가한 아로마 향초
만들기는 특히 여성들에게 인기가 높다.

Data 지도 240p-E
가는 법 JR오타루역 정문 출구
에서 사카이마치도리 방향으로
도보 15분 주소 小樽市色内
1-1-6 운영시간 09:00~19:00
요금 돈보다마 만들기 1,100엔~
전화 0134-32-5101 홈페이지
www.otaru-glass.jp/store/
tonbo

세상에 단 하나뿐인 구슬
다이쇼가라스 돈보다마칸 大正硝子 とんぼ玉館

작가들이 만든 오리지널 유리 액세서리와 장식품 등을 판매하고 또 손수 만들어볼 수 있는 구슬 공예
관. 특히 돈보다마 제작 체험이 인기다. 구멍 뚫린 유리구슬이 잠자리(돈보)의 겹눈을 닮았다고 해서 이
름 붙여진 돈보다마. 색색의 유리 막대 중 맘에 드는 것을 골라 끝에 살짝 버너를 가해 녹인 후 철 막
대에 꽂고 계속 빙빙 돌리면서 모양을 잡는다. 난이도에 따라 마블, 꽃, 하트 중 구슬 문양을 선택할 수
있으며, 세상에 단 하나뿐인 나만의 구슬이 완성된다. 어린아이도 손쉽게 따라 할 수 있고 제작 시간도
10~15분이면 충분하다.

Data 지도 240p-E
가는 법 JR오타루역 정문 출구에서
니치긴도리 방향으로 도보 10분
주소 小樽市色内1-8-6
운영시간 와인숍 11:00~20:00,
카페 11:30~20:00(카페 수요일
휴무) 요금 바인 오리지널 와인
(화이트) 3,099엔, 글라스와인
370엔~ 전화 0134-24-2800
홈페이지 www.otarubine.
chuo-bus.co.jp

중후한 석조 건축에서 즐기는 오타루와인
오타루바인 小樽バイン

1912년 지어진 '일본은행 구 오타루지점'의 중후한 석조 건물에 들어선 오
타루와인 전문 와인숍 겸 레스토랑이다. 와인숍에서는 홋카이도 각지의 포
도 농가 400채와 계약 재배를 통해 질 좋은 와인을 선보이고 있는 오타루와
인 70종을 판매하고 있다. 이곳에서만 한정 판매하는 '바인 오리지널 와인'
은 적당한 산미에 목 넘김이 부드럽고 과일 향이 나는 것이 특징. 가미후라노, 도카치 등 홋카이도 각지의
유명 와인도 일부 있다. 멋스러운 분위기의 레스토랑에서는 홋카이도 제철 재료를 듬뿍 넣은 피자, 파스타
와 함께 양조공장에서 통째 직송해온 와인을 글라스로 즐길 수 있어 연인들의 데이트 코스로 특히 좋다.

Data 지도 240p-D
가는 법 JR오타루역 내
주소 小樽市稲穂2-22-15
운영시간 09:00~19:00 /
스시 카운터 11:00~14:30
(수요일 휴무)
요금 스시 3점 세트 400엔~
전화 0134-31-1111
홈페이지 tarche.jp

홋카이도 시리베시 지역 특산물이 한곳에

타르셰 駅なかマートTARCHE

삿포로 동쪽의 오타루, 요이치, 니세코 등이 속한 시리베시後志 지역은 풍부하고 질 좋은 해산물과 농축산물로 유명하다. 오타루 역 내에 자리한 타르셰는 이 시리베시 지역의 농장과 어장에서 생산되는 제철 채소와 과일, 각종 해산물 그리고 이를 가공한 각종 소스, 병조림, 후리카케, 주스, 과자 등을 판매하는 직영 매장. 산지 직송으로 유통 경로를 단축해 산지 가격으로 판매하고 각 상품에는 지역과 함께 농장이나 상점의 이름이 적혀 있어 신뢰를 더한다. 시리베시 지역 외에 홋카이도 다른 지역의 대표적인 제품도 일부 있다. 오타루의 명과 로쿠미六美와 콜라보레이션한 타르지엔느タルジェンヌ 생과자는 이 매장에서만 판매하는 한정 과자. 간단하게 한 끼 해결할 수 있는 스낵바도 입점, 서서 먹거나 포장해 갈 수 있는 스시 카운터는 오타루의 유명 스시집 이세즈시伊勢鮨에서 재료를 공수했고, 즉석에서 튀겨주는 프라이드치킨은 푸짐한 양으로 인기가 높다. 시리베시의 제철 과일을 넣은 소프트아이스크림도 달마다 3종류씩 선보인다.

SLEEP

Data 지도 240p-D
가는 법 JR오타루역 정문
출구에서 도보 1분
주소 小樽市稲穂3-9-1
요금 2인 1실 이용시 1인
요금(조식 포함) 11,000엔~
전화 0134-21-5489
홈페이지 www.hotespa.net/
hotels/otaru

뜨끈한 노천탕 후 야식 라멘이 공짜
도미인 프리미엄 오타루 Dormy Inn Premium 小樽

JR오타루역 바로 앞에 위치한 비즈니스호텔. 주요 관광지에선 다소 멀지만 짐을 맡기고 이동해야 한다는 점을 감안하면 편리한 입지다. 깔끔하게 정돈된 더블룸과 트윈룸, 다다미실 외에 남성 전용의 캡슐룸을 저렴하게 이용할 수 있고 특이하게 애완동물의 케이지가 마련된 룸도 있다. 24시간 개방되는 알칼리성 광천수의 대욕장에는 작게나마 노천탕이 있고, 무료 컴퓨터 코너와 세탁실(건조기는 유료) 등 편의시설이 프리미엄급. 특히 모든 투숙객에게 야식 라멘을 무료로 제공하는 섬세한 서비스가 돋보인다. 신선한 해산물 덮밥과 해산물 구이를 맛볼 수 있는 뷔페 스타일의 조식도 좋은 평가를 받고 있다.

Data 지도 168p-A
가는 법 JR오타루칫코
小樽築港駅에서 택시 10분
주소 小樽市新光5-18-2
요금 2인 1실 이용시 1인
요금(조,석식 포함) 24,500엔~
전화 0134-54-8221
홈페이지 www.otaru-
kourakuen.com

일본식 정원과 전용 노천탕
오타루 아사리카와온센 고라쿠엔 小樽朝里川温泉 宏楽園

대를 이어온 여주인, 잘 가꾸어진 정원과 개별 노천탕, 맛있는 가이세키 요리 등 료칸에 대한 기대를 제대로 충족시켜주는 곳. 온천 호텔이 대부분인 홋카이도라 이런 전통 료칸은 더욱 귀하다. 2만 평의 너른 부지 내에는 아름드리 고목과 사시사철 피어나는 꽃들이 있고, 봄에는 벚꽃 명소로도 유명하다. 1~2층 38개의 객실 중 19개에 전용 노천탕이 딸려 있어 여름에는 푸르른 정원, 겨울에는 새하얀 설경을 바라보며 온천욕을 즐기는 호사를 누릴 수 있다. 저녁은 해물이나 현지의 식재료를 사용한 가이세키 요리를 선보이고, 아침 식사는 전용 식당에서 정갈한 정식으로 차려진다. 일반 객실 투숙객을 위해 본관 1개소, 별관 1개소의 대욕탕도 마련해두고 있다.

오타루운하의 낮과 밤을 침실에서

호텔 노르드 오타루 HOTEL NORD OTARU

오타루운하 주오바시(다리)에서 보이는 중후한 대리석의 유럽풍 호텔. 입구 로비의 대형 스테인드글라스와 짙은 갈색의 나무 바닥은 고풍스러운 느낌을 더한다. 3~6층 85개의 객실로 싱글룸, 트윈룸, 3인 가족실, 스위트룸, 다다미실 등 여행 구성인원에 따라 선택의 폭이 넓다. 목욕탕과 화장실이 분리되어 있는 점도 편리하다. 오타루운하 전망의 객실은 특히 신혼부부나 연인들에게 인기. 건물 최상층의 둥근 첨탑 부분은 카페 겸 바 '바 두오모 로소BAR Duomo Rosso'가 자리하고 있어 오타루 운하와 항구의 야경을 바라보며 칵테일 한 잔 즐길 수 있다.

Data 지도 240p-B
가는 법 JR오타루역 정문 출구에서 주오도리를 따라 도보 7분
주소 小樽市色内1-4-16
요금 2인 1실 이용시 1인 요금 (조식 포함) 8,800엔~
전화 0134-24-0500
홈페이지 www.hotelnord.co.jp

Data 지도 240p-E
가는 법 JR오타루역에서 도보 9분
주소 小樽市色内1丁目6-31
요금 16,000엔
전화 050-3134-8096(영어 응대)
홈페이지 hoshinoresorts.com/ko/hotels/omo5otaru

옛 상공회의소의 재탄생

OMO5 오타루 by 호시노 리조트

OMO5 小樽 by Hoshino Resort

1933년 건립된 옛 상공회의소를 리노베이션하고 바로 옆에 7층 건물을 신축해 2022년 오타루 OMO 호텔이 문을 열었다. 이곳에서는 오타루의 정취와 맛을 느낄 수 있는 OMO 레인저 프로그램을 운영한다. 오타루 시장에서 OMO 레인저가 추천하는 해산물 덮밥으로 아침식사(1시간), 오타루 운하 와인 크루징(80분), 사카이마치 거리 산책(1시간), 오르골 대여(무료) 등 투어 프로그램이 다채롭다. 상공회의소 회의장을 리노베이션한 'OMO 카페 & 다이닝'에서는 스페인 요리(오타루 특산품 청어를 올린 빠에야)를 즐길 수 있다. 르타오와 콜라보레이션한 한정 파르페도 판매한다.

03

도야&
노보리베츠

洞爺&登別

소복소복 쌓인 하얀 눈과 코끝 시큰해지는 찬바
람을 알몸으로 맞을 수 있는 건 온천이 있기 때문
이다. 가슴속까지 따뜻하게 감싸는 온천 안에서
온전한 자유와 치유를 경험할 수 있다. 하늘빛을
닮은 시원한 호수의 풍경인지, 아니면 유황냄새
폴폴 나는 고즈넉한 숲 속인지, 그 결정만이 남
았다.

미 리 보 기

도야와 노보리베츠로의 여행을 계획했다면 십중팔구 온천 때문. 기대를 저버리지 않는 자연 풍광과 다양한 효능의 온천에서 푹 쉬었다 갈 수 있다.

SEE

온천지인 만큼 화산과 관련된 관광지가 많다. 칼데라호수인 도야코, 10여 년 전에도 화산 분출이 일어난 활화산 우스잔, 그리고 유황 수증기가 피어오르는 지고쿠다니(지옥계곡)와 오유누마 등을 돌아보며 자연의 거침없는 에너지를 느껴보자.

EAT

목장과 농장이 많은 도난(홋카이도 남부) 지역인 만큼 신선한 우유로 만든 유제품, 그리고 대지의 축복을 듬뿍 받은 과일과 채소로 만든 요리를 맛볼 수 있다. 바다가 지척이라 온천 호텔에서는 다양한 게 요리를 가이세키로 선보인다.

SLEEP

탄생 100주년을 맞이한 도야코 온천마을에서는 아름다운 호수를 바라보며 피부 미용에 탁월한 온천수에 몸을 담글 수 있는 온천 호텔이 인기. 반면 산기슭에 자리한 노보리베츠 온천마을에서는 '온천 백화점'이라는 별칭답게 호텔에서 다양한 성분의 온천을 즐길 수 있다.

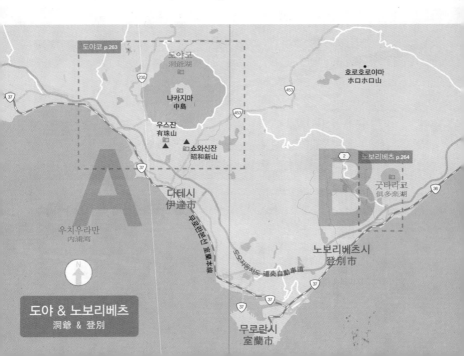

아침에는 온천가 주변을 조용히 산책하고 오후에는 가볍게 우스잔 등반, 저녁에는 도야코의 불꽃놀이를 즐기며 여유롭게 보내는 하루.

도보 10분 →

자동차 50분 →

유황냄새가 진동하는
지오쿠다니(지옥계곡) 산책

오유누마의 상쾌한 숲 속에서
즐기는 천연 족욕 온천

땅의 거대한 에너지를 품은
활화산 우스잔 속으로

자동차 20분 ↓

자동차 10분 ←

도야코에서 낮에는 아름다운 호수
전망을, 밤에는 불꽃놀이 감상

레이크힐 팜에서 목장 우유로
만든 건강한 젤라토 한 입

도야와 노보리베츠는 신치토세공항과 가까워 입국 후 첫 여행지로 찾는 경우도 많다. 렌터카로 다니는 것이 편리하지만 이동이 많지 않아 대중교통을 이용해도 무방하다. 온천 호텔 예약 시, 공항에서 출발하는 송영버스가 있는지 미리 확인해두자. 무료이거나 최소한 저렴하다.

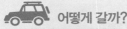

어떻게 갈까?
JR열차를 타면 삿포로역에서 노보리베츠역까지 1시간 10여분, 도야역까지는 2시간 정도 소요된다. 빠르고 자주 운행하는 까닭에 관광객들의 이용 빈도가 높다. 다만 도야와 노보리베츠의 온천마을 모두 기차역보다는 버스터미널과 더 가까우므로 고속버스 이용을 고려해 볼만 하다. 삿포로역전 버스터미널에서 도난버스를 이용하면(예약제), 노보리베츠온천 버스터미널까지 1시간 40분(1일 1회), 도야코온천 버스터미널까지 2시간 40분(1일 6회) 소요된다. 한편 노보리베츠 온천은 신치토세공항에서 직행버스(1시간 5분 소요, 1일 1회)를 이용할 수 있다. 교통비를 절약하고 싶다면 JR노보리베츠역 근처에 내려서 숙박할 호텔의 셔틀버스를 이용해도 된다.

어떻게 다닐까?
온천 마을을 중심으로 이동 거리가 그리 넓지 않다. 도난버스가 대부분의 관광지를 운행하지만 배차 시간을 꼭 체크해야 한다. 숙박을 한다면 역에서 차로 20분 내외의 온천 마을로 이동해 체크인을 한 후 일정을 시작하자. 렌터카는 JR역 지점을 이용한다.

🚐 렌터카 (p.050 참고)
도야와 노보리베츠는 JR열차와 연계한 JR 에키 렌터카가 역 내에 있다. 더 효율적으로 움직이려면 아예 신치토세공항에서부터 렌터카로 이동하는 방법도 있다. 고속도로 이용 시 신치토세공항~도야 약 1시간 30분, 신치토세공항~노보리베츠 약 1시간 소요.

🚌 정기노선버스 | 도난버스
❶ 도야
도야역에서 도야코(호수) 인근의 도야코온천 버스터미널까지 도난버스가 운행한다(약 20분 소요). 도야코온천 버스터미널에서 우스잔(쇼와신잔)으로 가는 버스와 호수 전망대인 사이로 덴무다이로 가는 버스로 갈아탈 수 있다.

Data 전화 0142-75-2351 요금 도야역~도야코온천 버스터미널 편도 340엔 홈페이지 www.donanbus.co.jp

❷ 노보리베츠
노보리베츠역에서 역사테마파크 다테지다이무라를 경유해 노보리베츠온천 버스터미널까지 운행된다(약 20분 소요). 노보리베츠온천가의 관광지는 도보권에 있다.

Data 운영시간 09:28~20:04(하루 8회, 17분 소요) 요금 노보리베츠역~노보리배츠온천 편도 350엔 전화 0143-84-3111 홈페이지 www.donanbus.co.jp

도야코
洞爺湖

パイ농가 하마미원
くだもの農家浜田園 ℝ

소와신산
昭和新山 ▲

소와신산역
昭和新山

우스산초역
有珠山頂

도야코 우스잔 지오파크
洞爺湖有珠山ジオパーク

우스역
有珠

벳선 오노
ペンションおおの 🅷

요스미야마
四十山

노고카제 리조트
乃の風リゾート 🅷

중도
中島

친논지마
親音島

사이로 덴보다이
サイロ展望台

레이크힐 팜
Lake-Hill Farm

더 윈저 호텔 도야 리조트 & 스파
The Windsor Hotel TOYA Resort & Spa 🅷

도마치
洞爺

도요우라역
豊浦

도야역
洞爺

무로란본선 室蘭本線

도오 자동차도 道央自動車道

단신도 胆振国道

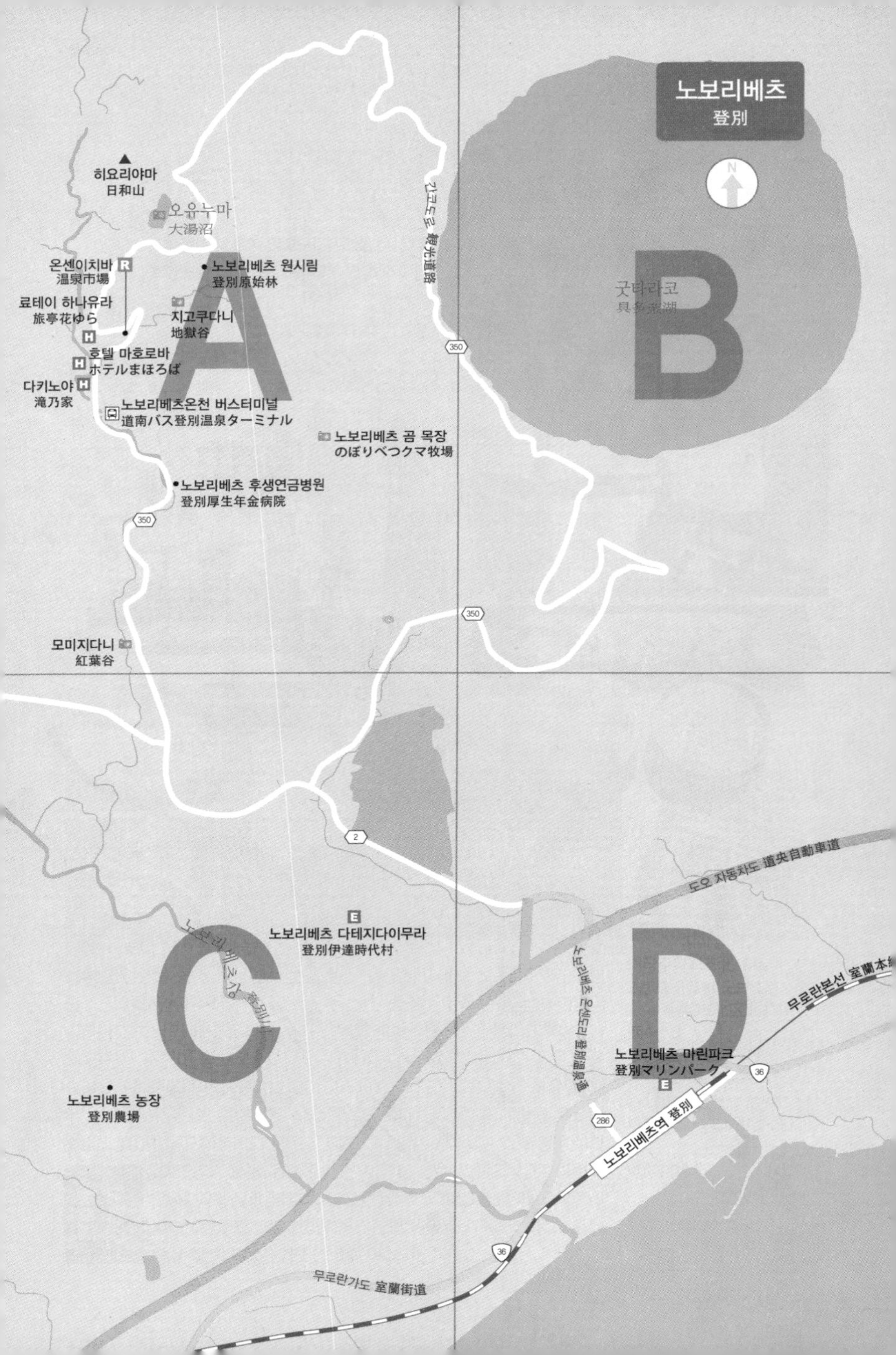

노보리베츠
登別

N

B
굿타라코
倶多樂湖

A

히요리야마
日和山

오유누마
大湯沼

온센이치바
温泉市場

료테이 하나유라
旅亭花ゆら

호텔 마호로바
ホテルまほろば

다키노야
滝乃家

노보리베츠 원시림
登別原始林

지고쿠다니
地獄谷

노보리베츠온천 버스터미널
道南バス登別温泉ターミナル

노보리베츠 곰 목장
のぼりべつクマ牧場

간코도 観光道路

350

350

노보리베츠 후생연금병원
登別厚生年金病院

350

모미지다니
紅葉谷

2

노보리베츠 다테지다이무라
登別伊達時代村

E

C

D

도오 자동차도 道央自動車道

무로란본선 室蘭本線

노보리베츠 마린파크
登別マリンパーク

36

노보리베츠역 登別

286

노보리베츠 농장
登別農場

무로란가도 室蘭街道

36

SEE

| 도야 |

투명한 코발트블루의 호수

도야코 洞爺湖

도야 여행의 중심지인 둘레 약 43km의 칼데라호수. 맑고 투명한 코발트
블루의 아름다운 호반에는 북쪽으로 수려한 요테이잔羊蹄山이, 남쪽으로는
화산섬인 우스잔有珠山이 자리해 사계절 내내 절경을 이룬다. 중세 성을 콘
셉트로 한 유람선이 호수 중앙의 나카지마中島 섬까지 운행한다. 나카지마
섬은 에조 사슴이 살고 있는 야생동물보호지구. 30분 정도 산림박물관을
견학하거나 특이한 화산 지형의 숲을 산책하면 좋다. 겨울에는 정박하지
않고 섬 주변을 40여분 정도 돌아 나온다. 유람선 운항 기간에는 매일 밤
마다 불꽃을 쏘아 새까만 하늘과 호수를 화려하게 수놓는다. 도야코 호숫
가에는 온천이 발달되어 있으며, 1910년 인근 요소미야마四十三山의 분화 활동으로 온천이 용출하면서 그
역사가 시작되었다. 특히 피부미용에 탁월하다고 알려진 도야코 온천수는 2000년 우스잔의 분화로 그
효능이 더 좋아졌다는 소문. 호숫가 산책로의 도론노유洞龍の湯와 족욕 포켓 파크의 야쿠시노유藥師の湯에
서 족욕을 즐길 수 있으며, 수건 자판기도 설치되어 특별한 준비 없이 이용할 수 있다.

Data 지도 263p-C
가는 법 JR도야역에서
도난버스 도야코온센행
승차 후 도야코온천 버스터미널
하차(18분 소요)
주소 虻田郡洞爺湖町
洞爺湖温泉29(유람선 선착장)
운영시간 유람선 4월 말~
10월 08:00~16:30
(30분 간격), 11~4월 초
09:00~16:00(1시간 간격)
/ 불꽃놀이 관람선 4월 28일~
10월 31일 20:30
요금 유람선 어른1,500엔,
초등학생 750엔 /
불꽃놀이 관람선 어른1,600엔,
초등학생 800엔
전화 0142-75-2137
홈페이지 www.toyakokisen.
com

도야코의 포토 포인트

사이로 덴보다이 サイロ展望台

도야코의 서쪽 전망대. 도야코 호반와 나카지마섬의 풍경은 물론 우스잔, 쇼와신잔昭和新山이 한눈에 파노라마로 펼쳐진다. 탁 트인 시원한 전망을 감상할 수 있고, 기념사진 촬영 장소로도 인기가 좋다. 전망대 휴게소에는 목각 곰 등 기념품과 과자, 신선한 농작물, 해산물 등을 판매하는 매장과 널찍한 레스토랑 등이 자리하고 있다. 또한 2층 도야 학습 체험관에서는 아이스크림, 잼, 라멘 등 지역 특산품을 만들어볼 수 있는 체험이 가능하고 카누, 승마, 트레킹 등 야외 체험의 접수를 진행한다.

Data 지도 263p-B 가는 법 JR도야역에서 차로 18분 / JR도야역에서 도난버스 도야코온센행을 타고 도야코 온천 버스터미널에서 내려(18분 소요) 도난버스 삿포로 방면으로 환승, 덴보다이에서 하차(11분 소요) 주소 虻田郡洞爺湖町成香3-5 운영시간 휴게소 08:30~18:00, 동기 ~17:00 전화 0142-87-2221 홈페이지 www.toyako.biz

Data 지도 263p-E
가는 법 JR도야역에서 도난
버스 도야코온센행 승차 후
도야코온천 버스터미널에서
하차(18분 소요), 쇼와신잔행
버스로 환승 후 종점에서 하차
(15분 소요) 주소 有珠郡壯瞥町
字昭和新山184-5
운영시간 로프웨이 08:15~18:00
(계절에 따라 다름)
요금 로프웨이 왕복 어른
1,800엔, 초등학생 이하 900엔
전화 0142-75-2401
홈페이지 usuzan.hokkaido.jp/ja

자연에 대한 경외와 공생
도야코 우스잔 지오파크 洞爺湖有珠山ジオパーク

활화산인 우스잔과 인간의 공생을 위해 조성된 자연 공원. 화산은 때론 어마어마한 재앙을 일으키지만 동시에 특이한 식생과 지질이 어우러진 아름다운경관을 선사한다. 최근까지도 화산활동이 빈번하게 일어났던 활화산 우스잔은 이러한 화산의 진면목을 경험할 수 있는 곳이다. 이를 위해 방문객 센터와 산책로(풋 패스)도 조성하고 가이드 투어도 진행하고 있다. 1943년부터 2년간 우스잔의 화산활동으로 탄생한 기생화산이자 특별 천연기념물 쇼와신잔 아래에 로프웨이 탑승장이 마련되어 있다. 발아래에 도야코의 푸른 물결이 펼쳐지고, 도야코 전망대에 도착하면 쇼와신잔과 도야코의 위용을 한꺼번에 볼 수 있다. 여기서 왼쪽 방향으로 조금만 걸어가면 1977년의 화산폭발로 탄생한 직경 350m의 거대한 분화구 긴누마다이카코銀沼大火口의 전망대에 다다른다. 지금도 하얀 수증기가 피어오르는 모습이 장관이다. 시간적 여유가 있다면 화구 전망대에서 이어지는 산책로 '가이린잔유호도外輪山遊歩道'를 걸으며 우스잔의 속살을 더 탐험해보자. 우스잔 화구 전망대에서 가이린잔 전망대까지는 왕복 2시간이 소요된다.

| 노보리베츠 |

타임머신을 타고 에도시대로

노보리베츠 다테지다이무라 登別伊達時代村

일본 문화의 황금기였던 에도시대의 거리를 재현한 역사테마파크. 넓은 부지에 에도시대의 상점가, 호화로운 무사의 저택 등이 철저한 고증을 거쳐 이곳에 들어섰다. 직원들도 모두 전통 복장을 입고 있어 한층더 실감난다. 박물관이나 체험 시설이 있지만 단연 인기 있는 것은 가스미 저택의 닌자 활극과 전통문화극장의 오이란花魁(게이샤) 쇼. 각각 하루 4회 공연하는데, 닌자 쇼 다음에 바로 오이란 쇼를 볼 수 있도록 시간표를 조정해두었다. 입구의 상점가에서는 라멘이나 소바, 단고, 전병 등 먹을거리나 각종 전통 기념품들을 판매한다. 홈페이지의 쿠폰을 인쇄해가면 입장료를 할인 받을 수 있다.

Data 지도 264p-C 가는 법 JR노보리베츠역에서 도난버스로 7분, 노보리베츠 지다이무라登別時代村 하차 주소 登別市中登別町53-1 운영시간 09:00~17:00(겨울 16:00까지) 요금 중학생 이상 2,900엔, 초등학생 1,600엔, 4세 이상 600엔 전화 0143-83-3311 홈페이지 edo-trip.jp(한국어 지원)

화산이 만든 거대한 노천 족욕탕

오유누마 大湯沼

히요리야마日和山가 분화할 당시 생긴 폭발화구의 흔적으로, 둘레 약 1km의 표주박형 늪이다. 늪 바닥에서 130℃의 유황 샘물이 분출되고, 표면은 온도 약 40~50도로 흑색을 띤다. 오유누마에서 산기슭을 타고 흘러나오는 강 오유누마가와大湯沼川는 녹색의 숲에서 수증기를 뿜어내는 신비로운 풍경을 자아낸다. 이 강을 따라 조성된 산책로를 걷다 보면 천연 족욕탕이 마련되어 있어 삼림욕을 하면서 산책의 피로를 풀 수 있다.

Data 지도 264p-A 가는 법 JR노보리베츠역에서 도난버스 타고 노보리베츠온천 버스터미널에서 하차(17분 소요) 후 도보 20분 주소 登別市登別温泉町大湯沼

재주 부리는 곰
노보리베츠 곰 목장 のぼりべつクマ牧場

홋카이도의 대표 동물인 에조 불곰을 사육하는 시설. 일반 동물원과 달리 곰을 원 없이 볼 수 있다. 수컷과 암컷이 제1, 2목장에 나뉘어져 있는데, 편히 누워있다가도 사람들이 간식을 던져주면 애교를 부리거나 가까이 다가온다. 곰을 바로 코앞에서 볼 수 있도록 유리로 된 우리 안에 사람이 들어가고 그 주변을 곰이 둘러싼 히토노오리스のオリ(사람의 우리)도 있다. 인근에는 아이누 민족이 살던 집과 생활양식을 재현한 유카라노사토ユーカラの里도 조성되어, 아이누 문화 전승자가 상주하며 사라져 가는 아이누의 유산을 상기시킨다. 순환식 곤돌라 리프트는 곰 목장으로 가는 유일한 수단이다.

Data 지도 264p-A 가는 법 JR노보리베츠역에서 도난버스 타고 노보리베츠온천 버스터미널에서 하차(17분 소요) 후 도보 6분 주소 登別市登別温泉町224(로프웨이 탑승장) 운영시간 곰 목장 4월 말~10월 말 09:00~17:00, 10월 말~4월 말 09:30~16:30 / 유카라노사토 5~10월 요금 입장료+로프웨이 어른 2,800엔, 어린이(4세~초등학생) 1,400엔 전화 0143-84-2225 홈페이지 www.bearpark.jp

지옥 유황불 속으로
지고쿠다니 地獄谷 | 지옥계곡

Data 지도 264p-A 가는 법 JR노보리베츠역에서 도난버스 타고 노보리베츠온천 버스터미널에서 하차 (17분 소요) 후 도보 10분 주소 登別市登別温泉町地獄谷

자욱한 유황 냄새와 땅에서 분출하는 수증기와 연기, 부글부글 끓는 온천수는 노보리베츠 온천가 끝에 자리한 이곳을 지옥계곡이라고 부르는 이유다. 지름 약 450m의 절구 모양 계곡을 따라 수많은 간헐천이 있으며, 매분 3천ℓ의 원천수가 솟아나 인근 온천 호텔과 료칸으로 급탕된다. 지고쿠다니 주변을 한 바퀴 감싸는 나무 데크를 따라 산책하는데 10분 정도 소요된다.

EAT

| 도야 |

목장에서 즐기는 건강한 젤라토

레이크힐 팜 Lake-Hill Farm

멀리 요테이잔羊蹄山을 바라보는 도야코 호숫가에 자리한 목장. 너른 목초지에 조성된 목장 내에 젤라토 공장, 식당, 매점을 갖추고 있다. 젤라토는 옥수수나 콩으로 만든 사료가 아니라 드넓은 목초지에 방목 해 풀을 먹고 자란 소의 신선한 우유로 만든다. 호박, 깨, 하스컵, 옥수수 등으로 맛낸 20가지의 자연스 럽고 건강한 젤라토를 맛볼 수 있다. 도야의 특산품 붉은 차조기를 사용한 셔벗도 인기. 카페 레스토랑에 서는 목장에서 기른 채소로 손수 만든 요리를 즐길 수 있고 버터와 치즈, 쿠키 등도 판매한다. 널찍한 꽃 밭과 목초지의 정원도 개방해두고 있으며 배구 등의 용구도 무료로 대여해준다.

Data 지도 263p-B 가는 법 JR도야역에서 차로 15분 또는 JR도야역에서 도난버스 타고 도야코온천 버스터미널 하차(18분 소요), 도난버스 삿포로 방면으로 환승해 하나와이리구치花和入口까지 9분 주소 虻田郡洞爺湖町 花和127 운영시간 09:00~16:00(11~4월 ~17:00) 요금 젤라토 330엔, 푸딩 300엔 전화 0120-83-3376 홈페이지 www.lake-hill.com

신선한 제철 과일을 내 손으로
과일농가 하마다원 <だもの農家 浜田園

신선하고 안전한 과일을 전하는 과일전문 농가. 사과, 체리, 딸기, 자두, 블루베리, 복숭아 등 농가에서 재배하고 있는 제철 과일을 직접 따는 체험을 할 수 있다. 6월 말에서 7월 말까지는 체리와 포도, 8월 초에서 9월 중순에는 복숭아와 자두처럼 시기에 따라 체험할 수 있는 과일의 종류가 다르다. 수확한 과일은 농장 내에서 맛볼 수 있으며, 외부로 가져가고 싶으면 별도의 비용을 지불해야 한다. 매장에서는 농장의 과일뿐 아니라 수제 잼과 슈크림, 파운드케이크 등도 판매한다.

Data 지도 263p-F 가는 법 도야코온천가에서 차로 15분 주소 有珠郡壮瞥町字滝之町358 운영시간 6월 10일~11월 초순 09:00~17:00 요금 과일 따기 체험 어른 1,100엔~, 초등학생 880엔~, 3세 이상 660엔(딸기는 추가 요금) 전화 0142-66-2158 홈페이지 hamada-en.com

| 노보리베츠 |

온천 거리의 터줏대감
온센이치바 温泉市場 | 온천시장

노보리베츠 온천가 중심에 자리한 해산물 전문 식당. 어시장도 겸하고 있다. 다양한 종류의 해산물 덮밥과 조개 즉석 구이 등을 맛볼 수 있어서 관광객은 물론 현지인도 즐겨 찾는다. 특이한 메뉴로 매콤하게 양념한 게살 또는 명란젓을 얹어 먹는 특제 덮밥이 있다. 날것의 생선을 잘 먹지 못한다면 이쪽을 추천한다. 생맥주는 삿포로 클래식을 판매한다.

Data 지도 264p-A
가는 법 JR노보리베츠역에서 도난버스를 타고 노보리베츠온천 버스터미널에서 하차(17분 소요) 후 도보 5분
주소 登別市登別温泉町50
운영시간 10:30~21:00, 식당 11:15~20:00(12월 말~1월 초 ~16:00) 요금 매운 게살 덮밥 1,880엔~, 생맥주 400엔
전화 0143-84-2560
홈페이지 www.onsenichiba.com

SLEEP

| 도야 |

Data 지도 263p-E
가는 법 JR도야역에서 도난
버스로 20분, 도야코온천
버스터미널 하차 후 택시로 4분
주소 有珠郡壯瞥町
字壯瞥温泉56-2
요금 1인(조식 포함) 7,000엔~
전화 0142-75-4128
홈페이지 www7a.biglobe.
ne.jp/~p-ohno

원적외선 뿜는 블랙실리카 온천탕
펜션 오노 ペンション おおの

맑고 깊은 호수로 유명한 도야코 호반에 위치한 쁘띠 호텔풍 펜션. 온천으로 유명한 지대이니만큼 펜션에서도 우스잔에서 채취한 용암석으로 대욕탕을 만들었다. 또한 홋카이도의 가미노쿠니 지역에서만 채굴되는 블랙실리카 광석을 듬뿍 넣어 온천을 즐기면서 원적외선 효과를 볼 수 있다. 저녁식사의 메인 메뉴는 젓가락이 푹 들어갈 정도로 오래 끓인 비프스튜, 서브 메뉴는 해산물을 이용한 지역 요리로 호수를 바라보는 전망 좋은 레스토랑에서 즐길 수 있다. 우스잔 전망의 트윈룸이 기본이며, 모든 객실에는 화장실과 욕실이 딸려 있고 욕의(유카타)와 타월, 칫솔이 준비돼 있다.

Data 지도 263p-A
가는 법 JR도야역에서 셔틀
버스로 40분 주소 虻田郡洞
爺湖町清水336
요금 프리미어 스타일 2인
1실 이용시 1인 요금(조식
포함) 46,600엔~, 캐주얼
스타일 2인 1실 이용시 1인
요금(조식 포함) 31,900엔~
전화 0142-73-1111
홈페이지 www.windsor-
hotels.co.jp

산 위의 프리미엄 리조트호텔
더 윈저 호텔 도야 리조트&스파
The Windsor Hotel TOYA Resort&Spa

도야코 호반 서쪽에 웅장하게 서 있는 리조트호텔. 2008년 일본의 G8 세계정상회담이 열린 곳으로 더 유명하다. 프리미어 스타일 객실은 럭셔리한 휴식을 제공하고, 기능성 충실한 캐주얼 스타일 객실은 합리적인 가격에 윈저를 즐길 수 있다. 프리미어 스타일 객실에 묵는 고객에 한해 도야코를 전망할 수 있는 '서밋 캐빈'의 유람 로프웨이 승차권과 수영복 대여, 특별 살롱 등의 이용 특전이 추가된다. 수영장과 온천이 완비되어 있으며 골프와 테니스 등의 스포츠 활동과 세그웨이(1인용 스쿠터) 유람, 트레킹, 유리공예 등 각종 체험프로그램도 운영한다. JR도야역에서 내린 경우, 무료 셔틀버스는 예약제로 이용할 수 있다.

호수와 하나 된 노천온천탕
노노카제 리조트 乃の風リゾート

전 객실이 도야코의 절경을 감상할 수 있는 레이크뷰의 리조트 호텔. 관내에 펫숍, 스포츠관전카페, 갤러리 등을 비롯해 자사의 농원에서 생산한 안전가공품을 파는 셀렉트숍, 호텔 정통 스위츠 카페, 옛날 분위기를 그대로 살린 공중목욕탕 등 흥미로운 시설이 가득하다. 캐주얼한 숙박에는 스파리조트관을, 럭셔리한 프리미엄 숙박에는 노노카제클럽을 선택하면 된다. 마치 호수와 하나로 이어진 것 같은 최상층의 노천온천탕에서는 봄에서 가을까지 도야코에서 펼쳐지는 불꽃놀이와 함께 온천욕을 즐길 수도 있다. 지산지소地産地消를 모토로 만들어진 식사에도 분명 만족할 것.

Data 지도 263p-E
가는 법 JR도야역에서 도난버스로 15분 종점 도야코온천 버스터미널 하차 후 도보 5분. 또는 신치토세 공항이나 삿포로역 동쪽 출구에서 셔틀버스 이용(3일전까지 예약)
주소 虻田郡洞爺湖町洞爺湖温泉29-1
요금 2인 1실 이용시 1인 요금 (조,석식 포함) 18,000엔~
전화 0570-026571
홈페이지 nonokaze-resort.com

| 노보리베츠 |

기품 있는 전통 료칸

료테이 하나유라 旅亭花ゆら

단 37개 객실에서 최상의 서비스를 누릴 수 있는 전통 료칸. 일반 다다미 객실, 노천탕이 딸린 다다미 객실, 그리고 노천탕이 딸린 다다미 침실로 이루어져 있다. 정성스럽게 꾸며진 객실에는 구석구석 고급스러움이 배어난다. 대욕탕에는 3곳의 노천탕이 있으며 유황원천으로 뽀얀 우유 빛의 니고리유にごり湯 온천은 특히 피부 미용에 탁월하다. 노천탕에서는 사계절 달라지는 풍광을 감상하고 겨울에는 눈을 맞으며 온천을 즐길 수도 있다. 저녁 식사로 각 계절의 제철재료로 준비된 가이세키 요리를 객실에서 즐길 수 있다.

Data 지도 264p-A 가는 법 JR노보리베츠역에서 도난버스 타고 노보리베츠온천 버스터미널에서 하차(17분 소요) 후 도보 8분. 또는 삿포로TV타워에서 마호로바 셔틀버스 이용(13:15 출발, 편도 1,000엔, 숙박 7일전까지 예약 (10명 이상부터 운행) 011-232-1510) 주소 登別市登別温泉町100 요금 2인 1실 이용시 1인 요금(조,석식 포함) 27,000엔~ 전화 0143-84-2322 홈페이지 www.hanayura.com

물 좋기로 소문난 온천호텔
호텔 마호로바 ホテルまほろば

울창한 산림에 둘러싸인 온천호텔. 유황천, 식염천食塩泉, 단순유황천, 산성철천酸性鉄泉의 네 개의 원천을 이용한 31개의 온천탕이 이곳의 자랑이다. '온천 백화점'이라 불리는 노보리베츠의 온천을 제대로 만끽할 수 있는데, 특히 자연석과 울울창창한 나무들로 둘러싸인 지하 2층의 노천탕은 꼭 들러볼 것. 저녁식사로는 다양한 회와 게 요리가 나오는 뷔페뿐 아니라 홋카이도 제철 식재료로 정성껏 차린 가이세키 요리도 선택할 수 있다. 전망이 좋은 노천탕을 둔 객실, 넓은 다다미실, 그리고 서양식 침실 등 투숙객들의 취향을 고려한 여러 스타일의 객실을 마련해두고 있다.

Data 지도 264p-A 가는 법 JR노보리베츠역에서 도난버스 타고 노보리베츠온천 버스터미널에서 하차(17분 소요) 후 도보 8분. 또는 삿포로TV타워에서 마호로바 셔틀버스 이용(13:15 출발, 편도 1,000엔, 숙박 7일전까지 예약 (10명 이상부터 운행) 011-232-1510) 주소 登別市登別温泉65 요금 2인 1실 이용시 1인 요금(조,석식 포함) 12,500엔~ 전화 0143-84-2211 홈페이지 www.h-mahoroba.jp

일본식 전통 정원의 고품격 료칸
다키노야 滝乃家

'폭포의 집'이라는 이름에 걸맞게 폭포가 떨어지는 자그마한 일본 정원을 둔 온천 료칸. 집처럼 편안하게 묵을 수 있는 서비스를 제공하겠다는 의미도 담겨 있다. 숲 속에 지어진 작은 정자 같은 노천온천탕에서 고즈넉이 쉴 수 있고, 노보리베츠 온천가로 이어진 다리를 건너 차분히 산책을 나갈 수도 있다. 모던 스타일의 침실과 다다미가 깔린 고전적인 객실이 마련되어 있는데, 대부분 개별 온천이 딸려 있어 가격대는 살짝 높은 편이다. 식사는 일행끼리만 따로 분리된 공간에 준비된다.

Data 지도 264p-A 가는 법 JR노보리베츠역에서 도난버스 타고 노보리베츠온천 버스터미널에서 하차(17분 소요) 후 도보 3분 주소 登別市登別温泉町162 요금 2인 1실 이용시 1인 요금(조,석식 포함) 34,100엔~ 전화 0143-84-2222 홈페이지 www.takinoya.co.jp

Hokkaido By Area

04

후라노&
비에이

富良野&美瑛

광활한 대지 위에 색색의 양탄자를 깔아 놓은
듯, 긴 밭고랑 위로 각양각색의 꽃이 만개한 후
라노와 비에이의 여름은 그야말로 눈부시다. 어
디를 가나 꽃향기가 코끝에 맴도는 홋카이도의
여름은 짧아서 아쉽고, 그래서 더 귀한 선물일는
지도 모른다.

미 리 보 기

조용한 시골마을인 후라노와 비에이는 여름이면 전역에서 온 관광객들로 들썩인다. 차로 30분 거리의 후라노와 비에이는 함께 일정을 짜는 것이 좋다.

SEE

나지막이 펼쳐진 짙푸른 언덕 위에 키 큰 나무들이 서 있는 비에이의 풍광은 한 폭의 수채화가 따로 없다. 오색빛깔 융단이 펼쳐진 후라노의 꽃밭에 마음 뺏기지 않을 사람이 있을까? 온통 눈으로 뒤덮인 쓸쓸한 겨울 풍경은 또 다른 세계다. 계절에 따라 극명하게 달라지는 풍경은 사시사철 사진 애호가들의 발길을 붙잡고 있다.

EAT

오므카레, 비프스튜, 장작가마 피자 등 여심을 사로잡을 요리들이 가득하다. 후라노·비에이산 식재료만 고집하는 가게가 많다는 것도 특징. 재료의 품질과 신선도가 워낙 탁월하다 보니 맛은 더할 나위 없이 훌륭하다. 홋카이도산 밀과 인근 목장 우유로 만든 홈메이드 빵도 놓치지 말자.

BUY

향수, 화장품, 비누, 열쇠고리, 목걸이 등 등 라벤더로 만든 다양한 상품을 구경하다 보면 지갑이 열리는 건 시간문제. 팜도미타 등 라벤더 화원에서 구입 가능하다. 그밖에 잼, 치즈, 각종 소스도 유통기한 내에 가져갈 수 있다면 욕심나는 품목이다. 후라노 마르셰와 비에이센카 등 지역 특산물 상점이 잘 되어 있다.

SLEEP

후라노·비에이에서는 호텔보다 펜션이나 유스호스텔이 대세. 주인 가족과 함께 지내게 되는 펜션은 다소 불편할 수 있으나 사람 사이의 정이 오가고, 무엇보다 후라노·비에이의 대자연 속에서 하룻밤 보낼 수 있다는 장점이 있다. 겨울 스키어들은 후라노 스키장에서 가까운 신후라노 프린스 호텔을 이용하면 편리하다.

관광객이 넘쳐나는 여름과 쥐 죽은 듯이 고요한 겨울이 극명한 대조를 이룬다. 아무래도 여름 시즌에 후라노와 비에이를 방문해야 남는 장사. 여름에는 인파를, 겨울에는 상점이나 레스토랑에 걸린 'closed'를 요령껏 잘 피해 다니도록 하자.

도보 20분 →

도보 1분 →

아름다운 비에이 언덕을
자전거로 한 바퀴

비에이센카에서 건강한
농산물의 무한 매력 속으로

아스페르주에서 비에이산 재료로
탄생한 프랑스 풀코스 식사

자동차 30분 ↓

자동차 10분 ←

자동차 20분 ←

요정이 살 것 같은
숲 속 수공예품 마을
닝구르 테라스

후라노 치즈공방에서 신선한
농장 우유로 만든 치즈와
아이스크림 맛보기

팜도미타에서 보랏빛 찬란한
라벤더의 물결에 빠져보기

도보 3분 ↓

자동차 13분 →

도보 3분 →

시간이 천천히 흐르는 숲속
카페 모리노토케이

신야에서 농후한 맛의
치즈케이크 한입

뎃판·오코노미야키 마사야에서
후라노의 명물 오므카레로
즐거운 저녁식사

삿포로에서 후라노·비에이로 이어지는 일정이 가장 인기 있는 코스인 만큼 도시 간 이동이 편리하다. 시내에서의 이동은 안전을 위해서라도 겨울에는 차를 이용하고, 여름에는 자전거와 관광버스 등 대중교통을 활용하는 것도 나쁘지 않다. 그래도 베스트는 역시 렌터카.

어떻게 갈까?

가장 일반적인 방법은 삿포로에서 JR열차를 타고 아사히카와역을 경유하는 것이다. 운행 편수가 많고 아사히카와 여행을 일정에 포함시킬 수 있다. 후라노·비에이만 여행하고자 한다면 아사히카와를 가기 전 다키가와역을 경유해 후라노역으로 갈 수 있다. 6월 주말, 7~8월, 9~10월 주말에는 후라노 직행열차 '후라노 라벤더 익스프레스'가 운행되는데 시간을 30분 정도 단축할 수 있다. 직행 열차는 기간에 따라 1일 1~3회 운행. 삿포로-후라노 고속버스는 1일 7회 운행하며 2시간 30분 정도 소요된다.

어떻게 다닐까?

라벤더 시즌인 7~8월에는 각종 관광버스가 수시로 운행해 여행에 큰 어려움이 없다. 6월과 9~10월에도 자전거를 대여해 다니거나 관광버스를 일부 이용할 수 있다. 문제

는 겨울 시즌. 11월부터 4월까지 스키장이 운영될 정도로 후라노·비에이의 겨울은 길고 혹독하다. JR열차와 버스의 정기노선이 운행되긴 하지만 가능하면 렌터카로 다니기를 권한다. 단, 눈길 운전에는 특별한 주의가 필요하다. 운전면허가 없다면 관광 택시나 펜션 및 호텔에서 운영하는 소규모 투어를 이용하자.

🚆 JR열차

JR후라노본선을 이용해 아사히카와-비에이-가미후라노-후라노를 이동할 수 있다. 특히 여름 시즌에는 노롯코호를 타고 연보랏빛 라벤더와 형형색색의 꽃을 구경할 수 있다. 1일 2회 왕복 운행하며, 이 기간에는 팜도미타에서 가장 가까운 역인 라벤더바다케ラベンダー畑역에 임시 정차한다.

Data **후라노·비에이 노롯코호** 운영시간 6월 초순~9월 중순(6월 하순~8월 하순 매일 운행, 8월 하순~9월 중순 주말·공휴일 운행) 요금 비에이역~후라노역 750엔(지정석은 840엔 추가) 전화 011-222-7111 (JR아사히카와역)

🚌 정기노선버스 | 라벤더호 ラベンダー号

아사히카와역에서 출발해 아사히카와공항, 비에이역, 후라노역, 신후라노 프린스 호텔을 순환 운행한다. 관광객뿐 아니라 지역 주민들도 이용하는 정기노선이다.

JR아사히카와역 출발

09:30	11:00	12:15	13:40	15:30	17:15	18:15	19:40

신후라노 프린스 호텔 출발

06:30	08:00	09:15	10:40	12:30	14:15	15:15	16:40

Data 요금 아사히카와역~비에이역 750엔, 후라노역~신후라노 프린스 호텔 260엔 전화 0167-23-3131 (후라노버스) 홈페이지 www.furanobus.jp/lavender

🚌 후라노 노선버스 | 로쿠고 麓郷 행

후라노잼원이 있는 로쿠고까지 운행하는 버스다. 배차간격이 좋지 않기 때문에 시간 계산을 잘 해야 한다.

JR후라노역 출발

08:15	13:05	16:25	18:50

로쿠고 출발

07:16	09:05	13:55	17:15

Data 요금 JR후라노역~로쿠고 편도 630엔(40분 소요) 전화 0167-23-3131(후라노버스) 홈페이지 www.furanobus.jp

🚈 가미후라노 마을버스 | 도카치다케 十勝岳 행

가미후라노역에서 출발해 온천 지역인 후키아게온천 하쿠긴소와 도카치다케 료운카쿠를 순환 운행하는 버스다.

JR가미후라노역 출발

08:52	12:49	16:31

료운카쿠 출발

09:47	13:37	17:27

Data 요금 JR가미후라노역~료운가쿠 편도 500엔 (45분 소요) 전화 0167-45-6400 홈페이지 www.town.kamifurano.hokkaido.jp

🚌 비에이 노선버스 | 시로가네 온천 白金温泉 행

비에이 인근의 유명 온천인 시로가네온천을 순환 운행하는 버스로, 오묘한 푸른빛의 호수 아오이이케青い池를 경유한다. 또한 아름다운 자작나무숲을 차창 밖으로 볼 수 있다.

JR비에이역 출발

06:55	09:26	12:11	15:46	17:26

시로가네 온천 출발

07:35	10:20	13:05	16:41	18:15

Data 요금 JR비에이역~시로가네온천 편도 660엔 (30분 소요) 전화 0166-23-4161(도호쿠버스) 홈페이지 www.dohokubus.com/rosen_bus1.html

🚌 관광버스

렌터카를 이용하지 않는 여행자라면 여름 시즌에 후라노와 비에이의 주요 관광지를 도는 관광버스가 매우 유용하다. 후라노 관광협회, 비에이 관광협회, 후라노버스 등에서 다양한 코스의 관광버스를 운행 중이니 각 홈페이지에서 예약하거나 현지의 관광안내소를 방문하면 된다.

Data **후라노 관광협회**
가는 법 JR후라노역 내
운영시간 09:00~18:00
전화 0167-23-3388
홈페이지 www.furanotourism.com

비에이 관광협회(사계절 정보관)
가는 법 JR비에이역 바로 앞
운영시간 08:30~17:00
전화 0166-92-4378
홈페이지 www.biei-hokkaido.jp

후라노버스
홈페이지 www.furanobus.jp

🚌 관광주유버스 観光周遊バス

비에이의 언덕길과 후라노 라벤더 밭, 아오이이케 호수 등 유명 관광지를 도는 관광버스. 후라노역에서 출발하는 '파노라마 코스'와 아사히카와역에서 출발하는 '패치워크 코스'가 있다. 후라노 버스 홈페이지에서 예약하면 된다.

구분	주요 노선	운행 시간
파노라마 코스	후라노역 ▶ 팜도미타 ▶ 제트코스터 로드 ▶ 시키사이노오카 ▶ 아오이이케 ▶ 시라히게노타키 ▶ 호쿠세이노오카 전망공원 ▶ 후라노역	10:15 출발 16:45 도착 (6월 10~11일, 6월 17일~8월 13일 매일, 8월 19일~27일 주말, 9월 2일~9월 30일 주말과 공휴일 운행)
패치워크 코스	아사히카와역 ▶ 호쿠세이노오카 전망대 ▶ 제트코스터 로드 ▶ 팜도미타 ▶ 아오이이케 ▶ 시라히게노타키 ▶ 비에이 신사 ▶ 후라노역 ▶ 아사히카와역	10:40 출발 17:40 도착 (6월10일~8월 27일 매일, 9월 2일~10월9일 주말과 공휴일 운행)

Data 요금 어른 6,000엔, 어린이 3,000엔
전화 0167-23-3131(후라노버스)
홈페이지 www.furanobus.jp

©Asahikawa City

🚗 렌터카(p.048참고)

후라노역과 비에이역에 렌터카 영업소가 운영 중이다. 일정에 따라 아사히카와역이나 아사히카와 공항에서부터 렌터카를 이용하면 일대를 더 편리하게 구석구석 돌아볼 수 있다.

🚗 관광 택시

시간제로 이용할 수 있다. 자신이 원하는 코스나 현지를 잘 아는 택시 운전사가 추천하는 코스로 여행할 수 있다. 4인승 소형 택시와 9인승 점보 택시가 있으며 전화를 이용해 한국어 통역이 가능한 관광 택시도 있다.

Data 후라노택시 富良野タクシー 요금 소형 택시 1시간 30분 코스 10,350엔~ 전화 0167-22-5001 홈페이지 personal.furano.ne.jp/ftaxi/korean

비에이하이야 美瑛ハイヤー 요금 소형 택시 1시간 코스 6,460엔~ 전화 0166-92-1181 홈페이지 www.bieihire.jp

🚲 자전거 투어

보통 4월 말에서 10월 말까지만 운영. 언덕이 많은 지형이기 때문에 일반 자전거보다는 산악자전거나 전동자전거가 적합하다. 자전거만 대여해주는 곳도 있고 투어 형태로 진행하는 곳도 있으니 자신의 여행 스타일에 맞춰 선택하자.

Data 라벤더숍 모리야 ラベンダーショップもりや 가는 법 JR후라노역 정문 출구에서 도보 1분 주소 富良野市日の出町2-1 운영시간 09:00~17:00 (10월~4월 10:00~16:00) 요금 일반 자전거 3시간 500엔, 전동 자전거 1,500엔 전화 0167-22-2273 홈페이지 http://bit.ly/3K5XT9Y

마츠우라 상점 松浦商店 가는 법 JR비에이역 정문 출구에서 도보 1분 주소 上川郡美瑛町本町1-2-1 운영시간 08:00~18:00(4월~11월만 영업) 요금 일반 자전거 1시간 200엔, 전동 자전거 600엔 전화 0166-92-1415

비에이 자전거 투어 美瑛自転車ツアー 가는 법 비에이역에서 출발 요금 전동 자전거 가이드 투어 8,300엔(예약제) 전화 090-6218-1111 홈페이지 www.biei-bicycle.com

비바우시역
美馬牛駅

N

0   200m

↑ 비에이역
美瑛

후라노선 富良野線

비바우시중학교
美馬牛中学校

H 민박 오카센사토
おかせん里

A   B

비바우시우체국
美馬牛郵便局

R 고쉬
GOSH

비바 스토어
BIBA STORE

비바우시역 美馬牛

H 리버티 유스호스텔
リバティユースホステル

R 에하가키칸
絵葉書館

824

후라노 & 비에이
富良野 & 美瑛

A

마루야마
丸山

니시세이오역
西聖和

아사히카와공항

가와카미야마
川上山

메를르
MERLE

세븐스타 나무
セブンスターの木

오야코나무
親子の木

켄과 메리의 나무
ケンとメリーの木

블랑 루주
Blanc Rouge

마일드세븐노오카
マイルドセブンの丘

마을드세른노오카 전망공원
新栄の丘展望公園

크리스마스트리 나무
クリスマスツリーの木

치요가오카역
千代ヶ岡

B

다이세츠지C.C.
大雪山CC

보즈야마
坊主山

기타비에이
北美瑛

비에이역
美瑛

p.286

비에이 정사무소
美瑛町役場

C

이와야마
岩山

알프 롯지 비에이
ALP LODGE BIEI

앙포 롯지 비에이 전망공원
北西の展望公園

호쿠세이노오카 전망공원
北西の展望公園

D

하츠고야마
初子山

루베시베산
留辺蘂山

비바시야마
美馬牛山

비바우시역
美馬牛

E

신에이노오카 전망공원
三愛の丘展望公園

메르헨노오카
メルヘンの丘

구마미야마
熊見山

미마이다케
間宮岳

시카사이노오카
四季彩の丘

F

시로가네G.C.
白金GC

비에이정
美瑛町

마루야마
円山

난잔
南山

다이쇼잔
大正山

아오이이케
青い池

카페 드 라 페
Café de la paix

캄 치요다
ファーム千代田

도키와야마
常盤山

란도스케이프 후라노

히라다케

白ひげの滝

湯元白金温泉ホテル
유모토 시로가네 온천호텔

하쿠긴소
白銀荘

료운카쿠
凌雲閣

도카치다케
十勝岳

가미호로카멧토야마
カミホロカメットク山

도카치다케
十勝岳

후라노다케
富良野岳

다이우스베아마
トウヤウスベ山

다이세쓰자
大雪山

아사히다케
旭岳

후라노 정원
ふらのジャム園

일 스기모토상점
杉本商店

고토스이오미술관
後藤純男美術館

후라노 그림
ふらのグリル

히노데공원
日の出公園

旅の宿 ステラ

가미후라노정
上富良野町

가미후라노역
上富良野

후라노 프린스호텔 코프코스
富良野プリンスホテルゴルフコース

도리누마공원
鳥沼公園

니시나카역
西中

팜 도미타
ファーム富田

도미타 멜론하우스
とみたメロンハウス

라벤다타베역
ラベンダー畑

나카후라노역
中富良野

사카이역
境村

블랑제리 라피
Boulangerie Lafi

스가이아마 커피

다카미네
高峰

기루타역
学田

후라노역
富良野

누노베역
布部

소라치가와
空知川

펜션 아시타야
Pension あしたや

Campana로쿠카
Campana六花亭

p.287

후라노 와인공장
ふらのワイン工場

후라노 치즈공원
富良野チーズ工房

시마노시타아마
島ノ下

시마시타역
島ノ下

신후라노 프린스호텔
新富良野プリンスホテル

가제노가든 風のガーデン

남구로 테라스 ニングルテラス

커피 모리노토케이 珈琲森の時計

시리카시시마나이아마
尻岸馬内山

다카아마
鷹山

오쿠아마
奥山

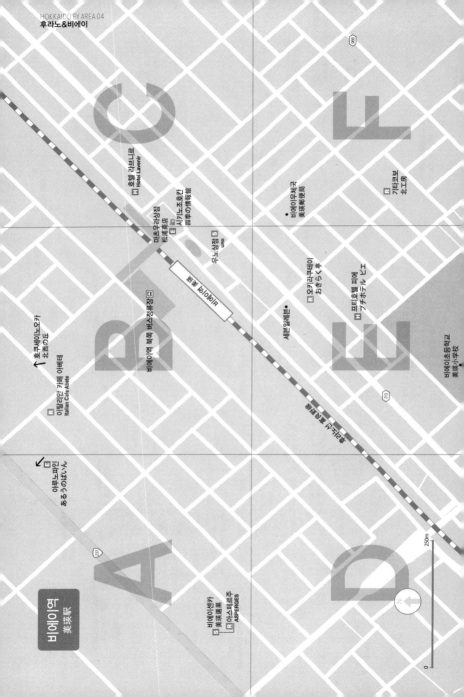

후쿠세이노오카
北西の丘

이탈리안 카페 아베테
Italian Cafe Abete

아루노파인
あるうのぱいん

비에이역
美瑛駅

비에이센카
美瑛選果

아스페르주
ASPERGES

비에이역 북측 버스정류장

호텔 라브니르
Hotel Lavenir

마쓰우라상점
松浦商店

시키노조호칸
四季の情報館

우노상점
uno

비에이우체국
美瑛郵便局

기타코보
北工房

세븐일레븐

오키라쿠테이
おきらく亭

프티호텔 피에
プチホテル ピエ

비에이초등학교
美瑛小学校

250m

0

SEE

| 후라노 |

Data 지도 285p-G
가는 법 JR라벤더바타케역에서
도보 10분 또는 JR나카
후라노역에서 미야마치 방면으로
도보 25분 주소 中富良野町
中富良野基線北15
운영시간 6월 말~8월 중순
08:30~18:00, 5~6월 중순·
8월 말~9월 09:00~17:00,
4월 중순~하순·10~11월
09:30~16:30, 12~4월 초
10:00~16:30 전화 0167-39-
3939 홈페이지 www.farm-
tomita.co.jp

지역을 살린 보랏빛 축제
팜 도미타 ファーム富田

후라노 하면 라벤더라는 공식을 만들어낸 일등공신. 1976년 JR홋카이도
열차 달력에 팜도미타의 사진이 실리면서 전국적인 유명세를 얻게 되고 점
차 관광객의 수가 늘어 침체 일로에 빠진 후라노 지역의 라벤더 농가가 되살아나는 계기가
되었다. 이후 관광농원으로 발돋움한 팜도미타는 라벤더뿐 아니라 봄부터 가을까지 아이
슬란드 양귀비, 차이브, 해당화, 클레오메 등 다양한 꽃밭을 선보이고 있다. 라벤더가
가장 아름답게 피어나는 시기는 7월 중순에서 하순까지로 봄의 벚꽃만큼이나 짧은 편
이지만 실내 온실 화원에서 라벤더를 볼 수 있도록 했다. 또한 팜도미타의 역사 자료관,
향기 체험 코너, 드라이플라워하우스, 카페 등 전시관과 편의시설도 잘 갖추어져 있다.
팜도미타의 라벤더 에센셜 오일은 1990년 프랑스 '라벤더 오일 페어'에서 1등을 차지한
명품. 이 오일로 만든 향수뿐 아니라 라벤더 비누, 포푸리(향기 주머니) 등 다양한 라벤더
상품은 소장 가치가 있다. 라벤더 소프트아이스크림, 라벤더 벌꿀 푸딩, 라벤더 슈크림 등
라벤더를 활용한 먹을거리는 후라노를 찾는 또 하나의 즐거움. 관광객이 몰리는 6~8월에는
팜도미타에서 가장 가까운 역인 라벤더바타케역에 열차가 임시 정차한다.

진한 풍미의 오리지널 치즈
후라노 치즈공방 富良野チーズ工房

후라노의 목장에서 자란 젖소의 신선한 우유로 만든 유제품을 맛보고 구
입하고 체험할 수 있는 공방. 한적한 숲에 치즈공방, 아이스크림공방, 피자공방으로 나뉜 건물이 자리한
다. 치즈공방에서는 치즈가 만들어지는 공정을 유리 너머로 볼 수 있고 와인을 첨가한 체다 치즈, 오징어
먹물을 넣어 숙성시킨 세비야 치즈, 구운 양파를 함유한 고다 치즈 등을 구입할 수 있다. 치즈 장인이 만
든 모차렐라 치즈도 하루 30개 한정 판매한다. 피자공방에서는 정통 나폴리 피자를 맛볼 수 있고, 후식
으로는 아이스크림공방의 산뜻한 우유 젤라토가 딱이다. 치즈공방에 딸린 체험공방에서 버터, 치즈, 아
이스크림을 만들어볼 수도 있다.

Data 지도 285p-J
가는 법 JR후라노역에서 차로
7분, 여름 시즌 관광버스 이용
주소 富良野市中五区
富良野チーズ工房
운영시간 4~10월 09:00~
17:00, 11~3월 09:00~16:00
요금 치즈 만들기 체험(100g,
1시간 소요) 1,000엔
전화 0167-23-1156
홈페이지 furano-cheese.jp

향긋한 과일 향에 취하다

후라노 와인공장 ふらのワイン工場

후라노시에서 직영하는 와이너리. 후라노에서 생산된 포도만을 사용하며, 포도밭 역시 시에서 직접 관리한다. 와인의 본고장인 유럽과 기후와 풍토가 유사한 후라노는 포도 생산의 최적지. 여기에 품종 개량과 포도 재배기술, 양조기술 도입 등의 노력이 더해져 홋카이도 대표 와인으로 거듭날 수 있었다. 후라노 와인공장에서는 관광객들을 위해 와인 공장 견학과 시음이 진행된다. 다양한 종류의 레드, 화이트와인은 물론 술을 마시지 못하는 이들을 위한 포도 주스도 판매하고 있다. 언덕 위에 자리하고 있어 드넓게 펼쳐진 농지와 멀리 도카치타케+勝岳 산봉우리가 이루는 풍광을 즐길 수 있는 전망 포인트이기도 하다.

Data 지도 285p-J
가는 법 JR후라노역에서 차로 10분, 여름 시즌 관광버스 이용
주소 富良野市清水山
운영시간 09:00~17:00
전화 0167-22-3242
홈페이지
www.furanowine.jp

바람도 쉬어가는 정원
가제노가든 風のガーデン

2008년 방영된 후지TV 드라마 〈바람의 가든〉의 주요 무대. 드라마를 위해 아사히카와 우에노팜을 설계한 우에노 사유키上野砂由紀 씨가 디자인에 참여, 2006년부터 2년간 정원을 조성했다. 드라마 촬영이 끝난 후 세트였던 주인공의 집과 정원을 공개하고 있으며, 정원 한편에 드라마 오리지널 상품을 판매한다. 드라마를 본 적 없다 하더라도 작은 오솔길을 따라 4월 스노드롭, 5월 산현호색, 7월 제라늄, 8월 플록스 등 계절마다 피어나는 아름다운 꽃들은 충분히 감동적이다.

Data 지도 285p-J 가는 법 JR후라노역 앞에서 라벤더호 승차, 18분 후 종점(신후라노 프린스 호텔) 하차, 셔틀버스 3분 주소 富良野市中御料 新富良野プリンスホテル ピクニックガーデン 운영시간 4월 말~10월 중순만 개장 08:00~17:00, 7월 초~8월 06:30~, 9월 말 ~16:00 요금 어른 1,000엔, 초등학생 600엔, 초등학생 이하 무료 (셔틀버스 운임 포함) 전화 0167-22-1111 홈페이지 www.princehotels.co.jp/shinfurano/facility/kaze_no_garden_2022

다이세츠잔을 사랑한 국민 화가
고토스미오미술관 後藤純男美術館

일본을 대표하는 화가 고토 스미오의 작품 130여 점을 전시한 미술관. 순금과 천연 보석 가루를 아교와 섞어 그리는 방식은 일본 전통 화법을 현대적으로 되살려 냈다는 평가를 받고 있다. 사람 키를 훌쩍 넘기는 화폭에 섬세한 필치가 가득한 그림 앞에 서면 한동안 넋을 잃고 바라보게 된다. 한글 팸플릿과 한국어 오디오 가이드가 있어 관람이 더욱 뜻깊다.

Data 지도 285p-H 가는 법 JR가미후라노역 정문 출구 반대쪽으로 도보 20분 또는 택시 3분. 여름 시즌 관광버스 이용 주소 上富良野町東4線北26号 운영시간 4~10월 10:00~17:00, 11~3월 10:00~16:00 요금 어른 1,100엔, 초·중·고등학생 550엔, 오디오 가이드 500엔 전화 0167-45-6181 홈페이지 gotosumiomuseum.com

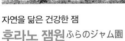

자연을 닮은 건강한 잼

후라노 잼원 ふらのジャム園

후라노의 공제조합농장에서 운영하는 후라노잼의 직영점. 친근한 '잼 오바상(잼 아줌마)' 캐릭터처럼 엄마가 만들어주듯 합성첨가제 없이 오직 후라노의 농작물과 최소한의 설탕만을 넣은 건강한 잼을 선보인다. 일반적인 딸기, 포도, 사과부터 당근, 단호박, 토마토 등 채소로 만든 잼, 루바브(장군풀), 감제풀 등 색다른 잼까지 38종의 잼을 맛보고 구입할 수 있다. 이중 블루베리와 비슷한 후라노산 하스컵이 항산화 작용이 큰 것으로 알려지면서 하스컵잼은 부동의 판매 1위를 기록 중. 체험공방에서는 하루 2회 후라노잼을 직접 만들고 오리지널 라벨을 붙여 가져갈 수 있다. 계절에 따라 갖가지 꽃이 피어나는 꽃밭과 로쿠고 시내를 조망할 수 있는 로쿠고전망대, 우리에게도 잘 알려진 호빵맨 캐릭터 상품을 판매하는 안판만숍アンパンマンショップ 2호점 등 즐길 거리가 다양하다. 아이가 있는 가족 여행자들에게 추천하고픈 여행 코스.

Data 지도 285p-L
가는 법 JR후라노역에서 차로 25분 또는 JR후라노역 앞 6번 승강장에서 로쿠고행 버스(1일 4회 왕복 운행) 승차 40분 후 종점 하차 도보 40분(자전거 20분)
주소 富良野市東麓郷3
운영시간 09:00~17:30
요금 잼 만들기 체험(1시간) 1,500엔(체험 전날까지 전화예약) 전화 0167-29-2233
홈페이지
www.furanojam.com

후라노 잼원 대중교통 알짜 정보

Tip 차가 없는 경우 대중교통으로 후라노잼원을 가기가 쉽지 않다. 버스 운행도 자주 하지 않는 데다가 후라노 잼원에서 가장 가까운 정류장도 도보로 40분 거리에 있기 때문. 이런 이유로 로쿠코 시내에는 자전거를 대여해주는 곳이 있다. 자전거를 대여하면 시간도 절약하고 숲의 마을 로쿠고의 웅장한 풍경과 바람을 느끼며 달릴 수도 있으니 일석이조.
Data 스기모토상점 지도 285p-K 가는 법 로쿠고 버스정류장 앞
주소 富良野市麓郷市街地5 운영시간 4~10월 07:00~19:00
요금 일반 자전거 500엔(반납 19:30까지, 시간제한 없음)
전화 0167-29-2025

| 비에이 |

신비로운 푸른빛의 연못
아오이이케 青い池

도케치다케의 분화 이후 방재 목적으로 콘크리트 블록을 건설하는 과정에서 조성된 연못. 원인이 명확히 규명되지 않은 자연현상에 의해 신비로운 푸른빛을 발산하고 있다. 인근 시로가네 온천의 알루미늄 성분이 흘러 들어와 비에이가와 강과 섞이면서 콜로이드가 생성되고 이것이 햇빛을 여러 방향으로 반사시켜 이런 푸른빛이 도는 연못이 탄생했다는 설이 유력하다. 연못이 조성되면서 수몰된 낙엽송과 자작나무가 끈질긴 생명력을 발휘하며 서 있어 신비로움을 더한다. 사진 애호가들의 필수 코스로, 2012년 애플 맥북프로의 바탕화면에 채택되기도 했다.

Data 지도 284p-F 가는 법 JR비에이역 앞에서 시로가네 온천행 노선버스(1일 5회 왕복 운행) 승차 20분 후 시로가네아오이이케이리구치白金青い池入口 하차, 또는 여름 시즌 관광버스 이용

흰 수염 폭포

시라히게노타키 白ひげの滝

시로가네 온천가 블루 리버 다리 양쪽에 펼쳐진 폭포. 바위틈에서 여러 가
닥의 가는 지하수 폭포수가 거세게 계류를 따라 흘러내려 흰 수염처럼 보인
다고 해서 이름이 붙여졌다. 코발트블루 빛으로 쏟아지는 물보라를 볼 수
있고, 폭포의 바로 위에는 시로가네 온천가를 따라 온천호텔이 들어서 있
어, 시로가네 온천가의 관광명소 중의 하나로 유명하다. 또한 매년 11월부
터 4월 말까지 아오이이케와 함께 야간 라이트업 이벤트가 진행되는데, 신
비로운 자연을 배경으로 로맨틱한 분위기를 즐길 수 있다. 야간 라이트업
은 매일 일몰 시간부터 9시까지이며, 4월 이후에도 일몰 시간에 맞추어 상
설 전시한다.

Data 지도 285p-l
가는 법 JR비에이역 앞에서
시로가네 온천행 노선버스(1일
5회 왕복 운행) 승차 후 종점
하차(30분 소요) 도보 5분,
또는 여름 시즌 관광버스 이용

💬 |Theme|
비에이 언덕 투어

완만하게 오르내리는 언덕과 드넓게 펼쳐진 논밭, 그리고 그림 같은
나무들이 그려내는 비에이의 순수한 자연을 만나는 시간.

비에이는 언덕 마을로 불린다. 광활하게 펼쳐진
언덕은 계절에 따라 푸릇푸릇한 녹색으로 갈아
입기도 하고, 순백색의 눈부시도록 아름다운 설
경을 뽐내기도 하며 여행자나 아마추어 사진가들
의 마음을 훔치곤 했다. 허허벌판의 언덕 위에 그
림처럼 서 있는 나무들은 종종 광고나 영화에 등
장하면서 이름이 붙여지는 일도 생겼다. 비에이
의 언덕은 워낙 면적이 넓어 차로 이동하며 보는
것이 가장 좋다. 파노라마로드パノラマの路, 패치

워크의 길パッチワークの路 등으로 구역이 나누어져 있으며, 비에이역 관광안내소에서 안내지도를 받을 수 있
다. 한국어도 잘 되어 있고 직원이 그때그때의 도로사정 등도 함께 설명해준다. 짐을 보관할 수 있는 코인
로커도 있다. 여름·가을 시즌에는 자신의 체력과 취향에 맞는 코스를 선택해 자전거를 타도 좋다. 일부
펜션에서 운영하는 사진투어를 활용하면 효율적으로 돌아볼 수 있다.

Tip 나무와 언덕 등의 사진을 찍을 때에는 사유지인 밭을 침범하지 않도록 한다. 경고 문구가 쓰여 있는 곳도
많다.

| 파노라마 로드 |

호쿠세이노오카 전망공원 北西の丘展望公園

호쿠세이 언덕은 비에이 시내 북서쪽의 전망대다. 피라미드 형태의
전망대에 오르면 비에이 언덕의 풍광이 파노라마처럼 펼쳐지고 멀리
다이세츠잔 산의 모습도 볼 수 있다. 여름 시즌에는 간단한 먹거리나
기념품을 판매하는 상점가와 관광안내소가 운영된다.
Data 지도 284p-B
운영시간 5~10월 09:00~17:00 전화 0166-92-4445

켄과 메리의 나무 ケンとメリーの木

닛산에서 출시했던 차량 '스카이라인' 광고에 등장했던 포플러,
켄과 메리의 나무. 두 그루처럼도 한 그루처럼도 보인다. 켄과
메리는 당시 <켄과 메리의 스카이라인>이라는 총 16편의 시리즈
광고에 등장한 주인공들이다. 1976년 9월 방영된 15편 <지도
없는 여행>에서 켄과 메리가 나란히 서 자신들이 선 모습과 닮은
나무를 바라보는데, 그게 바로 이 나무. 로맨틱하고 휴머니즘
넘치는 광고로 당시 큰 붐을 일으켰다.
Data 지도 284p-B

세븐스타 나무 セブンスターの木

관광담배(관광지에서 선물용으로 판매되던 담배) 세븐스타의 패키지에
사용되었던 나무. 밭과 밭이 만나는 사이에 홀로 풍성한 잎을 나부끼며 서 있는
한 그루의 떡갈나무. 감자꽃이 하얗게 펼쳐진 여름, 하얗게 뒤덮인 겨울 모두
아름답다. 사람이 많이 찾는 곳이라 일찍 서둘러야 좋은 사진을 찍을 수 있다.
Data 지도 284p-B

©Asahikawa City

마일드세븐노오카 マイルドセブンの丘

담배 마일드세븐 프로모션에 사용되었던 낙엽송이 보이는 언덕.
언덕 위에 말의 갈기처럼 나란히 나무가 서 있다. 아래 밭 중턱의
띄엄띄엄 선 세 그루의 나무와 함께 큰길가에서 보는 풍경도
좋다. 마일드세븐노오카의 나무는 관광객 트러블로 땅주인이
상당수를 베어냈다.
Data 지도 284p-A

오야코 나무 親子の木

큰 나무 두 그루 사이에 작은 나무 한 그루가 나란히 서 있어
부모와 아이같이 보여 오야코(가족)나무라는 이름이 붙은
떡갈나무. 주변에서도 나무가 자라기 시작해 점점 가족을
늘려가고 있다는 후문이 있다.
Data 지도 284p-B

©Asahikawa City

| 패치워크의 길 |

크리스마스트리 나무 クリスマスツリーの木
밭 사이에 딱 한 그루, 익숙한 이등변 삼각형의 모양으로 생긴 나무가 서
있어 크리스마스트리 나무라 불린다. 나무 위 전깃줄이 보이지 않도록
사진을 찍기 위해 종종 밭 안으로 들어가는 사람들이 있어 엄중한
경고가 붙어있으니 특히 주의할 것.
Data 지도 284p-E

메르헨노오카 メルヘンの丘
푸른 밭과 언덕 사이에 빨간 지붕의 집이 아담하게 자리한 메르헨
언덕. 맞은편의 신에이 언덕 전망공원에서 보면 예쁘게 보인다.
신에이 언덕에서 메르헨 언덕 입구로 내려가는 길에는 기찻길을
건너야 하는데, 쭉 벋은 철로를 찍기 좋은 장소이다.
Data 지도 284p-E

신에이노오카 전망공원 新栄の丘展望公園
비에이 최고의 석양 포인트인 신에이 언덕은, 붉게 물든 하늘 아래
펼쳐진 언덕 풍경이 매우 아름다워 아마추어 사진가들에게 빼놓을 수
없는 코스다.
Data 지도 284p-E

산아이노오카 전망공원 三愛の丘展望公園
신에이 언덕의 자매 공원인 산아이 언덕. 붉은 지붕이 인상적인
전망대에 오르면 아득히 보이는 다이세츠잔의 도카치다케 산봉우리
아래 사시사철 달라지는 언덕 마을 비에이의 풍광을 즐길 수 있다.
Data 지도 284p-E

시키사이노오카 四季彩の丘
패치워크의 길에 자리한 7ha 부지의 꽃밭. 봄에서 가을까지는 꽃밭이 펼쳐지고
겨울철에는 스노모빌과 바나나 보트 등을 탈 수 있는 스노 랜드로 탈바꿈한다.
라벤더, 튤립, 해바라기, 코스모스, 양귀비, 샐비어 등 달마다 새롭게 피어나는
30여 종의 꽃들이 색색의 양탄자처럼 언덕을 뒤덮어 장관을 연출한다.
7~9월에는 입장료 500엔을 받지만, 이외 시기는 무료다.
Data 지도 284p-E 운영시간 08:40~17:30(시기마다 변동) 요금 트랙터 버스
고등학생 이상 500엔, 초·중학생 300엔, 스노모빌(한 바퀴) 1,200엔
전화 0166-95-2758 홈페이지 www.shikisainooka.jp(한국어 지원)

EAT

| 후라노 |

쫄깃한 수제 소시지와 매콤한 카레

유이가도쿠손 唯我独尊

지비루와 수제 소시지를 먹으며 카레도 맛볼 수 있는 레스토랑 겸 바. 1974년 문을 연 후라노의 터줏대감 같은 가게로, 오래된 통나무집이 그 세월을 대신 말해준다. 천천히 볶은 야채에 29종류의 향신료를 더한 카레는 매콤하고 진하며, 수제 소시지는 온라인 판매를 할 정도로 인기가 많다. 지비루는 필스너, 바이젠, 페일 에일 세 종류. 후라노 시내에서 조금 떨어진 곳에 아들이 운영하는 야마노도쿠손山の独尊은 2층 통나무집으로 공간이 훨씬 널찍하다.

Data **유이가도쿠손** 지도 287p-C 가는 법 JR후라노역 정문 출구에서 도보 5분 주소 富良野市日の出町11-8 요금 소시지 카레 1,450엔, 지비루 900엔 운영시간 11:00~21:00 전화 0167-23-4784 홈페이지 doxon.jp

야마노도쿠손 지도 287p-A 가는 법 JR후라노역에서 차로 8분 주소 富良野市北の峰町20-29 운영시간 17:00~22:00, 주말 11:30~14:00 / 17:00~22:00(월요일 휴무) 전화 0167-22-5599

추위를 녹이는 나베요리

구마게라 くまげら

지역의 식재료만을 고집하는 홋카이도 전통 요리점. 미소 국물에 각종 채소와 사슴·거위·닭고기를 넣어 한소끔 끓여 먹는 산조쿠 나베山賊鍋는 뜨끈하게 속을 풀어주고 영양도 만점이다. 고기를 먹고 남은 국물에 말아 먹을 수 있는 우동은 아는 사람만 시켜 먹는 히든 메뉴. 맥주, 정종, 와인 등 다양한 술이 준비되어 있고 치즈 두부와 같은 단품 메뉴도

Data 지도 287p-C
가는 법 JR후라노역 정문 출구에서 도보 3분 주소 富良野市日の出町 3-22 요금 산조쿠 나베(2인분) 3,400엔, 치즈 두부 600엔 운영시간 11:30~22:00, 수요일 휴무전화 0167-39-2345 홈페이지 www.furano.ne.jp/kumagera

훌륭하다. 후라노의 밭을 일구다 나온 돌로 건물 내외를 장식해 토속적인 분위기가 물씬 풍긴다. 좌석도 입석, 테이블석, 카운터석 등 다양하고 널찍해 단체 손님도 문제없다. 영어는 물론 한국어 메뉴판도 있다.

Data 지도 287p-C
가는 법 JR후라노역 정문
출구에서 도보 5분
주소 富良野市日の出町11-15
요금 오므카레 세트 1,210엔,
오코노미야키 800엔~,
포크 리브 스테이크 1,980엔
운영시간 11:30~14:30,
17:00~21:30(목요일 휴무)
전화 0167-23-4464
홈페이지 furanomasaya.com

철판에서 만드는 오므카레
뎃판 · 오코노미야키 마사야 てっぱん·お好み焼まさ屋

영어가 유창한 중년의 사장님과 젊은 종업원이 시종일관 유쾌한 오코노미야키 전문점. 점심 메뉴로 나오는 오므카레를 카운터 석의 커다란 철판에서 만들어 내는데 그 모습이 재미날뿐더러 오므카레의 맛도 좋아 금세 지역에서 유명해졌다. 고슬고슬한 볶음밥과 오믈렛, 여기에 부드럽게 익힌 돼지고기와 진한 카레 소스가 어우러져 부담 없이 자꾸만 입 속으로 들어간다. 채소 샐러드와 후라노 우유(매진 시 당근주스)의 세트 구성. 그래도 본디 오코노미야키집이라 저녁에 더욱 성황을 이루는데, 오코노미야키와 함께 포크 리브 스테이크가 추천 메뉴다.

미소 국물과 부드러운 치즈의 조화
카페 레스토랑 카린 カフェレストラン かりん

후라노에서 치즈 라멘을 처음 선보인 카페 레스토랑. 분식집 같은 분위기의 가게 안에는 친절한 노부부가 손님을 맞는다. 각종 채소가 들어간 미소 라멘에 와인 치즈가 세 조각 살포시 놓여 있고 젓가락으로 휘젓자 거짓말처럼 국물에 녹아든다. 미소 국물의 짠맛이 훨씬 부드럽고 고소해진다. 후라노 와인과 우유로 만든 치즈 등 모든 재료를 지역에서 난 것만 고집하며, 영어 메뉴판도 준비돼 있다.

Data 지도 287p-C
가는 법 JR후라노역 정문 출구에서 도보 5분
주소 富良野市本町9-12
요금 치즈 라멘 1,100엔
운영시간 11:00~20:00
(11~3월 ~19:00)
전화 0167-22-1692

Data 지도 287p-C
가는 법 JR후라노역 정문 출구에서
도보 5분
주소 富良野市朝日町4-7
요금 후라노 유키도케 치즈케이크
홀 1,650엔, 치즈케이크(6개)
1,080엔
운영시간 09:00~19:00
전화 0120-866411
홈페이지 yukidoke.co.jp

농후하게 혀를 감싸는 치즈 케이크
신야SHINYA

'베이크드 레어 치즈 케이크'로 전국적인 유명세를 얻은 과자 공방. 홋카이도의 유빙을 형상화한 치즈 케이크는 네 층으로 이루어져 있다. 막 내린 눈처럼 부드럽게 녹는 생크림, 땅에 쌓인 눈처럼 순하고 진한 크림치즈, 눈 아래 새싹과 같은 새콤한 블루베리잼, 비옥한 땅처럼 묵직한 타르트로 구성된 치즈 케이크는 겉보기엔 화려하지만 막상 먹어보면 전혀 부담스럽지 않은 산뜻한 맛이다. 보통 냉동보관 하므로 상온에서 살짝 녹인 후 먹는 것이 제대로 음미하는 방법. 망고, 딸기, 소금 카라멜, 녹차, 초콜릿 맛도 있다. 후라노 문Furano Moon이라는 브랜드의 1탄으로 후라노 채소(당근, 호박, 시금치 등)를 이용한 건강한 링 케이크를 선보인다.

Data 지도 285p-J
가는 법 JR후라노역 앞에서 버스
라벤더호를 타고 종점(신후라노
프린스 호텔)에서 하차(18분 소요)
후 도보 5분
주소 富良野市中御料
新富良野プリンスホテル
요금 블렌드 커피 650엔, 카레
1,450엔
운영시간 12:00~20:00
전화 0167-22-1111
홈페이지 www.princehotels.
co.jp/shinfurano/facility/tokei

시간이 천천히 흐르는 숲 속 카페
커피 모리노토케이 珈琲 森の時計

후라노를 배경으로 한 후지TV 드라마 〈상냥한 시간優しい時間〉의 무대가 된 카페. 드라마를 위한 세트로 지어졌고 촬영이 끝난 후에는 동명의 카페로 문을 열었다. 지붕의 구조가 그대로 드러난 2층 높이의 아늑한 통나무집 카페는 드라마 속 모습 그대로다. 큰 창을 통해 숲을 바라보고 있노라면 '숲의 시계는 천천히 시간을 새긴다'는 드라마 속 대사의 의미를 알 것 같다. 아홉 자리만 있는 카운터석에 앉아 드라마에서처럼 직접 핸드밀로 원두를 갈아볼 수도 있다. 홋카이도의 눈의 이미지에서 따온 세 가지 종류의 초콜릿 케이크, '해빙雪解け', '첫눈初雪', '잔설根雪'은 이름만큼이나 모양새가 예쁘고 진한 핸드 드립 커피와도 잘 어울린다. 카레 라이스와 버섯 스튜 라이스의 식사 메뉴도 있다.

💬 | Theme |
후라노 빵지 순례

후라노를 다니다 보면 곳곳에서 빵집을 만날 수 있다. 빵맛도 수준급! 규모는 작지만
좋은 재료와 솜씨로 여행자를 감동시키는 작은 빵집 세 곳을 소개한다.

후라노 베이커리 Furano Bakery

후라노역과 가까워서 접근성이 좋다. 홋카이도산 밀과 버터는 물론 주인이 직접 가공한 베이컨과 햄을 사용하고 있다. 매일 50여 종의 빵을 구워내는데 늦게 가면 선반이 비어 있는 경우가 많다.

Data 지도 287p-C 가는 법 JR후라노역 정문 출구에서 도보 1분 주소 富良野市本町1-1 FURANO201ビル1F 운영시간 09:00~18:00(일요일 휴무) 요금 베이컨치즈 핫샌드 324엔 전화 0167-22-2629 홈페이지 www.fb-furano.com

블랑제리 라피 Boulangerie Lafi

시내에선 다소 떨어져 있지만 단골손님들의 발길이 끊이지 않는다. 장시간 발효된 빵을 장작 가마로 구워낸 유럽 스타일의 식사빵이 특히 인기. 씹을수록 담백하고 고소한 풍미 덕에 어느 요리에나 잘 어울린다. 영업일이 불규칙해 페이스북에 공지되는 날짜를 확인하자.

Data 지도 285p-J
가는 법 JR후라노역에서 차로 10분 주소 富良野市字西扇山2 운영시간 10:30~14:00(주말 ~14:30)
요금 올리브 치즈빵 251엔 전화 0167-23-4505
홈페이지 www.facebook.com/BoulangerieLafi

빵집 소라노쿠지라 ぱん屋 そらのくじら

파란색으로 칠한 외벽에 흰 고래가 그려진 작은 베이커리. 지역의 식재료를 사용해 엄마가 아이에게 만들어주듯 안전하고 건강한 빵을 추구한다. 소량만 구워 내는 빵은 그날그날 종류가 조금씩 다르다.

Data 지도 287p-B
가는 법 JR후라노역에서 도보 20분 주소 富良野市新富町 3-130 운영시간 11:00~18:00(빵 소진 시 종료, 일·월·금요일 휴무) 요금 크루아상 170엔
전화 0167-56-7355 홈페이지 www.facebook.com/Pansukisorakuji

입에서 살살 녹는 포크 스테이크
후라노 그릴 ふらのグリル

고토스미오미술관 2층에 자리한 레스토랑. 인테리어가 깔끔하고, 정
식 웨이터 복장의 노신사가 서빙을 해준다. 가미후라노 지역은 돼지고기
가 유명한데, 양파와 함께 수육처럼 푹 삶아낸 삼겹살을 퐁 드 보Fond de
Veau(송아지고기 삶은 육수) 스테이크 소스와 함께 곁들이면 잡냄새 하나
없이 입에서 살살 녹는다. 빵 또는 밥과 호박 수프가 세트. 가미후라노 돼
지고기를 사용한 소시지와 소테 요리도 있다. 레스토랑 테라스에 서면 도
카치다케 산봉우리가 한눈에 들어온다.

Data 지도 285p-H
가는 법 JR가미후라노역에서
정문 출구 반대쪽으로 도보 20분
또는 택시 3분 주소 上富良野町
東4線北 26号
요금 가미후라노 포크소테
1,350엔, 파스타 980엔
운영시간 11:00~17:00
(11~3月 ~16:00)
전화 0167-45-6181
홈페이지 https://
gotosumiomuseum.com/
menu/

특별히 골라 조금씩 로스팅한 원두
스기야마 커피 すぎやま珈琲

수줍은 미소의 바리스타, 맛 좋은 커피, 아늑한 공간. 스기야마 커피가 동네 주민들의 사랑을 받는 이유
는 굳이 물어보지 않아도 알 것 같다. 세계 각지의 원두 중 엄선한 것을 가게 안에서 직접 로스팅한다. 보
통 10종류의 커피가 준비되어 있으며 신선도를 유지하기 위해 조금씩 로스팅하는 것이 원칙. 4종류의 원
두를 섞은 오리지널 블렌드 커피를 마셔보자. 신맛과 쓴맛의 적절한 균형감이 썩 괜찮다. 토스트나 샌드
위치에 사용한 빵은 홋카이도산 밀가루로 만든 홈메이드이다.

Data 지도 287p-C 가는 법 JR나카후라노역에서 미야이치 방면으로 도보 20분 주소 中富良野町西1線北14号
요금 블렌드 커피 520엔 운영시간 10:00~18:00(일·월요일 및 부정기 휴무) 전화 0167-23-5277
홈페이지 www.instagram.com/sugiyamacoffee

Data 지도 285p-G
가는 법 JR나카후라노역에서
미야마치 방면으로 도보 20분
주소 中富良野町宮町3-32
요금 멜론 1접시 350엔,
멜론소프트아이스크림 400엔,
멜론빵 290엔
운영시간 09:00~17:00
전화 0167-39-3333
홈페이지 www.tomita-m.
co.jp

오렌지빛 속살 멜론의 달콤한 유혹
도미타 멜론하우스 とみたメロンハウス

팜도미타 인근에 위치한 멜론하우스. 멜론 수확 기간인 6~9월에만 운영
되며 갓 수확한 싱싱한 멜론을 맛볼 수 있다. 홋카이도 멜론 하면 유바리
夕張 멜론을 가장 알아주지만 후라노의 멜론 또한 당도나 맛이 그에 못지
않다. 풍부한 토양과 큰 일교차 덕분. 먹음직스러운 오렌지색의 멜론 과
육을 한 입 베어 무는 순간 이제껏 맛보았던 멜론은 그저 오이 맛에 불과했다는 걸 깨닫게 될지도 모른다.
후라노 우유에 멜론 과육을 갈아 넣은 소프트아이스크림과 멜론잼이 듬뿍 든 멜론빵도 인기.

Data 지도 285p-J
가는 법 JR후라노역에서 차로 10분
주소 富良野市清水山
요금 후라노 모치 110엔,
비프 스튜 1,300엔
운영시간 숍 10:30~17:00,
카페 10:30~16:00
(12~4월 휴무)
전화 0167-39-0006
홈페이지 www.rokkatei.co.jp/
facilities/campana

후라노 포도밭과 롯카테이의 콜라보레이션
캄파나 롯카테이 Campana 六花亭

8ha의 너른 구릉지에 들어선 홋카이도의 유명 과자 브랜드 롯카테이의
후라노 매장 겸 카페. 포도밭 한가운데 랜드마크처럼 우뚝 솟은 종탑(종
을 뜻하는 이탈리아어 'Campana')에서 이름을 따왔다. 종은 하루 9번
웅장하게 울려 퍼진다. 전면의 큰 창을 통해 도카치다케 산봉우리를 바라보며 롯카테이의 각종 과자와
디저트를 쇼핑할 수 있다. 포도 소프트아이스크림과 후라노산 붉은 완두콩 소가 들어간 후라노 찹쌀떡
(모치)은 이 매장 한정 상품. 2023년 5월 현재 휴업 상태로 홈페이지를 확인하고 가자.

| 비에이 |

미슐랭 스타에 빛나는 프렌치 풀코스
아스페르주 ASPERGES

비에이의 식문화 발신기지인 비에이센카 내에 자
리한 프렌치 레스토랑. 화이트의 깔끔한 인테리어
의 공간에서 홋카이도를 대표하는 셰프 나카미치
히로시中道博 씨가 프로듀싱 한 세련된 프렌치 풀코
스를 즐길 수 있다. 쌀과 야채가 들어간 미네스트로
네 수프, 20가지 비에이산 채소로 만든 샐러드, 홋
카이도산 나나츠보시 쌀로 지은 밥, 월동 감자인 아
와유키 감자 퓌레, 방울토마토 콩포트, 블랙빈 초콜릿이 기본적인 코스의 구성이고 여기에 비에이산 돼
지고기 등심 그릴과 홋카이도산 쇠고기 레드와인 찜 등 메인메뉴를 선택할 수 있다. 테이크아웃이 가능한
비에이 공방에서는 비에이산 에리모 팥을 넣은 폭신한 롤 케이크, 플레인·딸기·화이트 초콜릿 등 다양
한 맛의 비에이 우유 푸딩 등 디저트뿐 아니라 채소 카레, 샌드위치 등 간단한 식사메뉴도 판매하고 있다.
2012년에 호텔·레스토랑 전문 여행지인 미슐랭 가이드로부터 별 1개를 획득하며 각종 매스컴에 소개되
어 외지의 손님들이 몰려드는 등 유명세를 톡톡히 치르고 있다.

Data 지도 286p-A 가는 법 JR비에이역 정문 출구 반대쪽으로 도보 15분 주소 上川郡美瑛町大町2
운영시간 레스토랑 런치 11:00~14:30, 디너 17:00~19:00(수요일 휴무, 11~3월 휴업)
요금 런치코스 3,500엔~, 디너코스 4,600엔~ 전화 0166-92-5522(레스토랑·공방)
홈페이지 biei-asperges.com

비에이 채소를 듬뿍 넣은 프랑스식 가정요리

오키라쿠테이 おきらく亭

가게 외벽에 표시된 숫자가 말해주듯 1993년에 문을 연 소박한 프렌치 레스토랑. 11시부터 오후 2시 사이 런치메뉴를 주문하면 선택한 메인요리와 전채요리, 콩소메수프가 코스로 나온다. 메인요리에 닭고기, 소시지, 채소를 푹 고아 만든 프랑스식 냄비 요리 포토푀, 레드와인에 조린 쇠고기에 토마토, 호박, 양파 등 각종 익힌 채소를 곁들이거나 비에이산 감자와 어린 양고기 또는 대구를 이용한 그라탕 등 비에이의 신선한 채소를 십분 활용한 메뉴가 돋보인다. 디저트로는 달지 않은 수제 케이크와 멜론, 딸기 등 홋카이도 제철 과일로 만든 수제 아이스크림을 맛볼 수 있다. 디저트를 놓칠 수 없는 사람에게 포토푀 하프 사이즈와 케이크로 구성된 포토푀 하프 세트는 더 없이 반가운 메뉴. 역과 가까워 접근성도 좋고 아기자기한 분위기에 관광객들도 제법 들른다.

Data 지도 286p-E
가는 법 JR비에이역 정문
출구에서 도보 5분
주소 上川郡美瑛町栄町1-6-1
운영시간 11:00~17:00, 점심 식사
11:30~14:00, 저녁 식사는 주말
(예약제) 16:00~19:00(수요일,
둘째·넷째 주 목요일 휴무)
요금 커피 450엔, 런치메뉴
1,300엔~
전화 0166-92-3741
홈페이지 http://bieiokiraku.
sakura.ne.jp

Data 지도 286p-B
가는 법 JR비에이역 정문
출구 반대쪽으로 도보 5분
주소 上川郡美瑛町大町
2-1-36 운영시간 11:30~15:00,
17:30~21:00(월, 화요일 휴무)
요금 런치 파스타 세트 1,200엔~,
피자 1,300엔~
전화 0166-92-1807
홈페이지 www.
abete.jp

담백한 돌가마 피자
이탈리안 카페 아베테 Italian Cafe Abete

비에이역 뒤편, 가정집 같은 이탈리안 카페 레스토랑이다. 테이블이 둘, 카운터석이 셋뿐인 아담한 공간에 친근하고 편안한 분위기가 느껴진다. 비에이에 놀러 왔다가 마음에 들어 눌러앉았다는 주인은 벌써 10년째 이곳에서 레스토랑을 하고 있다. 계절에 따라 메뉴가 조금씩 달라지는데, 손수 제작한 돌가마로 구운 피자와 통밀가루로 만든 파스타, 와인 등이 기본 메뉴다. 비에이산 무농약 식재료와 직접 재배한 채소 등을 사용한다. 수제 효모로 발효해 쫄깃쫄깃하고 담백한 도우에 장작불 냄새가 배어 개운한 피자는 꼭 맛볼 것. 피자는 저녁시간에만 판매하며 포장도 가능하다. 홈페이지에 특제 토마토소스 레시피를 공개하고 있으니 요리에 관심 있다면 체크해두자.

Data 지도 284p-A
가는 법 JR비에이역에서 차로 20분
주소 上川郡美瑛町美田第3
운영시간 13:00~18:00(화·수·
목요일 휴무)
요금 푸딩 460엔, 치즈 케이크 520엔
전화 0166-92-5317
홈페이지 www.merle-de-
biei.com

언덕 위 카페에서 즐기는 티타임
메를르 MERLE

언덕 위에 한 채 덜렁, 마룻바닥 위에 나무테이블이 놓인 삐걱삐걱 소리가 날 것 같은 프랑스 디저트 카페 메를르. 이곳에서 전문 파티시에가 매일 케이크와 쿠키를 굽는다. 입구에는 현재 판매 중인 케이크와 과자를 진열해 두고 있고 주문을 하면 흰색 접시에 담겨 나온다. 곁들여 먹을 수 있는 잼과 과일절임 등이 예쁘게 장식돼 나와서 눈으로 우선 한 번, 입으로도 한 번 더 즐기는 호사를 누릴 수 있다. 인기 메뉴인 푸딩은 늦게 가면 품절인 경우가 많다. 디톡스로 유명한 쿠스미Kusmi 차도 판매한다. 외딴 시골 마을에서 찾은 보석 같은 공간이지만 교통이 불편한 것이 단점. 여름 시즌에는 자전거로 타고 오면 좋을 것이고, 그 외에는 렌터카나 택시를 이용해야 한다. 11월~2월은 휴업한다.

통나무집의 푸근한 유럽풍 점심
블랑 루주 Blanc Rouge

빨간 지붕에 살굿빛 벽, 내부는 코티지처럼 통나무가 드러나 있는 숲속 레스토랑. 나무판에 곱게 꽃을 그려 넣어 장식한 메뉴판을 살펴보면 비프스튜, 그라탕, 샌드위치, 감자요리, 샐러드와 케이크, 음료로 메뉴도 소박하다. 이 가운데 단연 인기 있는 메뉴는 비프스튜. 큼직하게 썬 소고기는 적포도주와 함께 오래 끓여 부드럽고 소스는 진하면서도 짜지 않고 정성 들인 맛이 난다. 배부르게 먹고 싶다면 빵 혹은 밥과 샐러드가 함께 나오는 세트를 주문하면 된다. 영계와 양배추를 넣은 찜 요리와 비에이산 감자로 만든 그라탕도 주인장의 추천 요리. 디너코스에서는 전채 요리가 빠진 하프코스의 주문도 가능해 부담 없이 코스 요리를 즐길 수 있다. 디너는 사전예약제로만 운영된다. 이밖에 커피와 각종 디저트, 샐러드, 샌드위치도 단품으로 주문이 가능하다.

Data 지도 284p-B
가는 법 JR비에이역에서 차로 10분
주소 上川郡美瑛町大村村山
운영시간 11:00~16:30(목요일 휴무, 11월 하순~4월 부정기 휴무), 7~8월에는 저녁(17:30~19:30)도 영업(예약제)
요금 비프스튜 세트 1,450엔, 비프 스튜 1,100엔
전화 0166-92-5820
홈페이지 http://biei-blanc.sakura.ne.jp

요정이 살 것 같은 숲 속 레스토랑
카페 드 라 페 Cafe de la paix

숲 속에 요정이 사는 집 같은 카페 레스토랑. 지중해 연안을 여행하고 귀국한 주인장은 일본의 여러 지역을 떠돌다 비에이의 풍경에 반해 2001년 한적한 숲에 통나무집을 짓고 카페 레스토랑을 열었다. 나무계단을 올라가면 소녀감성으로 꾸며진 통나무집이 기다리고 있다. 추천 메뉴인 라클레트Raclette는 잘 늘어나는 치즈를 철판에 구워 녹으면 함께 철판에 구운 빵이나 감자, 소시지, 버섯 등에 얹어 먹는 요리. 스위스의 목동이 즐겨 먹던 시골 요리로 투박하지만 자연의 풍미를 느낄 수 있는 맛이다. 치즈와 감자가 유명한 홋카이도와도 썩 잘 어울리는 메뉴. 제철 재료로 만든 파이와 후라노 달걀을 사용한 시폰 케이크, 쿠키 등 디저트도 꾸밈이 없는 솔직한 맛이다. 겨울 시즌에는 비정기적으로 문을 닫는다.

Data 지도 284p-E 가는 법 JR
비에이역에서 차로 12분
주소 上川郡美瑛町字美沢希望19線
운영시간 10:00~18:00(목요일 휴무)
요금 라클레트 2,500엔(2명부터
주문 가능), 케이크플레이트 음료세트
1,100엔 전화 0166-92-3489
홈페이지 cafedelapaix-biei.com

Data 지도 283p-A
가는 법 JR비바우시역 정문
출구에서 도보 2분
주소 上川郡美瑛町美馬牛南
1-1-26 운영시간 12:00~17:00
(부정기 휴무)
요금 그림엽서 120엔~,
런치 800엔, 카페오레 400엔
전화 090-8902-8054
홈페이지 www.bibaushi.jp/
ehagakikan

따뜻한 공간의 갤러리&북카페
에하가키칸 絵葉描館

'에하가키'는 그림엽서를 뜻하는 일본어. 가게 이름에도 드러나듯 그림엽서를 전시하고 판매하는 카페다. 가정집 같은 외관에 문을 열고 들어서면 내부도 어김없이 가정집 분위기. 과거 거실이었던 공간에는 각종 그림엽서가 전시되어 있다. 홋카이도 작가들의 오리지널 그림엽서로 독특한 것들이 많아 기념품이나 선물로도 좋다. 커피와 차, 가정식 점심 메뉴도 판매한다. 거실 카운터석 외에 작은 다다미방에는 2인석과 1인석 둘, 모두 4자리뿐이지만 골방에 편히 기대 앉아 한숨 돌릴 수 있는 아지트 같은 공간이다. 식사류는 예약제이며, 영업일이 불규칙하므로 홈페이지에 링크된 페이스북을 확인하자.

오감만족 체험형 농장
팜 치요다 ファーム千代田
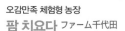

비에이의 자연 속에 위치한 목장. 목장에서는 염소나 양, 타조 등을 만날 수 있고 승마체험이나 먹이주기, 여름 시즌에는 몽골식 텐트인 게르에서 숙박하는 체험도 가능하다. 직접 운영하는 레스토랑에서는 목장에서 키운 소고기와 유제품을 사용한 음식을 맛볼 수 있다. 이곳의 비에이 소고기(와규)는 생효모를 배합한 저농약 쌀과 볏짚을 먹고 다이세츠잔의 용천수를 마시며 자란다.

Data 지도 284p-E
가는 법 JR비에이역에서 차로 15분
주소 上川郡美瑛町春日台
4221番地
운영시간 목장견학 09:00~17:00
/ 레스토랑 11:00~20:00, 1월
2일~3월 31일 ~16:00
요금 비에이 소고기카레 1,280엔~,
비에이 소고기 스테이크 1,980엔
전화 0166-92-7015(종합안내),
0166-92-1718(레스토랑)
홈페이지 www.f-chiyoda.com

Data 지도 286p-F
가는 법 JR비에이역 정문
출구에서 도보 5분
주소 上川郡美瑛町栄町 3-5-31
운영시간 10:00~18:00
(수요일 휴무) 요금 소이빈
커피 500엔, 애플케이크 378엔
전화 0166-92-1447
홈페이지 www.
kitakouboh.com

원두와 대두를 블렌딩한 소이빈 커피
기타코보 北工房

고급 스피커에서 재즈 음악이 흘러나오는 아름다운 2층 목조 건물의 카페. 사장님은 간판 디자인과 원두 로스팅이라는 두 가지의 '만드는 일'을 하고 있는데, 공방工房의 의미는 여기서 나왔다. 이곳에만 있다는 소이빈 커피에 호기심이 발동하게 되는데, 이는 과거 대용 커피에서 힌트를 얻어 커피와 어울릴만한 대두를 선별하고 블렌딩하면서 탄생된 것이라 한다. 커피의 쓴맛은 약해지고 구수한 감칠맛은 살아나 한없이 부드럽게 넘어간다.

Data 지도 283p-A
가는 법 JR비바우시역 정문
출구에서 도보 5분
주소 上川郡美瑛町美馬牛北
3丁目4-21
운영시간 11:00~17:00
(화요일 휴무)
요금 커피 550엔~, 케이크 550엔~
전화 0166-95-2052
홈페이지 www.gosh-coffee.com

신선한 커피와 갓 구운 샌드위치
고쉬 Gosh

따뜻한 황갈색으로 페인트칠한 외벽의 귀여운 글씨가 손님을 맞이하는 빵 카페 고쉬. 런치메뉴로 가게에서 만든 빵을 사용한 샌드위치와 샐러드 세트가 제공된다. 빵만 구입하러 오는 손님도 적지 않다. 벽 칠판에는 손글씨로 오늘의 추천요리와 오늘의 케이크가 쓰여 있는데, 메뉴판에 사진이 함께 있으니 어떤 메뉴인지 확인하고 주문할 수 있다. 커피는 넬(융) 드립커피, 페이퍼 드립커피, 더치커피 등이 있으며, 콩의 종류에 따라서도 가격이 달라진다.

BUY

| 후라노 |

Data 지도 287p-F
가는 법 JR후라노역 정문
출구에서 298호 도로를 따라
도보 10분
주소 富良野市幸町13-1
운영시간 10:00~19:00
(6월 중순~8월 말 ~19:00)
전화 0167-22-1001
홈페이지 marche.furano.jp

후라노 사계의 땅을 담다
후라노 마르셰 FURANO MARCHE

2009년에는 후라노 마르셰가, 2015년에는 바로 옆에 카페, 레스토랑, 잡화점 등이 입점한 후라노 마르셰2가 오픈했다. 잡곡, 채소, 과일 등 후라노의 각종 농축산물과 가공품, 특산품 등을 널찍하고 쾌적한 공간에서 쇼핑할 수 있다. 라벤더 시즌이 아니더라도 향수, 화장품, 비누 등 다양한 라벤더 상품을 구입할 수 있고 후라노잼, 후라노 와인, 후라노 치즈 등을 굳이 시내 멀리 나가지 않더라도 편리하게 손에 넣을 수 있어 마치 후라노의 모든 계절과 지역이 이 한곳에 압축된 것처럼 느껴진다. 후라노 재료로 만든 수제 빵과 케이크를 즐길 수 있는 스위츠 카페에서 티타임을 갖거나 즉석에서 튀겨주는 만두, 후라노 우유 소프트아이스크림 등을 판매하는 푸드코트에서 주전부리를 사먹는 재미도 쏠쏠하다. 인포메이션센터도 마련되어 있으니 이곳에서 후라노 여행 계획을 세워보는 것도 괜찮을 듯.

Data 지도 285p-J
가는 법 JR 후라노역에서
차로 10분 또는 라벤더호
버스로 종점 산후라노 프린스 호텔
하차 후 도보 5분
주소 富良野市中御料
新富良野プリンスホテル
운영시간 12:00~20:45
(7~8월 10:00부터)
전화 0167-22-1111
홈페이지 www.princehotels.
co.jp/shinfurano/facility/
ningle_terrace_store/

홋카이도 자연을 모티브로 한 수공예품
닝구르 테라스 Nigle Terrace

후라노와 인연이 깊은 드라마 작가 구라모토 소우倉本聰의 작품 〈닝구르ニングル〉에 등장하는 닝구르는 홋카이도 숲에 살고 있는 키 15cm 정도의 현자. 닝구루 테라스는 구라모토 소우가 연출한 숲 속 수공예품 마을로 발아래 쪽을 살펴보면 "닝구르가 살고 있으니 큰 소리로 떠들지 말라"는 표지판을 발견할 수 있다. 대여섯 명이 들어가면 꽉 차는 작은 통나무집 안에는 자연을 모티브로 나뭇가지, 호두껍데기, 꽃잎, 천연가죽 등을 이용한 오리지널 작품을 만나볼 수 있다. 목걸이, 반지 등의 액세서리, 그림엽서, 오르골, 가죽 지갑, 장식품, 장난감 등 종류가 다양하고 어느 하나 겹치는 것이 없어 나무 데크를 따라 계속 오르내리며 구경하게 된다. 15채의 수공예품 숍 가운데는 실제 작가가 상주하며 작업을 하고 있는 곳도 있다. 손님이 들어오면 살짝 눈인사만 건네고 다시 작업에 몰두하는 모습을 보고 있노라면 가격은 다소 비싸더라도 구매 욕구가 마구 샘솟는다. 오리지널 작품이 많은 만큼 실내 사진 촬영은 모두 금지하고 있다. 양초와 종이, 목재인형 등의 공예 체험도 가능. 커피하우스 추추의 집에서는 '구운 우유燒きミルク'라는 독특한 음료도 판매한다.

| 비에이 |

생산에서 주방까지
비에이센카 美瑛選果

비에이의 건강한 농축산물을 소비자에게 알리기 위해 JA비에이(우리의 농협 같은 기관)에서 2007년 오픈한 비에이 농축산물 안테나숍. 마켓과 공방, 레스토랑으로 구성되어 있다. 마켓에서는 쌀과 콩 등 잡곡류, 봄 아스파라거스, 여름 토마토·옥수수·멜론, 가을 감자·단호박 등 비에이의 신선한 제철 채소와 과일을 만날 수 있다. 또한 비에이 목장의 우유와 생크림을 냉동건조 공법으로 가공한 우유 과자, 가을 밀과 봄밀을 혼합 가공해 탄력이 좋고 구수한 향의 우동면, 노란색 진득한 식감의 비에이산 찐 감자를 즉석에서 데워 먹을 수 있는 레토르트 식품 등 독창적인 아이디어와 기술로 탄생한 가공식품도 있다. 농축산물의 생산과 판매뿐 아니라 어떻게 쓰일 것인가를 궁리하기 위해 다양한 빵과 디저트를 선보이는 베이커리 공방과 풀코스의 프렌치 레스토랑도 갖추었다.

Data 지도 286p-A 가는 법 JR비에이역 정문 출구 반대쪽으로 도보 15분 주소 上川郡美瑛町大町2 운영시간 09:30~17:00, 6~8월 09:00~18:00, 11월~3월 10:00~17:00, 연말연시 휴무 / 공방은10:00~19:00(수요일 휴무, 11월4일~3월 휴무) 전화 0166-92-4400(마켓) 홈페이지 bieisenka.jp

SLEEP

│ 후라노 │

Data 지도 285p-J
가는 법 JR후라노역에서
차로 10분
주소 富良野市中御料
요금 2인 1실 이용시 1인
요금(조,석식 포함)
14,900엔~
전화 0167-22-1111
홈페이지 www.princehotels.
co.jp/shinfurano

후라노 레포츠·관광·휴양의 메카
신후라노 프린스 호텔 新富良野プリンスホテル

겨울에는 스키, 여름에는 골프를 즐길 수 있는 후라노 서쪽 산에 둘러싸인 리조트호텔. 여행자들 사이에서는 후라노 관광에 빼놓을 수 없는 닝구르 테라스와 여름시즌의 가제노가든, 겨울시즌에는 칸칸무라가 부지 내 있는 호텔로 더 유명하다. 도카치다케가 바라다보이는 경관 좋은 고층 트윈룸 등 특징을 살린 객실과 다양한 편의시설이 장점이다. 후라노의 사계절을 느낄 수 있는 노천탕을 비롯해 소나무 판재의 공간에서 사우나 스톤에 물을 뿌려 열을 발산하는 핀란드식 사우나와 아로마 마사지, 발 마사지 등을 받을 수 있는 릴렉제이션 숍까지 갖추었다. 또한 아웃도어 존인 피크닉가든에서는 열기구 및 세그웨이 체험도 가능하다.

Data 지도 287p-C
가는 법 JR후라노역에서 도보
1분
주소 富良野市朝日町1-35
요금 2인 1실 이용시 1인
요금(조,석식 포함) 9,630엔~
전화 0167-22-1777
홈페이지 www.natulux.com

섬세한 터치의 도심 호텔
후라노 내추럭스 호텔 FURANO NATULUX HOTEL

후라노역 바로 앞에 위치한 심플한 비즈니스호텔 혹은 럭셔리한 시티호텔. 호텔 메인 건물 외에 부엌을 갖춘 콘도미니엄 타입의 별관이 있어 선택의 폭이 넓다. 자연NATURE에 휴식RELAX을 더한 이름처럼 인테리어 디자인, 가구, 객실 비품까지 신경 쓴 흔적이 역력하다. 세련된 레스토랑에서는 후라노 오므카레를 맛볼 수 있고 날이 좋으면 아늑한 테라스도 개방된다. 우리나라 드라마 〈사랑비〉를 촬영하며 두 주인공인 장근석, 윤아가 실제 묵은 숙소로 한동안 동네에서 유명세를 떨치기도 했다.

별빛이 쏟아지는 창
다비노야도 스텔라 旅の宿 ステラ

라벤더 꽃밭으로 유명한 후라노 히노데공원 바로 앞에 부부가 운영하는 펜션. 큰 창으로 도카치다케 산맥을 전망할 수 있고 날씨가 좋은 날에는 불어로 별을 뜻하는 펜션 이름처럼 하늘에서 별이 쏟아진다. 저녁 식사 후 후키아게온천 등 인근의 온천 투어를 하거나, 여름밤에 천문대에서 별을 관찰하는 등 감성 충만한 프로그램이 인기다. 1, 2층에 침대방과 다다미실이 있고 삼각형의 지붕 아래 마련된 아늑한 다락방도 있다. 욕실과 화장실, 세면실은 공용이다.

Data 지도 285p-H
가는 법 JR후라노역에서 차로 30분
주소 知郡上富良野町
基線北 27-105-3
요금 1인 이용요금(조,석식 포함)
8,800엔
전화 0167-45-4611
홈페이지 www.stella-kamifurano.com

친구 집에 놀러 온 듯 푸근한 펜션
펜션 아시타야 Pension あしたや

후라노 와인공장에 인접해 도카치다케 산봉우리가 한눈에 내려다보이는 펜션. 직접 만든 커다란 나무 테이블을 비롯해 주인아저씨의 손길이 곳곳에 닿은 푸근한 2층집이다. 트윈룸, 3인용 침실, 다다미실까지 다양하게 선택할 수 있으며 소파가 있을 정도로 방이 널찍하다. 저녁식사로는 나카후라노의 농장 쌀로 지은 밥에 직접 텃밭에서 기른 채소와 허브, 후라노산 재료 등을 이용한 건강한 일본식 메뉴가 제공된다.

Data 지도 285p-J
가는 법 JR후라노역에서 차로 7분.
예약 시 픽업서비스 가능
주소 富良野市清水山
요금 2인 1실 이용시 1인 요금
(조,석식 포함) 9,000엔~
전화 0167-22-0041
홈페이지 www.tomarrowya.com

Data 지도 285p-H
가는 법 JR가미후라노역에서
픽업 가능(16:00~18:00).
또는 아사히카와공항에서
버스 라벤더호 승차 후(40분
소요) 가미후라노JA마에
上富良野JA前 내려 도보 15분
주소 空知郡上富良野町
西2線北28号309-2
요금 2인 1실 이용시 1인
요금(조,석식 포함) 12,500엔~
전화 0167-39-4711
홈페이지 www.landscape-
furano.jp

후라노의 대자연 속으로
랜드스케이프 후라노 ランドスケープ ふらの

시간이 천천히 흐르는 슬로 라이프의 후라노를 표방, 자연과 함께하는 펜션. 숙박시설이면서 아웃도어 체험의 베이스캠프로 겨울에는 설피Snow Shoe 트레킹, 여름에는 다이세츠잔의 원생림 워킹, 고무보트나 카누로 강을 타거나 카약, 래프팅, 열기구, 낚시도 가능하다. 방 안의 커다란 창을 통해 계절마다 달라지는 아름다운 후라노의 대지를 아침저녁으로 마주할 수 있다. 더치 오븐에 닭 한 마리가 통째로 들어가는 요리가 저녁식사로 나온다. 펜션이지만 타월이나 칫솔이 제공되고 화장실이 각 방에 있는 점도 편리하다. 다만 욕실은 공용 사용. 홈페이지에서 예약하면 할인혜택을 받을 수 있다.

Data 지도 285p-I
가는 법 JR가미후라노역
앞에서 도카치다케 행 버스로
33분, 하쿠긴소 하차 후 바로
주소 空知郡上富良野町
十勝岳
요금 어른 3,100엔
(11~4월 난방비 150엔 추가)
/ 입욕료 어른 700엔, 수영복
대여료 300엔
전화 0167-45-4126
홈페이지 www.navi-kita.
net/shisetsu/hakugin

등산가와 스키어의 온천 숙소
하쿠긴소 白銀荘

후키아게온천 보양센터吹上温泉保養センター라는 이름으로 더 잘 알려진 하쿠긴소. 도카치다케 산의 중턱에 자리해 여름에는 등산, 겨울에는 산악 스키를 즐기려는 사람들이 많이 찾는 온천 숙소다. 앞마당에는 캠프장도 마련되어 있다. 음료 등은 매점과 자판기에서 구매 가능하고 사 가도 무방하다. 기본적으로 2층 침대에서 여럿이 섞여 자는 구조지만, 방도 2개 있으니 예약하면 이용할 수 있다. 공동 부엌에 주방 도구가 마련되어 있으며, 식재료와 조미료, 수저 등은 직접 준비해야 한다.

하늘 위의 온천
료운카쿠 凌雲閣

표고 1,280m, 홋카이도에서 가장 높은 곳에 천연 100% 온천을 가진 숙소. 다이세츠 국립공원 안에 위치하고, 일본에서 가장 빨리 단풍이 드는 곳이기도 하다. 숙소 자체는 소박하지만 개성 있는 온천과 노천온천에서의 절경은 놓치기 아깝다. 개인 화장실이 있는 방과 공용 화장실을 사용해야 하는 방이 있으니 예약 시에 확인할 것.

Data 지도 285p-I
가는 법 JR가미후라노역 앞에서 도카치다케행 버스로 46분, 종점 료운카쿠마에 바로 앞 주소 空知郡上富良野町 十勝岳温泉
요금 2인 1실 이용시 1인 요금(조,석식 포함) 11,100엔~, 당일 입욕료 어른 1,000엔, 초등학생 500엔
전화 0167-39-4111
홈페이지 www.ryounkaku.jp

아웃도어 마니아를 위한 베이스캠프
알파인 게스트 하우스 Alpine Guest House

Data 가는 법 JR후라노역에서 차로 5분
주소 北海道富良野市北の峰町9－16
요금 1인 6,000엔~
전화 0167-56-9894
홈페이지 www.facebook.com/people/Alpine-Guesthouse/100065174315412

후라노스키장에서 멀지 않은 곳에 자리한 게스트하우스. 겨울에는 스키 마니아들이 장기 숙박하면서 후라노 스키장을 즐기는 곳으로 유명하다. 2층에 별도의 주방이 있어 직접 조리할 수 있다. 1인실과 2인실 객실이 있으며, 본래 요양시설로 만든 건물이라 화장실이 객실 내에 있다. 샤워실은 공동이지만 깨끗하게 관리된다. 겨울철에는 스키장 라커룸이 외부에 있어 이용 시 편리하다.

| 비에이 |

'지팡이를 잊게' 하는 100% 원천수

유모토 시로가네 온천호텔 湯元白金温泉ホテル

1951년 문을 연 시로가네온천의 유서 깊은 온천호텔. 마을 이장이 '진흙 속에서 백금을 발견했다'며 기뻐했다던 데서 이름이 유래된 시로가네온천이 1950년에 개발됐으니 온천마을의 역사와 함께했다고 해도 과언이 아니다. 오래된 별관과 새로 지은 본관이 있으며, 온천탕에서는 다른 물을 전혀 섞지 않는 뿌연 100% 원천을 사용, 관절염과 신경통에 특히 효과가 있어 '지팡이를 잊는다'는 시로가네온천을 제대로 즐길 수 있다. 비에이 시내에서 시로가네온천 쪽으로 오는 자작나무 숲길이 매우 아름답다.

Data 지도 285p-I
가는 법 JR비에이역에서 차로 30분 또는 JR비에이역 앞에서 시로가네 온천행 노선버스 승차 후 종점 하차(30분 소요) 후 도보 3분
주소 上川郡美瑛町字白金
요금 2인 1실 이용시 1인 요금(조,석식 포함) 11,000엔~ / 입욕료 어른 1,000엔
전화 0166-94-3333
홈페이지 www.shiroganeonsen.com

역 앞의 편리한 호텔

호텔 라브니르 Hotel Lavenir

비에이역과 여행정보센터 바로 옆에 자리한 2층 호텔. 단정한 외관에 객실 타입은 디럭스 트윈룸과 스탠더드 트윈룸 두 가지다. 스탠더드 룸도 일본의 일반 비즈니스호텔보다는 넉넉한 크기로 짐을 풀기에도 여유가 있다. 트윈룸에 간이침대 또는 소파침대를 추가해 트리플룸으로 이용할 수 있어 자녀가 있는 가족 여행객에게 유용하다. 모든 투숙객에서 갓 구운 빵이 포함된 조식이 무료로 제공된다.

Data 지도 286p-C
가는 법 JR비에이역에서 도보 3분, 시키노조호칸(관광안내소) 뒤편 주소 上川郡美瑛町本町1-9-21
요금 2인 1실 이용시 1인 요금(조식 포함) 6,500엔
전화 0166-92-5555
홈페이지 www.biei-lavenir.com

알뜰한 여행자를 위한 숙소

프티호텔 피에 プチホテル ピエ

비에이역 인근의 숙소 중에서도 저렴한 가격에 깨끗한 방에 묵을 수 있어 인기 있는 호텔. 유럽풍의 아기자기한 외관에 침대방 8실, 다다미방 2실의 작은 규모다. 아침은 간단한 빵과 커피뿐이고 특별한 부대시설이랄 것도 없지만 비에이역 근처에 레스토랑, 편의점 등이 있어 불편함이 크지는 않다. 인터넷 사용이 안 되는 것이 단점.

Data 지도 286p-E
가는 법 JR비에이역에서
도보 4분
주소 上川郡美瑛町栄町
1-5-17
요금 2인 1실 이용시 1인
요금(조식 없음) 4,500엔~
전화 0166-92-1200

Data 지도 284p-B
가는 법 JR비에이역에서
호쿠세이노오카 언덕 방향
으로 도보 약 30분 또는 픽업
요청 주소 上川郡美瑛町
大村大久保協生
요금 1인 6,000엔~(조,석식
미포함) 전화 0166-92-1136
홈페이지 www.alp-
lodge.com

언덕 위 소나무집

알프 롯지 비에이 Alp Lodge BIEI

소나무 향이 은은하게 퍼지는 아늑하고 깨끗한 방에서 깃털이불을 덮고 잘 수 있는 펜션. 총 5개의 객실로 하늘을 향해 창이 뚫린 방에서는 별을 보면서 누워 있을 수도 있다. 저녁식사로는 적포도주에 끓인 햄버그와 각종 계절 채소가 나온다. 식사시간 외에는 자신이 가지고 간 술을 마셔도 좋다. 벽난로가 있는 거실 이외에 계단 아래 마련된 작은 플레이룸에는 책 500권이 꽂혀 있기도 하다. 화장실 및 세면소, 욕탕은 공동 사용. 호쿠세이노오카 언덕 전망공원에서 도보 3분 거리로 켄과 메리의 나무까지도 30분이면 걸어갈 수 있어서 아침 산책을 하기에 좋다. 1일 500엔으로 자전거도 빌려준다.

아사히카와

旭川

원시의 홋카이도를 간직한 다이세츠잔으로 향하는 관문 아사히카와. 아무에게나 허락되지 않던 야생의 협곡과 원시림 안으로 들어가면, 혹독한 겨울을 뚫고 나온 꽃과 나무의 의연한 풍모가 북국의 삶을 오롯이 보여준다.

아사히카와
미리보기

홋카이도의 중앙에 위치한 아사히카와. 홋카이도 제2의 도시이자 '홋카이도의 지붕'이라 일컬어지는 다이세츠잔으로 가는 교통의 요지다. 6월에서 9월 사이 홋카이도에서 아사히카와를 놓친다면 땅을 치고 후회할 일.

SEE	EAT	SLEEP

보고 만지고 교감하는 일본 최초의 체험형 동물원, 아사히야마동물원은 아사히카와의 빼놓을 수 없는 관광지. 잊고 있던 내 안의 동심을 발견하는 시간이 될 것이다. 또한 신록이 우거진 여름부터 형형색색 단풍이 물든 가을까지 눈이 시리게 아름다운 다이세츠잔의 원시 자연 속으로 빠져보자. 등산에 익숙지 않더라도 산 정상 가까이 데려다주는 로프웨이가 있으니 걱정 뚝.

삿포로의 미소(된장)라멘, 하코다테의 시오(소금)라멘과 함께 홋카이도의 3대 라면이라 불리는 아사히카와의 쇼유(간장)라멘. 생선 육수와 간장 소스를 베이스로 한 쇼유라멘 특유의 감칠맛과 장인의 기술로 탄생한 곱슬곱슬한 면발은 후루룩 잘도 넘어간다. 시내에 오래된 라멘집이 있고 차로 20분 정도 거리에 라멘촌도 조성되어 있다.

일정에 따라 JR아사히카와역 주변 또는 다이세츠잔 인근에 숙소를 정하면 된다. JR아사히카와역에는 비즈니스호텔 위주이고, 다이세츠잔은 온천호텔이 대부분. 렌터카로 전 일정을 소화한다면 아예 아사히카와에서 남쪽으로 차로 30여 분 떨어진 비에이에 숙소를 정해 아사히카와와 비에이, 후라노 지역을 함께 여행하는 방법도 있다.

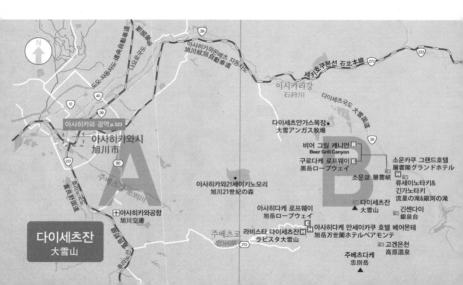

아사히카와
📍 1일 추천 코스 📍

'기적의 동물원'이라 불리는 아사히야마 동물원과 아름다운 홋카이도 정원이 펼쳐진 우에노팜,
장엄한 다이세츠잔을 렌터카 타고 모두 둘러보는 일정.

일본 최고의 동물원
아사히야마동물원에서
추억 쌓기

자동차 15분

형형색색 홋카이도 정원
우에노팜에서 산책

자동차 1시간

자연이 빚은 장엄한
대협곡과 아름다운 폭포

자동차 10분

다이세츠 지비루칸에서
청정수로 빚은 시원한 지역
맥주 한 잔!

도보 5분

하치야에서 홋카이도 3대 라멘,
쇼유라멘을 후루룩~

자동차
1시간 15분

구로다케 로프웨이 타고
다이세츠잔의 고산식물,
만년설과의 감격적인 조우

아사히카와 시내에는 관광지가 거의 없고 아사히야마동물원, 소운쿄협곡 등 장거리 이동이 많아 렌터카를 이용하는 것이 편리하다. 대중교통을 이용할 시에는 아사히야마동물원 방면과 소운쿄협곡 방면을 각각 한나절씩 할애하는 것이 일정 상 무리가 없다.

어떻게 갈까?

삿포로에서 아사히카와까지 JR열차로는 1시간 30여분 소요되며, 하루 30편 운행된다. 고속버스로는 2시간 정도 소요되고 배차간격은 20~30분이다. 아사히카와공항에서는 공항버스를 이용하면 35분 만에 시내로 들어갈 수 있다. 공항버스는 비행기 도착 시간에 맞춰 운행된다.

어떻게 다닐까?

아사히카와 시내와 근교는 JR열차와 시내 노선버스를 이용한다. 다이세츠잔 방면은 노선버스로 이용해 갈 수 있다. 배차 간격이 좋지 않으니 돌아오는 차편을 미리 체크해두어야 한다. 렌터카를 이용하면 이런 부담에서 자유로울 수 있고, 류세이노타키·긴가노타키 폭포와 같은 절경까지 감상할 수 있다.

렌터카(p.050 참고)

JR열차나 고속버스를 타고 왔다면 역 앞 렌터카 업체를, 아사히카와공항을 통해 들어왔다면 공항 앞 영업소를 이용하면 된다.

아사히야마동물원 노선버스&관광버스

JR아사히카와역 앞(6번 승강장)에서 노선버스가 30분 간격으로 운행한다. 또한 삿포로에서 바로 아사히야마동물원으로 가는 방법도 있다. 삿포로역 앞 버스터미널에서 판매하는 아사히야마동물원 당일치기 관광버스를 이용하면 갈아타는 일 없이 편리하게 이동할 수 있다.

Data 노선버스 요금 편도 어른 500엔
홈페이지 www.asahikawa-denkikidou.jp
(아사히카와 덴키키도旭川電気軌道)

관광버스 요금 어른 5,200엔, 어린이 2,250엔(동물원 입권 포함) 홈페이지 teikan.chuo-bus.co.jp/ko/
(주오버스中央バス)

다이세츠잔 노선버스

같은 다이세츠잔 권역에 속하지만 소운쿄 방면과 아사히다케 방면은 이동 경로가 전혀 다르다. 차편도 많지 않고 이동 시간도 길기 때문에 신중히 계획하자.

❶ 아사히다케旭岳 방면 66번 이데유いで湯호 (1시간 26분 소요)

JR아사히카와역 출발(9번 승강장)

| 07:11 | 09:41 | 13:11 | 15:41 |

아사히다케 출발

| 09:30 | 11:30 | 15:30 | 17:30 |

Data 요금 편도 1,800엔 전화 0166-23-3355
홈페이지 www.asahikawa-denkikidou.jp
(아사히카와 덴키키도旭川電気軌道)

❷ 소운쿄層雲峽·가미카와上川 선 버스 (1시간 55분 소요)

JR아사히카와역 출발(8번 승강장)

| 09:15 | 10:45 | 12:15 | 14:35 | 15:45 | 16:35 | 18:40 |

소운쿄 출발

| 06:20 | 07:45 | 08:40 | 10:55 | 13:30 | 15:40 | 17:30 |

Data 요금 편도 2,140엔
홈페이지 www.dohokubus.com(도호쿠버스道北バス)

아사히카와역
旭川駅

도키와공원
常盤公園

아사히카와 중앙도서관
旭川中央図書館

LOISIR HOTEL

고조도리 五条通

파출소
KOBAN

닛쇼 초등학교
日章小学校

• Seicomart

TOYOTA

시조도리 四条通

도미인 아사히카와
Dormy Inn 旭川

• 세븐일레븐

호시노 리조트 OMO7
아사히카와
OMO7旭川 by 星野リゾート

세이운 초등학교
青雲小学校

산조도리 三条通

적십자병원
赤十字病院

LAWSON

아지잔마이
味三昧

하치야
蜂屋

세븐일레븐

니조도리 二条通

HOTEL LEOPALACE
ASAHIKAWA

이치조도리 一条通

아사히카와
업고등학교
業高

연금사무소
年金事務所

• mister Donut

McDonald's

하코다테본선 函館本線

후지타칸코 워싱턴호텔 아사히카와
藤田観光ワシントンホテル旭川

EXC•

SEIBU

다이세츠 지비루칸
大雪地ビール館

HOTEL RESOL

ESTA

도요타렌터카
トヨタレンタカー

아사히카와역 旭川

가미카와 소코 크라이무
KAMIKAWA SOKO 蔵囲夢

소야본선 宗谷本線

아사히카와 휴게소
あさひかわ

크리스털 파크
クリスタルパーク

LAWSON

가구라 초등학교
神楽小学校

세븐일레븐

미우라아야코 기념문학관
三浦綾子記念文学館

가구라오카공원
神楽岡公園

SEE

Data 지도 323p-B
가는 법 JR사쿠라오카역 하차
후 도보 15분 또는 JR아
사히카와역에서 차로 30분
주소 旭川市永山16-186-2
운영시간 4월 하순~10월 중순
10:00~17:00(월요일 휴무,
가든 영업 기간 외에는 카페만
영업) 요금 어른 1,000엔,
중학생 500엔, 초등학생 이하
무료 전화 0166-47-8741
홈페이지 www.uenofarm.net

홋카이도 정원의 탄생
우에노팜 UENO FARM

홋카이도의 기후와 풍토에 맞춘 꽃과 나무가 자라는 영국식 정원. 영국에
서 조원술을 공부한 우에노 사유키上野砂由紀 씨가 고향으로 돌아와 대대
로 내려온 가족 쌀 농장 한편에 정원을 조성하면서 우에노팜의 역사가 시
작되었다. 그리고 숱한 연구와 실패 끝에 영국은 물론 일본 본토와도 다른 홋카이도 지역만의 특색 있는
'홋카이도 정원'이 탄생한 것. 2004년에는 일본 유명 원예잡지〈BISES〉의 콘테스트에서 우에노팜이 그
랑프리를 수상하며 우에노 사유키 씨는 일약 유명 가드너이자 홋카이도 가든 문화의 전파사로 이름을 떨
치게 되었다. 오솔길과 나무 울타리 사이로 달마다 다양하게 피어나는 1천여 종의 꽃은 보고 또 봐도 질
리지 않는 다이내믹한 풍경을 선사한다. 외국 종자에서 길러낸 보기 드문 여러해살이풀 모종과 가든 소
품, 생활 잡화 등은 구경하는 재미에 시간 가는 줄 모른다. 오래된 헛간을 개조한 '나야 카페NAYA Café'에서
는 아사히카와 낙농가의 우유를 넣은 소프트아이스크림과 케이크, 제철 재료로 만든 건강한 음식도 맛
볼 수 있으며 식물과 관련된 그림이나 사진을 전시하는 미니 갤러리도 있다.

소설 〈빙점〉 속으로

미우라아야코 기념문학관 三浦綾子記念文学館

한국에도 〈빙점氷点〉으로 널리 알려져 있는 소설가 미우라 아야코(1922~1999년)의 기념관. 일본에서도 드물게 팬들이 모금하여 건립한 문학관이다. 미우라 아야코의 일생과 작품들이 알기 쉽게 전시되어 있다. 2층짜리 아담한 건물로, 둘러보는 데 오랜 시간이 필요하지는 않다. 문학관은 수입산 침엽수림을 관찰하기 위해 조성된 외국 수종 견본림外国樹種見本林에 위치하고 있는데, 이곳은 빙점의 무대가 된 곳이기도 하다. 이 견본림은 100년 이상 사람의 손길이 닿지 않은 자연림으로 산책도 가능하다.

Data 지도 325p-E 가는 법 JR아사히카와역 남쪽 출구에서 도보 15분 또는 JR아사히카와역에서 택시로 3분(편도 650엔) 주소 旭川市神楽7条8-2-15 운영시간 09:00~17:00(11~5월 월요일, 12월 3일~1월 4일 휴관) 요금 어른 700엔, 대학생 300엔, 초·중·고등학생 무료 전화 0166-69-2626 홈페이지 www.hyouten.com

아사히카와 문화 발신지

가미카와 소코 크라이무 KAMIKAWA SOKO 蔵囲夢

옛 홋카이도 개척 당시 물류의 거점으로 사용되었던 창고를 개조해 숍과 전시장 등으로 사용하고 있는 붉은 벽돌의 창고군이다. 아사히카와 지역 맥주를 맛볼 수 있는 '다이세츠 지비루칸'과 인테리어 종합 프로듀스 집단인 '인테르니INTERNI'의 가구 편집숍 아사히카와의 지역적 특색과 다양한 문화를 공유할 수 있다.

Data 지도 325p-D
가는 법 JR아사히카와역 북쪽
출구에서 도보 5분
주소 旭川市宮下通11-1604-1
인테르니
운영시간 12:00~17:00
(일·월요일 휴무)
전화 0166-27-1701
홈페이지 interni.tv

발상의 전환으로 탄생한 기적의 동물원

아사히야마동물원 旭山動物園

아사히카와 동쪽 아사히야마旭山 기슭에 조성된 아사히야마동물원은 일명 '기적의 동물원'으로 통한다. 망해가던 동물원이 연간 300만 명의 관광객을 끌어들이는 일본 최고의 인기 동물원으로 거듭난 배경에는 기존 동물원에 대한 발상의 전환이 있었다. 획일적인 관람 방식 대신 각 동물의 자연스러운 행동을 분석하고 그에 따라 다양한 관람 방식을 시도한 것이다. 유리 터널 형태의 수족관을 지나면 펭귄이 머리 위를 날아다니고, 나무 위에서 생활하는 오랑우탄을 위해 높은 기둥을 밧줄로 연결한 공중 방사장도 만들었다. 야행성 동물을 관찰하기 위해서 8월에는 가이드와 함께하는 '밤의 동물원'도 개장한다. 동물원 최대의 볼거리인 '펭귄의 산책'도 겨울철 펭귄의 운동부족을 위해 행해지던 것. 15ha의 너른 동물원 안에서 펼쳐지는 갖가지 동물 체험을 모두 즐기려면 한두 시간으로는 부족하니 여유 있게 일정을 짜두자.

Data 지도 323p-B 가는 법 JR아사히카와역 북쪽 출구 앞 6번 승강장에서 41, 42, 47번 버스 승차 40분 후 아사히야마동물원 하차 주소 旭川市東旭川町倉沼 운영시간 4월 말~10월 중순 09:30~17:15, 10월 중순~11월 초 ~16:30, 11월 중~4월 초 10:30~15:30 요금 고등학생 이상 820엔, 중학생 이하 무료 전화 0166-36-1104 홈페이지 www.city.asahikawa.hokkaido.jp/asahiyamazoo

높이 100m의 장대한 협곡

소운쿄 層雲峽

다이세츠잔 여행의 중심지 소운쿄 대협곡. 아이누어
로 '폭포가 많은 강'을 뜻하는 소운베츠ソウンベツ에서
유래한 소운쿄는 이시카리가와 강을 따라 100m 높이
의 거대한 단애절벽이 이어지는 대협곡이다. 류세이노
타키·긴가노타키와 같은 아름다운 폭포를 볼 수 있으
며, 협곡을 따라 조용한 온천가가 자리하고 있다. 이곳
에 다이세츠잔의 대표 등산지 구로다케로 향하는 로프
웨이 승강장이 있고, 가을철 단풍 명소인 긴센다이, 고
겐온센 등을 향하는 셔틀버스도 출발한다. 또한 홋카
이도 3대 겨울 축제인 '효바쿠마츠리氷瀑まつり'가 열리는
등 사시사철 관광객의 발길이 끊이지 않는다.

Data 지도 322p-B 가는 법 JR아사히카와역 북쪽 출구
앞 8번 승강장에서 소운쿄·가미카와 선 버스 승차, 1시간
55분 후 소운쿄 버스터미널 하차 주소 上川郡上川町
層雲峽温泉 전화 01658-2-1811(소운쿄 관광협회)
홈페이지 www.sounkyo.net(한국어 지원)

Tip JR레일패스를 이용해 소운쿄 알뜰하게
가기

소운쿄까지는 버스 이용 시 편도 2,140엔으로
다소 부담스러운 금액. 하지만 JR레일패스가
있다면 절약할 수 있다. JR아사히카와역에서
JR가미카와上川역까지 이동한 후(40여 분 소
요) 소운쿄 행 도호쿠버스를 이용하는 것. 가미
카와에서 소운쿄까지 요금은 890엔이며, 30
분 소요된다. 아사히카와역에서 가미카와역까
지 가는 보통 및 특급 열차는 하루 13편으로,
사전에 열차와 버스시간을 알고 이동경로를 짜
두어야 한다. 부지런하면서 약간의 귀찮음조차
여행의 잔재미라고 생각하는 사람에게 추천.

소운쿄협곡이 숨겨둔 보석
류세이노타키 · 긴가노타키 流星 · 銀河の滝

낙차 90m로 굵은 한 줄기가 웅장한 소리와 함께 떨어지는 폭포가 류세이노타키, 120m 절벽에서 가늘고 섬세한 물줄기가 무수하게 떨어지는 폭포가 긴가노타키다. 이 때문에 류세이노타키는 남성, 긴가노타키는 여성에 비유되기도 한다. 폭포 맞은편 비탈길을 오르면 두 개의 폭포를 한꺼번에 볼 수 있는 전망대도 있다. 주차장 휴게소에서는 간단한 식사와 기념품 구입이 가능하다.

Data 지도 322p-B 가는 법 소운쿄 버스터미널에서 차로 10분 주소 上川郡上川町層雲峡温泉

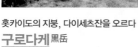

Data 지도 322p-B
가는 법 소운쿄 버스터미널에서 도보 5분 운영시간 여름 시즌 06:00~19:00, 겨울 시즌 08:00~16:00 주소 上川郡上川町層雲峡温泉 요금 로프웨이 왕복 어른(중학생 이상) 2,400엔, 초등학생 1,400엔, 초등학생 미만 무료 / 2인용 리프트 왕복 어른 600엔, 어린이 400엔 전화 01658-5-3031 홈페이지 www.rinyu.co.jp/kurodake

홋카이도의 지붕, 다이세츠잔을 오르다
구로다케 黒岳

산정상이 날카롭고 뾰족하며 검은색을 띄고 있는 데서 연유된 구로다케. 해발 1,984m의 구로다케는 소운쿄 온천에서 로프웨이를 이용해 5부 능선까지 7분 만에 오를 수 있다. 발아래 이시카리가와石狩川 강이 흘러 대협곡을 이루는 장관을 볼 수 있다. 5부 능선에서 다시 2인용 리프트를 타고 15분 만에 7부 능선까지 갈 수 있는데, 여기서부터 구로다케 정상까지 등산 코스로 인기가 높다(1시간 40분 코스). 7~8월에는 아름답게 꽃을 피운 고산식물과 함께 정상에는 잔설이 펼쳐진다. 11월 초순부터 6월 상순까지 산악스키를 즐길 수 있는 것도 매력 중 하나.

단풍과 운해의 명소
긴센다이 銀泉台

홋카이도에서 가장 높은 해발 1,500m의 다이세
츠 관광도로를 달리면 단풍 명소로 이름난 긴센
다이에 닿는다. 단풍철에는 파란 침엽수와 노랗
고 빨간 활엽수의 대비가 환상적. 매년 많은 관
광객들이 찾아오는데, 자연 보호를 위해 단풍철
에는 셔틀버스를 이용해야 한다. 긴센다이는 운
해의 명소로도 알려져 있어 운이 좋으면 눈앞 가
득 펼쳐지는 운해를 감상할 수 있다.

Data 지도 322p-B 가는 법 소운쿄 버스터미널에서
긴센다이행 버스를 타고 1시간 후 종점 하차. 또는
가을 단풍철 소운쿄 버스터미널에서 셔틀버스 이용
주소 上川郡上川町層雲峡温泉

Tip **단풍철 셔틀버스 운행시간**

가을 다이세츠잔의 단풍이 절정에 이르면 자
가용의 통행을 제한하고 셔틀버스를 운행한다. 소운
쿄 버스터미널에서 다이세츠 레이크사이트大雪レイク
サイト 행 셔틀버스를 타고 종점 하차 후, 고겐온센 또
는 긴센다이행 셔틀버스로 갈아타면 된다. 대략 9월
10일부터 25일까지 운행하며, 탑승 인원이 정해져
있으니 일찍 움직이는 것이 좋다. 정확한 운행 일정은
소운쿄 관광협회 홈페이지(https://sounkyo.net)
를 참고하자.

① 소운쿄 버스터미널~다이세츠 레이크사이트 (25분 소요)
Data 요금 편도 460엔

소운쿄 출발

06:02	07:00	08:00	09:00	11:15	14:17

레이크사이트 출발

08:05	12:00	15:35	16:05	16:35	17:05

② 다이세츠 레이크사이트~고겐온센(25분 소요)
Data 운영시간 레이크사이트 출발 06:30~13:00(30분
간격 운행), 14:42, 15:15 / 고겐온센 출발 07:30,
09:00~16:00(30분 간격 운행) 요금 편도 510엔

③ 다이세츠 레이크사이트~긴센다이(35분 소요)
Data 운영시간 레이크사이트 출발 06:00~13:00
(30분 간격 운행) / 긴센다이 출발 09:00~16:30
(30분 간격 운행) 요금 편도 510엔

Data 지도 322p-B
가는 법 가을 단풍철 소운쿄
버스터미널에서 셔틀버스 이용
주소 上川郡上川町層雲峡温泉

불곰이 사는 자연 늪지 트레킹
고겐온천 高原温泉

다이세츠잔의 손꼽히는 단풍 절경지인 고겐온천에 트레킹 코스가 조성되어 있다. 늪을 둘러싼 6km의 코스
인데, 불곰의 서식지와 겹쳐 전체를 다 돌아볼 수는 없다. 입구의 불곰 정보센터에서 주의사항 등의 교육을
받아야 하며, 아침 7시부터 오후 1시까지 입산이 가능하다. 하산은 3시부터 이루어진다. 땅이 질척이는 곳
이 많아 등산화나 장화는 필수. 단풍철에는 자가용 진입이 금지되고, 셔틀버스로 이동할 수 있다.

Data 지도 322p-B
가는 법 JR아사히카와역
북쪽 출구 앞 9번 승강장에서
66번 버스 아사히다케
이데유旭岳いで湯 호 승차
1시간 25분, 종점 아사히다케
온천 하차 주소 上川郡東川町
旭岳温泉 운영시간 로프웨이
09:00~17:00(동계 ~15:40,
20분 간격 운행) 요금 로프웨이
왕복티켓 6월 1일~10월 20일
중학생 이상 3,200엔, 초등학생
이하 1,600엔 10월 21일~
5월 31일 중학생 이상 2,200엔,
초등학생 이하 1,500엔) 초등
학생 미만 무료 전화 0166-
68-9111 홈페이지 asahidake.
hokkaido.jp

다이세츠잔의 최고봉
아사히다케 旭岳

해발 2,291m로 다이세츠잔에서는 물론 일본에서도 최고의 높이를 자랑하는 아사히다케. 일본에서 가장
빨리 물드는 단풍을 보기 위해 각지의 관광객이 찾아오는 명소다. 아사히다케 로프웨이는 아사히다케에서
고도 약 1,100m의 산로쿠역과 약 1,600m의 스가타미역을 연결하며 10분이 소요된다. 로프웨이에서 내려
스가타미 연못 주변을 돌아보는 트레킹 코스(1시간 소요)는 갖가지 고산식물과 북방의 새 '솔양진이ギンザン
マシコ' 등 진기한 식생을 관찰할 수 있다. 현재도 화산활동이 진행되어 분화구에서 하얀 연기를 뿜어내는 아
사히다케. 아이누족이 '신들이 노니는 정원'이라 불렀던 다이세츠잔의 비범한 풍경과 마주할 수 있다.

EAT

다이세츠잔 아래서 즐기는 이탈리안 요리
비어 그릴 캐니언 Beer Grill Canyon

구로다케 로프웨이 아래, 소운쿄 대협곡 온천가에 위치한 이탈리안 레스토랑. 맛은 더 말할 것도 없고, 등산객들이 주 손님이라서 인지 양도 충분하다. 껍질까지 먹어도 맛있는 단호박 그라탕이나 가마카와 지역의 브랜드 돼지고기인 게이코쿠미톤渓谷味豚으로 만든 돼지고기 스테이크 등 홋카이도산 식재료를 사용한 메뉴가 풍부하다.

Data 지도 322p-B 가는 법 JR아사히카와역 북쪽 출구 앞 8번 승강장에서 소운쿄·가마카 선 버스 승차, 1시간 55분 후 소운쿄 버스터미널 하차 도보 3분 주소 上川郡上川町層雲峡キャニオンモール 운영시간 런치 11:30~15:30, 디너 17:30~20:30 화·수요일 휴무 요금 파스타런치 1,000엔~, 카레 1,000엔~ 전화 01658-5-3361 홈페이지 bg-canyon.com/index.html

Data 지도 325p-B
가는 법 JR아사히카와 북쪽 출구에서 도보 10분. 후라리토 ふらりーと 골목 내
주소 旭川市5条通7丁目右6 운영시간 10:30~19:50(목요일 휴무) 요금 쇼유라멘 800엔~, 교자 500엔, 볶음밥 300엔 전화 0166-22-3343

60년 고집의 쇼유라멘
하치야 蜂屋

아사히카와의 대표 쇼유(간장)라멘 전문점이다. 닭꼬치구이, 우동, 로바타야키 등의 음식점과 청과상이 밀집해 있는 고·나나코지 후라리토5·7小路ふらりーと 골목에 자리하고 있다. 1947년 문을 연 하치야는 이 골목 터줏대감이다. 어패류의 깔끔한 국물에 간장으로 간을 하고, 불에 그슬린 라드(돼지기름)를 사용해 느끼함이 덜하다. 라면은 주문 시에 기름이 많은(아부랏코이) 것과 보통(후츠) 중에서 고를 수 있다. 기름이 많은 것은 살짝 냄새가 날 수도 있으니 민감한 사람은 피하는 것이 좋을 듯.

Data 지도 325p-D
가는 법 JR아사히카와역
북쪽 출구에서 도보 5분
주소 旭川市宮下通11-1604-1
운영시간 11:30~22:00
요금 맥주 샘플링 1,980엔,
지비루 350ml 550엔
전화 0166-25-0400
홈페이지 www.ji-beer.com

홋카이도산 재료와 청정수로 빚은 지역 맥주
다이세츠 지비루칸 大雪地ビール館

다이세츠잔의 청정수를 사용한 다이세츠 지비루는 '재팬 비어 그랑프리'를 수상한 저력이 있는 대표 지역 맥주(지비루). JR아사히카와역 가까이에 있는 붉은 벽돌의 가미카와 소코 크라이무 내에 자리하고 있다. 맥주 샘플링을 주문하면 아로마 향과 비터 홉이 균형 있게 느껴지는 '다이세츠 필스너大雪ビルスナー', 에일 계열로 효모의 풍미가 살아 있는 '케라·피루카ケラ·ピルカ', 홋카이도산 밀을 첨가한 깔끔한 맛의 화이트 필스너 '호가萌芽', 그리고 아사히카와산 쌀과 후라노산 보리를 사용해 목 넘김이 좋은 발포주 '후라노 오무기富良野大麦'를 맛볼 수 있다. 여행 시기를 잘 맞추면 '구로다케黒岳'라는 흑맥주가 추가되기도 하는데, 검정 엿기름을 많이 넣어 짙고 깊은 맛이 특징이다. 주로 겨울에 맛볼 수 있다. 90분 동안 맥주를 무제한 먹을 수 있는 노미호다이 메뉴가 5,000엔. 2층은 징기스칸 전용, 1층은 단품 메뉴 전용 레스토랑이다.

Data 지도 323p-A
가는 법 JR미나미나가야마
역에서 도보 5분
주소 旭川市永山11条4丁目
119-48
운영시간 식당 11:00~20:00,
전화 0166-48-2153
홈페이지 www.ramenmura.
com(한국어 지원)

골라먹는 재미가 있다
아사히카와 라멘무라 あさひかわラーメン村

JR미나미나가야마역 인근 쇼핑센터 나가야마파워즈永山パワーズ 내에 있는 라멘촌. 아사히카와의 인기 높은 라멘 전문점 7곳이 입점해 있다(아오바青葉, 잇테츠안 마츠다いってつ庵まつ田, 이시다山い田, 덴킨天金, 산토카山頭火, 사이조Saijo, 바이코켄梅光軒). 팸플릿에 한글로 각 가게의 특징이 적혀 있어 취향대로 골라먹을 수 있다. 미니 사이즈 주문도 가능하니 두세 곳을 비교해가면서 먹어도 좋겠다. 기프트숍에서는 라면 상품도 판매한다.

SLEEP

Data 지도 325p-B
가는 법 JR아사히카와역
북쪽 출구에서 쇼와도리를
따라 도보 10분
주소 旭川市五条通6-964-1
요금 2인 1일 이용시 1인 요금
(조식 포함) 7,500엔~
전화 0166-27-5489
홈페이지 www.hotespa.
net/hotels/asahikawa

가격 대비 위치와 시설 만족도 최고
도미인 아사히카와 Dormy Inn 旭川

아사히카와역 인근의 깔끔한 비즈니스호텔. 에어컨은 물론 가습기 및 공기
청정기가 설치된 청결한 객실에서 잠을 청할 수 있다. 여행과 비즈니스로 지
친 투숙객들에게 꼭대기 층에 마련된 천연 온천탕은 고마운 편의시설. 족욕
과 노천욕, 사우나가 가능하고 나트륨과 염화물이 함유된 온천수는 피로회복과 만성 소화기 질환에 효
과가 있다. 조식은 30여 종의 일본식과 서양식의 메뉴로 구성된 뷔페가 제공된다.

Data 지도 322p-B
가는 법 JR아사히카와역
북쪽 출구 앞 9번 승강장에서
66번 버스 아사히다케이데유
旭岳いで湯号 승차 1시간
25분 후 아사히다케 캠핑장 하차,
도보 1분
주소 北海道上川郡東川町1418
요금 트윈룸(조식·석식 포함)
1실 2인 28,080엔~
전화 0166-97-2323
홈페이지 www.hotespa.net/
hotels/daisetsuzan

아이누족 문화가 깃든 북유럽풍 산장 료칸
라 비스타 다이세츠잔 LA VISTA 大雪山

다이세츠잔 아사히다케 온천가의 원시 침엽수림으로 둘러싸인 북유럽풍 산장 료칸. 아이누 민족의 문화
를 전달한다는 모토로 입구와 호텔 로비 등에 숲의 수호신인 부엉이를 장식해 토속적인 느낌을 물씬 풍긴
다. 목재 장식과 난로로 꾸며진 객실은 산장에 머무는 분위기를 한껏 살리고 핸드드립 커피세트와 갓 볶
은 원두가 구비되어 다이세츠잔 전망과 함께 향기로운 아침을 맞이할 수 있다. 눕는 노천탕, 바위 노천탕,
통 욕조탕, 히노키탕 등 다양한 온천 시설은 물론 가족, 연인끼리 독점할 수 있는 전세탕도 세 가지 스타
일로 즐길 수 있다. 아침저녁 식사가 숙박비에 포함된 플랜이며, 특히 프랑스 풀코스 요리와 홋카이도 냄
비 요리 중 하나를 선택하는 저녁식사는 행복한 고민에 휩싸이게 한다.

대협곡 아래 온천욕

소운카쿠 그랜드호텔 層雲閣グランドホテル

소운쿄 협곡 온천 마을에 1923년 문을 연 유서 깊은 온천호텔. 시설은 다소 낡았지만 소운쿄 협곡의 주상절리가 호텔 주변을 병풍처럼 감싸고 있어 풍광 만큼은 최고다. 구로다케 로프웨이 승강장까지 도보 10분 거리에 위치해 가 볍게 다이세츠잔을 등반한 후 대협곡의 원천수가 흘러 들어오는 호텔 노천탕 에서 피로를 풀 수 있다. 호텔의 모든 요리에는 홋카이도 전역의 제철 식재료 를 사용하며 뷔페, 가이세키 요리, 단품 요리 중 선택할 수 있다.

Data 지도 322p-B
가는 법 JR아사히카와역
북쪽 출구 앞 8번 승강장에서
소운쿄·가마카가 선 버스
승차 1시간 55분 후 소운쿄
버스터미널 하차, 도보 2분
주소 上川郡上川町層雲峽
層雲峽温泉 요금 2인 1실
이용시 1인 요금(조,석식 포함)
13,500엔~
전화 01658-5-3111
홈페이지 www.sounkaku.co.jp

홋카이도 중부 여행의 베이스 캠프

OMO7 아사히카와 by 호시노 리조트 OMO7 旭川 by Hoshino Resort

홋카이도의 유명한 아사히야마동물원과 비에이, 후라노를 여행할 때 중심이 되는 아사히카와에 OMO 호텔이 오픈했다. 구 아사히카와 그랜드 호텔을 리 노베이션해 관광뿐 아니라 비즈니스까지 소화할 수 있는 다양한 객실 타입을 갖추었다. OMO 레인저의 안내를 받으며 아사히카와 라멘과 야키토리, 곱창 요리 호르몬 등 지역 주민만 아는 맛집과 술을 테마로 동네를 산책하는 가이 드 프로그램이 인기다. 동네 가구 및 잡화점과 카페를 순회하는 투어 프로그 램도 있다.

Data 가는 법 JR아사히
카와역에서 도보 13분
주소 旭川市6条通9丁目
요금 20,000엔
전화 050-3134-8096
(영어 응대)
홈페이지 omo-hotels.com/
asahikawa/ko

Hokkaido By Area

06

오비히로
帯広

홋카이도 맛의 원천은 자연이다. 재료 본연의 맛을 얼마나 잘 살릴 수 있는가가 요리사의 실력을 가늠하는 만큼 건강한 재료만을 고집한다. 그중에서도 홋카이도 한복판을 차지하고 있는 오비히로 · 도카치 지역은 단연 으뜸. 한여름 들판을 황금물결로 만드는 밀, 드넓은 목장에서 자란 소 등 믿을 수 있는 식재료를 통해 잘 먹고 잘 사는 것이 곧 '도카치 라이프'다.

오비히로

미 리 보 기

드넓은 평원의 농장과 목장에서 생산되는 맛있는 먹을거리로 유명한 도카치의 중심지 오비히로. 홋카이도 중앙에 아름다운 숲과 정원을 잇는 정원가도가 조성되면서 도카치의 오비히로를 여행해야 하는 이유가 하나 더 늘었다.

SEE
📷

오비히로 여행의 최적기는 6월에서 10월. 아사히카와 ~ 후라노~오비히로를 잇는 정원가도를 둘러보기 좋은 시기이다. 햇살 좋은 날 초목과 꽃으로 뒤덮인 숲과 정원에서의 산책은 그 어떤 로맨틱 영화보다도 낭만적이다. 이와는 대조적으로 오비히로에서만 관람할 수 있는 반에이 경마는 박진감 넘치는 액션 활극.

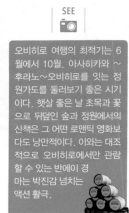

EAT
🍽

식량자급률 1,200%을 자랑하는 홋카이도 최대의 농업·낙농지대 도카치. 풍족하고 맛 좋은 농산물과 육류, 유제품 덕분에 오비히로에서의 세 끼는 늘 기대감으로 넘쳐난다. 롯카테이, 크랜베리, 류게츠 등 홋카이도의 내로라하는 스위츠 브랜드와 도카치 밀 100% 달성의 1호 베이커리 마스야가 탄생한 도시인만큼 디저트를 위한 배는 따로 남겨두자.

SLEEP
🔔

JR오비히로역 인근에 다양한 가격대의 비즈니스호텔이 자리하고 있다. 미식도시의 진가는 비즈니스호텔의 조식에서도 발휘되어 어떤 곳은 고급 레스토랑에 버금가는 수준. 시내에서 차로 20여 분 떨어진 도카치가와온천에서는 피부에 좋아 '미인탕'이라 불리는 모르Moor 온천탕을 즐기며 묵을 수 있는 온천 호텔이 즐비하다.

오비히로

1일 추천 코스

와인, 스위츠, 부타돈, 빵, 장작가마 피자 등 먹는 걸로 시작해 먹는 걸로 끝나는 하루. 홋카이도의 개척사가 남긴 박진감 넘치는 반에이 경마와 인류에게 자연을 돌려주자는 취지에서 조성된 도카치 센넨노모리는 미식 여행을 더욱 풍성하게 만들어 준다.

중세 분위기의 이케다와인성 와이너리에서 맛보는 도카치와인

자동차 35분 →

류게츠 스위트피아에서 인기 바움쿠헨 산포로쿠를 싸게 구입

자동차 15분 →

박진감 넘치는 반에이 경마의 세계로~

도보 2분 ↓

도카치 밀 100%의 진정한 로컬 빵집, 무기오토

자동차 55분 ←

도카치 센넨노모리의 대자연과 사람의 조화로운 삶이 건네는 무한 감동

자동차 45분 ←

도카치무라에서 오비히로 특산물 구경하고 부타돈도 맛보고~

자동차 10분 ↓

도카치산 재료가 듬뿍 들어간 장작가마 피자 in 도카치노엔

도보 3분 →

술 한잔 기울이기 좋은 포장마차 골목, 기타노야타이

오비히로시를 중심으로 그 일대의 도카치 지역을 함께 여행한다. 대부분의 관광지가 시내에서 다소 떨어져 있어 렌터카로 이동하는 것이 가장 효율적이다. 오비히로·도카치의 숲과 정원을 제대로 만끽하려면 최소한 이틀 이상 투자해 여유 있게 둘러보도록 하자.

어떻게 갈까?

JR열차로 삿포로에서 오비히로까지 1일 11회 편리하게 이동할 수 있으며, 특급 열차로 2시간 30여 분 소요된다. 고속버스는 1일 10회 운행하며 3시간 30여 분 소요된다. 주오버스 공통 운행으로 편도 요금은3,840엔으로 주오 삿포로 버스터미널의 예약센터 창구나 삿포로역 앞 터미널 발권소에서 구입하면 된다.

어떻게 다닐까?

대부분의 관광지가 시내에서 멀고 일반버스도 잘 발달되지 않아 차를 렌트하는 것이 가장 유용한 방법. 비운전자는 지역 대표 운송사인 도카치버스+勝バス의 당일 버스여행팩을 이용하면 편리하다. 특히 대중교통이 불편한 정원가도를 보다 효율적으로 돌아볼 수 있다. 한 장소를 집중적으로 보고 싶다면 JR열차(이케다 와인성)와 택시를 적절히 이용해 일정을 계획한다.

렌터카 (p.050 참고)

JR열차나 고속버스를 타고 왔다면 역 앞 렌터카 업체를, 아사히카와공항을 통해 들어왔다면 공항 앞 영업소를 이용하면 된다.

택시

일반택시와 관광택시가 있으며, 콜을 하더라도 추가 요금이 없다. 24시간 이용 가능.

Data **오비히로 도요택시 東洋タクシー** 요금 30분 2,500엔 전화 0155-33-3939 홈페이지 toyotaxi.co.jp

다이쇼코츠 大正交通 요금 소형택시 1시간 코스 6,140엔 전화 0155-64-5011 홈페이지 www. taishokotsu.co.jp

도카치가와온천 노선버스

식물성 모르온천으로 유명한 도카치가와온천은 온천호텔 숙박은 물론 당일 입욕도 가능하다. JR오비히로역 남쪽 출구 앞 6번 승강장에서 45번 버스에 탑승하면 약 30분 소요된다.

JR오비히로역 출발

★ 07:11	09:05	11:20	13:26	★ 14:33
15:26	16:51	18:11	-	-

도카치가와온천(미나미南) 출발

★ 07:11	07:55	09:49	12:04	14:10
★15:17	16:10	17:35	18:55	-

★ 토·일·공휴일 운휴

Data 요금 편도 어른 500엔
전화 0155-37-6500(도카치버스)
홈페이지 www.tokachibus.jp

🚌 당일 버스여행팩

해당 시설까지의 왕복 버스티켓과 입장권을 팩으로 묶어 판매한다. 특전도 있지만 금액 할인폭도 큰 편이니 방문 예정인 시설이 포함되어 있다면 이용해볼 것. 버스여행팩 티켓은 이용 당일에만 구매 및 이용이 가능하다. 오비히로역 버스터미널 내 안내소에서 구매할 수 있다.

Data 전화 0155-23-5171
홈페이지 www.tokachibus.jp/buspack2022

시설명	하차 정류장	내용	요금
마나베정원	니시욘조산 주큐초메西 4条39丁目	왕복 버스승차권, 정원 입장료, 카페, 가든센터 할인	어른 1,300엔 어린이 440엔
나카사츠 나이 비주 츠무라 & 롯카노 모리 & 미치노에키	나카사츠 나이쇼갓코 마에中札内 小学校前 나카사츠 나이비주 츠무라中札 内美術村	나카사츠나이 미술촌 왕복 버스승차권, 전관 공통입장료, 나카사츠나이 1일 승차권, 나카사츠나이 미술촌 포로시리 커피서비스, 국도휴게소 나카사 츠나이 특전할인쿠폰	어른 2,600엔 어린이 1,260엔
도카치 센 넨노모리 (천년의 숲)	메무로에 키마에 芽室駅前	메무로에키마에까지 왕복 버스승차권, 메무로역~도카치 센넨노모리 왕복 택시권, 입장료, 포스트 카드 프레젠트	2명 이용 시 1인 6,200엔 (인원에 따라 다름)

Tip 도카치관광정보센터
오비히로역 에스타 동관 2층의 관광안내센터에서 도카치와 오비히로 여행에 관한 전반적인 정보를 얻을 수 있다.

Data 가는 법 JR오비히로역 에스타 동관 2층
운영시간 0155-23-6403 전화 09:00~18:00

오비히로강 帯広川

오비히로 초등학교
帯広小学校

반에이 오비히로 경마장
ばんえい帯広競馬場

니시마치 공원
西町公園

도카치무라
とかちむら

오비히로역 帯広

니시마치강 うつべつ川

오비히로로다이고중학교
帯広第五中学校

미도리가오카초등학교
緑丘小学校

오비히로로역 p.345

하나조노초등학교
花園小学校

란초 엘 파소
ランチョ・エルパソ

미도리가오카 공원
緑ヶ丘公園

메이세이초등학교
明星小学校

오비히로로다이욘중학교
帯広第四中学校

야요이도리 弥生通

A

B

C

D

E

F

216

151

이나다도리 稲田通

무기오토
麦音

사츠나이강 さつない川

마나베정원
真鍋庭園

오비히로
帯広

N

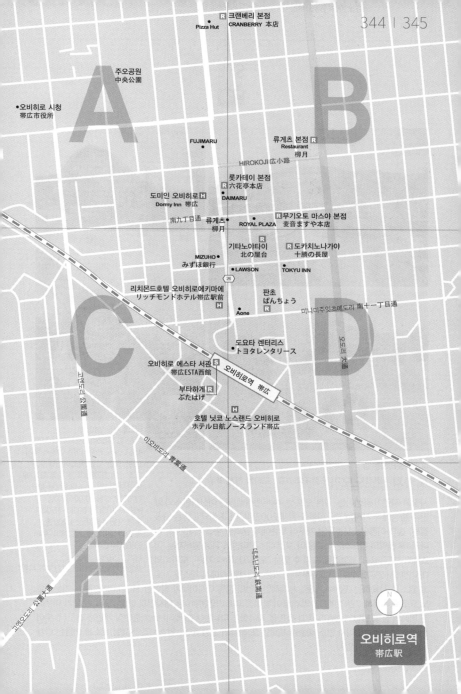

크랜베리 본점
CRANBERRY 本店

Pizza Hut

주오공원
中央公園

오비히로 시청
帯広市役所

A

B

FUJIMARU

류게츠 본점
Restaurant
柳月

HIROKOJI 広小路

롯카테이 본점
六花亭本店
DAIMARU

도미인 오비히로 H
Dormy Inn 帯広

류게츠
南九丁目通 柳月
ROYAL PLAZA

무기오토 마스야 본점
麦音ますや本店

기타노야타이
北の屋台

도카치노나가야
十勝の長屋

MIZUHO
みずほ銀行

LAWSON

TOKYU INN

리치몬드호텔 오비히로에키마에
リッチモンドホテル帯広駅前
H

판초
ばんちょう

미나미주잇초메도리 南十一丁目通

Aone

오도리 大通

도요타 렌터리스
トヨタレンタリース

고엔도리 公園通

오비히로 에스타 서관 S
帯広ESTA西館

오비히로역 帯広

부타하게 R
ぶたはげ

호텔 닛코 노스랜드 오비히로 H
ホテル日航ノースランド帯広

아오바도리 青葉通

대초도리 柏葉通

E

F

고엔오도리 公園大通

N

오비히로역
帯広駅

SEE

미래를 준비하는 숲

도카치 센넨노모리 十勝千年の森 | 도카치 천 년의 숲

사람과 자연이 공생하는 '카본 오프셋Carbon Offset(배출된 이산화탄소의 양
만큼 환경에 투자하는 것)' 실천을 위해 2008년부터 조성되고 있는 숲&
정원. 숲의 이름은 천 년 동안 가꾸어 후손에게 물려줄 숲을 의미한다. 히
다카#高 산맥의 압도적인 스케일이 물결치는 잔디언덕 뒤로 펼쳐지는 '어
스Earth 가든', 숲의 생명력을 느낄 수 있는 '포레스트Forest 가든', 도카치의
대자연에서 영감을 받은 '미도우Meadow 가든', 대자연 속에서 채소를 기르

Data 지도 340p-A
가는 법 JR오비히로역에서 차로
45분. JR도카치시미즈역에서 택시
15분. 또는 당일 버스여행팩 이용
주소 上川郡清水町字羽帯南10線
운영시간 4월 말~6월 말 09:30~
17:00, 7~8월 09:00~17:00,
9월 초~10월 말 09:30~16:00
요금 고등학생 이상 1,200엔,
초·중학생 600엔, 세그웨이 투어
9,800엔(예약제)
전화 0156-63-3000
홈페이지 www.tmf.jp(한국어 지원)

고 염소를 사육하는 '팜Farm 가든', 세계적인 4인의 정원 디자이너가 참여한 'HGS 디자이너스 가든', 오
노 요코를 비롯해 7인의 예술가의 작품이 놓여진 '아트라인Artline' 등 대자연과 예술, 요리, 문화가 어우러
진 미래의 숲을 만날 수 있다. 숲과 들판을 자유롭게 다니는 세그웨이Segway(충전식 개인용 스쿠터) 투어
는 편리한 교통수단이자 탄소 배출량 제로인 또 하나의 환경 운동. 염소치즈와 제철 채소를 이용한 다채
로운 요리도 놓치지 말자.

Data 지도 344p-A
가는 법 JR오비히로역
북쪽 출구 버스터미널 12번
승강장에서 버스 승차 10분
후 게이바조競馬場정류장
하차(편도 190엔)
주소 帯広市西13条南9
운영시간 토,일, 월요일 개장
(토,일 12:00~, 월요일 10:30~)
요금 입장료 100엔
전화 0155-34-0825
홈페이지 www.banei-
keiba.or.jp

세상에서 가장 느린 경마

반에이 오비히로 경마장 輓曳帯広競馬場

반에이 경마는 홋카이도 개척사를 상징하는 전통적인 스포츠. 현재는 오직 반에이 오비히로 경마장에서만 관람할 수 있다. 과거 땅을 갈고 물건을 나르는 일을 토착 말들이 도맡았는데, 여기서 착안해 기수가 말이 끄는 썰매를 타고 장애물을 넘는 경기가 탄생했다. 결승점에 도착할 때 경주마가 아닌 썰매가 통과해야 된다는 점이 특이사항. 반에이 경마의 말들은 우리가 흔히 보던 늘씬한 경주마들과 달리 다리가 짧고 몸통이 큰 농경마로, 몸무게가 1톤에 육박한다. 게다가 썰매의 무게도 480~1,000kg이다 보니 자연히 속도보다는 지구력과 근력이 승패의 결정요인. '세상에서 가장 느린 경마'라는 별칭은 여기서 생겨났다. 장애물이라 봤자 높이가 다른 두 개의 언덕에 200m의 짧은 코스다 보니 무슨 재미일까 싶지만, 실제로 반에이 경마의 박진감은 기대 이상이다. 달리던 말들이 언덕 앞에서 멈춰 숨을 고르다가 기수와 호흡을 맞춰 언덕을 오르는 모습에선 비장함마저 느껴진다. 처음에 앞서다가도 이 언덕에서 승패가 나기 때문에 끝까지 결과를 예측할 수 없다는 것이 반에이 경마의 묘미. 적은 돈이라도 걸고 나면 경기의 스릴은 한층 더해진다.

> (Tip) **반에이 경마 즐기는 방법**
> ❶ 비치된 경마 신문을 보며 우승마를 점쳐 본다. 경주 전문가들의 코멘트를 참고해도 되고 자신의 감을 믿어도 좋다. ❷ 1등 예상 말에 올인 할 수도 있고, 2등까지 혹은 전체 말에 똑같이 배팅할 수도 있다. 단, 승률이 낮을수록 배당금이 높다는 건 모든 배팅의 기본 원리. ❸ 10엔부터 배팅이 가능하고, OMR 카드와 같은 배팅 카드에 연필로 마킹한 후 발권대에서 배팅 카드와 돈을 차례로 집어넣으면 영수증과 같은 표를 발급받는다. ❹ 재미있게 경기를 관람한 후 결과에 따라 지불 카운터에서 배당금을 받는다. ❺ 오늘 촉이 괜찮다 싶으면 1시간 후 열리는 다음 경기에 재도전!

북유럽식 코니파 가든

마나베정원 真鍋庭園

일본 최초의 코니파(침엽수) 가든인 마나베정원은 키 작은 침엽수림과 일본식·서양식·풍경식의 세 가지 테마 정원으로 꾸며져 있다. 북유럽, 캐나다 등 한랭지역에서 유래한 코니파 가든은 관리가 비교적 쉽고 가드너의 개성을 발휘할 수 있는 정원 양식. 침엽수와 꽃이 어우러진 8ha의 마나베정원은 모든 수목의 생산뿐 아니라 디자인과 조경, 관리, 판매를 자체적으로 실시해 60여 년간 전 세계에서 수집한 식물 컬렉션이 어떻게 자라고 있는지 볼 수 있다. 들새나 에조 다람쥐가 찾아오는 카페테라스와 최신의 원예 품종을 구입할 수 있는 가든 센터도 있다. 꽃이 활짝 핀 봄과 여름뿐 아니라 단풍으로 물든 가을도 좋다.

Data 지도 344p-F 가는 법 JR오비히로역 남쪽 출구 10번 승강장에서 2번 버스 승차 니시묜조 산주큐초메 西4条39丁目에서 하차(9분 소요) 후 도보 5분. 또는 당일 버스여행팩 이용 주소 帯広市稲田町東2-6 운영시간 4월 하순~11월 08:30~17:30(10월~11월 단축 영업, 12~4월 휴무) 요금 어른 1,000엔, 중학생 이하 200엔 전화 0155-48-2120 홈페이지 www.manabegarden.jp

Data 지도 340p-B
가는 법 JR오비히로역에서
차로 40분. 또는 당일 버스
여행팩 이용 주소 河西郡
中札内村常盤西3線249-6
운영시간 4월 말~10월 10:00
~16:00(11월~3월 휴업)
요금 어른 1,000엔, 초,
중학생 500엔, 유아 무료
전화 0155-63-1000
홈페이지 www.rokkatei.co.jp

롯카테이 패키지의 산야초가 눈앞에

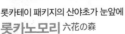

롯카노모리 六花の森

롯카테이의 상징인 화가 사카모토 나오유키版本直行의 패키지 속 산야초를 실제로 만날 수 있는 정원. 10ha의 대지에는 해당화, 얼레지, 과남풀, 연영초, 시라네 접시꽃 등이 철마다 피어난다. 특히 4,000주를 심은 해당화가 만개하는 7~8월에는 녹색 들판과 자주색 꽃이 보색대비를 화려하게 이루며 꽃향기가 온 천지에 퍼져나간다. 정원 안에는 크로아티아의 헌 민가를 이축한 미술관 5동이 흩어져 있어 정원을 산책하다가도 미술관에서 들어가 패키지의 원화를 감상할 수 있다. 통유리 건축물로 된 레스트하우스 '하마나시はまなし'에서는 롯카테이의 다양한 스위츠뿐 아니라 그림엽서와 티셔츠, 접시 등을 구입할 수 있다.

야생의 아로마와 독특한 산미의 와인

이케다 와인성 池田ワイン城

도카치와인을 생산하는 와이너리 겸 전시장. 도카치 평야가 내려다보이

Data 지도 340p-B
가는 법 JR이케다역에서 도보
10분 주소 中川郡池田町清見83-4
요금 유료 와이너리 투어 1인
2,000엔 운영시간 09:00~17:00,
레스토랑 10:30~17:00(토요일만
17:00~20:00, 화요일 휴무)
전화 015-572-2467
홈페이지 https://ikeda-wj.org

는 언덕 위에 웅장한 성채와 같이 서 있는 이케다 와인성은 일본 최초의 지자체 경영 와이너리다. 야생에
서 자란 산머루와 한랭지에 적합한 신품종 포도 등을 사용해 독특한 아로마와 산미를 갖춘 와인을 생산하
고 있다. 전문 스텝의 안내로 스파클링 와인 제조 과정, 나무 오크통이 줄 지어 있는 지하 와인 숙성실, 브
랜디 증류실을 견학할 수 있다. 주말과 공휴일에 유료 와이너리 투어(예약제)가 진행되며, 투어 후 3종의
와인 테이스팅도 있다(운전자나 술을 못 마시는 사람은 무료). 평일(월·수·금요일)에 무료로 진행되는
미니 와이너리 투어도 있다. 이밖에 도카치 와인과 이케다 지역의 특산품을 구입할 수 있는 매장(1층), 도
카치 소고기와 에조 사슴고기 등 이케다 지역의 특산물을 즐길 수 있는 레스토랑(4층) 등 다양한 시설을
갖추고 있다.

EAT

홋카이도 최고의 스위츠 기업

롯카테이 본점 六花亭 本店

홋카이도 최대 디저트 기업 롯카테이가 탄생한 오비히로 본점. 화려할 것이라는 예상과 달리 건물 앞의
정원과 작은 간판 때문에 도로에서 눈에 잘 띄지 않는다. 자연 환경을 최대한 살리면서도 우아함을 잃지
않는 롯카테이답다. 일본의 고급 전통과자점을 연상케 하는 정갈한 매장 안에는 롯카테이의 유명 과자부
터 신제품 모치, 조각 케이크 등이 다양하게 진열되어 있다. 본점 한정 상품인 사쿠사쿠파이는 이름처럼
바삭바삭한 파이와 그 속의 달콤한 슈크림이 행복한 미소를 머금게 한다. 2층 레스토랑에서는 피자, 비
프스튜, 카레 등을 즐길 수 있다.

Data 지도 345p-A 가는 법 JR오비히로역 북쪽 출구에서 도보 5분 주소 帯広市西2条南9-6 운영시간 09:00~
19:00 요금 사쿠사쿠파이 200엔, 유키콘치즈 250엔 전화 0155-24-6666 홈페이지 www.rokkatei.co.jp

도카치를 사고 먹고 즐기다

도카치무라 とかちむら

도카치의 지역 식문화를 테마로 한 반에이 경마장 입구의 상점가. 붉은색 목재 패널과 아기자기한 픽토그램으로 꾸민 세 동의 건물에는 각각 도카치 산지에서 직송한 제철 채소와 과일, 그 가공식품을 판매하는 '산초쿠시장 産直市場', 다양한 입맛을 사로잡는 푸드코트 '키친キッチン', 오리지널 스콘 과 커피를 즐길 수 있는 '시치쿠 가든 카페紫竹ガデンカフェ'로 이루어져 있다. 키친에는 특제 양념장과 케이크와 과자를 즐길 수 있는 '파스토리 스토브 하우스ベイストリーストーブハウス', 카페 '마테나 커피マテナ珈琲' 등이 입점해 있다. 산초쿠시장에서는 오비히로를 무대로 한 만화 〈긴노사지銀 の匙(은수저)〉의 캐릭터 상품도 구입할 수 있다. 도카치무라에서 쇼핑 및 식사를 하면 반에이 경마장 무료 입장권을 준다. 주말에는 벼룩시장도 열리고 가족 나들이객들이 많이 찾는다.

Data 지도 344p-A
가는 법 JR오비히로역 북쪽 출구 버스터미널 12번 승강장에서 버스 승차 10분 후 게이바조競馬場 하차 (요금 편도 200엔)
주소 帯広市西13条南8-1
운영시간 10:00(푸드코트 11:00~) ~18:00(점포마다 다름)
요금 부타돈 980엔,
전화 0155-66-6830(산초쿠 시장), 0155-60-2377(카페), 090-5989-6674(기쿠야)
홈페이지 tokachimura.jp

Data 지도 340p-B
가는 법 JR오비히로역에서
차로 15분 주소 河東郡音更町
下音更北9線西18-2
운영시간 여름 시즌(4월 중순~
11월 초순) 매장 09:00~18:00
(겨울 ~17:00) / 카페 09:00~
17:00(겨울 ~16:00) / 공장견학
09:00~16:00 요금 산포로쿠
자투리 550엔~, 부스러기 350엔
전화 0155-32-3366
홈페이지 www.ryugetsu.co.jp

특명! 최고의 바움쿠헨 알뜰 구매하기

류게츠 도카치 스위트피아 가든
柳月 十勝スイートピア・ガーデン

류게츠의 신축 공장에 딸린 매장 겸 카페. 오비히로 시내에도 류게츠 매장
이 있지만 교통이 불편한 이곳까지 사람들이 몰려드는 이유는 단 하나, 류
게츠의 유명 바움쿠헨 '산포로쿠三方六'를 저렴하게 구입할 수 있기 때문이
다. 공장에서 산포로쿠의 완성품을 만들고 남은 자투리를 거의 절반 가격
에 판매하는 것. 모양은 조금 볼품없지만 촉촉하고 달콤한 산포로쿠의 맛은 똑같다. 개점 시간에 맞춰 판
매가 시작되기 때문에 아침에는 늘 장사진을 이루고 눈 깜짝할 새 모두 팔려나가곤 한다. 공장 생산 상황
에 따라 중간에도 판매를 하니 아침에 사지 못했다고 실망하지 말자. 구매한 케이크와 과자는 카페에서
무료 커피와 함께 즐길 수 있다. 위층에는 40년간 변모해온 산포로쿠의 포장박스 디자인을 전시하고 있
으며 유리 통로를 통해 공장 견학도 가능하다.

오비히로·도카치 스위츠와 특산품 열전

오비히로 에스타 서관 帯広 ESTA 西館

일정은 촉박한데 오비히로와 도카치의 먹을거리를 놓치고 싶지 않은 여행자라면 멀리 갈 필요 없이 오비히로역 안에서 해결할 수 있다. 목장의 신선한 우유로 만든 소프트아이스크림, 우유잼 등을 판매하는 도카치 신무라목장 크림테라스＋勝しんむら牧場 クリームテラス, 그리고 마스야 베이커리와 롯카테이, 크랜베리의 역 지점까지 단숨에 둘러보자. 부타돈 소스와 도카치산 제철 채소, 자연 치즈, 유기농 화장품 등도 구입 가능하다. 도카치 식재료로 요리한 소바, 부타돈, 튀김 등을 즐길 수 있는 식당가도 한쪽에 자리하고 있다.

> **Data** 지도 345p-C
> 가는 법 JR오비히로역 내 1층
> 주소 帯広市西2条南12
> 운영시간 매장 08:30~19:00,
> 레스토랑 10:00~19:45
> (셋째 주 수요일 휴무, 8월 무휴)
> 전화 0155-23-2181
> 홈페이지 www.esta.tv/obihiro

맛도 크기도 점보, 스위트포테이토

크랜베리 Cranberry

스위트포테이토 케이크로 유명한 오비히로 스위츠 숍. 지역과 수확 시기에 따라 맛이 다른 고구마를 최소한의 공정으로 본연의 풍미를 살려 지극히 자연스러운 디저트를 탄생시켰다. 고구마 껍질을 용기로 만든 아이디어도 훌륭하고 많이 달지 않아 자꾸만 손이 간다. 특이하게 개당이 아닌 무게(g)당 판매. 보통 한 덩어리가 1,000엔이 훌쩍 넘는데 양손 가득 사가는 손님이 많다. 오비히로역 에스타점에서도 구입 가능. 몸에 좋은 크랜베리로 만든 크랜베리 몽블랑과 각종 케이크도 있다.

> **Data** 본점 지도 345p-A
> 가는 법 JR오비히로역
> 북쪽출구에서 도보 10분
> 주소 帯広市西2条南6
> 운영시간 09:00~20:00
> 요금 스위트포테이토
> 100g당 250엔
> 전화 0155-22-6656
> 홈페이지 www.cranberry.jp

밀이 자라는 빵집

무기오토 麦音

'지산지소地産地消' 즉, 현지에서 생산된 것은 현지에서 소비한다는 원칙을 바탕으로 도카치산 밀 100% 사용을 실천하는 지역 빵집 마스야満寿屋의 플래그숍. 8천㎡의 너른 부지에는 마당과 밀밭이 자리하고 그 풍경을 바라보며 카페에서 오븐에서 갓 구운 빵을 즐길 수 있다. 돌가마에서 구운 피자가 특히 인기. 소박하면서도 밀의 풍미와 질감이 살아있는 갖가지 빵들은 지역 주민과 미식가들의 사랑을 받고 있다. 밀뿐만 아니라 콩과 채소, 유제품 등도 모두 인근 농가에서 난 것들을 사용하는데, 5월에서 10월까지 야외에서 주변 농가의 신선한 채소를 판매하는 '비오마르셰ビオまるしぇ'도 열린다. 오비히로 시내에는 1950년에 문을 연 마스야 본점이 자리하고 있으며, 찐빵과 크림빵 등에서 그리운 옛날 빵을 맛볼 수 있다.

Data **무기오토** 지도 344p-E
가는 법 JR오비히로역에서 차로 15분
주소 帯広市稲田町南8線西16-43
운영시간 06:55~18:00
요금 소금버터빵 200엔, 모닝스프
세트(~11:00) 300엔
전화 0155-67-4659
홈페이지 www.masuyapan.com

마스야 본점
지도 345p-B
가는 법 JR오비히로역 북쪽출구
에서 도보 7분
주소 帯広市西1条南10-2
운영시간 09:30~16:00, 일요일 휴무
전화 0155-23-4659

풍토가 맛을 만든다
란초 엘파소 Rancho el paso

직영농장에서 방목해 기른 돼지만 사용하는 돼지고기 전문 레스토랑. 원산지에 대한 마스터의 고집이
돼지 목장까지 경영하는 경지에 이르렀다. 일반 사육 돼지에 비해 올레인산이 풍부해 맛은 물론
건강까지 챙긴 소시지, 스테이크, 베이컨 등이 추천 메뉴. 전국 레스토랑과 백화점 등지에 납품되며
레스토랑 한쪽 매장에서 구입할 수도 있다. 육질이 살아 있는 소시지와 촉촉한 포크 스테이크는 이 집의
지비루와도 잘 어울린다. 도카치 지역 특산물인 비트의 올리고당을 첨가한 벨기에식 맥주를 곁들이면
음식 맛을 한층 돋운다. 컨트리풍으로 꾸며진 2층 높이의 탁 트인 실내 공간과 외벽에 그려진 귀여운
돼지 그림 등 공간에서도 정체성이 확실히 드러나는 곳.

Data 지도 344p-C
가는 법 JR오비히로역 남쪽
출구에서 도보 30분 또는 택시 10분
주소 帯広市西16条南6-13-20
운영시간 런치 11:00~15:00,
디너 17:00~22:00(월요일 휴무)
요금 런치 950엔~, 햄 모듬
2,200엔
전화 0155-34-3418
홈페이지 rancho-elpaso.jp

오비히로 밥도둑, 부타돈의 원조

판초 ぱんちょう

1933년 문을 연 오비히로·도카치 지역 부타돈豚丼의 원조. '부타'는 돼지고기, '돈부리'의 약자인 '돈'은 한 그릇을 뜻하는 일본어로, 간단히 말해 돼지고기 덮밥이다. 가난하던 시절 장어소스에서 힌트를 얻은 간장 소스를 값싼 돼지고기에 바른 후 볶아낸 따뜻한 밥에 올려 먹던 부타돈은 서민들의 배를 든든히 채워주던 추억의 음식. 조리법은 간단하지만 맛의 깊이는 단순하지 않다. 특히 판초의 부타돈은 최고급 돼지고기 등심을 사용하고 숯불에 하나하나 구워내 촉촉하면서도 깊은 풍미를 자아낸다. 도시락 포장도 가능.

Data 지도 345p-D 가는 법 JR오비히로역 북쪽 출구에서 도보 5분 주소 帯広市西1条南11-19 운영시간 11:00~ 19:00(월요일, 첫째·셋째 주 화요일 휴무) 요금 부타돈 930엔, 1,030엔, 1,130엔, 1,330엔(양에 따라), 버섯 미소된장국 200엔 전화 0155-23-4871

역에서 즐기는 60년 전통 소스의 부타돈

부타하게 豚丼のぶたはげ

판초와 함께 오비히로 부타돈의 양대산맥으로 꼽히는 하게텐はげ天 창업주의 손자가 부타돈 전문점 부타 하게를 열었다. 하게텐의 60년 전통 비법 소스를 그대로 계승하면서 현대인의 입맛에 맞게 진화시켰다. 카운터석에 앉으면 주문 즉시 소스를 바른 특등 돼지 등심을 숯불로 구워내는 모습을 볼 수 있어 식욕을 더욱 자극한다. 부타돈 소스도 구입 가능.

Data 지도 345p-C 가는 법 JR오비히로역 내 운영시간 09:00~19:40(셋째 주 수요일 휴무) 요금 부타돈 980엔~ 전화 0155-24-9822 홈페이지 www.butahage.com

포장마차 골목의 화려한 부활
기타노야타이 北の屋台

도시 미관과 식품위생을 이유로 내쫓겼던 거리의 포장마차가 오비히로 시내 주차장 골목에서 화려하게
부활했다. 죽어가던 상점가를 되살리기 위한 프로젝트의 일환으로 상하수도, 전기, 가스를 완비한 20곳
의 점포를 조성한 것이다. 이로써 2001년에 일반음식점 정식 허가를 받고 오비히로 명물 포장마차 골목
으로 재탄생했다. 모르는 사람과도 스스럼없이 말을 건넬 수 있는 편안한 분위기와 자연스레 옆 사람과
어깨가 맞닿는 10석 정도의 카운터석, 주인의 개성을 그대로 드러낸 공간 장식, 지역 식재료를 다양하게
활용한 한국, 일본, 유럽식의 맛있는 안주 등 기타노야타이의 매력은 직접 경험해봐야 제대로 알 수 있다.
Data 지도 345p-D 가는 법 JR오비히로역 북쪽 출구에서 도보 5분 주소 帯広市西1条南10丁目-7
운영시간 18:00~24:00(점포마다 다름) 전화 0155-23-8194 홈페이지 www.kitanoyatai.com

신생 포장마차 골목
도카치노나가야 十勝の長屋

기타노야타이와 길 하나 건너편에 조성된 포장마차 골목. 주말 밤이면 기타노야타이의 주점에 사람들로
꽉 차는 경우가 곧잘 생기기 때문에 이런 때는 도카치노나가야가 있는 것이 다행스럽다. 2010년 조성된
새로운 골목으로 멋은 약간 떨어지지만 로바타, 스시, 꼬치구이, 와인바 등 선택할 수 있는 점포가 20곳
이고 술 한 잔 기울이며 밤을 보내기엔 충분하다.
Data 지도 345p-D 가는 법 JR오비히로역 북쪽 출구에서 도보 10분 주소 帯広市西1条南10丁目
운영시간 18:00~24:00(점포마다 다름) 홈페이지 www.tokachinonagaya.com

SLEEP

가족과 머물기 좋은 숲 속 별장
훼리엔도르프 フェーリエンドルフ

도카치의 숲 속에 자리한 별장식 펜션 단지. 오비히로 시내와는 다소 멀지만 롯카테이가 조성한 롯카노모리, 나카사츠나이 미술촌과 가깝고, 무엇보다 숲으로 둘러싸인 주변 풍광이 아름답다. 침실과 독일식 난로가 놓인 아늑한 거실이 있는 2층 구조의 오두막으로 5~6명이 이용 가능하다. 주인집의 텃밭과 양계장이 있으며, 수확시기가 잘 맞으면 체크인 시 감자를 선물하기도 한다. 도카치산 재료로 주방장이 솜씨를 발휘하는 저녁식사는 쇠고기·돼지고기·닭고기·생선 요리 코스 중 선택할 수 있다. 아침에는 직접 키운 닭의 계란으로 만든 오믈렛이나 계란 덮밥이 나온다. 냉장고, 전자레인지, 식기 세트 등을 갖춘 주방에서 직접 요리해 먹을 수 있고, 저녁에 바비큐를 할 수 있는 장비를 유료로 이용할 수 있다. 무료 렌탈 자전거도 동당 하나씩 비치되어 있다.

Data 지도 340p-B 가는 법 JR오비히로역에서 차로 50분 또는 오비히로 공항에서 차로 30분 주소 河西郡 中札内村南常盤東4線 요금 1인 11,880엔~(조,석식 포함) 전화 0155-68-3301 홈페이지 www.zenrin.ne.jp

미식 도시의 맛있는 호텔
리치몬드 호텔 오비히로 에키마에
リッチモンドホテル帯広駅前

롯카테이 본점, 기타노야타이(포장마차 골목) 등으로 가기 쉬운 오비히로역 북쪽 출구에 위치해 있다. 풍부한 식재료로 유명한 도카치 지역인 만큼 식사도 기대할 만한데, 호텔의 조식 레스토랑이 별도 홈페이지를 가지고 있을 정도로 자신만만하다. 도카치산 콩으로 만든 낫토와 두부, 오비히로 명물 부타돈, 수프 카레 등 지역 색이 짙은 메뉴들을 선보이고 있다. 이 레스토랑의 장작 가마에서 구운 뜨거운 피자는 객실로 배달도 된다. 오후 5시부터 밤 9시 45분까지 접수. 투숙객에 한해 점심식사와 저녁식사를 10% 할인받을 수 있다.

Data 지도 345p-C 가는 법 JR오비히로역 북쪽 출구 정면 로터리 앞 주소 帯広市西2条南11-17 요금 2인 1실 이용시 1인 요금(조식 포함) 6,400엔~ 전화 0155-20-2255 홈페이지 www.richmond hotel.jp/obihiro

모르온천을 즐길 수 있는 역 앞 호텔
도미인 오비히로 Dormy Inn 帯広

온천 중에서도 드문 식물성 성분의 모르Moor온천을 즐길 수 있는 역 앞 호텔. 모르온천은 몸을 담그면 피부가 미끈미끈해지는 갈색의 온천으로 오비히로 시내에서 차로 20분 정도 떨어진 도카치가와온천이 원천지. 2층에 대욕탕은 물론 사우나, 노천탕도 갖추고 있으니 그럭저럭 피로를 풀기에 나쁘지 않다. 도카치의 식재료를 사용한 조식 뷔페에서는 오비히로의 명물 부타돈(돼지고기 덮밥)도 맛볼 수 있다.

Data 지도 345p-A 가는 법 JR오비히로역 북쪽 출구에서 도보 3분 주소 帯広市西2条南9-11-1 요금 2인 1실 이용시 1인 요금(조식 포함) 6,400엔~ 전화 0155-21-5489 홈페이지 www.hotespa.net/hotels/obihiro

편안한 잠과 맛있는 아침식사

호텔 닛코 노스랜드 오비히로 ホテル日航ノースランド帯広

오비히로역 바로 앞에 위치한 호텔로 싱글룸에서 트리플룸까지 다양한 객실 타입을 갖추어 나 홀로 여행자들은 물론 가족끼리 묵기에도 좋다. 시몬스 매트리스와 오리털 이불이 구비된 침대에서 편안하게 잠들수 있고 객실 공간도 제법 넓다. 도카치의 제철 식재료를 사용한 조식 뷔페는 맛있기로 유명하니 꼭 한 번 먹어볼 것. 음식에서 재료가 얼마나 중요한지 다시 한 번 깨닫게 될 것이다. 사유지의 밭에서 수확 체험을 하거나 여러 곳의 디저트를 맛볼 수 있는 등의 특별 플랜도 있다.

Data 지도 345p-D 가는 법 JR오비히로역 동쪽 출구에서 바로 주소 帯広市西2条南13-1 요금 2인 1실 이용시 1인 요금(조식 포함) 6,800엔~ 전화 0155-24-1234 홈페이지 www.jrhotels.co.jp/obihiro

모르온천으로 피부를 매끈매끈

도카치가와온천 간게츠엔 十勝川温泉 観月苑

도카치가와 강 바로 앞 5층 규모의 온천 호텔. 객실에서 도카치가와강과 히다카 산봉우리의 웅대한 경관을 감상하실 수 있다. 도카치가와온천은 홋카이도 유산으로 지정된 희귀한 모르온천으로, 식물성 부식물과 유기물을 풍부하게 함유하고 있어 피부를 재생하거나 매끈매끈하게 만드는 효과가 탁월하다. 넉넉한 대욕장과 사우나에서 모르온천을 충분히 만끽할 수 있고, 도카치의 풍광을 바라보는 노천탕은 운치까지 더해진다. 전통적인 다다미방과 세련된 베드룸을 모두 갖추고 있으며, 객실 내에 노천탕이 마련된 전망 좋은 특별실도 있다. 미식 도시 도카치이니만큼 가이세키 요리는 기대해도 좋다.

Data 지도 340p-B 가는 법 JR오비히로역에서 차로 20분 또는 JR오비히로역 남쪽 출구 6번 승강장에서 45번 버스 승차 간게츠엔 하차(31분 소요) 주소 河東郡音更町十勝川温泉南14-2 요금 2인 1실 이용시 1인 요금(조식 포함) 12,600엔~, 입욕료 어른 1,500엔 전화 0155-46-2001 홈페이지 www.kangetsuen.com

Hokkaido By Area

07

하코다테
函館

파란 눈의 신사와 기모노를 입은 여인이 자연스
레 거리에서 마주치고, 낯선 이국의 음식과 더욱
더 낯선 이국의 신들이 하나 둘 둥지를 틀었다.
한 때 홋카이도의 가장 번성했던 항구 도시의 잔
상은, 담쟁이가 덮인 붉은 벽돌의 창고와 매끈매
끈한 돌바닥 곳곳에 서려 굳이 말하지 않아도 눈
앞에 펼쳐지는 듯하다. 옛 도시의 향수 어린 이야
기가 평온한 일상 위에 살포시 덮여 있는 하코다
테에선 연필로 꾹꾹 눌러쓴 편지처럼, 낡고 느린
전차와 두 발로 뚜벅뚜벅 더듬는 것이 가장 합당
한 방법일 것이다.

미리보기

짙푸른 바다와 고풍스러운 언덕 거리, 여기에 숨어 있는 흥미로운 이야기들로 끝없는 매력을 발산하는 도시 하코다테. 계절적 제약이 있는 홋카이도의 다른 지역과 달리 사시사철 언제라도 볼거리가 풍성하다는 게 또한 하코다테의 매력이다.

SEE 홋카이도 최초의 개항 도시라는 타이틀에 걸맞게 모토마치 역사지구와 하코다테만의 붉은 벽돌 창고 등 100년 전 정취가 잘 느껴진다. 걸어 다니기엔 힘에 부치고 차를 타기엔 구석구석 아기자기한 골목이 아쉬운데, 이럴 때 노면전차가 있어 참 다행이다. 어둑어둑해지면 하코다테야마에 올라 황홀한 야경으로 하루를 마무리하자.

EAT 삿포로 미소라멘, 아사히카와 쇼유라멘에 이어 하코다테 시오라멘을 맛보지 않을 수 없다. 해산물이 들어간 맑고 담백한 국물이 개운하다. 개항지였던 만큼 카레와 프렌치 코스 등 이국적인 색채로 버무린 요리를 고풍스러운 공간에서 즐길 수 있다. 신선한 해산물 덮밥처럼 지역 식재료를 잘 살린 버거, 스위츠도 놓치지 말자.

BUY 하코다테의 지역맥주와 와인은 퀄리티도 높고 패키지도 예뻐 탐나는 품목. 하코다테 오징어 순대 이카메시 같은 수산 가공품도 진공포장으로 판매하는데 술안주로 두고두고 생각난다. 하코다테스러운 물건을 찾는다면 오징어 먹물로 염색한 패브릭 제품을 추천. 암갈색의 오묘한 색감에 귀여운 디자인으로 가격도 합리적이다.

SLEEP 하코다테역과 항만 인근에 비즈니스호텔이 여러 곳 마련되어 있다. 이동의 편리성을 고려한다면 역 주변을, 항구의 야경을 놓치고 싶지 않다면 바다 쪽을 선택하자. 모토마치언덕 인근에는 고풍스러운 옛 건축물을 개조한 호텔도 있다. 유노카와온천이 시내에서 전차로 30여 분 거리라 숙박지로 선택해도 부담스럽지 않다.

1일 추천 코스

하코다테 아침시장에서 활기차게 하루를 시작하고 노면전차로 고료카쿠 타워까지 잠시 나들이 떠난 기분을 만끽한 후 모토마치언덕의 옛 건축과 낭만적인 거리를 산책한다. 황홀한 하코다테야마의 야경과 포장마차 골목까지 섭렵하면 하코다테의 알찬 하루가 마무리된다.

노면전차
20분
+
도보 15분

노면전차
30분
+
도보 5분

하코다테 아침시장에서
맛보는 신선한 해물덮밥

고료카쿠 타워에 올라 별
모양의 성곽, 고료카쿠의
위풍당당한 자태 감상

붉은 벽돌의 가네모리
아카렌카 창고군에서 즐기는
쇼핑 타임

도보 10분

도보 10분

도보 1분

하코다테야마에 올라 항구와
도시가 어우러진 하코다테의
백만 불짜리 야경 감상

옛 영국대사관저
티룸 빅토리안로즈에서
분위기 있게 홍차 한 잔

모토마치언덕에서 고풍스런
개항기 건축 탐방

도보 10분

도보 20분

아지사이에서 하코다테
시오(소금)라멘의
깔끔한 국물 맛보기

하코다테의 포장마차 골목
다이몬 요코초에서 깊어가는 밤

하코다테로 가는 루트는 여러 가지 경우의 수를 계산해야 하지만 일단 도시 안으로 들어가면 헤매는 일은 거의 없다. 노면전차가 잘 되어 있고 체력이 받쳐준다면 걸어서 다니는 것도 오케이. 대부분의 관광지는 모토마치의 언덕길과 하코다테 베이를 따라 자리하고 있다.

어떻게 갈까?

홋카이도의 서남쪽에 자리한 하코다테는 삿포로에서 JR열차로 3시간 30여 분의 먼 거리. 아예 하코다테공항으로 입국하면 좋겠지만 현재 하코다테 직항편이 없기 때문에 김포공항에서 도쿄 하네다공항으로 입국해 국내선으로 환승하는 방법이 유용하다. JR열차 비용과 이동 시간을 고려했을 때 오히려 이득일 수 있다. 일본의 혼슈(본섬)와 연계해 홋카이도를 여행하는 경우라면 신칸센을 이용해 도쿄에서 4시간대에 JR신하코다테호쿠토역에 도달할 수 있다.

어떻게 다닐까?

하코다테 여행의 동반자 노면전차. 하코다테 시내뿐 아니라 고료카쿠, 유노카와온천 등 대부분의 관광지를 편리하게 돌아볼 수 있다. 무제한으로 타고 내릴 수 있는 1일 승차권(600엔)을 판매한다. 버스를 이용하는 경우는 하코다테야마 등산버스와 트라피스틴수도원 정도. 노면전차+버스 통합 패스(1일권 1,000엔, 2일권 1,700엔)도 있다. 교통패스는 전철 내부, 관광안내센터, 편의점, 호텔 등에서 구입 가능하다.

🚌 공항셔틀버스

국내선 항공 스케줄에 맞춰 셔틀버스가 운행한다. JR하코다테역과 하코다테 베이, JR신하코다테호쿠토역을 종착지로 하며 유노카와온천, 고료카쿠 등 관광지를 경유한다. 공항에서 JR하코다테역까지 20분, 신하코다테호쿠토역까지는 약 1시간 소요.

Data 요금 하코다테공항~JR신하코다테호쿠토역 1,000엔, 하코다테공항~JR하코다테역 500엔 전화 0138-55-1111(하코다테테이산버스) 홈페이지 www.hakotaxi.co.jp/shuttlebus

🚃 하코다테 노면전차(시영전차)

하코다테 시내와 유노카와온천을 연결하기 위해 1913년 탄생한 홋카이도 최초의 노면전차. 목적지로의 편리한 이동은 물론, 하코다테의 경치를 바라보면 달리는 오래된 전차가 낭만적인 기분에 젖어들게 한다. 노선은 주지가이역을 기점으로 갈라져 하코다테돗쿠마에 방면과 야치가시라 방면으로 나뉘니 전차를 타기 전 확인하자.

Data 운영시간 06:30~22:00 요금 거리에 따라 편도 210~260엔 전화 0138-52-1273

🚌 관광셔틀버스

JR하코다테역과 하코다테 주요 관광지를 연결하는 셔틀버스. 역 앞 4번 승강장에서 출발하며 요금은 현금을 내거나 1일 승차권을 제시하면 된다.

Data 요금 버스 1일 승차권 어른 800엔 전화 0138-51-3137(하코다테버스) 홈페이지 www.hakobus.co.jp

❶ 모토마치·베이에리어 방면

하코다테 시내 주요 관광지에 정차하는 셔틀버스. 4월부터 10월까지는 20분 간격으로, 그 외 동절기에는 40분 간격으로 운행한다. 전 구간 210엔(편도, 어른 기준) 동일 요금.

❷ 고료카쿠·트라피스틴 수도원 방면

고료카쿠 타워와 유노카와온천, 트라피스틴 수도원, 하코다테공항을 경유하며 4월부터 10월까지는 하루 9회, 그 외 동절기는 하루 6회 운행한다. 역에서 트라피스틴 수도원까지 약 50분 소요(편도 어른 300엔).

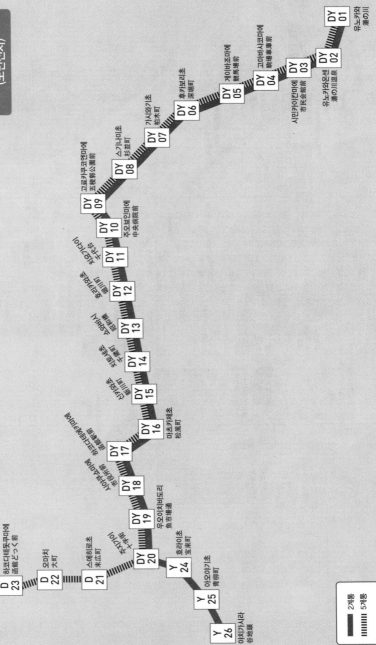

하코다테시영전차
(노면전차)

DY
01
유노카와
湯の川

DY
02
유노카와온센
湯の川温泉

DY
03
시민카이칸마에
市民会館前

DY
04
코마바쇼코마에
駒場車庫前

DY
05
케이바조마에
競馬場前

DY
06
후카가와리초
深堀町

DY
07
가시와기초
柏木町

DY
08
스기나미초
杉並町

DY
09
고료카쿠코엔마에
五稜郭公園前

DY
10
주오뵤인마에
中央病院前

DY
11
치요가다이
千代台

DY
12
홋카이마치
堀川町

DY
13
쇼와바시
昭和橋

DY
14
신카와초
新川町

DY
15
치요가다이
千歳町

DY
16
마쓰카제초
松風町

DY
17
호리바타초
蓬萊町

DY
18
시야쿠쇼마에
市役所前

DY
19
우오이치바도리
魚市場通

DY
20
주지가이
十字街

D
23
하코다테독쿠마에
函館どつく前

D
22
오미치
大町

D
21
스에히로초
末広町

Y
24
호라이초
宝来町

Y
25
아오야기초
青柳町

Y
26
야치가시라
谷地頭

2개통
5개통

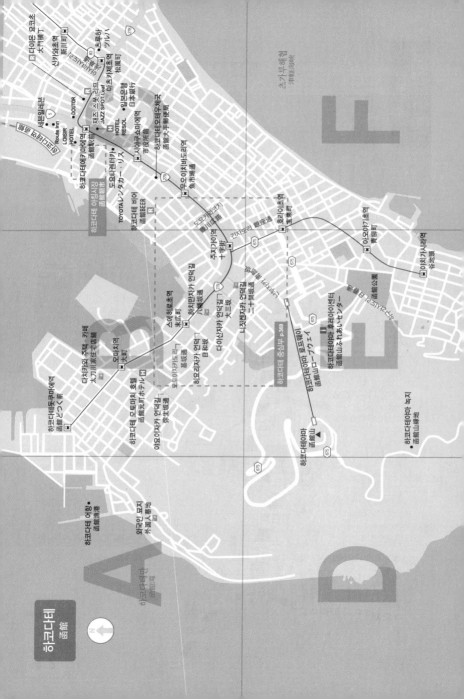

하코다테
函館

하코다테만
函館湾

하코다테 어항·어항
函館漁港

외국인 묘지
外国人墓地

하코다테 도크마에역
函館どつく前

다카기야 주택·카페
大川家住宅店舗

오마치역
大町

하코다테 모토마치 호텔
函館元町ホテル

아사이자카 언덕길
弥生坂

하코다테 모토이자카 언덕길
函館元町ホテル

야치가야 언덕
基坂

스에히로초역
末広町

하치만자카 언덕길
八幡坂

다이야자카 언덕
日和坂

히가시자카 언덕
大三坂

하코다테아마 중심부 p.369

니지켄자카 언덕
二十間坂

하코다테아마 로프웨이
函館山ロープウェイ

하코다테아마 후레아이센터
函館山ふれあいセンター

하코다테아마
函館山

하코다테아마 녹지
函館山緑地

다이몬 요코초
大門橫丁

신카와초역
新川町

츠루하
ツルハ

츠루하
ツルハ

하코다테 아침시장
函館朝市

재즈 스폿 리프
JAZZ SPOT Leaf

DOUTOR

일본은행
日本銀行

미츠카게초역
松風町

세븐일레븐

Route Inn

LOISIR HOTEL

하코다테키리야마이에
函館駅前

도요타렌터카·리스
TOYOTAレンタカー·リス

HOTEL RESOL

시야쿠쇼마에역
市役所前

하코다테오테유체국
函館大手郵便局

하코다테오테도리역
函館大手通り

하코다테 비어
函館BEER

우오이치바도리역
魚市場通

호리카와초역
生来町

아이오이초역
宝来町

아사이치도리역
朝市通り

주지가이역
十字街

긴자도리
銀座通

이자키사리역
谷地頭

SEE

사계절 아름다운 호수공원
오누마국정공원 大沼国定公園

고마가타케駒ヶ岳 아래 펼쳐진 면적 약 9천ha의 호수공원. 둘레 24km에 수심이 13.6m나 되는 오누마호수에는 약 126개의 섬이 있으며, 섬들을 잇는 18개의 다리가 있다. 봄부터 가을까지는 모터보트와 유람선을 타고 시원한 호수 바람을 즐길 수 있고, 겨울에는 아이스 파크로 변신해 스노모빌, 썰매 등의 액티비티가 가능하다. 물론 호숫가 주변을 조용히 걸어서 산책하는 것도 괜찮다. 오누마호수를 가장 근사하게 경험하는 방법은 열차를 이용해 호수를 건너는 것. 오누마, 고누마호수의 철교를 건널 때면 양쪽 수평면이 물로 가득 차 마치 호반 위를 달리고 있는 기분이 든다.

Data 지도 364p-A
가는 법 JR오누마코엔역 하차
주소 亀田郡七飯町大沼町
운영시간 유람선 4월 초순~12월 초순 09:00~16:20(계절마다 변동) / 겨울 액티비티 08:00~16:30
요금 유람선(30분) 중학생 이상 1,320엔, 중학생 이하 660엔
전화 0138-67-2229
(주)오누마합동 놀잇배)
홈페이지 www.onuma-park.com

Data 지도 368p-A
가는 법 노면전차 하코다테 돗쿠마에역에서 도보 20분
주소 函館市船見町23

고즈넉한 바닷가 묘지
외국인 묘지 外国人墓地

1854년 페리 제독이 내항했을 때 사망한 2명의 수병을 묻은 것을 계기로 조성된 외국인 묘지. 이후 개신교, 가톨릭, 러시아 정교 등 종교에 따라 구분해두고 있으며, 조금 떨어진 곳에 중국인 묘지도 마련되었다. 공원처럼 꾸며져 이국적인 정취가 풍기고, 바닷가 언덕에 위치해 가슴이 뻥 뚫리는 전경을 즐길 수 있다.

© City of Hakodate.
Hakodate Yunokawa Onsen Hotel Association.
Hakodate International Tourism and Convention Association.

황홀한 항구의 야경

하코다테야마 函館山

모토마치언덕 뒤편 높이 334m의 하코타테야마는 하코다테 시내 어디서나 볼 수 있는 완만한 능선의 산이다. 사계절 달라지는 아름다운 자연 배경이 됨은 물론 이곳에 오르면 하코다테 시내와 항구 전체를 한눈에 내려다볼 수 있기 때문에 전망대로 유명하다. 특히 해가 지면 깜깜한 밤바다와 휘황찬란한 도시의 불빛이 극명한 대조를 이루며 어디서도 볼 수 없는 황홀한 야경을 연출한다. 하코다테야마 꼭대기에 오르는 가장 일반적인 방법은 로프웨이를 이용하는 것이다. 125인승 곤돌라를 타고 정상까지 5분이면 도달할 수 있어 편리하다. 단 요금이 다소 비싼 것이 흠. 또 다른 방법은 등산버스를 이용하는 것이다. JR하코다테역 앞이나 노면전차 주지가이역 앞에서 하코다테야마 정상까지 편리하게 이동할 수 있다. 로프웨이 이용 시 탑승장까지 10분 정도 오르막을 올라야 하는 부담도 덜어준다. 버스가 올라갈 때는 오른쪽, 내려갈 때는 왼쪽 좌석의 경치가 좋다. 동절기(11월 중순~4월 중순)에는 운행하지 않으며 시즌에 따라 버스가 정체할 수 있다. 날씨가 좋다면 하코다테야마의 풍부한 자연을 즐길 수 있는 완만한 등산 코스를 추천. 1시간 정도 등반해 정상까지 오를 수 있다. 공짜라는 것에 더해 조금 다른 시야에서 항구와 시가지의 전경을 감상할 수 있다. 야경을 보고 내려올 때는 로프웨이나 등산버스를 이용하면 된다. 로프웨이 탑승장 뒤편의 하코다테야마 후레아이센터函館山ふれあいセンター에서 등산지도를 받을 수 있다.

Data 등산버스
가는 법 JR하코다테역에서 하코다테야마 등산버스 승차 30분 후 산 정상 도착
운영시간 4월 중순~11월 초순 (기간에 따라 운행 편수 다름)
요금 JR하코다테역 앞 출발 편도 어른 400엔, 어린이 200엔
전화 0138-51-3137(하코다테버스)
홈페이지 www.hakobus.co.jp

로프웨이
지도 368p-E
가는 법 노면전차 주지가이역에서 도보 10분
주소 函館市元町19-7
운영시간 10:00~22:00 (10/16~4/24 21:00까지)
요금 왕복 어른 1,500엔, 초등학생 이하 700엔
전화 0138-23-3105
홈페이지 www.334.co.jp

하코다테야마 후레아이센터
지도 368p-E
가는 법 로프웨이 탑승장 뒤편 오솔길을 따라 도보 5분
주소 函館市青柳町6-12
전화 0138-22-6799

| Theme |
모토마치 언덕 개항기 건축 투어

아름다운 개항도시 하코다테에는 지금도 옛 흔적을 곳곳에서 발견할 수 있다.
그중에서도 가장 번성했던 모토마치언덕을 따라 건축 투어를 떠나보자.

© City of Hakodate.
Hakodate Yunokawa Onsen Hotel Association.
Hakodate International Tourism and Convention Association.

일본 최초의 개항 도시 하코다테. 당시 가장 번성했던 모토마치언덕 거리는 숱한 화마와 풍파를 거쳤음에도 옛 모습을 그대로 간직하고 있다. 돌로 포장된 멋스러운 바닥과 각국의 영사관, 종교 시설에서 풍기는 이국적인 색채는 하코다테의 자랑거리. 언덕 위를 걷다가 문득 뒤돌아 봤을 때 항구가 보이는 풍광은 아련한 노스탤지어를 자극하기도 한다. 업라이트 조명이 커지는 밤에는 또 다른 얼굴을 마주할 수 있으니, 일정 계획에 참고해두자. 항구의 풍광을 가장 아름답게 내려다볼 수 있는 하치만자카八幡坂를 비롯해, 항구에서 하코다테야마函館山를 향해 18개의 언덕길이 나 있다. 관광지는 대부분 니짓켄자카二十間坂, 다이산자카大三坂, 하치만자카, 히요리자카日和坂, 모토이자카基坂 언덕 주변에 자리한다. 관광안내소에서 주는 워킹 맵은 한글판도 있고 꽤 자세하다. 일정이 촉박하지 않다면 그저 발길 닿는 대로 걸어도 좋다.

구 하코다테구 공회당 旧函館区公会堂

미슐랭 가이드가 손꼽은 하코다테의 아름다운 건축물. 하코다테항이 내려다보이는 언덕 위에 지어진 다목적 홀로 파스텔 톤 블루 외벽에 황색 테두리 장식이 화려한 자태를 자랑한다. 과거 일본 왕과 왕세자가 이곳에 머물기도 했으며 고풍스러운 가구로 장식된 실내 공간에서 당시의 분위기를 잘 느낄 수 있다. 2층 발코니에서 내려다보는 하코다테의 전경이 일품.

Data 지도 369p-A 가는 법 노면전차 스에히로초역에서 도보 5분 주소 函館市元町11-13 운영시간 18:00(토~월 ~19:00), 11월 ~3월 ~17:00 요금 어른 300엔, 학생 150엔 전화 0138-22-1001 홈페이지 https://hakodate-kokaido.jp

다치카와 주택 太刀川家住宅

1901년에 세워진 미곡점 점포 겸 주택. 벽돌로 지은 후 옻칠을 해 불에 타지 않도록 했다. 당시의 벽과 천장, 바닥, 큰 나무 카운터를 그대로 살려 활용하고 있어 일본 근대화 시기의 분위기가 물씬 풍긴다. 국가 지정 중요문화재이기도 하다. 다치가와 주택은 렌탈 하우스로 활용되고 있다.

Data 지도 368p-B 가는 법 노면전차 오마치역에서 도보 3분 주소 函館市弁天町15-15 홈페이지 https://tachikawafamilyhouse.com

구 영국영사관 旧イギリス領事館

하코다테 개항과 관련된 역사를 살펴볼 수 있는
개항기념관과 영국 영사의 집무실 등을 재현한
전시관 등이 있다. 고풍스런 영국제 가구로 꾸며
진 1층 티룸 빅토리안로즈에서는 영국 블렌드 홍
차와 수제 쿠키, 스콘 등으로 구성된 애프터눈
티를 즐길 수 있다. 6월 말에서 7월 초 장미가 만
개한 아름다운 안뜰 정원도 놓치지 말자. 무료
가든 콘서트도 열린다.

Data 지도 369p-A 가는 법 노면전차 스에히로초역
에서 도보 3분 주소 函館市元町33-14
운영시간 09:00~19:00(11~3월 17:00까지)
요금 어른 300엔, 학생 150엔, 애프터눈 티 세트
1,500엔 전화 0138-27-8159
홈페이지 www.hakodate-kankou.com/british

하코다테 하리스토스 정교회
函館ハリストス正教会

일본 최초의 러시아 정교회 성당. 회반죽의 흰 벽과
초록색 동판 지붕이 대비를 이룬 러시아 비잔틴 양식
의 우아한 외관이 눈길을 사로잡는다. 건물 정면에
솟은 팔각형의 종탑은 아름다운 종소리로 유명하다.
매주 토요일 오후 5시 저녁 예배와 일요일 오전 성찬
예배 때면 5분 내외로 하코다테산 산기슭 일대에 울
려 퍼진다. 안뜰에 서면 하코다테항과 모토마치언덕
전경이 한눈에 내려다보인다. 12월~3월에는 토요
일 17:00, 일요일 10:00에만 내부를 공개한다.

Data 지도 369p-D 가는 법 노면전차 주지가이역에서
도보 7분 주소 函館市元町3-13 운영시간 평일 10:00~
17:00, 토요일 10:00~16:00, 일요일 13:00~16:00
요금 200엔 전화 0138-23-7387 홈페이지 orthodox-
hakodate.jp

가톨릭 모토마치 교회 カトリック元町教会

일본에서 가장 오래된 교회 중 하나. 프랑스 고딕 양식의 높은 뾰족한 종탑과 붉은 지붕의 벽돌 건물로 몇 차례의 화재를 겪으며 1924년 복원된 것이다. 교황 베네딕트 15세가 보내온 성당 내 중앙제단과 부제단, 십자가의 길 14처는 장엄한 분위기를 자아낸다. 오묘한 푸른빛의 아치 천장 아래 서면 기독교 신자가 아니라도 어쩐지 마음이 경건해지는 듯. 예배 시간 이외에는 언제든 출입이 가능하다. **Data** 지도 369p-E 가는 법 노면전차 주지가이역에서 도보 7분 주소 函館市元町15-30 운영시간 10:00~16:00(일요일 오전 예배 제외) 전화 0138-22-6877

하코다테 성 요한 교회 函館聖ㅋハネ教会

1874년 홋카이도에서 포교 활동을 시작한 영국 성공회의 교회. 갈색 십자 모양의 아치 지붕이 특징으로, 하코다테산 정상에 오르면 그 모양을 더욱 명확하게 볼 수 있다. 몇 차례의 화재로 소실된 건축물은 1979년 현재의 모습으로 재건되었다. 내부는 5월 1일부터 11월 3일 일요일 미사 시 개방되며 파이프 오르간 연주를 들을 수 있다.

Data 지도 369p-E 가는 법 노면전차 주지가이역에서 도보 7분 주소 函館市元町3-23 운영시간 5~11월 3일, 매주 일요일 미사(10:30~미사 종료 시) 전화 0138-23-5584 홈페이지 http://peacebe.netl

Data 지도 376p-A
가는 법 노면전차 고료카쿠
코엔마에역 하차 후 도보 15분
주소 函館市五稜郭町44
전화 0138-21-3456

별 모양의 성곽 공원
고료카쿠 터 五稜郭跡

일본의 특별사적이자 홋카이도의 유산으로 지정된 고료카쿠 터. 1864년 조성된 일본 최초의 서양식 성곽으로 다섯 개의 꼭짓점으로 이루어진 별 모양(고료카쿠)의 성곽 구조에서 이름이 유래되었다. 1914년부터 공원으로 일반에 공개되고 있으며 하코다테 시내에서 전차로 20여 분 소요되는 가까운 거리다. 1,600그루 왕벚나무 꽃이 만발하는 봄에는 상춘객의 발길이 끊이지 않고 겨울(12~2월)에는 2천개의 업라이트 조명이 성곽 주변을 비춰 땅 위에서 빛나는 거대한 별을 완성한다. 5월 중순 주말에 열리는 하코다테 고료카쿠사이 축제에서는 퍼레이드와 함께 고료카쿠에서 전사한 신선조新選組(에도막부 말기의 경비대)의 부장 히지카타 도시조土方歳三 콘테스트가 특별 행사로 진행되기도 한다.

Data 지도 376p-A
가는 법 노면전차 고료카쿠
코엔마에역 하차 후 도보 15분
주소 函館市五稜郭町43-9
운영시간 09:00~18:00
요금 전망대 입장료 어른 900엔,
중고생 680엔, 초등학생 450엔
전화 0138-51-4785
홈페이지 www.goryokaku-
tower.co.jp

전망 타워
고료카쿠 타워 五稜郭タワー

고료카쿠 축성 100주년을 기념하여 1964년 조성된 전망타워. 2006년 리뉴얼을 통해 현재 높이 107m로 증축된 후 고료카쿠 성곽의 별 모양을 확실히 볼 수 있게 되었다. 90m 높이의 전망대에서는 멀리 하코다테야마와 츠가루 해협까지 조망 가능. 또한 고료카쿠의 역사를 모형과 디오라마로 흥미롭게 전시해 두었다. 타워 2층에는 카레로 유명한 고토켄 익스프레스, 젤라토가 맛있는 밀키시모 등이 있으며, 전체가 유리로 된 1층 아트리움 공간에는 기념품숍과 카페, 쉼터 등 편의시설이 잘 되어 있다.

Data 지도 364p-B
가는 법 JR하코다테역에서
관광셔틀버스 승차, 50분
후 도라피스치느이리구치
トラピスチヌ入口 하차
도보 10분 주소 函館市
上湯川町346 운영시간 08:00~
17:00(계절마다 다름)
요금 마들렌 6개 1,112엔
전화 0138-57-2839
홈페이지 www.ocso-tenshien.jp

경건한 노동으로 탄생한 마들렌
트라피스틴수도원 トラピスチヌ修道院

일본 최초의 수녀원. 현재의 성당은 1927년 재건된 것으로 벽돌 외벽과 아치형 창문 등에서 고딕과 로마네스트 양식이 혼재된 것이 특징이다. 선교활동이나 사회봉사보다는 자기 수양에 중점을 둔 수도원의 생활은 매우 엄격하다. 수녀들은 기도, 노동, 독서를 중심으로 600여 명이 공동생활하고 있다. 수도원에서는 기상시간 오전 3시 반부터 취침시간 오후 7시 45분까지 모두 7번 기도시간을 갖는다. 기도 외의 시간에는 자급자족을 위해 부지 내에서 농사를 짓거나 과자 공장에서 마들렌과 버터 사탕 만들기에 참여한다. 특히 프랑스 전통 레시피로 제조하는 마들렌은 계란·버터·밀가루·설탕만을 넣어 진한 버터 맛이 일품. 기념품숍에서 구입 가능하다. 앞마당을 산책하거나 자료실에서 수도원의 역사 등에 관한 전시를 관람할 수 있다.

EAT

한 그릇에 하코다테의 바다를 담다

기쿠요식당 きくよ食堂

하코다테 해산물덮밥 가이센돈海鮮丼의 시초로 알려진 아침시장 내 작은 식당. 시장 사람들의 아침을 책임지던 식당답게 신선한 재료와 푸짐한 양이 만족스럽다. 도기에 정성껏 담아 숯불에 쪄 나오는 밥으로 기분 좋은 한 끼를 맛볼 수 있다. 연어알, 가리비, 성게알이 삼등분으로 얹어 나오는 원조 하코다테 도모에돈巴丼도 인기 메뉴. 20여 종의 가이센돈 중에는 아보카도와 연어를 조합한 기발한 신 메뉴도 있다. 손님이 많아지면서 인근에 지점이 생겼고, 하코다테미식클럽 내의 지점은 이자카야 스타일로 점심부터 저녁까지 영업한다.

Data 아사이치 본점 지도 369p-C 가는 법 JR하코다테역 서쪽 출구에서 도보 2분 아사이치(아침시장) 내 주소 函館市若松町11-15 운영시간 5~11월 05:00~14:00, 12~4월 06:00~13:30 요금 원조 하코다테 도모에돈 2,288엔(하프 사이즈 1,958엔) 전화 0138-22-3732 홈페이지 hakodate-kikuyo.com

Data 지도 368p-C
가는 법 JR하코다테역 서쪽
출구에서 도보 1분
주소 函館市若松町9-19
운영시간 05:00~14:00(1~4월
06:00~) 요금 가니만 450엔
전화 0138-22-7981 홈페이지
www.hakodate-asaichi.com

아침을 깨우는 활기찬 시장
하코다테 아침시장 函館朝市

250여 개의 점포가 나란히 늘어선 하코다테의 대표 아침시장(아사이치). 점포마다 차이는 있으나 대개 점심때가 지나면 문을 닫는다. 각종 해산물을 비롯해 채소, 과일, 과자 등 하코다테 사람들의 식탁에 오르는 식재료들이 가득하다. 하코다테 근해에서만 잡히는 곤부(다시마)는 일본 내에서도 알아주는 최상품. 가게에서 큼지막한 게를 구워 냄새를 피우는 등 상인들의 호객 행위가 꽤나 적극적이다. 오징어 배에 양념된 찹쌀과 멥쌀을 넣고 찌는 하코다테 전통 음식 이카메시いかめし나 싱싱한 게살이 듬뿍 들어간 가니만かにまん(게살 찐빵) 등 시장에 어울리는 먹을거리로 아침을 해결해도 좋다.

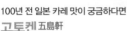

Data 지도 369p-E
가는 법 노면전차 주지가이역
에서 도보 5분
주소 函館市末広町4-5
운영시간 11:30~14:30,
17:00~20:00(화요일 휴무)
요금 메이지양식&카레 세트
2,970엔, 영국식 비프 카레
1,430엔 전화 0138-23-1106
홈페이지 gotoken1879.jp

100년 전 일본 카레 맛이 궁금하다면
고토켄 五島軒

1879년 문을 연 하코다테의 유서 깊은 레스토랑. 영국식, 프랑스식, 인도식 등 다양한 카레 메뉴로 유명하다. 메이지시대 일본 왕과 왕비에게 대접했을 정도. 그중 다양한 향신료를 넣고 뭉근하게 끓여낸 영국식 비프 카레イギリス風ビーフカレー는 짙은 갈색만큼이나 진하고 매콤한 고토켄의 시그니처 메뉴. 여기에 락교, 땅콩 볶음, 후쿠진즈케福神漬(무, 연근, 가지 등의 간장 조림) 등 다섯 가지 밑반찬을 곁들이면 색다른 카레 맛을 즐길 수 있다. 메이지양식&카레 세트와 계절 수프, 3가지 고로케&튀김, 비프스튜 등이 인기메뉴이며 디저트를 제외한 모든 음식이 한 쟁반에 푸짐하게 나온다. 카레는 물론 살살 녹는 비프스튜, 부드러운 화이트소스의 크림 고로케까지 하나하나 다 맛있다. 레토르트 카레도 판매한다.

Data 지도 369p-E
가는 법 노면전차 주지가이역
에서 도보 8분
주소 函館市元町30-7
운영시간 11:30~15:00,
17:00~20:00
요금 다누키소바 1,100엔
전화 0138-27-8120

장인정신이 살아 있는 창의적인 소바
구루하 久留葉

모토마치 다이산자카大三坂(언덕) 중간에 자리 잡은 예스러운 소바집. 내부만 식당의 기능에 맞춰 개조하고 외부는 옛 집 그대로다. 구루하의 소바는 대개 가늘지만 때에 따라 굵은 면을 내기도 하는데, 이는 소바 장인이 직접 가게에서 면을 치대기에 가능한 일. 가게 한쪽에 마련된 작업장도 볼 수 있다. 부드러운 소바에 어울리는 순하고 깊은 맛의 국물도 구루하를 다시 찾고 싶은 이유. 품종에 대해 매일 끊임없이 연구해 자색 고구마와 토마토를 넣은 소바를 계절 한정 메뉴로 선보이는 등 점잖은 외관과 달리 매우 역동적인 소바집이다.

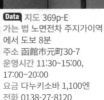

Data 베이에어리어 1호점
지도 369p-B 가는 법 노면전차
주지가이역에서 도보 5분
주소 函館市末広町23-18
운영시간 10:00~22:00
요금 차이니즈치킨버거 단품
380엔·세트(라키포테&우롱차)
720엔 전화 0138-26-2099
홈페이지 www.luckypierrot.jp

하코다테가 사랑한 수제 버거
럭키 피에로 ラッキーピエロ

'락피ラッピ' 하면 모르는 사람이 없는 하코다테 로컬 버거 집. 그도 그럴 것이 하코다테 내에만 매장이 17곳이다. 천편일률적인 인테리어 대신 크리스마스, 할리우드 배우, 명화 등 테마에 따라 분위기가 각양각색. 게다가 당일 생산된 계란, 지역의 신선한 채소 등 엄선된 재료를 사용해 주문 즉시 조리하는 시스템이다. 14종의 햄버거 중에는 차이니즈치킨버거가 인기 있는데, 짭조름한 간장양념의 두툼한 치킨이 아무지게 씹힌다. 햄버거뿐 아니라 오므라이스와 수제 미트 스파게티의 식사 메뉴, 소프트아이스크림과 밀크쉐이크 등의 사이드 메뉴도 맛있다. 특히 감자튀김에 미트소스와 녹인 치즈를 얹어 머그에 담아주는 라키포테ラキポテ는 강력추천!

하코다테의 심야식당

다이몬 요코초 大門横丁

개성 강한 26개 점포가 몇 갈래의 좁은 골목을 사이로 옹기종기 모여 있는 포장마차(야타이(屋台)) 골목. 일본의 다른 포장마차 골목에 비해 후발주자이지만 홋카이도 최대 규모이고 JR하코다테역에서 가깝다는 장점에 더해 할인이나 이벤트 행사를 종종 진행하는 등 관광객뿐 아니라 현지인에게도 인기 만점이다. 옛 거리의 느낌을 살려 입구와 골목을 장식한 홍등(일본에서 홍등가는 술집 거리를 의미)이 밤거리에 환하게 켜지면 포장마차 골목은 활기를 띠기 시작한다. 라멘, 야키토리(닭꼬치), 징기스칸(양고기 구이), 어묵, 초밥, 가정식 요리, 아시아 음식, 한국 음식 등 어느 하나 겹치지 않는 다채로운 메뉴는 취향 따라 고르기도 좋다. 주인과 마주보는 10석 내외의 카운터 석에서 하코다테의 밤을 술 한잔과 함께 기분 좋게 보낼 수 있다. 점포에 따라 낮 영업을 하는 곳도 있다.

Data 지도 368p-C 가는 법 JR하코다테역에서 도보 5분 주소 函館市松風町7 운영시간 17:00~23:00(점포마다 다름) 홈페이지 www.hakodate-yatai.com

![양조 탱크가 있는 하코다테 비어 내부 사진]

Data 지도 369p-C
가는 법 노면전차 우오이치바도리
역에서 도보 1분
주소 函館市大手町5-22
운영시간 11:00~15:00,
17:00~22:00(수요일 휴무)
요금 맥주 샘플러(3종류) 1,133엔
전화 0138-23-8000
홈페이지 www.hakodate-
factory.com/beer

100% 몰트의 물이 다른 맥주

하코다테 비어 HOKODATE BEER

오래된 벽돌 건물 안에 거대한 구릿빛 양조 탱크가 자리하고 있는 하코
다테의 지역맥주 집. 창업 이래로 하코다테 산기슭에서 끌어올린 천연 지
하수와 100% 몰트(맥아) 사용을 쭉 고수하고 있다. 하코다테 비어의 대
표 맥주는 4가지. 밀이 50% 첨가돼 산뜻한 바이젠 맥주 '고료노호시五稜の星', 겉보리 맥아를 사용해 그윽
한 감미의 에일 맥주 '기타노잇포北の一歩', 특유의 쓴맛이 특징인 알토 맥주 '메이지칸明治館', 독일 퀼튼 지
역에서 유래한 쓴맛과 시원한 목 넘김이 특징인 퀼쉬 맥주 '기타노야케이北の夜景'다. 맥주 샘플러를 주문해
맛을 본 후 취향에 맞는 맥주를 골라보는 것도 좋다. 또한 몰트 양을 2배로 하고 1개월간 숙성시킨, 이름
마저 인상적인 '사장님이 잘 마시는 맥주社長のよく飲むビール'는 여러 맥주 대회에서 우수한 바 있는 비장의
카드. 안주 메뉴로는 맥주와 잘 어울리는 각종 해산물 요리와 수제 소시지 등이 나온다. 입구의 기프트숍
에서는 맥주를 구입할 수 있는데 고급스러운 알루미늄 병은 선물로 제격이다.

하코다테의 인기 회전초밥집
마루카츠 수산まるかつ水産

하코다테의 인기 음식점 7곳이 입점한 하코다테베이미식클럽函館ベイ美食倶楽部 내 회전초밥집. 마루카츠 수산의 본점이다. 문이 열리면 곧 만석이 되는 인기 초밥집이지만 오픈 하자마자 가면 레일 위에 초밥이 거의 없어 직접 주문해야 하는 상황이 되니 좋아하는 초밥 이름은 미리 알아가자(p.100 초밥 편 참고). 초밥과 함께 하코다테 지역맥주와 와인을 즐길 수 있다. 그날의 재료에 따라 구성이 달라지는 테이크아웃 세트도 있는데 마루카츠(특상)·니시하토바(상)·메이지칸(보통) 세 가지로 나뉜다.

Data 본점 지도 369p-C 가는 법 노면전차 주지가이역 혹은 우오이치바도리역에서 도보 5분 하코다테 베이미식클럽 내 주소 函館市豊川町12-10 운영시간 11:30~15:00, 16:30~21:30(수요일, 두번째 목요일 휴무) 요금 초밥 138엔~, 참치회 880엔 전화 0138-22-9696 홈페이지 www.hakodate-factory.com/marukatsu

하치만자카의 로스팅 카페
하코다테 모토마치 커피점
箱館元町珈琲店

하코다테의 풍경을 대표하는 하치만자카 중턱에 위치한 커피숍. 커피 로스팅뿐 아니라 함께 맛볼 수 있는 쿠키나 케이크도 모두 직접 만들어 담백하다. 직접 수집해 하나하나 다른 모양의 아기자기한 커피잔에 서빙되는 점도 좋다. 쓴맛Bitter, 부드러운 맛Mild, 가벼운 맛Light 중 선택할 수 있으며, 블렌드 커피는 진하면서 살짝 새콤하고 부드럽다.

Data 지도 369p-E 가는 법 노면전차 스에히로초역에서 하치만자카 언덕길 방면으로 도보 5분 주소 函館市元町31-11 운영시간 10:00~17:30(화요일 휴무) 요금 블렌드 커피 원두 50g 540엔, 커피 650엔~, 토스트 세트 1,450엔 전화 0138-83-1234 홈페이지 https://motomachi-coffee.com

Data 하코다테 가네모리점
지도 369p-B 가는 법 노면전차
주지가이역에서 도보 5분.
가네모리 창고군 요모노칸 내
주소 函館市末広町13-9
운영시간 09:30~19:00
요금 1박스(8개) 1,555엔
전화 0120-89-0609
홈페이지 www.snaffles.jp

하코다테를 평정한 치즈 오믈렛
패스트리 스내플스 PASTRY SNAFFLE'S

하코다테를 대표하는 스위츠 전문점. 수플레 타입의 진한 치즈 케이크
인 치즈 오믈렛으로 특별한 스위츠가 없던 하코다테를 평정했다. 계란,
치즈 등 홋카이도산의 신선한 재료만을 사용해 냉동은 일절 하지 않고 매일 바로 구워내 판매하는 명품
스위츠. 입에 넣으면 마치 부드러운 반숙 오믈렛처럼 스르르 녹는 느낌이다. 항공사 승무원들 사이에서
입 소문이 퍼지면서 홋카이도 전역에 알려지게 되었다. 진한 카카오의 풍미를 느낄 수 있는 초콜릿과 하
코다테 한정 캐러멜 맛도 인기.

옛날 시오라멘의 맛
엔라쿠 えん楽

하코다테 시오라멘 전문점. 점장이 어릴 적 먹던 시오라멘의 옛 맛을 재현했다. 홋카이도산 밀을 배합한
면과 시레토코산 돼지고기 차슈 등 지역 식재료 사용에 적극적이다. 돼지뼈와 닭뼈, 가리비, 다시마 등을
넣고 푹 고아낸 국물은 깔끔하면서 담백한 맛. 여기에 가늘고 탄력 있는 면으로 국물 맛을 최대한 부각시
켜 후루룩 목 넘김도 좋다.

Data 지도 369p-B 가는 법 노면전차 지요가다이역에서 도보 3분 주소 函館市千代台町31-18 운영시간 11:30~
14:30, 17:30~22:00 (목요일 및 첫째·둘째 주 월요일 휴무) 요금 하코다테 시오라멘 750엔~, 닭튀김 400엔
전화 070-8592-3864 홈페이지 www.facebook.com/enrak.jp

진득한 오리지널 젤라토에 반하다
밀키시모 Milkissimo

본고장 이탈리아의 진득한 젤라토를 맛볼 수 있는 아이스크림 전문점. 홋
카이도의 신선한 우유와 다양한 과일, 채소, 스위츠 등을 첨가한 젤라토
가 30여 종이 넘는다. 망고, 바나나, 레몬, 키위 등 비교적 평범한 것부터

Data **고료카쿠타워점**
지도 376p-A 가는 법 노면전차
고료카쿠코엔마에역 하차 후
도보 15분 주소 函館市
五稜郭町43-9 운영시간 09:00~
18:00 요금 싱글 390엔, 더블
480엔, 트리플 560엔
전화 0138-30-3370
홈페이지 www.milkissimo.com

딸기 파이, 티라미수, 푸딩 등 달콤한 맛, 그리고 호박, 멜론, 콩, 팥 등 홋카이도산 식재료를 듬뿍 넣은 것
까지 골라 먹는 재미가 쏠쏠하다. 시즌마다 한정 상품을 출시하며, 신치토세공항 등에도 매장이 있다.

아지트 같은 재즈 카페
재즈 스폿 리프 JAZZ SPOT Leaf

나만의 아지트로 삼고 싶은 느낌의 카페 겸 바. 오랜 시간 수집한 듯 보이는 수십 장의 LP가 꽂혀있고, 의자
와 테이블에서는 세월이 느껴진다. 주인아저씨에게 말만 잘하면 신청곡도 틀어주고, 종종 라이브 콘서트가
열리기도 한다. 저녁 7시 이후에는 1인 500엔의 테이블 차지Table Charge가 발생한다. 흡연이 자유로운 곳이
라 담배 연기가 거북한 사람에겐 불편할 수도 있다.

Data 지도 368p-C 가는 법 노면전차 하코다테에키마에역에서 도보 5분 주소 函館市松風町7-6
운영시간 11:30~22:00 (일·월요일 휴무) 요금 런치 500엔~, 주류 600엔~ 전화 0138-27-4122
홈페이지 www.instagram.com/jazzspotleaf

차경의 공간 미학
롯카테이 六花亭

나무로 가려진 오솔길을 따라가다 매장에 들어서면 탁 트인 전망에 숨을 내쉬게 되는 독특한 인테리어의 롯카테이 고료카쿠점. 유리벽면 한쪽이 고료카쿠공원을 향해 열려 있어 봄에 만개하는 벚꽃, 여름부터 가을까지 아름다운 나무들, 겨울 설경까지 사계절 달라지는 풍경을 고스란히 즐길 수 있다. 한쪽 벽면에 그려진 커다란 나무 그림은 바깥 풍경과 오버랩 되며 신비로운 느낌을 자아낸다. 롯카테이의 다양한 스위츠 쇼핑은 물론 카페에 앉아 차분한 티타임도 가능하다.

Data 고료카쿠점 지도 376p-A 노면전차 고료카쿠코엔마에 하차 후 고료가쿠 타워 방향으로 도보 10분 주소 函館市五稜郭町27-6 운영시간 09:30~17:30 요금 핫케이크 620엔 전화 0138-31-6666 홈페이지 www.rokkatei.co.jp

하코다테 시오라멘의 정석
아지사이 あじさい

하코다테 시오(소금)라멘을 대표하는 라면집. 앉아서 주문하면 바로 나오는 속도는 한시가 아까운 여행자에겐 좋은 조건. 2시가 넘은 시간에도 끊임없이 손님이 들어와 북적이지만 기다리면 자리도 빨리 난다. 대신 느긋이 앉아 있으면 약간 눈치가 보일 수 있다. 라멘은 보통 굵기의 면발과 부드러운 멘마(발효 죽순)를 맑고 시원한 국물에 담아 준다. 고기를 먹을

Data 본점 지도 376p-A
가는 법 노면전차 고료카쿠
코엔마에 하차 후 도보 10분
고료가쿠타워 앞
주소 函館市五稜郭町29-22
운영시간 11:00~20:25(넷째 주
수요일 휴무)
요금 아지사이 시오라멘
750엔(하프사이즈 500엔),
아지사이 카리(카레라멘) 880엔
전화 0138-51-8373
홈페이지 www.ajisai.tv

때는 테이블에 놓여있는 에조아부라코쇼(후추와 다시마, 멸치, 가리비 등을 넣어 만든 아지사이 특제 조미료)를 첨가하면 더욱 맛있게 즐길 수 있다. 시내 하코다테베이미식클럽에도 지점이 있다.

BUY

개항시대의 낭만을 파는 붉은 벽돌 창고
가네모리 아카렌가 창고군
金林赤レンガ倉庫群

개항 당시 수입품을 적재하던 붉은 벽돌의 창고군을 활용한 복합쇼핑몰. 테마에 따라 하코다테 히스토리 플라자函館ヒストリープラザ, 가네모리 요모노칸金森洋物館, BAY하코다테 등으로 이름 붙여진 7동의 붉은 창고가 항구에 면해 있다. 항구 도시의 정취를 느낄 수 있고 크기도 상당해 하코다테의 중심지 역할을 톡톡히 한다. 크리스마스 시즌, 대형 트리가 설치되는 크리스마스판타지 행사의 주무대로 로맨틱한 야경을 뽐낸다.

Data 지도 369p-B 가는 법 노면전차 주지가이역에서 도보 5분 주소 BAY하코다테 函館市豊川町11-5 / 가네모리 요모노칸 函館市末広町13-9 / 하코다테 히스토리 플라자 函館市末広町14-12 운영시간 10:00~19:00 전화 0138-27-5530 홈페이지 www.hakodate-kanemori.com

Data 지도 369p-C 가는 법 노면전차 주지가이역에서 도보 5분, BAY하코다테 내 주소 函館市豊川町11-5 운영시간 09:30~19:00 요금 손수건 980엔, 보자기 1,300엔~ 전화 0138-27-5555 홈페이지 www.ikasumi.jp

하코다테 한정 오징어 먹물 패브릭

싱글러즈 Singlar's

하코다테의 오징어 먹물로 염색한 패브릭 제품 전문 숍. 실크스크린에 사용할 수 있는 인쇄용 잉크로 활용하는 기술을 개발, 면과 실크 등 자연소재를 염색했다. 완성된 오징어 먹물 잉크는 예쁜 암갈색을 띠고 있다. 먹물처럼 농담의 맛을 내기 위해 일부러 색을 균일화하지 않고 향도 살짝 남겨놓아 더욱 멋스럽다. 손수건, 보자기, 주머니, 열쇠고리 등 이곳에서 밖에 구매할 수 없는 핸드메이드 제품. 하코다테만의 디자인으로 염색한 손수건은 액자에 넣어 장식해도 좋고, 다용도로 활용할 수 있는 일본 전통 보자기는 볼수록 탐이 난다. 하코다테의 장인이 손수 만든 가방은 같은 것이 하나도 없다. 가격도 적당하다.

지역 특산품 구입은 이곳에서
하코다테 니시하토바 函館西波止場

하코다테의 특산품 이카메시를 비롯해 각종 수산 가공품과 하코다테 지역맥주, 사케, 와인 등의 주류, 선물하기 좋은 홋카이도 과자를 구입할 수 있는 종합 선물 숍. 하코다테공항에서 출국하는 일정이라면 이곳에서 선물이나 기념품을 구입하면 좋다. 계산대 옆에 유료 코인 로커에서는 상온뿐 아니라 냉동 보관도 가능하니 짐을 맡기고 다른 곳을 관광할 수 있어 편리하다.

Data 지도 369p-B 가는 법 노면전차 주지가이역에서 도보 5분 주소 函館市末広町24-6 운영시간 09:00~18:00 요금 이카메시 만들기 체험 1,500엔(예약제 0138-24-8107), 하코다테 지역맥주 610엔 전화 0138-24-8108 홈페이지 www.hakodate-factory.com/wharf

옛 우체국에 들어선 소박한 선물 가게
하코다테 메이지칸 はこだて明治館

하코다테 우체국으로 사용되던 100년 된 붉은 벽돌 건물을 개조한 상업시설. 낮에는 대형 관광버스들이 건물 앞에 끊임없이 드나드는 유명 기념품 숍이다. 무성하게 벽돌을 타고 오르는 담쟁이덩굴은 푸릇푸릇한 잎부터 울긋불긋 단풍까지 사시사철 보는 즐거움을 더한다. 유리로 만든 모든 것을 만날 수 있는 하코다테가라스 메이지칸, 하코다테 한정품을 판매하는 메이지칸 메모루, 테디베어숍을 비롯하여 총 8개의 기념품 숍과 카페, 레스토랑이 2층 건물 안에 옹기종기 모여 있다. 오르골을 직접 만들 수 있는 오르골 공방도 있으니 방문하려면 전날 꼭 예약해두자.

Data 지도 369p-C 가는 법 노면전차 주지가이역에서 도보 2분 주소 函館市豊川町11-17 운영시간 09:30~18:00 (수요일 휴무) 요금 오르골 제작 체험 3,000엔~ 전화 0138-27-7070 홈페이지 www.hakodate-factory.com/meijikan

SLEEP

노천온천탕에서 즐기는 항구 야경

라 비스타 하코다테 베이 LA VISTA 函館ベイ

Data 지도 369p-C
가는 법 노면전차
우오이치비도리역에서 도보
5분 또는 하코다테공항에서
공항버스 타고 베이에어리어
마에 하차(20분 소요) 도보
1분 주소 函館市豊川町 12-6
요금 2인 1실 이용시 1인 요금
(조식 포함) 10,000엔~
전화 0138-23-6111
홈페이지 www.hotespa.
net/hotels/lahakodate

하코다테의 주요 관광지인 하코다테 베이에서 육중한 존재감을 드러내고 있는 레트로 콘셉트의 호텔. 널찍한 창문과 침대, 분위기 있는 조명이 고급스럽다. 방 타입에 따라서는 욕조 없이 샤워부스만 있는 곳도 있지만 꼭대기의 대욕탕과 노천온천탕이 훌륭해 굳이 필요성을 느끼지 못한다. 백만 불짜리 야경이라는 하코다테의 야경을 따뜻한 온천에 잠겨 즐길 수 있다는 것만으로도 선택의 이유는 충분하다. 호텔 조식도 맛있기로 소문났다. 신선한 연어알, 대구알, 참치, 새우, 오징어를 잔뜩 얹어 먹을 수 있는 셀프 해물덮밥이 인기의 이유. 그 외에 연어, 시샤모, 오징어, 대게 즉석구이 등 60여 가지가 다 훌륭하다.

Data 지도 369p-E
가는 법 노면전차 주지가이
역에서 도보 2분
주소 函館市末広町3-5
요금 2인 1실 이용시
1인 요금(조,석식 포함)
30,000엔~
전화 0138-27-5300
홈페이지 villa-concordia.
com

옛 언덕길에서 만나는 북유럽 감성

빌라 콘코르디아 리조트&스파 Villa Concordia Resort&Spa

하코다테 관광의 중심지인 모토마치언덕 아래 자리한 북유럽 스타일의 호텔. 소품과 가구 하나하나에 심혈을 기울인 흔적이 역력하고, 침대 시트부터 전기포트에 이르기까지 엄선하여 객실을 구성했다. 편안한 소파와 테이블까지 갖춘 객실은 거실이 있는 것처럼 넉넉하고, 화장실과 욕실도 분리되어 있다. 테라스에 의자와 테이블이 놓여있어 별장에 온 것 같은 느낌으로 휴식을 취할 수 있다. 2층 스파에서는 유럽·중국·태국 등 전통적인 방식을 도입한 마사지를 받으며 여행의 피로를 풀 수 있다. 프랑스어로 바람이라는 뜻의 레스토랑 '로쿠麓'은 최상층인 6층에 위치해 하코다테야마를 정면으로 바라보며 프렌치 요리를 즐길 수 있다. 전 객실이 사전 예약제로 운영된다.

100년 전 저택에서의 하룻밤
하코다테 모토마치 호텔 函館元町ホテル

옛 서양식 건물들이 남아 있는 모토마치언덕에 자리한 호텔로 100년 된 옛 저택의 곳간과 별관을 개조해 외관에서부터 고풍스러운 분위기가 물씬 난다. 건물은 높지 않은 대신 지대가 높아 3층의 온천탕에서 큰 창문을 통해 하코다테 시내와 항구를 내다보며 온천을 즐길 수 있다. 트윈룸도 넓은 편이고, 트리플룸, 4인 가족이 묵을 수 있는 패밀리룸 등 다양한 객실 타입을 갖추었다. 옛 저택의 별관에는 다다미방도 마련되어 있다. 투숙자에게는 모닝커피가 서비스되고, 조식은 사전 예약해야 이용할 수 있다. 2층에 있는 카페&키친은 점심시간에 일반영업도 하는데, 오누마산 소고기로 만든 철판 햄버그가 추천 메뉴. 홈페이지에서 쿠폰을 인쇄해가면 디저트 케이크 서비스와 같은 혜택을 받을 수 있다.

Data 지도 368p-B 가는 법 노면전차 오마치역에서 도보 2분 주소 函館市大町4-6 요금 2인 1실 이용시 1인 요금 (조식 포함) 5,000엔~ 전화 0138-24-1555 홈페이지 hakodate-motomachihotel.com

병도 낫게 하는 명탕
헤이세이칸 가이요테이
平成館 海羊亭

바다가 보이는 옥상 노천탕을 즐길 수 있는 온천호텔. 유노카와에서 가장 먼저 생겼다고 전해지는 붉은색의 아카유赤湯는 에도막부 신선조의 부장 히지카타 토시조가 상처를 치료했던 명탕이다. 유노카와의 헤이세이칸 외에 극소수의 온천에서만 즐길 수 있다. 또한 대리석탕의 투명한 시로유白湯는 몸이 따뜻해진 후에도 잘 식지 않는 효과가 있어 수족냉증과 피로해소에 좋다.

Data 지도 364p-B 가는 법 노면전차 유노카와온천역에서 도보 8분 또는 하코다테공항에서 공항버스 타고 유노카와온천 정류장 하차(8분 소요) 후 바로 주소 函館市湯川町1-3-8 요금 다다미방 2인 1실(조식, 석식 포함) 15,740엔~ 전화 0138-59-2555 홈페이지 www.kaiyo-tei.com

파도소리가 들리는 노천탕

헤이세이칸 시오사이테이 平成館 しおさい亭

탁 트인 바다에 면한 온천호텔. 노천탕이 딸린 방에서는 '바다의 파도소리(시오사이)'라는 이름에 걸맞게 철썩거리는 파도소리를 들으며 몸과 마음을 치유하는 프라이빗한 시간을 보낼 수 있다. 대욕탕도 여럿 있어, 전면을 유리로 만들어 바다를 전망할 수 있는 전망 욕탕과 일본정원이 있는 일본식 욕탕, 돌 정원에 있는 노천탕, 대리석탕, 히노키탕 등 다양한 타입을 즐길 수 있다.

Data 지도 364p-B 가는 법 노면전차 유노카와온천역에서 도보 8분 또는 하코다테공항에서 공항버스 타고 유노카와온천 정류장 하차(8분 소요) 후 바로 주소 函館市湯川町1-2-37 요금 2인 1실 이용시 1인 요금(조,석식 포함) 15,740엔~ 전화 0138-59-2335 홈페이지 www.shiosai-tei.com

바다를 전세 낸 노천탕

하나츠키 花月

시오사이테이의 별관으로 전 객실이 바다를 향해 큰 창을 냈다. 객실 창가에는 특이하게 마루를 파서 다리를 내리고 앉을 수 있도록 한 호리고타츠가 설치되어 있다. 노천탕이 딸린 객실에서는 남의 눈치 볼 것 없이 맨 몸에 바닷바람을 맞으며 온천을 즐길 수 있어 바다가 온전히 내 것인 느낌이다. 그 외에 정원이 보이는 노천온천과 널찍한 실내 대욕장이 있어 다양하게 온천욕을 즐길 수 있다.

Data 지도 364p-B 가는 법 노면전차 유노카와온천역에서 도보 8분 또는 하코다테공항에서 공항버스 타고 유노카와온천 정류장 하차(8분 소요) 바로 주소 函館市湯川町1-2-37 요금 2인 1실 이용시 1인 요금(조,석식 포함) 28,300엔~ 전화 0138-59-2335 홈페이지 www.hanatuki.com

Hokkaido By Area

08

구시로

釧路

어업과 항만 물류업이 발달한 태평양 연안의 항
구도시 구시로. 특별할 것 없어 보이는 이 항구
도시를 세계적인 생태관광지로 탈바꿈시킨 것은
뜻밖에도 두루미였다. 멸종 위기에 빠진 두루미
를 살리기 위해 서식지인 구시로습원을 엄격하게
통제하면서 원시 그대로의 자연을 보존할 수 있
었던 것. 그 옛날 아이누 민족이 '습원의 신'으로
우러러봤다는 두루미가 어쩌면 정말 신통방통한
능력이 있는 건 아닌지, 때 묻지 않은 습원의 풍
경을 바라보며 엉뚱한 상상에 빠져들게 된다.

구시로
미리보기

비교적 도시가 발달한 홋카이도 서부와 달리 천혜의 비경을 간직하고 있는 홋카이도 동부. 그 관문인 구시로는 희귀 동식물의 보고인 구시로습원과 아름다운 호반의 아칸국립공원을 여행하기 위한 관광객들의 발길이 끊이지 않는다.

SEE

구시로습원의 베스트 시즌은 녹음이 짙푸른 7~8월과 새하얀 설원에 철새들이 날아드는 1~2월. JR 관광열차인 노롯코호(여름시즌)와 증기기관차(겨울시즌)를 타면 특별함은 배가된다. 아칸국립공원에서는 시원한 호수 풍경과 아이누 원주민 마을, 온천거리, 천연 모래온천 등 자연과 사람의 조화를 엿볼 수 있다.

EAT

각종 생선이나 어패류를 화롯불에 즉석에서 구워먹는 로바타야키의 발상지가 바로 구시로다. 시내에 로바타야키 전문점이 즐비하지만, 5~10월 노천 강변에서 펼쳐지는 간페키 로바타의 왁자지껄한 분위기와 맛은 따라오지 못한다. 온천가의 소박한 빵집과 카페는 개성이 뚜렷해 찾아 가는 재미가 있다.

BUY

전날 밤늦게 구시로에 도착했거나 주로 대중교통을 이용하는 일정이라면 구시로역 주변 비즈니스호텔이 편리하다. 렌터카를 이용하고 여유 있게 온천까지 즐기고 싶다면 아칸코 온천가나 가와유 온천가에 숙소를 잡자. 100년은 훌쩍 넘긴 유서 깊은 온천호텔부터 편안한 가정집에 온 듯한 민슈쿠(민박)까지 다양하다.

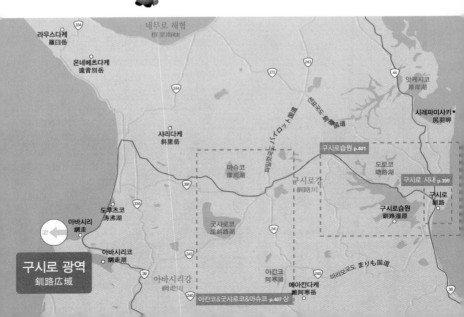

이동시간이 길고 면적이 워낙 넓어 구시로습원과 아칸국립공원을 하루에 다 돌아보기는 좀 벅차다. 아침 일찍 부지런히 주요 포인트를 효율적으로 움직인다면 짧은 시간 안에 최대의 만족을 얻을 수 있을 것이다.

자동차 1시간 10분 →

자동차 25분 →

구시로시 습원 전망대에 올라 눈앞에 펼쳐지는 광활한 풍경 감상

안개에 싸여 있는 신비한 푸른빛 호수 마슈코의 제1전망대

기차역 안에서 선로를 바라보며 즐기는 비프스튜 in 오차드 그라스

↓ 자동차 20분

← 도보 5분

← 자동차 1시간 25분

인기 만점의 동네 빵집 팡데팡에서 디저트 타임

아이누 민족이 사는 전통마을 아이누코탄 산책하고 아칸코온천으로~

천연 모래 온천 굿샤로코·스나유에서 따끈하게 휴식

↓ 자동차 1시간 25분

노천 강변에서 바로 구운 생선에 생맥주 한 잔 하는 간페키 로바타

홋카이도 동부 최대의 도시지만 구시로 시내를 벗어나면 온통 산과 호수, 습원뿐인 전형적인 벽촌이다. 대중교통을 이용하려면 충분한 공부가 필요하다. 대신 도로가 한산해 렌터카를 이용하기에는 최상의 조건. 도로 표지판도 잘 되어 있어 운전 초보도 무난하게 적응할 수 있다.

어떻게 갈까?

구시로로 가는 가장 좋은 방법은 JR열차를 이용하는 것이다. 삿포로역에서 구시로역까지 4시간 정도 소요되고, 하루 6차례 운행한다. 고속버스는 하루 3편 운행하며, 6시간 소요된다. 국내선을 이용해 구시로공항으로 출·입국하는 방법도 있다.

어떻게 다닐까?

구시로는 대중교통이 발달하지 않아 열차와 노선버스 시간표를 잘 숙지하지 않으면 낭패를 보기 십상이다. 구시로습원과 아칸코·마슈코 등을 모두 구석구석 둘러보고 싶다면 렌터카를 이용하는 수밖에 없다. 운전면허가 없거나 혹은 운전의 피로가 달갑지 않은 여행자에겐 관광버스 상품을 추천한다.

🚈 JR열차

평상시 운행하는 보통열차 외에 노롯코호, 증기기관차 등 관광열차가 발달했다. 구시로습원이라는 천혜의 관광자원을 가장 잘 느낄 수 있는 교통수단이 관광열차이기 때문. 7~8월 한여름과 1~2월 한겨울 성수기에는 예약 필수다.

❶ 구시로시츠겐 노롯코호 くしろ湿原 ノロッコ号

구시로습원 가장 가까이서 느릿느릿 달리는 노롯코호는 창문에 유리가 없어 습원에서 불어오는 자연의 내음까지 느낄 수 있는 관광열차다. JR구시로역에서 JR도로역까지 하루 1~2회 왕복 운행한다. 자세한 운행 일정과 시간은 홈페이지에서 확인할 수 있다.

Data 운영시간 4월 말~10월 초까지 정해진 날만 운행하므로 구시로역에 확인 요금 JR구시로역~JR도로역 편도 640엔, 지정석 요금 840엔 추가 홈페이지 www.jrhokkaido.co.jp/travel/kushironorokko

❷ SL후유노시츠겐호 SL冬の湿原号

매년 1월부터 2월까지 겨울 시즌에만 운행되는 증기

기관차Steam Locomotive로, 새하얀 설원이 펼쳐진 습원의 풍경과 겨울 철새들을 차창 너머로 관찰할 수 있다. 구시로역에서 출발해 기간에 따라 시베차역까지 1회 왕복하는 코스. 예약제로 운영된다.

Data 운영시간 1월 말~2월까지 정해진 날만 운행하므로 홈페이지에서 확인 요금 JR구시로역~JR시베차역 1,290엔, 지정석 1,680엔 추가 홈페이지 www.jrhokkaido.co.jp/travel/sl

❸ 보통열차
관광열차의 운행기간이 아니거나 목적지가 분명한 경우 아바시리 방면 JR센모본선釧網本線의 보통열차를 이용해 구시로시츠겐역이나 도로역, 가와유온센역 등으로 갈 수 있다.

🚗 렌터카(p.050 참고)
이왕지사 렌터카를 이용할 거면 구시로습원과 아칸국립공원만 갈 것이 아니라 대중교통이 불편한 아바시리와 시레토코까지 함께 돌아보기를 권한다. 차량은 아바시리역에서 반납하면 된다.

🚌 노선버스 | 아칸버스
지역 운송사인 아칸버스에서 열차가 닿지 않는 구시로시 습원 전망대 방면과 아칸온천 방면으로 노선버스를 운행한다. 구시로역 앞 구시로 버스터미널에서 승차.

❶ 구시로시 습원 전망대 방면 |
츠루이선鶴居線
구시로역에서 구시로시 습원 전망대 방면으로는 츠루이선이 운행된다. 구시로시 습원 전망대와 온네나이 방문객센터는 두 선 다 경유하고, 츠루미다이는 츠루이선만 경유한다.

구시로역 출발

08:55	10:25	13:25	14:45	16:45	★19:15

츠루미다이 출발

08:29	10:34	12:09	14:59	16:17	★18:09

★ 토·일·공휴일 운휴

Data 요금 구시로역~구시로시 습원 전망대 690엔, 구시로역~온네나이 방문객센터 730엔, 구시로역~츠루미다이 1,020엔 전화 0154-37-2221 홈페이지 www.akanbus.co.jp/route

❷ 아칸코온천 방면 | 아칸선
구시로역에서 구시로공항, 두루미 자연공원을 경유해 아칸코온천(종점)까지 운행한다. 여름 성수기에는 한 편이 더 증차된다.

구시로역 출발

10:10	★11:45	14:50	17:15

아칸코온천 출발

07:30	10:20	★12:20	16:00

★ 7~10월 운행

Data 요금 구시로역~아칸온천 2,750엔, 구시로공항~아칸온천 2,230엔 전화 0154-37-2221 홈페이지 www.akanbus.co.jp/route

🚌 에코 패스포트 관광셔틀버스 えこパスポート
JR마슈역 또는 JR가와유온센역에서 주변 관광지로 갈 때 유용한 버스 패스. 홋카이도 동부 여행의 보석인 마슈 호수와 굿샤로 호수를 비롯해, 활화산인 이오 산, 가와유온천 등을 경유하는 노선버스를 탈 수 있다. 연속한 날짜에 사용할 수 있는 2일권과 3일권이 있으며, 여름과 겨울 시즌에 코스가 조금 달라지니 홈페이지에서 확인할 것.

Data 요금 2일권 어른 2,000엔, 어린이 1,000엔 홈페이지 www.eco-passport.net

🚌 관광버스 아칸버스

피리카호 · 화이트피리카호 ピリカ号・ホワイトピリカ号

마슈코, 굿샤로코, 아칸코 등을 둘러보는 1일 관광버스. 대중교통으로는 한 번에 둘러보기 힘든 코스를 관광 가이드(일본어)의 설명과 함께 돌아볼 수 있다. 또한 구시로에서 아칸코온천이나 가와유 온천으로 이동할 때 교통수단으로도 이용된다. 홈페이지를 통해 1개월 전부터 출발 하루 전날까지 사전 예약. 점심 식사는 포함되지 않는다.

Data 전화 0154-37-2221
홈페이지 www.akanbus.co.jp/sightse

구분	주요 코스	운행 기간	요금
피리 카호	구시로역(08:00 출발) ▶ 구시로습원 호쿠토 전망대(차창) ▶ 마슈호 제1전망대 ▶ 이오잔(활화산) ▶ 굿샤로코(스나유) ▶ 아칸코온천 ▶ 구시로공항 ▶ 구시로역 (16:55 도착)	4월 말~ 10월 초 매일	어른 5,600엔, 어린이 2,800엔
화이트 피리 카호	구시로역(08:30 출발) ▶ 츠루미다이 ▶ 굿샤 로코(스나유) ▶ 가와유 온천 ▶ 이오잔(활화산) JR가와유역 ▶ 마슈호 제1전망대 ▶ 아칸코온천 ▶ 구시로공항 ▶ 구시로역(17:55 도착)	1월 중~ 3월 초 매일	어른 6,000엔, 어린이 3,680엔

★ 구시로 시내 : JR구시로역 앞 버스터미널, 피셔맨즈워프 MOO, 구시로 프린스호텔에서 승 · 하차 가능

초후가다이공원
鶴ヶ岱公園

東釧路北大通 釧路北大幹線道

東釧路川 かしろがわ川

구시로 라비스타구시로가와 釧路川 釧路川ラビスタ

구시로역 釧路

太平洋石炭販売輸送臨港線 太平洋石炭北輸送

H 하맛쿠 浜クラ

에키마에호텔 釧路駅前
파루다 구시로 駅前ホテルパルコ釧路 グリーンパレス釧路制路

R

H 라비스타 구시로가와
LA VISTA

누시마이바시
幣舞橋

釧路駅역역 釧路

H 수퍼호텔 Super Hotel

구시로에키마에 釧路駅前

기타오도리 北大通

구시로시청 釧路市役所
구시로시역소 釧路市役所 H

S

53

H 구시로 로열인 釧路ロイヤルイン

R 와쇼이치바 和商市場

사이초공원 幸町公園

H 프린스호텔 구시로 Prince Hotel Kushiro

구시로 피셔맨즈 워프 MOO
釧路フィッシャーマンズワーフMOO

R 간페이로바타 岸壁かばた

구시로강 釧路川

500m

N

0

구시로 釧路

SEE

자연이 빚은 물의 땅
구시로습원 釧路湿原

습원과 호수, 구릉지 등을 모두 합쳐 축구장 3만 개와 맞먹는 2만2천여ha의 구시로습원은 천연기념물로 지정된 일본 최대의 습원 지대다. 아프리카의 초원을 보는 듯한 광대한 풍경은 물론, 태곳적 신비를 간직한 희귀한 동식물의 보고. 사람의 발길을 철저하게 통제하기 때문에 구시로습원을 즐기는 방법은 높은 전망대에서 내려다보거나 나무 데크가 조성된 산책로 위를 걷는 것이다. 습원의 동부에 자리한 구시로시 습원 전망대 쪽은 나무 데크 산책로가 좋고, 습원 서부의 호소오카 전망대는 더 높은 곳에서 내려다보는 맛이 있다. 조금 색다르게 구시로습원을 느끼고 싶다면 구시로강 카누 체험에 도전해보자.

Data 지도 401p 가는 법 JR구시로시츠겐역 하차(동부 습원) 또는 아칸버스 츠루이선·호로로선을 타고 구시로시 습원 전망대 하차(서부 습원)

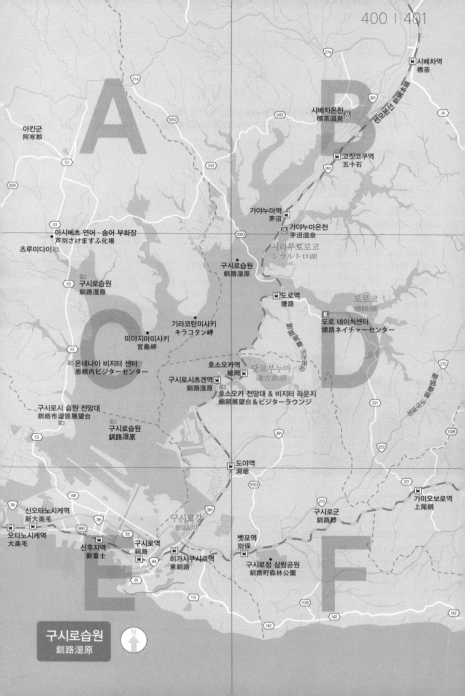

시베차역
標茶

시베차온천
標茶温泉

고짓코쿠역
五十石

가야누마역
茅沼

가야누마온천
茅沼温泉

시라루토로코
シラルトロ湖

구시로습원
釧路湿原

도로역
塘路

도로코
塘路湖

도로 네이처센터
塘路ネイチャーセンター

아칸군
阿寒郡

아시베츠 연어・송어 부화장
芦別さけますふ化場

츠루미다이

구시로습원
釧路湿原

기라코탄미사키
キラコタン岬

미야지마미사키
宮島岬

온네나이 비지터 센터
恩根内ビジターセンター

호소오카역
細岡

닷코부누마
達古武沼

구시로시츠겐역
釧路湿原

호소오카 전망대 & 비지터 라운지
細岡展望台 & ビジターラウンジ

구시로시 습원 전망대
釧路市湿原展望台

구시로습원
釧路湿原

도야역
洞爺

신오타노시케역
新大楽毛

오타노시케역
大楽毛

신후지역
新富士

구시로역
釧路

히가시쿠시로역
東釧路

구시로군
釧路郡

가미오보로역
上尾幌

벳포정
別保

구시로정 삼림공원
釧路町森林公園

구시로습원
釧路湿原

| Theme |
구시로습원

천혜의 자연을 간직한 구시로습원으로 가는 방법은 두 가지. 버스로는 동부 습원, JR열차로는
서부 습원에 도달할 수 있다. 어느 쪽이든 구시로습원의 광대한 풍모를 느끼는 데는 부족함이 없다.

동부 습원

구시로시 습원 전망대 釧路市湿原展望台

1, 2층에는 구시로습원의 조성 과정과 습지 동식물, 지형을 소개
하는 자료관이 있고 3층 전망대에선 습원을 360도로 조망할 수
있다. 전망대 주변으로 약 2.5km의 원형 산책로 데크가 조성되어
1시간 정도 가볍게 트레킹하기 좋다. 산책길에 마련된 7개의 쉼터
에는 망원경이 설치되어 있어 눈에 잡힐 듯 습원을 마주할 수 있다.

Data 지도 401p-C 가는 법 JR구시로역에서 아칸버스 츠루이선을 타고
시츠겐텐보다이에서 하차(39분 소요) 주소 釧路市北斗6-11 운영시간
5~10월 08:30~18:00, 11~4월 09:00~17:00 요금 어른 480엔, 고등학생
250엔, 초·중학생 120엔 전화 0154-56-2424 홈페이지 www.kushiro-
shitsugen-np.jp/tenbou/shitugen

온네나이 비지터 센터 温根内ビジターセンター

구시로시 습원 전망대에서 5km 떨어진 온네나이 비지터 센터는 숲과
습원의 경계에 위치해 나무 데크를 걸으며 저지대의 습원부터 고지대
습원까지 두루 살필 수 있는 최적지다. 한 바퀴 0.5km의 최단 루트와
2.0km의 중앙 횡단 루트, 3.1km의 고층 습원 루트의 3코스가 있다.

Data 지도 401p-C 가는 법 JR구시로역에서 아칸버스 츠루이선을 타고 온네나이
비지터센터 하차(43분 소요) 주소 阿寒郡鶴居村温根内 운영시간 4~10월
09:00~17:00, 11~3월 09:00~16:00(화요일 휴관) 요금 무료 전화 0154-65-
2323 홈페이지 www.kushiro-shitsugen-np.jp/kansatu/onnenaiv

츠루미다이 鶴見台

천연기념물이자 홋카이도의 도조道鳥인 두루미. 특히 구시로습원에 서
식하는 두루미는 정수리에 붉은색 점이 있는 단정학丹頂鶴이다. 츠루미
다이는 11~3월 먹이가 적은 겨울에 두루미들에게 먹이를 주기 위해
설치되어, 두루미를 가까이에서 볼 수 있다. 양 날개를 펴면 2m에 달
하는 기골 장대함을 떨쳐 아이누 민족은 단정학을 사루룬 카무이(습원
의 신)라 부르며 우러러봤다. 두루미 먹이는 아침과 오후 2시 반경에
준다. 눈이 많이 내리는 날에는 볼 수 없을 수도 있다.

Data 지도 401p-C 가는 법 아칸버스 츠루이선 타고 츠루미다이 하차(53분 소요) 주소 阿寒郡鶴居村下雪裡
운영시간 11~3월에 관찰 가능 홈페이지 www.kushiro-shitsugen-np.jp/kansatu/turumi

서부 습원

호소오카 전망대&비지터 라운지
細岡展望台&ビジターズラウンジ

구시로시 습원 전망대보다 높은 곳에 위치해 대전망대라고도 불리는 호소오카 전망대. 구시로습원의 장엄한 풍경과 뱀처럼 습원 사이를 유유히 굽이치는 구시로강의 모습을 가장 잘 볼 수 있다. 해질녘 노을 아래 펼쳐진 구시로강과 습원이 특히 아름답다. 전망대 산책로 주변에 있는 비지터 라운지에서 가벼운 식사와 차, 기념품을 판매한다.

Data 지도 401p-C 가는 법 JR구시로시츠겐역에서 산길을 따라 15분 주소 釧路郡釧路町達古武 22-8 운영시간 4~5월 09:00~17:00, 6~9월 ~18:00, 10~11월 ~16:00, 12~3월 10:00~16:00 전화 0154-40-4455(비지터 라운지) 홈페이지 www.kushiro-shitsugen-np.jp/kansatu/hosooka

도로코 塘路湖

바다의 일부가 퇴적물에 의해 호수가 된 해적호海跡湖로, 구시로습원에서 가장 넓은 637ha에 달한다. 호수 북쪽의 사루보전망대サルボ展望台·사루룬전망대サルルン展望台에서는 호수의 전경과 주변의 4개 늪으로 구성된 웅대한 자연을 감상할 수 있다. 사루룬전망대는 1~3월 습원을 달리는 증기기관차의 촬영 포인트로도 유명하다. 나무 데크 산책로를 따라 전망대까지 1시간여에 다녀올 수 있다. 습원의 생물과 환경에 대한 자료를 전시하고 있는 도로코 에코 뮤지엄 센터塘路湖エコミュージアムセンター가 JR도로역에서 도보로 20분 거리

Data 지도 401p-D 가는 법 JR도로역 하차

Tip **구시로강 카누 체험**
도로 네이처 센터塘路ネイチャーセンター에서는 JR노롯코호 열차 시간에 맞춰 90분 동안 구시로강의 생태를 관찰할 수 있는 카누 체험을 진행하고 있다. 강에 서식하는 물새의 눈높이에서 습원을 바라보는 색다른 경험을 할 수 있을 것이다. JR도로역에서 픽업한다. 겨울에는 빙어낚시 체험도 가능하다.

Data 지도 401p-D 가는 법 JR도로역에서 차로 10분 주소 川上郡標茶町塘路北七線86-17 요금 90분 카누 체험 1인 10,000엔(2명 예약 시) 전화 015-487-3100 홈페이지 www.dotoinfo.com/naturecenter

여신이 건네는 환영 인사
누사마이바시 幣舞橋

일본의 드라마나 영화에도 종종 등장하는 구시로의 대표적인 상징물인 다리. 처음 나무다리로 개통되었던 1889년에는 통행료를 받기도 했다. 현재의 다리는 네 차례의 개보수를 거쳐 1976년 건설된 것이다. 다리에는 각기 다른 작가가 봄, 여름, 가을, 겨울을 표현한 '사계의 조각상'이 묘한 조화를 이루고 있다. 홋카이도 3대 다리라는 명성치곤 작은 규모에 실망할 수도 있지만, 석양 무렵이나 안개가 자욱하게 낀 여름날의 저녁에 이곳의 진가를 제대로 확인할 수 있다.

Data 지도 399p-E 가는 법 JR구시로역 정문출구에서 구시로가와 강 방향으로 도보 15분

Data 지도 407p-B 상
가는 법 JR가와유온센역에서
차로 18분
주소 川上郡弟子屈町屈斜路
湖畔砂湯
운영시간 캠프장 6월 하순~
9월 초순
요금 캠프장 이용료 1,500엔~
전화 015-482-2940
(데시카가 관광상공과)

활화산이 선물한 모래온천
굿샤로코 스나유 屈斜路湖砂湯

칼데라호인 굿샤로코와 그 호반의 모래를 파면 나오는 모래온천 스나유. 온천 자체도 류머티즘이나 화상 등에 좋다고 알려져 있어, 여름에는 캠핑을 하면서 모래를 파 온천탕을 만들며 즐기기도 한다. 캠핑을 하려면 근처의 관광시설에서 매점, 식당, 화장실, 자판기 등을 이용하면 된다. 겨울에도 호수가 얼지 않아 백조가 겨울을 나러 오기 때문에 바로 가까이에서 관찰할 수 있다. 발을 담글 수 있는 온천시설이 호반에 만들어져 있으니 경험해보려면 수건을 가지고 가자.

신비한 안개의 호수
마슈코 摩周湖

약 7,000년 전의 분화로 생긴 칼데라호인 마슈코는 위에서 본 모양이 꼭 강낭콩처럼 생겼다. 전 세계에서 가장 맑고 투명한 호수 가운데 하나로 맑은 하늘 아래서 신비한 푸른색을 띤다. 단, 겨울에는 표면이 얼어붙어 그 위로 눈이 쌓이고 여름에는 안개가 많이 끼어 좀처럼 그 모습을 보기 힘들다는 사실. 아쉬운 마음은 마슈코 전망대의 기념품숍에서 판매하는 호수 빛깔의 한정 소프트아이스크림 '마슈 블루'가 어느 정도 달래줄 것이다.

Data 지도 407p-B 상
가는 법 JR마슈역에서 아칸버스 마슈선(摩周線)을 타고 마슈다이이치텐보다이 (제1전망대) 하차(20분 소요)
주소 川上郡弟子屈町
요금 마슈 블루 450엔, 마슈 라무네 160엔
전화 015-482-2200 (마슈코관광협회)
홈페이지 www.masyuko.or.jp

먹고 쇼핑하고 즐기고, 원 스톱 관광센터
구시로 피셔맨즈 워프 무 釧路フィッシャーマンズワーフMOO

Data 지도 399p-E
가는 법 JR구시로역 정문 출구에서 누사마이바시 방향으로 도보 15분
주소 釧路市錦町2-4
운영시간 1층 쇼핑 10:00 ~19:00, 2층, 3층 식당가 11:00~22:00, 미나토노 야타이 17:00~24:00
전화 0154-23-0600
홈페이지 www.moo946.com

MOO는 'Marine Our Oasis'의 약자. 구시로가와 강변에 위치한 피셔맨즈 워프 무는 옥상에 egg라는 온실정원을 가지고 있다. egg는 'Ever Green Garden'의 약자인데, 구시로역에서 걸어가다 보면 egg가 먼저 눈에 띈다. 피셔맨즈 워프 무는 1층에는 쇼핑센터가, 2~3층에는 레스토랑이 입점한 현대식 수산시장이다. 2층의 미나토노 야타이港の屋台는 '항구의 노점'이란 뜻의 실내 포장마차 촌으로, 늦은 밤까지 술 한 잔 기울이기 좋다. 11곳의 포장마차에서 싱싱한 해산물과 꼬치, 구시로 명물 닭튀김 잔기ザンギ 등을 주문하면 카운터든 중앙 테이블이든 손님 자리까지 서빙해주는 방식이다.

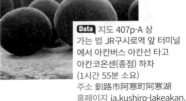

호수 마을의 풍경
아칸코 阿寒湖

Data 지도 407p-A 상
가는 법 JR구시로역 앞 터미널
에서 아칸버스 아칸선 타고
아칸코온센(종점) 하차
(1시간 55분 소요)
주소 釧路市阿寒町阿寒湖
홈페이지 ja.kushiro-lakeakan.
com/area/area_akanko

아칸코는 일본의 특별천연기념물로 지정된 '마리모'가 서식하는 귀중한 호수. 마리모는 수중에 사는 녹색 수초인데, 아칸코의 마리모는 둥근 구체로 계속 성장하는 특징이 있다. 아칸코 옆에는 아이누 민족의 문화를 엿볼 수 있는 민속촌 아이누코탄과 아기자기한 숍이 늘어선 아칸코 온천가가 있어 아름다운 호수의 풍경과 함께 즐길 거리가 풍부하다. 다양한 온천시설에서 묵을 수도 있고 당일치기 입욕도 가능하다. 여름에는 강 낚시를, 겨울에는 꽁꽁 언 호수에서 빙상체험을 즐길 수 있다.

아칸코를 낚다
피싱 랜드 아칸&아이스 랜드 아칸
Fishing Land AKAN&Ice Land AKAN

Data 지도 407p-A 하
가는 법 JR구시로역 앞
터미널에서 아칸버스 아칸선
타고 아칸코온센(종점) 하차
(1시간 55분 소요) 후 아칸코
온천가를 따라 도보 7분
주소 釧路市阿寒町
阿寒湖温泉2-8
운영시간 피싱 랜드 아칸 08:00~
17:00, 아이스 랜드 아칸
08:00~17:30
요금 낚시 포인트까지 차량
이동 3,000엔(1인) /
낚시료(유교켄遊漁券) 1,500엔
/ 스노모빌 2,000m 코스
1,650엔~
전화 0154-67-2057
홈페이지 https://bit.ly/
3zuR4dg

아칸코에 사는 무지개송어와 참송어, 각시송어 등의 물고기를 잡을 수 있도록 포인트까지 안내하고, 배낚시도 가능하다. 겨울 아칸코가 얼면 그 얼음을 활용하여 스노모빌, 바나나보트, 스케이트 등의 체험활동을 할 수 있는데 이때는 아이스 랜드 아칸으로 영업한다. 아칸코 온천가 중간에 티켓 판매소가 있다. 아칸코에서 낚시를 할 때에는 낚시료(유교료遊漁料)를 내야 한다. 또 5월 1일부터 6월 30일까지 잡힌 산천어는 손대지 말고 바로 놓아줘야 하는 등의 주의사항이 있으니 반드시 확인하자.

아칸코 & 굿샤로코 & 마슈코
阿寒湖 & 屈斜路湖 & 摩周湖

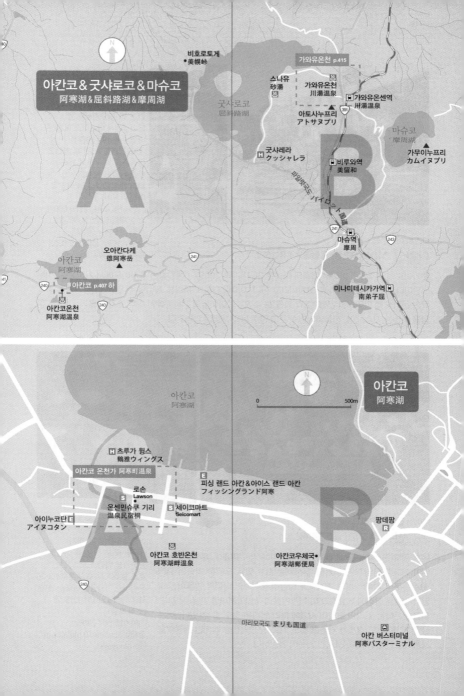

비호로토게
•美幌峠

가와유온천 p.415

스나유
砂湯

가와유온천
川湯温泉

가와유온센역
川湯温泉

아토사누프리
アトサヌプリ

굿샤로코
屈斜路湖

마슈코
摩周湖

굿샤레라
クッシャレラ

가무이누프리
カムイヌプリ

비루와역
美留和

마슈역
摩周

미나미테시카가역
南弟子屈

아칸코
阿寒湖

오아칸다케
雄阿寒岳

아칸코 p.407 하

아칸코온천
阿寒湖温泉

아칸코
阿寒湖

0   500m

아칸코
阿寒湖

츠루가 윙스
鶴雅ウィングス

아칸코 온천가 阿寒町温泉

로손
Lawson

피싱 랜드 아칸 & 아이스 랜드 아칸
フィッシングランド阿寒

온센민슈쿠 기리
温泉民宿桐

세이코마트
Seicomart

팡데팡

아이누코탄
アイヌコタン

아칸코 호반온천
阿寒湖畔温泉

아칸코우체국•
阿寒湖郵便局

마리모국도 まりも国道

아칸 버스터미널
阿寒バスターミナル

Data 지도 407p-A 하
가는 법 JR구시로역 앞
터미널에서 아칸버스 아칸선
타고 아칸코온센(종점) 하차
(1시간 55분 소요) 후 아칸코
온천가를 따라 도보 10분
주소 釧路市阿寒町
阿寒湖温泉 4-7-84(아칸코
아이누 시어터)
요금 나무 조각 체험 5,000엔,
자수 체험 6,000엔, 예약제
전화 0154-67-2727
(아칸 아이누 공예 협동조합)
홈페이지 www.akanainu.jp

라스트 아이누족

아칸코 아이누코탄 阿寒湖アイヌコタン

홋카이도의 원주민인 아이누 민족의 마을로 36가구 약 200명이 생활하는 홋카이도에서 가장 큰 아이누
코탄이다. 마을을 아이누어로 코탄이라고 한다. 아이누민족의 문화를 체험할 수 있는 작은 가게들과 독
특한 문양으로 만들어진 건물, 조각 등을 볼 수 있다. 아이누의 전통공예인 나무 조각 만들기, 아이누 문
양을 수놓는 자수체험, 전통악기인 뭇쿠리 연주 등의 체험이 가능하다.

아이누 전설 속 요정

온센민슈쿠 기리 温泉民宿桐

온천 민박(민슈쿠)이면서 목공기념품을 판매하는 곳이다. 홋카이도산의
잎이 커다란 머위 '라완부키'를 우산처럼 쓰고 있는 푸근한 인상의 요정
'고로폿쿠루코로폿쿨'의 조각상에 이끌려 들어가면 나무로 만들어진 비
밀기지 같은 상점에서 요정과 비슷한 인상의 주인아저씨를 만날 수 있다.
직접 만든다는 조각의 모양이 시기에 따라 변화된 것도 볼 수 있다. 적은
금액이라도 카드 결제가 가능한 것도 기쁘다. 민박집은 작지만 원천수를
사용하는 온천이 있고 24시간 입욕이 가능하다.

Data 지도 407p-A 하
가는 법 JR구시로역 앞
터미널에서 아칸버스 아칸선 타고
아칸코온센(종점) 하차
(1시간 55분 소요) 후 아칸코
온천가를 따라 도보 10분
주소 釧路市阿寒湖温泉4-3-26
운영시간 기념품숍 8:00~20:00
요금 민박 1인 1박 4,950엔
(조식 포함)
전화 0154-67-2755
홈페이지 www10.plala.or.jp/
kirimisnyuku

EAT

Data 지도 399p-E
가는 법 JR구시로역 정문
출구에서 누사마이바시
방향으로 도보 15분
주소 釧路市錦町2-4
피셔맨즈 워프 무 앞
운영시간 5월 셋째 주 금요일~
10월 말 17:00~21:00
요금 오징어 통구이 400엔~,
맥주 550엔
홈페이지 www.moo946.com/
robata

강변 노천에서 즐기는 로바타야키

간페키로바타 岸壁炉ばた

화롯불에 각종 재료를 구워서 안주로 즐기는 '로바타야키'의 발상지 구시로. 특히 봄부터 가을까지 피셔맨즈 워프 무 앞 강변 노천에서 펼쳐지는 간페키 로바타에서 원조의 맛과 분위기를 제대로 만끽할 수 있다. 간페키 로바타에서는 나름의 주문 방식이 있다. 먼저 좌석이 있는지 직원에게 확인한 후 티켓 부스에서 1,000엔 쿠폰을 구입한다. 이 쿠폰은 500엔×1장, 200엔×1장, 100엔×2장, 50엔×2장으로 되어 있어서 각 점포에서 구입하려는 해산물이나 음료만큼 쿠폰을 내면 된다. 그리고 자리로 가져와 화롯불 석쇠에 재료를 구워 먹으면 끝! 굽기 어려운 재료는 스태프의 도움을 받을 수 있다. 남은 쿠폰은 간페키 로바타 기간에 사용할 수 있으며 돈으로 환불되지는 않으니 당일치기 여행자는 적게 구입한 후 추가하도록 하자.

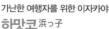

Data 지도 399p-E
가는 법 JR구시로역 정문 출구
에서 누사마이바시 방향으로
도보 10분
주소 釧路市栄町2-1
운영시간 17:00~24:00
요금 큰 임연수어 구이 500엔,
구시로 잔기 580엔,
맥주 298엔
전화 0154-25-6383

가난한 여행자를 위한 이자카야

하맛코 浜っ子

'얇은 지갑의 친구'라고 간판에도 적혀있듯, 가벼운 지갑으로도 마음 편히 들어갈 수 있는 이자카야. 바닷가 마을에 어울리는 신선하고 큼직한 생선구이와 홋카이도 지역에서 닭튀김을 뜻하는 '잔기ザンギ'는 꼭 먹어봐야 할 메뉴이다. 구시로의 소울 푸드라고도 불리는 잔기는 우선 아무것도 덧바르지 않은 채 그냥 맛본 다음에 접시에 우스터소스와 후추를 듬뿍 넣어 먹는 것이 하맛코 스타일로 제대로 즐기는 순서다.

철로를 바라보며 즐기는 식사
오차드 그라스 ORCHARD GRASS

가와유온천역 한쪽에 자리 잡은 작은 레스토랑. 레트로한 마룻바닥에 타일로 감싼 난로가 놓여 있고, 창을 통해 역사와 선로가 내다보이는 색다른 분위기를 느낄 수 있다. 비프스튜, 햄버그, 카레, 피자 등의 식사를 주문할 수 있고, 디저트로 수제 케이크와 소프트아이스크림도 있다. 레스토랑 곳곳에 표시된 '1936년'은 현재의 역사가 지어진 연도이다. 역내에 족욕탕도 있어 쉬어가기 좋다.

Data 지도 415p-B
가는 법 JR가와유온천역 내
주소 川上郡弟子屈町
JR川湯温泉駅內
운영시간 10:00~18:00
(화요일 휴무)
요금 비프스튜 1,800엔,
함박스테이크 1,100엔
전화 015-483-3787

동네 인기 No.1 빵집
팡데팡 パンデパン

아칸코온천 거리에 있는 아칸코 1호 베이커리. 오래된 인연만큼이나 동네 주민들에게 인기가 많아 오후에 가면 빵 바구니가 비는 일이 허다하다. 식빵이나 명란, 우엉을 넣은 조미빵 등 식사대용 빵부터 슈크림, 롤 케이크, 몽블랑처럼 달콤하고 귀여운 디저트까지 종류가 다양하다. 귀여운 통에 든 쿠키와 '섹시퀸', '퍼펙트 보디' 등 솔깃한 이름의 기능성 차도 판매한다. 구입한 빵을 매장 안에서 먹을 수 있다.

Data 지도 407p-B 하 가는 법 JR구시로역 앞 터미널에서 아칸버스 아칸선 타고 아칸코온센(종점) 하차(1시간 55분 소요) 후 도보 3분 주소 釧路市阿寒町阿寒湖温泉1-6-6 운영시간 09:00~17:00(수요일 휴무) 요금 커피 330엔, 특제 채소수프 440엔, 베이컨 마요네즈 빵 170엔 전화 0154-67-4188 홈페이지 tsurugasp.com/akan-pandepan

내 취향대로 만드는 해산물 덮밥
와쇼이치바 和商市場 | 와쇼시장

구시로에서 가장 오래된 공설 시장으로 1954년 문을 열었다. 해산물을
비롯해 젓갈류, 절임류, 신선한 과일과 채소, 정육, 잡화 등 100여 곳의
점포가 모여 왁자지껄한 시장 분위기를 느낄 수 있다. 와쇼이치바의 명물
은 '갓테돈'이라는 해산물 덮밥. 시장 내에서 1회용 용기에 담긴 밥을 구입
한 후 해산물 가게에서 원하는 해산물을 조금씩 구입해 '나만의 덮밥'을 완
성한다. 보통 1,500~2,000엔 정도. 아침 식사로 먹기에도 괜찮다.

Data 지도 399p-B
가는 법 JR구시로역에서 도보 1분
주소 釧路市黒金町13-25
운영시간 08:00~17:00
(일요일 휴무) 전화 0154-22-3226
홈페이지
www.washoichiba.com

손수 만든 빵이 있는 소박한 잡화점
파나파나 PANAPANA

빵과 잡화를 파는 가게. 가와유온천역 바로 앞에 가정집처럼 보이는 곳인
데 고소한 빵 냄새가 새어 나와 무심결에 발길이 멈춘다. 따뜻한 분위기
의 공간에 편선지, 도기, 옷 등의 잡화가 아기자기하게 진열되어 구경하
는 재미가 쏠쏠하다. 제철 재료를 이용한 건강하고 소박한 빵은 조금씩
만 구워 나와 일찌감치 다 팔리곤 한다. 한겨울인 1월에서 3월에는 쉬는
날이 많기 때문에 미리 알아보고 방문하자.

Data 지도 415p-B
가는 법 JR가와유온천역 앞
주소 川上郡弟子屈町川湯駅前
1-1-14 운영시간 09:30~17:00
(화·수요일 및 부정기 휴무)
요금 무화과 호밀빵 180엔
전화 015-483-3188
홈페이지 panapana87.com

SLEEP

굿샤로코 호반의 유럽식 시골 별장

굿샤레라 クッシャレラ

백조가 찾아 드는 굿샤로코 호반 자작나무 숲 속에 큰 굴뚝이 있는 펜션. 유럽의 시골 별장을 연상케 하는 돌 장식의 외관과 입구의 영국 빈티지 차가 동화 속 한 장면 같다. 객실 천장에 창문이 있어 밤에 침대에 누워 별을 보는, 누구나 한번쯤 생각해봤을 법한 꿈을 이루어준다. 테라코타 타일에 회반죽과 원목, 친환경 페인트 등을 사용해 건강에도 신경 썼다. '접시 위의 홋카이도'를 테마로 저녁식사에는 해산물 빠에야, 도카치 와카우시十勝若牛 소고기를 사용한 스테이크, 제철 채소 샐러드 등이 한 상 푸짐하게 차려진다. 숲속을 향해 난 노천온천에서는 100% 천연 온천수가 흘러 들어와 평온한 시간 속으로 잠겨 들 수 있다. 느긋한 휴식을 지향하기 때문에 초등학생 이하의 숙박은 받지 않는다.

Data 지도 407p-B 상 가는 법 JR마슈역에서 차로 15분 주소 川上郡弟子屈町屈斜路市街三条通2-3 요금 2인 1실 이용시 1인 요금(조,석식 포함) 19,200엔~ 전화 015-486-7866 홈페이지 www.kussha-rera.com

편리한 역 앞 비즈니스호텔
구시로 로열인 釧路ロイヤルイン

구시로역 바로 앞의 접근성이 뛰어난 비즈니스호텔. 객실이 군더더기 없이 깔끔하고, 욕실 샤워헤드의 강약이 3단계로 조절된다. 프런트에서는 무료로 몸에 맞는 베개를 대여해주어 효과적으로 여행의 피로를 풀 수 있다. 갓 구워낸 빵을 다양하게 맛볼 수 있는 조식 뷔페도 기대할 만한데, 해산물 덮밥으로 유명한 와쇼이치바가 도보 1분 이내의 거리라 행복한 고민이 시작된다.

Data 지도 399p-B 가는 법 JR구시로역 정문 출구에서 도보 1분 주소 釧路市黒金町14-9-2 요금 2인 1실 이용시 1인 요금(조식 포함) 4,500엔~ 전화 0154-31-2121 홈페이지 royalinn.jp

누사마이바시 옆 전망 좋은 호텔
라 비스타 구시로가와 LA VISTA 釧路川

구시로 시내와 구시로가와 강, 누사마이바시를 바라보는 전망 좋은 곳에 위치한 호텔. 일반적인 트윈룸과 더블룸 외에 독특하게 다다미가 깔린 트윈방도 선택할 수 있는데, 친구들과 모여 앉아 한 잔 하기에 좋다. 방에는 욕조는 따로 없이 샤워부스만 있고, 꼭대기 층에 있는 구시로를 내려다보는 전망 온천에서 몸을 담글 수 있다. 건물 밖 호텔 부지 내에는 누구나 쉬어갈 수 있는 족욕탕도 운영한다.

Data 지도 399p-E 가는 법 JR구시로역 정문 출구에서 누사마이바시 방향으로 도보 9분 주소 釧路市北大通2-1 요금 2인 1실 이용시 1인 요금(조식 포함) 6,800엔~ 전화 0154-31-5489 홈페이지 www.hotespa.net/hotels/kushirogawa

80년 전통의 온천호텔

가와유 다이이치 호텔 스이카즈라

川湯第一ホテル 忍冬

1933년 개장한 가와유온천의 가장 오래된 온천호텔. 전통적인 동관에는 다다미방이, 증축된 서관에는 노천온천이 딸린 특별실과 세련된 스타일의 침대방 등을 갖추고 있다. 넉넉한 크기의 대욕탕에서는 활화산인 이오잔에서 흘러 들어오는 유황온천을 즐길 수 있고 한 겨울 영하 20도까지 떨어지는 홋카이도의 겨울을 만끽할 수 있는 노천탕도 마련되어 있다.

Data 지도 415p-B 가는 법 JR가와유온센역에서 차로 7분 주소 川上郡弟子屈町川湯温泉1-2-3 요금 2인 1실 이용시 1인 요금(조,석식 포함) 13,000엔~ 전화 015-486-9701 홈페이지 http://suikazura.jp

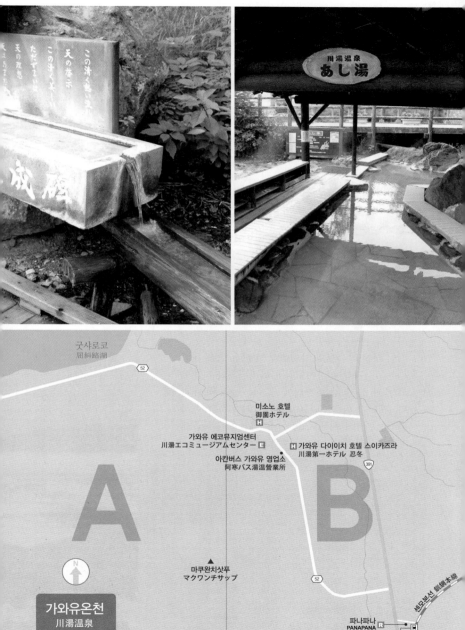

川湯温泉
あし湯

굿샤로코
屈斜路湖

52

미소노 호텔
御園ホテル

가와유 에코뮤지엄센터
川湯エコミュージアムセンター E

H 가와유 다이이치 호텔 스이카즈라
川湯第一ホテル 忍冬

아칸버스 가와유 영업소
阿寒バス湯温営業所

A   391

B

마쿠완치삿푸
マクワンチサップ

52

센모본선 釧網本線

파나파나
PANAPANA R

가와유온센역
川湯温泉

가와유온천
川湯温泉

오차드그라스 R
ORCHARD GRASS

N

Hokkaido By Area

09

아바시리&
시레토코

網走&知床

写真提供=網走市観光協会

写真提供=網走市観光協会

차보다 야생 사슴이 더 자주 도로에 출몰하고 사람이 사는 마을보다 자연에게 더 많은 땅을 내어주는 곳. 가장 홋카이도다운 아바시리와 시레토코는 때 묻지 않은 자연이 숨 쉬는 순수의 대지다. 게다가 마을주민들이 난개발의 열풍 속에서 굳건히 지켜낸 시레토코에는 2005년 유네스코 세계자연유산이라는 타이틀이 당당히 붙어 있다.

아바시리와 시레토코는 겨울과 여름의 풍경이 가장 극명하게 갈리는 지역. 이에 따라 여행 코스도 전혀 달라진다. 여름이라면 시레토코 반도에, 겨울이라면 아바시리 쪽에 일정을 많이 할애하자.

SEE

홋카이도 동쪽 끝 비죽이 나온 시레토코 반도의 원생림과 오호츠크해의 얼음바다. 유빙을 볼 수 있는 살아 있는 자연사 박물관. 홋카이도에만 서식하는 에조 불곰과 '유빙의 천사'라 불리는 클리오네 등 야생동물의 마지막 지상낙원. 시레토코와 아바시리는 홋카이도 동부 여행의 클라이맥스다.

EAT

바닷가에 면한 시레토코와 아바시리에서 신선한 해산물을 맛보지 않을 수 없다. 7~9월 아침에 열리는 아바시리 감동 아침시장에서는 여러 가게에서 뷔페식으로 담아 먹는 덮밥이 유명하다. 조금 색다른 음식으로 박물관 아바시리감옥의 감옥식단이 있는데, 단출하지만 의외로 맛있다.

BUY

아바시리 중심으로 여행할 경우, 아바시리역이나 아바시리 버스터미널 인근의 비즈니스 호텔을 이용하면 된다. 시레토코는 여행 거점이 우토로온천인 만큼 이곳에 숙소를 정하는 것이 좋다. 오호츠크해와 원시림이 어우러진 창 밖 풍경이 단연 일품. 여름 성수기에는 방을 구하기가 쉽지 않을 수도 있다.

아바시리&시레토코
1일 추천 코스

유빙선의 인기에 힘입어 2월 최고의 성수기였던 아바시리와 더불어, 몇 년 사이 시레토코의 원생림과 진귀한 호수 풍경이 알려지면서 여름 시즌의 새로운 에코투어 코스가 떠오르고 있다. 유빙 못지않은 비범한 풍경 속으로 성큼 다가간 하루.

자동차
30분 →

자동차
50분 →

우토로항에서 관광선 돌핀
타고 오호츠크해의 바람을
맞으며 바라보는 단애의
절경과 폭포

시레토코고코에서 불곰의
서식지인 원생림과 호수 위
그림자의 환상 풍경 감상

박력 넘치는 폭포
오신코신노타키 감상

자동차 1시간 20분 ↓

← 자동차로
20분

← 자동차로
20분

노토로미사키에서 해 질 녘
붉게 물든 오호츠크해
바라보기

오호츠크 유빙관에서 유빙에
대해 낱낱이 알 수 있는
절호의 기회!

바닷가 모래밭이 한여름
울긋불긋 꽃 대궐로 변하는
고시미즈 원생화원

아바시리와 시레토코까지 가는 여정과 지역 내에서의 이동은 모두 녹록하지 않다. 하지만 미리 숙지해야 할 것이 많은 만큼 열매는 달콤하다. 홋카이도 동부의 관문인 구시로에서부터 렌터카를 이용해 일정을 소화하는 방법도 고려할 만하다.

어떻게 갈까?

삿포로에서 아바시리까지는 하루 4편의 JR열차로 5시간 30분이 소요되는 머나먼 여정. 또한 홋카이도 동쪽 끝에 자리한 시레토코에서 가장 가까운 기차역인 JR시레토코샤리역으로 가기 위해서는 JR아바시리역 또는 JR구시로역에서 센모본선으로 갈아타야 한다. JR아바시리에서는 시레토코까지 40분, JR구시로역에서는 2시간 20여분 소요된다. 따라서 한 번에 아바시리나 시레토코로 가기 보다는 아사히카와나 구시로를 징검다리 삼아 이동하는 것이 여행의 피로를 줄이는 방법이다. 아니면 아예 도쿄 하네다공항에서 국내선으로 환승해 메만베츠공항으로 오는 묘안도 있다.

🚌 시레토코 공항버스 知床エアポートライナー

메만베츠공항에서 출발해 아바시리역과 시레토코샤리역, 우토로온천까지 운행하기 때문에 공항에서 입출국 할 때는 물론, 아바시리와 시레토코를 오가는 이동 수단으로도 활용할 수 있다.

기간	주요 노선	운행 시간
여름 시즌 (6월 10일~ 10월 9일)	메만베츠공항 ▶ JR아바시리역 ▶ 아바시리버스터미널 ▶ 고시미즈 원생화원 ▶ JR시레토코샤리역(샤리버스터미널) ▶ 우토로온천 버스터미널	메만베츠공항 출발 09:35, 13:30 우토로온천 출발 08:30, 12:20
겨울 시즌 (1월 21일~ 3월 12일)	메만베츠공항 ▶ JR아바시리역 ▶ 아바시리버스터미널 ▶ 유빙 쇄빙선 승선장 ▶ JR시레토코샤리역(샤리버스터미널) ▶ 우토로온천 버스터미널	메만베츠공항 출발09:45, 13:30, 16:10 우토로온천 출발 09:30, 12:30, 13:10

Data 요금 메만베츠공항~JR아바시리역 910엔·JR시레토코샤리역 2,100원·우토로온천 3,300엔 전화 0152-23-0766(샤리버스), 0152-43-4101 (아바시리버스) 홈페이지 www.sharibus.co.jp/rbus_memanbetu.htmll (샤리버스 시레토코 에어포트라이너)

🚉 유빙모노가타리호 流氷物語号

차량 노후화로 운행이 종료된 유빙 노롯코호를 대신해 한겨울의 오호츠크해 연안을 달리는 디젤 열차. 1월 말부터 2월 말까지 JR시레토코샤리역과 JR아바시리역을 하루 2회 운행한다. 유빙 노롯코호와 마찬가지로 기타하마北浜역에서 10분간 정차한다.

Data 요금 승차권 970엔, 지정석 530엔 추가

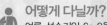

어떻게 다닐까?

여름 성수기인 6~9월, 유빙 시즌인 2~3월에 정기노선버스가 활발히 운행된다. 시레토코는 우토로온천과 시레토코 자연센터가 관광의 거점이고, 아바시리는 JR아바시리역이나 아바시리버스터미널을 중심으로 움직이면 된다. 상대적으로 이동 범위가 넓은 시레토코의 경우에는 관광버스도 운행해 일정 계획의 번거로움을 덜어준다. 육로 이동이 힘든 시레토코반도의 단애절벽과 원시림은 관광선을 타고 바다 위에서 볼 수 있다. 자신이 원하는 일정과 시간대로 움직이고 싶다면 아무래도 렌터카를 선택하는 게 낫다.

🚗 렌터카(p.050 참고)

JR시레토코샤리역과 JR아바시리역 앞에서 렌터카를 이용할 수 있다. 메만베츠공항으로 입국했다면 공항 내 렌터카 영업소가 있다.

시레토코

🚌 노선버스 | 샤리버스 斜里バス
시레토코의 지역 운송사인 샤리버스는 JR열차의 도착시간에 맞춰 운행되며, JR시레토코샤리역에서 나와 왼편에 샤리버스터미널이 있다. 샤리버스터미널에서 우토로온천까지 1시간 소요된다. 우토로온천을 기점으로 시레토코고코 호수방향(북쪽)과 시레토코게 고개방향(동쪽)으로 왕복 셔틀버스가 운행된다. 시레토코고코에서 더 북쪽에 위치한 가무이왓카유노타키 온천 폭포는 8월에서 9월 말까지만 버스가 다닌다. 여름시즌과 달리 겨울에는 운행횟수와 정차 정류장이 현격히 줄어드니 일정 계획 시 참고하자.

❶ 여름시즌 (4월 28일~10월 31일)

구분	주요 노선	운행 기간 및 시간
시레토코선	샤리버스터미널 ▸ 오신코신노타키 ▸ 우토로온천 ▸ 시레토코 자연센터 ▸ 시레토코고고	08:10, 11:30, 14:10, 17:20
	우토로온천 ▸ 시레토코 자연센터 ▸ 시레토코고코 ▸ 시레토코 자연센터 ▸ 우토로온천	09:10, 10:15, 12:30, 13:35, 15:10, 16:15 (시레토코 셔틀버스 운행 외 기간)
라우스선	우토로온천 ▸ 시레토코 자연센터 ▸ 시레토코토게 ▸ 라우스 ▸ 시레토코토게 ▸ 시레토코 자연센터 ▸ 우토로온천	09:20, 10:20, 12:30, 15:10
시레토코 셔틀버스	우토로온천 ▸ 시레토코 자연센터 ▸ 시레토코고코 ▸ 가무이왓카유노타키 ▸ 시레토코고코 ▸ 시레토코 자연센터 ▸ 우토로온천	08:30~16:30 (8월 9일~17일) 08:30~15:50 (8월 1일~25일), 20~40분 간격 운행

❷ 겨울시즌 (11월 1일~4월 27일)

샤리버스터미널 출발

09:20	11:40	16:00	17:30

우토로온천 버스터미널 출발

08:00	10:40	14:20	17:00

★ 시레토코고코, 가무이왓카유노타키 온천 폭포 운휴
★ 시레토코 자연센터 1월 말~3월 초 왕복 3회
(1회는 우토로온천 버스터미널까지만) 운행

Data 요금 편도 샤리버스터미널~우토로온천 1,650엔·자연센터 1,960엔·시레토코고코 2,000엔 / 우토로온천~가무이왓카유노타키 셔틀버스 왕복 1,980엔
전화 0152-23-0766(샤리버스) 홈페이지 www.sharibus.co.jp

🚌 관광버스 |
시레토코로만후레아이호 知床浪漫ふれあい号
시레토코의 주요 관광지를 A~C코스로 연결해서 이용할 수 있도록 시간 편성된 관광버스. 짧은 시간에 여러 곳을 둘러볼 수 있고 버스 배차시간을 고민하지 않아도 돼서 좋다.

구분	주요 노선	요금
A코스	샤리버스터미널(09:15 출발) ▸ 오신코신노타키(10분 관광) ▸ 우토로항 ▸ 우토로온천(10:15 도착)	어른 1,900엔 어린이 1,000엔
B코스	우토로온천(10:30 출발) ▸ 프루니미사키(차창) ▸ 시레토코토게(10분 관광) ▸ 시레토코고코(1시간 관광) ▸ 시레토코 자연센터(1시간 20분 관광) ▸ 우토로온천(14:20 도착)	어른 3,300엔 어린이 1,800엔
C코스	우토로온천(14:10 출발) ▸ 하늘로 이어지는 길(차창) ▸ 샤리버스터미널(15:00 도착)	어른 1,900엔 어린이 1,000엔

Data 운영시간 4월28일~10월31일 전화 0152-23-0766 (샤리버스), 예약 필수 홈페이지 www.sharibus.co.jp

아바시리

🚌 아바시리 관광시설 메구리 버스
あばしり観光施設めぐりバス

아바시리 시내의 박물관과 관광지를 순회하며, 겨울 유빙 시즌에는 쇄빙선 승강장으로 이동할 때 편리하다.

운행 기간	주요 노선	운행 시간
겨울 시즌 (1월 20일~ 3월 31일)	미치노에키 유빙 쇄빙선▶아바시리 버스터미널 JR아바시리역▶박물관 아바시리 감옥▶덴토잔·유빙관▶북방민족박물관	09:00~16:45 (기간에 따라 운행 편수 다름)
여름 시즌 (4월 1일~ 1월 19일)	아바시리 버스터미널▶JR아바시리역▶박물관 아바시리감옥▶덴토잔·유빙관▶북방민족박물관▶플라워가든 하나·덴토	아바시리 버스 터미널 출발 09:05, 12:35, 15:45(10월~1월 15:15) ★플라워가든 하나·덴토 정류장은 개장 기간(7월 15일~9월 30일)에만 경유

Data 요금 1일 패스 어른 800엔·어린이 400엔 / JR아바시리역~유빙관 편도 390엔 전화 0152-43-4101 (아바시리버스) 홈페이지 www.abashiribus.com/regular-sightseeing-bus

🚗 택시
시레토코에 비해 시내에서 관광지가 가까운 아바시리에서는 급한 상황에서나 날씨가 안 좋을 때 택시가 요긴하다. 선택 코스로 다니는 관광 택시도 있다.

Data **아바시리 홋코하이야 網走北交ハイヤー**
요금 고시미즈 원생화원 코스(3시간 10분) 소형 15,200엔 전화 0152-43-4141

아바시리하이야 網走ハイヤー
요금 아바시리 국정공원 전코스(4시간 30분) 소형 26,600엔 전화 0152-43-3939
홈페이지 www.abashirihire.jp

🚌 노선버스
지역 운송사인 아바시리버스에서 아바시리 시내 서쪽 노토로코·사로마코 호수 방면의 도코로·사카에우라 선과 시내 동남쪽 고시미즈 원생화원 방면의 고시미즈선을 운행한다.

Data 요금 아바시리역~산고소이리구치 710엔, 아바시리역~사로마코사타에우라 1,150엔 / 아바시리역~겐세이카엔 730엔 전화 0152-43-4101 (아바시리버스) 홈페이지 www.abashiribus.com

❶ 도코로·사카에우라 노선 常呂·栄浦
JR아바시리역 앞 출발

05:50	★06:30	07:20	13:30	★16:05	17:25	★19:00

사로마코사카에우라 출발(사로마코 호수)

07:05	07:40	-		13:25	-	18:32

산고소이리구치(노토로코 호수)출발 아바시리역 방면

07:40	★07:58	08:53	15:03	★17:28	19:28	★20:23

★토·일·공휴일 운휴

❷ 고시미즈 小清水
JR아바시리역 앞 출발

07:10	★11:35	14:45	16:20	18:15	★19:20

겐세이카엔 출발

07:44	08:52	★13:42	14:01	17:52	19:47	★20:52

★토·일·공휴일 운휴

시레토코미사키
知床岬

시레토코반도
知床半島

시레토코 자연센터
知床自然センター

가무이왓카유노타키
カムイワッカ湯の滝

후레페노타키 フレペの滝

프유니미사키 プユニ岬

유히다이 夕陽台

시레토코고고
知床五湖

오론코이와 オロンコ岩

라우스다케
羅臼岳

유빙 워크&크루저 관광선 돌핀
流氷遊ウォーク&クルーザー
観光船 ドルフィン

시레토코토게 知床峠

오신코신노타키
オシンコシンの滝

온네베츠다케
遠音別岳

호텔 그란티아 시레토코
ホテルグランティア知床

네무로해협
根室海峡

B

샤리다케
斜里岳

곤포쿠토게
根北峠

시레토코
知床

N

아바시리 유빙관광 쇄빙선 오로라
網走流氷観光砕氷船おーろら

아바시리 항구
網走港

아바시리형무소
網走刑務所

아바시리역 網走

아바시리시청
網走市役所

시오사이공원
しおさい公園

아바시리 감동 아침시장
網走感動朝市

A

B

석북본선 石北本線

오호츠크 유빙관
オホーツク流氷館

아바시리 운동공원
網走運動公園

박물관 아바시리감옥
博物館網走監獄

아바시리코
網走湖

아바시리
網走

오호츠크공원
オホーツク公園

N

SEE

| 시레토코 |

> **Data** 지도 423p-A 상
> **가는 법** 샤리버스터미널에서
> 샤리버스로 1시간 25분,
> 시레토코고코 하차
> **주소** 斜里郡斜里町
> 岩尾別知床五湖 **운영시간** 4월
> 하순~11월 하순 07:30~18:00
> **요금** 강의 어른 250엔·
> 어린이 100엔, 불곰활동기의
> 가이드투어 4,500엔~
> **전화** 0152-24-3323
> **홈페이지** www.goko.go.jp

불곰이 사는 호수 원생림

시레토코고코 知床五湖

원생림에 둘러싸인 다섯 곳의 호수. 1호에서 5호까지 숫자로 이름이 붙어 있다. 숲과 산맥이 둘러싸고 있는 호수 위로 수생식물과 산의 그림자가 환상적인 그림을 그려낸다. 1호 호수는 높이 2~5m, 길이 약 800m의 고가목도 위를, 2호에서 5호 호수까지는 땅 위를 산책하는 방식이다. 휠체어도 갈 수 있는 완만한 경사의 나무 데크는 개원 시기 언제든 무료로 이용할 수 있다. 다만 고가목도 아래로 내려갈 수는 없다. 호수의 원시림을 좀 더 가까이서 볼 수 있는 지상 산책로는 불곰 서식 환경 보호와 안전한 관찰을 위해 시기별로 이용 방법을 달리 한다. 4월 말~5월 9일까지, 8월부터 10월 20일까지는 식생 보호기로, 10분 정도의 유료 강의를 듣고 접수를 한 후 3km의 장거리 코스와 1.6km의 단거리 코스 중 선택해 자유 산책을 할 수 있다. 또한 불곰 활동기인 5월 10일부터 7월 31일까지는 3km, 약 3시간 동안 유료 가이드 투어가 진행된다. 10월 21일부터 폐원까지는 무료로 자유롭게 이용할 수 있다. 지상 산책로 이용 시에는 트레킹화를 착용하도록 하자.

> **Tip 불곰을 만났을 시 대처법**
> '불곰의 집'이라 불리는 시레토코고코. 그만큼 야생 곰을 만날 확률이 높다. 불곰을 마주치면 당황해서 소란스럽게 도망가지 말고, 불곰의 행동에 주의하면서 천천히 물러나야 한다. 그리고 즉시 시레토코고코 필드하우스의 직원에게 알리면 불곰이 나타난 장소는 산책로에서 제외된다.

두 갈래의 박력 넘치는 폭포
오신코신노타키 オシンコシンの滝

일본의 폭포 100선에 선정된 아름다운 폭포. 약 80m의 낙차로 줄기줄기 갈라지다 중간에서 두 갈래로 갈라지면서 떨어져 쌍둥이 폭포라는 뜻의 '후타미타키双美の滝'라고도 불린다. 해빙으로 수량이 불어난 초봄에는 더욱 박력 넘친다. 폭포 중간 정도의 높이까지 계단으로 올라갈 수 있어 폭포의 박력을 가까운 곳에서 느낄 수 있다. 관광객으로 붐비는 성수기에는 폭포 위의 전망대에서 오호츠크해를 전망하며 한가롭게 폭포를 전망할 수 있다.

Data 지도 423p-A 상 가는 법 샤리버스터미널에서 샤리버스로 36분 후 오신코신노타키 하차
주소 斜里郡斜里町ウトロ西オシンコシンの滝

바위 위의 공중 정원
오론코이와 オロンコ岩

우토로항 인근의 높이 60m의 거대 바위. 옛 원주민인 '오론코족'에서 이름이 유래되었다. 170개의 가파른 계단을 오르면 평탄한 꼭대기에 다다르고, 여기에 서면 투명할 정도로 깨끗한 오호츠크해와 우토로마을, 시레토코산맥까지 넓게 전망할 수 있다. 이 오론코이와 바위 터널을 지나 나오는 우토로 지구 공설주차장은 시레토코 겨울 이벤트인 오로라 판타지의 주 무대이기도 하다.

Data 지도 423p-A 상 가는 법 샤리버스터미널에서 샤리버스로 약 55분 후 우토로온천에서 내려 도보 5분
주소 斜里郡斜里町ウトロ東オロンコ岩

하늘과 땅, 바다가 부르는 석양 협주곡
유히다이 夕陽台

석양의 명소이자 연인들의 데이트 장소로 유명하다. 표고 50m 정도의 벼랑 위에서 우토로 온천거리와 우토로항, 그리고 오론코이와 바위, 오호츠크해가 한눈에 들어온다. 해수면이 붉게 물드는 여름부터 유빙이 찾아오는 겨울까지 각기 다른 석양의 풍경을 즐길 수 있다. 눈이 많이 쌓이면 폐쇄되기도 한다. 부근에 온천시설인 유히다이노유夕陽台の湯에는 소박한 노천탕도 마련되어 있다. 입욕료는 500엔.

Data 지도 423p-A 상 가는 법 JR시레토코샤리역에서 샤리버스로 1시간 후 우토로온천에서 내려 도보 5분
주소 斜里郡斜里町ウトロ香川

Data 지도 423p-A 상
가는 법 샤리버스터미널에서
샤리버스로 1시간, 우토로온천
에서 환승, 가무이왓카유노타키
하차(1시간 소요) 후 도보 30분
주소 斜里郡斜里町カムイワッ
カ湯の滝
운영시간 6월 초순~11월 초순

온천이 솟아나는 계곡 폭포
가무이왓카유노타키 カムイワッカ湯の滝

활화산인 시레토코의 이오잔硫黃山 중턱에서 온천이 솟아 흐르는 계곡의 폭포. 계곡 전체가 온천이나 마
찬가지다. 폭포로 오르는 길을 따라 온천수가 흐르고 있어 신을 벗고 맨발로 따뜻한 물속을 걸어가기도
한다. 바닥이 미끄러우므로 각별히 조심해야 하고, 수건과 아쿠아 슈즈를 챙겨 가면 좋다. 만일 넘어질
때를 대비하여 손에 드는 물건이 없도록 짐을 정리한다. 또한 주변에 로프가 있더라도 온천성분으로 인해
부식되었을 위험이 있고, 등산객 안전장치가 아니라 공사를 위해 설치된 것이므로 사용하지 말자. 이치
노타키一の滝보다 상류로는 가지 않는 것이 좋다.

Data 지도 423p-A 상
가는 법 샤리버스터미널에서
샤리버스로 1시간 10분,
시레토코시젠센터 하차 후
우토로항 방향으로 도보 20분
주소 斜里町字岩尾別プユニ岬

오호츠크해의 첫 유빙을 만나다
프유니미사키 プユニ岬

우토로항에서 시레토코 자연센터로 가는 국도 중간에 석양의 명소로 알려진 전망대가 설치돼 있다. 실제
로 프유니미사키 곶은 전망대에서 북쪽으로 700m에 있지만 길이 없어 가지 못하고, 대신 이곳 전망대에
서 오호츠크해와 우토로항의 풍경을 한눈에 내려다볼 수 있다. 저녁 때 오호츠크해로 가라앉는 장엄한
석양이 장관을 이루며, 겨울에 오호츠크해의 유빙을 제일 먼저 볼 수 있는 장소이기도 하다. 렌터카일 경
우 커브 길이라 노상주차는 위험하니, 바닷가 반대쪽 옛 도로에 안전하게 주차하도록 하자.

단애 절벽의 눈물

후레페노타키 フレペの滝

땅속으로 스며들어간 비와 눈이 절벽 중간에서부터 수직으로 약 100m 아래의 바다까지 떨어지는 폭포. 수량이 적어 포슬포슬 떨어지는 모습이 눈물과 비슷하다고 하여 현지에서는 '아가씨의 눈물'이라는 애칭으로 불리고 있다. 시레토코 자연센터에서 뒤편 산책로를 따라 1km의 숲과 초원 사이를 걸어가면 되는데, 산책로에서 에조 사슴을 심심치 않게 볼 수 있다. 자연센터에서 가이드 투어(일본어)도 운영한다.

Data 지도 423p-A 상 가는 법 샤리버스터미널에서 샤리버스로 1시간 10분, 시레토코시젠센터 하차 후 산책로를 따라 도보 20분 주소 斜里郡斜里町遠音別村字岩尾別フレペの滝

웅대한 자연 앞에서 겸손을 배우다

시레토코토게 知床峠

시레토코산맥에 있는 표고 738m의 고개. 드라이브코스로 인기가 높다. 7월 하순까지도 잔설이 남아 있고, 가을에는 라우스다케羅臼岳의 단풍이 절경을 선사한다. 급커브와 급경사가 잦고 안개가 끼는 일도 많아 운전 시 조심해야 하며, 겨울에는 눈이 많이 와 11월 초에서 4월 말까지 통행이 금지된다. 특히 풍경 때문에 차를 세우고 사진을 찍을 때는 다른 차의 통행에 방해가 되지 않도록 주의가 필요하다.

Data 지도 423p-A 상 가는 법 국도 334번 시레토코 오단도로(횡단도로) 우토로와 라우스 경계부분, 샤리버스 터미널에서 샤리버스로 약 55분 후 우토로온천에서 환승해 시레토코토게까지 25분 주소 斜里郡斜里町遠音別村岩尾別知床峠

Data 지도 423p-A 상
가는 법 샤리버스터미널에서
샤리버스로 1시간 10분,
시레토코시젠센터 하차
주소 斜里郡斜里町
大字遠音別村字岩宇別531
운영시간 4월 20일~10월 20일
08:00~17:30, 10월 21일
~4월 19일 09:00~16:00
요금 쌍안경 및 장화 대여
각 500엔(영업시간 내 한정)
전화 0152-24-2114 홈페이지
center.shiretoko.or.jp

야생 동물의 마지막 지상낙원
시레토코 자연센터 知床自然センター

세계자연유산인 시레토코를 알고 즐길 수 있도록 도와주는 시레토코 자
연센터. 인포메이션센터에서 여러 정보를 얻을 수 있고, 매점 및 카페는 잠
시 쉬어가기 좋다. 이곳에서 후레페노타키(폭포)로 가는 산책로가 나 있으
며 쌍안경, 장화, 곰 격퇴스프레이, 도시락 통을 유료로 빌릴 수 있다. 겨울에는 설피Snowshoe 혹은 장화
를 신고 스키코스를 통해 후레페노타키 산책로를 걸을 수 있는데, 걷기 전 자연센터에 꼭 코스 상황을 확
인하자. 스키코스를 산책하는 경우 설피 및 장화는 무료로 대여해준다. 산책로 입구의 '100m² 하우스'
는 1977년 난개발의 위기에 놓인 부지를 주민들의 모금 활동으로 사들인 후 영구히 국가에 귀속 시키
면서 시레토코의 자연을 지켜낸 감동적인 환경운동 스토리를 담고 있다. 20년간 지속된 일명 '시레토코
100m² 운동'으로 전국에서 5억2천만 엔이 모였고, 2010년 시레토코의 원생림 부지 100%를 매입해 보
존할 수 있었다.

Data 지도 423p-A 상
가는 법 샤리버스터미널에서
버스로 1시간, 우토로온천에서
내려 도보 3분 주소 斜里郡
斜里町ウトロ東51
운영시간 2월 초~3월 하순
(시간은 유빙 상황에 따라 변경)
요금 6,000엔 전화 0152-24-
3231(고질 라이와 관광)
홈페이지 www.kamui
wakka.jp/driftice

얼음 바다 위를 걷다
유빙 워크 流氷遊ウォーク

겨울의 홋카이도에서만 가능한 체험, 유빙 걷기. 혹은 유빙이 둥둥 떠 있는
바다로 다이빙을 할 수도 있다. 완전 방수 드라이 슈트를 착용하기 때문에
빠지더라도 젖거나 춥지 않고 물에 뜨므로 수영을 못 하더라도 안심하고
체험할 수 있다. 탈의 등 준비에 30분 정도 소요되고 1시간 정도 유빙 위를
산책한다. 태양 아래 유빙의 푸른빛이 가장 잘 보이는 낮 시간(10:00, 13:30)은 비교적 따뜻해 유빙 속에
서 '유빙의 천사'라 불리는 클리오네를 관찰하기 좋다. 저녁시간(15:30)에는 석양의 붉은 빛에 물드는 유
빙의 신비한 얼굴을 마주할 수 있다. 키 130cm 이상 초등학생부터 75세 미만까지 참가할 수 있다.

Data 지도 423p-A 상
가는 법 샤리버스터미널에서
샤리버스로 1시간 후 우토로
온천에서 내려 도보 3분
주소 斜里郡斜里町ウトロ
東52 운영시간 5월 골든위크
연휴, 6월~10월만 영업
요금 시레토코미사키 크루저
어른 9,000엔 · 초등학생
4,500엔 · 유아 무료 /
야생동물관찰 크루저 어른
6,000엔, 초등학생 3,000엔,
유아 무료 전화 0152-22-5018
홈페이지 www.shiretoko-
kankosen.com

시레토코반도의 절경을 탐하다
크루저 관광선 돌핀 クルーザー観光船 ドルフィン

시레토코반도 해안에 펼쳐진 단애절벽과 바다로 떨어지는 폭포, 야생동물 등을 볼 수 있는 관광 유람선이
다. 겨울의 유빙선 못지않게 여름에는 이 관광선의 인기가 하늘 높이 치솟는다. 갑판의 나무벤치에 앉아
시원한 오호츠크해의 바람을 맞으며 시레토코의 절경을 탐닉할 수 있다. 시레토코반도를 충분히 즐길 수
있는 3시간 코스의 시레토코미사키知床岬 크루저, 루샤완ルシャ湾만에 사는 야생동물들(불곰 포함)을 만날
확률이 높은 1시간 40여분의 야생동물관찰 크루저가 있다. 5월 골든위크 연휴기간과 6월~10월 동안만
영업한다. 운행 시간은 홈페이지 예약 화면에서 확인할 수 있다.

| 아바시리 |

북쪽나라의 혹독한 감옥

박물관 아바시리감옥 博物館 網走監獄

아바시리 개척의 주역은 다름 아닌 아바시리 감옥의 수인들. 다섯 개의 날개로 이루어진 방사형의 아바시리 감옥은 경계가 엄중하여 흉악범들 사이에서도 악명이 높았는데, 당시의 건물과 생활상들을 23개의 시설로 전시해두었다. 40분, 60분, 90분의 견학코스 중 선택할 수 있으며 무료 가이드 투어도 1일 3~4회 진행한다(사진 촬영 가능). 계절 한정으로 밥과 생선구이, 두 가지 반찬과 미소된장국으로 구성된 감옥식단을 체험할 수 있는데, 의외로 맛이 좋다. 홈페이지에서 입장료 할인권을 인쇄해가면 10% 할인 받을 수 있다.

Data 지도 423p-A 하
가는 법 JR아바시리역 앞 2번
승강장에서 아바시리 메구리
버스로 10분, 하크부츠칸
아바시리칸고쿠 하차
주소 網走市字呼人1-1
운영시간 09:00~17:00, 식당
11:00~15:30
요금 입장료 어른 1,500엔,
고등학생 1,000엔 / 초·중학생
750엔 / 감옥식사 꽁치구이
900엔, 임연수어구이 900엔
전화 0152-45-2411
홈페이지 www.kangoku.jp

모래밭에서 피어난 꽃

고시미즈 원생화원 小清水原生花園

Data 지도 418p-B
가는 법 JR겐세이카엔역 하차
또는 JR아바시리역 앞 3번
승강장에서 고시미즈·샤리
선 버스 승차 고시미즈
겐세이카엔 하차(32분 소요)
주소 斜里郡小清水町原生花園
전화 0152-63-4187
(인포메이션센터 hana)

약 8km의 길쭉한 사구에 자리한 고시미즈 원생화원. 검은 나리꽃이 피는 여름이 성수기이며, 6월에서 8월 사이 북쪽에서 볼 수 있는 다양한 꽃들이 도후츠코(호수)와 오호츠크해 사이의 화원에 만개한다. 노랑, 분홍, 보랏빛 꽃들 사이로 뻗은 아름다운 산책로는 일본의 걷고 싶은 길에 선정기도 했다. 선명한 주황색의 날개하늘나리, 붉은 해당화 등이 일제히 피어나는 6월 중순부터 7월 하순까지가 가장 아름다운 시기이다. 원생화원의 바닷가 쪽으로 철로가 놓여 있고, 그 중간에 겐세이카엔(원생화원)역이 있어 5월부터 10월까지 임시 정차한다. 인포메이션센터 hana에서 정보를 얻거나 기념품을 구입할 수도 있다.

푸른 목장 옆 하얀 등대

노토로미사키 能取岬

오호츠크해를 향해 돌출된 곳 위로 하얀 등대가 서 있는 전망 명소. 서쪽 노토로코와해안, 북쪽의 오호츠크해, 동쪽으로 멀리 시레토코반도가 한눈에 펼쳐져 가슴 속까지 시원해진다. 바다를 붉게 물들이는 석양의 풍경도 근사하다. 곶 주변의 아바시리 시영 미사키목장에서는 5월 중순부터 10월 중순까지 말과 소를 방목해 목가적인 풍경을, 3월 하순에서 4월 중순에는 노랗고 예쁜 복수초로 뒤덮인 봄의 풍경 등 계절마다 다른 노토로미사키의 모습도 만날 수 있다.

Data 지도 418p-B 가는 법 JR아바시리역에서 차로 15분 주소 網走市能取岬

Data 지도 418p-B
가는 법 JR아바시리역 앞 2번
승강장에서 도코로·사로마
코사카에우라 노선버스 승차
후 산고소이리구치 サンゴ草
入口 하차(18분 소요)
주소 網走市能取湖

산호초로 뒤덮인 붉은 호수
노토로코 能取湖

오호츠크해로 통하는 둘레 35km의 해적호. 지반활동에 의해 바다가 호수로 변한 해적호라 바다에서 사는 가리비, 연어, 가자미 등이 잡힌다. 4월 중순에서 10월 중순에는 동쪽의 노토로 공업단지 부근에서 호수 북쪽까지, 드러난 개펄에서 관광객들도 각종 해산물을 잡을 수 있다. 9월에는 온통 산호초로 뒤덮여 붉은 카펫을 깔아놓은 듯 아름다운 풍경을 선사한다.

Data 지도 418p-A
가는 법 JR아바시리역 앞 2번
승강장에서 도코로·사로마
코사카에우라 노선버스 승차 후
사로마코사카에우라サロマ湖栄浦
하차(53분 소요)
주소 北見市常呂町サロマ湖

바다와 맞닿은 광활한 호수
사로마코 サロマ湖

홋카이도에서 가장 크고, 일본에서도 세 번째로 큰 호수. 둘레가 무려 87km에 달해 기수호汽水湖(민물과 바닷물이 섞인 호수) 중에서는 일본에서 가장 크다. 아바시리 국정공원網走国定公園에 속한 7개의 호수 중 하나로 특유의 새파란 빛은 '사로만블루'라고 불리기도 한다. 동쪽 호반의 사카에우라栄浦는 석양 명소이다.

유빙 속을 힘차게 파고드는 새빨간 유빙선
유빙쇄빙선 가린코호II 流氷砕氷船カリンコ号II

오호츠크해를 종횡무진 하는 가린코호. 하얀 유빙 사이를 운행하는 새빨간 선체가 눈에 확 들어오는 쇄빙선이다. 오로라호에 비해 선체가 작아 유빙을 좀 더 가까이서 볼 수 있다. 겨울시즌에는 2호, 3호가 각각 4편씩 운행되며 2월에는 선라이즈(06:00)와 선셋(16:10) 크루즈를 추가적으로 운행한다. 승선장은 해양교류관(가린코 스테이션ガリンコステーション)에 있으며, 이곳에서 기념품 등도 구입할 수 있다. 여름시즌에는 낚싯배와 관광선으로도 운행한다. 2021년 좀 더 규모가 큰 가린코호III가 취항하여 동시에 운행되고 있다. 출항을 위해서는 최소 인원이 필요하다. 사전에 홈페이지에서 출항여부를 꼭 확인하자.

Data 지도 418p-A 가는 법 몬베츠버스터미널에서 셔틀버스 가리야ガリヤ호 타고 15분 후 가이요코류칸 海洋交流館(해양교류관)에서 내리면 바로. 또는 메반베츠공항에서 무료 송영버스로 8분 주소 紋別市海洋公園 운영시간 겨울시즌 1월 중순~3월 요금 겨울 관광선 가린코II호 3,000엔, 가린코III호 4,000엔 전화 0158-24-8000 홈페이지 https://o-tower.co.jp/garinkogo.html

Tip 삿포로·아사히카와에서 유빙 여행하기
고속버스를 이용하면 삿포로와 아사히카와에서 유빙선 선착장이 있는 몬베츠까지 한 번에 갈 수 있다. 고속버스는 1일 3편 운행되며, 삿포로에서 4시간 20분, 아사히카와에서 3시간 소요된다. 몬베츠버스터미널에서는 셔틀버스를 타고 15분이면 유빙 승선장이 나온다.
Data 요금 삿포로~몬베츠 왕복 9,800엔, 아사히카와~몬베츠 편도 6,440엔

홋카이도 유빙의 모든 것

오호츠크 유빙관 オホーツク流氷館

덴토잔天都山 정상에 자리한 오호츠크 유빙관은 유빙과 오호츠크해를 테마로 한 과학관이다. 영하 15도의 전시실에서는 여름에도 오호츠크 해의 유빙을 만져보고 '유빙의 천사'라 불리는 클리오네도 가까이서 볼 수 있다. 옥상 전망대에서는 '하늘의 도시'라는 산의 이름이 말해주듯 오호츠크 해와 아바시리 호수, 시레토코 산맥의 웅장한 모습이 파노라마로 펼쳐진다. 2015년 신축 및 이전해 더욱 말끔해진 시설에서 관람할 수 있다.

Data 지도 423p-A 하
가는 법 JR아바시리역 앞 2번
승강장에서 아바시리 메구리 버스로
15분, 덴토잔·류효칸 하차
주소 網走市天都山244番地の3
운영시간 5~10월 08:30~18:00,
11~4월 09:00~16:30,
12월 29일~1월 5일 10:00~15:00
요금 유빙관 어른 770엔,
고등학생 660엔, 초·중학생 550엔
전화 0152-43-5951
홈페이지 www.ryuhyokan.com

셔벗 같은 얼음 바다를 달리다

아바시리 유빙관광 쇄빙선 오로라

網走流氷観光砕氷船おーろら

바다 위에 하얗게 떠다니는 유빙 사이를 관광할 수 있게 해주는 유빙관광 쇄빙선 오로라. 1, 2층의 객실과 3층 전망대로 이루어진 큰 선박을 타고 아바시리의 오호츠크해안을 약 1시간 동안 관광한다. 유빙 상태에 따라 운행 시간은 바뀔 수 있으며, 유빙이 없는 경우에는 아바시리항을 출발해 보시이와(바위), 후타츠이와(바위), 노토로미사키(곶)를 도는 해상 관광선으로 운행된다. 아바시리 시내와 가까워 단체 관광객이 많이 이용하므로 미리 예약하는 것이 좋다.

Data 지도 423p-B 하
가는 법 JR아바시리역 앞 1번
승강장에서 아바시리 메구리
버스로 미치노에키 유빙 쇄빙선
道の駅流氷砕氷船까지 8분 /
아바시리버스터미널에서 도보 10분
주소 網走市南3条東4-5-1
전화 0125-43-6000
운영시간 1월 말~3월 말 운행
(하루 4~5편, 시간은 유빙 상황에
따라 변경)
요금 어른 4,000엔, 초등학생
2,000엔
홈페이지 www.ms-aurora.com/
abashiri

EAT

| 아바시리 |

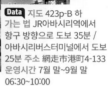

Data 지도 423p-B 하
가는 법 JR아바시리역에서
항구 방향으로 도보 35분 /
아바시리버스터미널에서 도보
25분 주소 網走市港町4-133
운영시간 7월 말~9월 말
06:30~10:00
요금 예산 1,000엔~
전화 0152-43-7670

두 달간 반짝 열리는 여름시장
아바시리 감동 아침시장 網走感動朝市

7월과 9월의 금·토·일·공휴일, 8월 여름방학기간에는 매일 열리는 아침시장. 여러 가게에서 먹고 싶은 반찬을 사고, 나중에 밥과 국을 따로 주문해서 먹는 대형 카페테리아 같은 느낌의 시장이다. 회는 바로 잡아서 주는 경우가 많고, 생선구이도 크고 신선하다. 시장의 규모가 생각만큼 크거나 시설이 좋은 것은 아니지만 맛있는 음식을 기대한다면 추천한다.

SLEEP

| 시레토코 |

Data 지도 423p-A 상
가는 법 JR시레토코샤리역
출구 왼쪽 건너편
주소 斜里郡斜里町港町16-10
요금 2인 1실 이용시 1인
요금(조식 포함) 7,950엔~
전화 0152-22-1700
홈페이지 hotel-grantia.co.jp/
shiretoko

천연 노천탕에서 여행의 피로를 말끔히
호텔 그란티아 시레토코 ホテルグランティア知床

역 바로 앞의 좋은 입지를 가지고 있으면서 천연온천도 즐길 수 있는 호텔. 노천온천도 있다. 온천은 맑은 주황색으로 신경통 및 관절통 등에 좋다고 알려진 나트륨염화물천. 탈의실에 동전세탁기가 있어서 빨래를 넣어놓고 온천을 즐기고 나오면 시간도 절약된다. 부지 내 같은 온천수가 흐르는 무료 족욕탕이 마련되어 있어서 샤리다케斜里岳의 산세를 바라보며 족욕을 할 수 있다.

여행 준비 컨설팅

수많은 연습이 훌륭한 연주를 만들 듯, 꼼꼼한 여행 준비는 즐거운 여행의 기본이다.
항공편 예매부터 숙소 예약, 교통수단까지 맨땅에 헤딩하는 것처럼 느껴지던 일들도
차근차근 풀어나가다 보면 어느새 그럴싸한 나만의 여행이 완성된다.
자신감을 갖고 홋카이도 여행이라는 퍼즐을 하나씩 맞춰나가 보자.

D-50

MISSION 1 여행일정을 계획하자

1. 여행 형태를 결정하자

단체 패키지여행은 개별 자유여행에 비해 저렴하고 특별한 준비 없이 가이드만 따라다니면 된다는 게 장점. 다만 시간 분배에 있어서 자유롭지 못하다는 단점이 있다. 단체 패키지여행을 선택했다면 항공권과 일정, 식사 등 포함조건을 꼼꼼히 살펴보자. 항공권에서 숙박까지 알아서 해결할 개별 자유여행자라면, 패키지여행에 비해 준비하고 결정해야 할 것들이 많다. 특히 홋카이도는 지역이 넓어 선택지가 많은 만큼 고민이 클 수밖에 없다. 하지만 도전을 즐기는 사람이라면 홋카이도에서의 자유여행이 잊지 못할 추억이 될 것이다.

2. 출국 날짜를 정하자

아무 때나 출발할 수 있는 상황이라면 예산에 따라서 출발일을 결정한다. 홋카이도의 신치토세공항은 저가항공사도 취항하기 때문에 출발일이 자유롭다면 얼마든지 저렴한 티켓을 구할 수 있다. 가장 여행하기 좋은 시기는 7~8월로 장마가 없고 쾌청한 날씨가 지속된다. 봄은 4월 하순은 되어야 하며 벚꽃도 5월에야 피기 시작한다. 가장 늦게까지 꽃놀이를 즐길 수 있다는 의미. 반면 단풍은 가장 빨리 볼 수 있는 지역으로 9월 중순에 시작되어 10월 초순이면 홋카이도 전역이 울긋불긋 화려하게 옷을 갈

아입는다. 12월부터 눈이 내리기 시작하는 홋카이도의 겨울은 3월 말까지 이어지고 전역에서 각종 눈축제가 가장 활발하게 진행된다. 연중 주말에는 숙소가 비싸지고 4월 말에서 5월초의 골든위크와 연말연시는 가격이 2~3배가 되는 것은 물론 방을 구하기도 힘들다.

3. 여행 기간을 결정하자

홋카이도의 면적은 834만ha로 우리나라(남한) 면적의 80%에 해당할 정도로 매우 넓다. 주요 도시 몇 곳만 돌아본다 해도 이동시간이 있기 때문에 3박 4일은 잡아야 시간에 쫓기지 않는 여행이 될 수 있다. 3박4일 이상의 여행 상품이 많은 것도 이런 이유. 홋카이도가 처음이라면 삿포로, 오타루, 후라노·비에이, 노보리베츠를 코스로 짜는 것이 좋다. 두 번째 방문이거나 홋카이도의 대자연을 제대로 느끼고 싶은 여행자라면 다이세츠잔과 구시로, 시레토코, 아바시리 등 동부를 중심으로 스케줄을 짜면 된다. 일본 최초의 개항지 중 하나인 홋카이도 남부의 항구도시 하코다테도 매력 넘치는 도시 중 하나. 즉 홋카이도 여행은 자신만의 스타일로 얼마든지 다양한 루트와 기간을 계획할 수 있다. 직장인의 경우 여름휴가로 쓸 수 있는 최대 기간인 8박9일을 투자하면 홋카이도 전체를 일주하는 것도 가능하다.

D-47

MISSION 2 여행예산을 짜자

1. 항공권은 얼마나 할까?

항공료는 성수기와 비수기에 따라 달라진다. 특히 한국 여행객이 많은 여름 휴가철과 방학 기간, 연말 연시를 전후로 요금이 급상승하는 추세. 게다가 저가항공사가 신치토세공항에 취항하면서 가격의 폭이 더욱 넓어졌다. 저가항공사의 얼리버드인 경우 왕복 20만원 미만에도 구할 수 있다. 또 여행기간 1주일 이내로 취소·변경이 불가능한 티켓들은 그렇지 않은 티켓들보다 약간 더 저렴하다. 일반적으로 저가항공사는 왕복 40만원 전후, 국적기는 왕복 50만원 전후에 티켓을 구매할 수 있다.

2. 숙박비는 얼마나 들까?

숙소의 수준에 따라서 비용 차이가 크다. 일본은 저렴하고 깔끔한 숙소들이 많이 있지만 대부분 1실이 아닌 1인당 요금인 것에 유의하자. 화장실과 욕실이 방에 딸린 비즈니스호텔이라면 5,000~8,000엔 선에서 조식 포함을 선택할 수 있다. 일본의 전통 료칸은 조·석식을 포함하여 15,000~30,000엔 정도. 외따로 떨어진 숲과 호숫가에 자리한 펜션은 욕실과 화장실을 공동으로 사용하는 경우가 많으며 1박에 5,000엔 내외이다. 여기에 조식이나 석식이 포함되면 8,000~12,000엔으로 금액이 올라간다. 도미토리 형태의 유스호스텔은 3,000~4,000엔으로 가장 저렴하다.

3. 식비는 얼마나 들까?

일반적으로 아침식사는 700엔 전후, 점심식사는 1,000엔 전후, 저녁식사는 2,000엔 전후, 선술집에서 술을 두어 잔 마시며 배를 채우려면 4,000엔 전후로 생각하면 된다.

4. 교통비는 얼마나 들까?

홋카이도에서 도시 간 이동은 열차를 주로 이용하고, 시내 이동은 버스나 택시를 이용한다. 지하철은 삿포로에만 있으며 노면전차는 삿포로와 하코다테에서 이용할 수 있다. 우리나라에 비해 비싼 일본의 대중교통 요금은 홋카이도에서도 예외가 아니다. 버스나 지하철 한 구간에 160~200엔으로 기본요금 자체도 비싸고 이동거리에 따라 빠르게 상승한다. 따라서 여행객들을 위한 다양한 교통패스를 판매하고 있으니, 동선이 정해졌다면 치밀하게 계산해서 자신에게 유리한 쪽을 택하자. 또 도시 간 이동이 잦은 경우 JR홋카이도 레일패스를 구입하면 비용 절약은 물론 보다 편리하게 여행할 수 있다. 도시 간 이동을 제외하면 하루 교통비는 1,000엔 정도. 단 관광지 간 이동 거리가 먼 홋카이도 동부의 경우 대중교통보다는 렌터카를 이용하는 것이 시간과 비용적인 면에서 더 낫다.

5. 입장료는 얼마나 들까?

시설에 따라 차이가 많이 난다. 여러 시설을 묶어 이득을 볼 수 있는 패스를 판매하기도 하고 교통패스를 구입했을 때 할인 혜택을 받을 수도 있다. 해당 시설의 홈페이지에서 할인 쿠폰을 인쇄하면 할인되는 경우도 종종 있으니 미리 체크할 것.

6. 비상금은 얼마나 필요할까?

여행을 하다 보면 예기치 않은 지출이 발생한다. 특히 일본은 신용카드가 되지 않는 곳이 많으니 환전은 여유 있게 하는 것이 좋고 해외에서 인출할 수 있는 현금카드의 경우에는 미리 지점위치를 알아두자. ATM 혹은 가맹점에 따라 취급이 불가능하거나 오류가 발생하기도 하므로 카드는 2종 이상(VISA, Master, AMEX, jcb 등) 가져가는 것이 좋다. 비상금으로 최소 10,000엔 이상을 별도 보관하자.

MISSION 3 항공권을 확보하자

1. 어떻게 살까?

같은 항공권이라도 항공사나 여행사마다 판매 가격이 다르다. 항공권을 구입할 때는 항공사와 여행사 사이트 등을 두루 살피는 것이 좋다. 여러 여행사에서 내놓은 항공권 가격을 한꺼번에 비교해 볼 수 있는 사이트도 있다. 항공과 숙박 모두가 여행사 쪽에 좋은 요금으로 제공되는 경우가 많으니 여행사에서 판매하는 에어텔 상품도 따져보자.

2. 어떤 표를 살까?

홋카이도에는 최대 규모의 국제공항인 신치토세공항을 비롯해 12곳의 공항이 있다. 삿포로에서 기차로 30여분 거리의 신치토세공항에 저가항공사인 진에어와 티웨이항공이 취항하면서 선택의 폭은 더욱 넓어졌다. 직항노선은 3시간 정도 소요된다. 하지만 삿포로뿐 아니라 홋카이도 남부나 동부까지 여행할 경우, 삿포로 직항노선보다 일본 국내선을 경유해 목적지와 가까운 공항에 내리는 것이 합리적이다. 특히 하네다공항으로 경유하는 경우 김포공항에서 출국하니 인천공항까지 가는 시간도 벌 수 있다. 단 경유지에서의 대기 시간까지 포함해 6시간 이상 소요된다는 점을 고려하자.

3. 주의할 점

티켓의 조건을 확인하자

저렴한 항공권은 가격 확정을 위해 바로 구매해야 하거나 변경 및 취소가 불가능하거나 수수료를 많이 물어야 하니 티켓 조건을 꼭 확인한다. 왕복으로 구매한 경우, 탑승하지 않으면 돌아오는 편이 무효가 되는 경우도 있다. 또 예약하는 여행사가 다르더라도 동일 항공사에 이중으로 예약을 하면 사전 경고 없이 예약 모두가 취소되므로 주의하자.

발권일을 지키자

아무리 예약을 해두었어도 발권하지 않았으면 내 표가 아니다. 특히 좌석이 넉넉하지 않은 성수기에는 발권을 미루다가 좌석예약이 취소될 수도 있으니 주의할 것.

좌석확약을 받았는지 확인하자

좌석확약이 안 된 상태로 출국하면 돌아오는 항공편을 구하기가 어려울 수 있다. 항공권의 'Statue' 란에 OK라고 적혀 있는지 확인하고 미심쩍으면 해당 항공사에 직접 전화해 좌석확약 여부를 확인하자.

항공권의 이름을 확인하자

항공권의 이름은 반드시 여권상의 이름과 일치하여야 한다. 만약 스펠링 하나라도 잘못 입력하였을 경우, 반드시 해당 항공사에 연락해 변경하자.

할인항공권 취급 업체

대한항공 www.koreanair.com
진에어 www.jinair.com
티웨이항공 www.twayair.com
온라인 투어 www.onlinetour.co.kr
하나투어 www.hanatour.com
웹투어 www.webtour.com
에어몰 www.airmall.co.kr
인터파크 투어 www.tour.interpark.com
여행박사 www.drtour.com

D-40

MISSION 4 여권을 확인하자

1. 여권 확인하기

여권 유효기간이 3개월 이상 남아있는지 확인하자. 여권을 잃어버렸거나 기간이 만료됐다면 재발급 신청을 한다. 절차는 신규 발급과 비슷하지만 재발급 사유를 적어야 하고, 분실했을 경우 분실신고서를 구비해야 한다.

25세 이상의 군미필자는 병무청 홈페이지에서 신청서를 작성하며, 신청 2일 후 홈페이지에서 국외여행허가서와 국외여행허가증명서를 출력할 수 있다. 국외여행허가서는 여권 발급 신청 시 제출하고, 국외여행허가증명서는 출국할 때 공항에 있는 병무신고센터에 제출한 후 출국 신고를 마치면 된다.

2. 여권 만들기

(1) 어디서 만들까?

여권은 외교통상부에서 주관하는 업무이지만 서울에서는 외교통상부를 포함한 대부분의 구청에서, 광역시를 비롯한 지방에서는 도청이나 시·구청에 설치되어 있는 여권과에서 편리하게 발급받을 수 있다. 인터넷 포털 사이트에서 '여권 발급 기관'을 검색하면 서울 및 각 지방 여권과에 대해 자세한 안내를 받을 수 있으니 가까운 곳을 선택해 방문하자.

(2) 어떻게 만들까?

전자여권은 타인이나 여행사의 발급 대행이 불가능하기 때문에 본인이 신분증을 지참하고 직접 신청해야 한다. 만 18세 미만의 미성년자는 부모의 동의하에 여권을 만들 수 있다. 여권을 신청할 때는 일반인 제출서류에 가족관계증명서를 지참해 부모나 친권자, 후견인 등이 신청할 수 있다.

여권 발급 준비물
- 여권 발급 신청서(해당기관에 구비)
- 여권용 사진 1매(가로 3.5cm×세로 4.5cm)
- 주민등록등본 1통
- 신분증(주민등록증이나 운전면허증)
- 발급수수료 전자여권(복수, 10년), 53,000원

3. 비자 VISA

일본은 우리나라와 비자면제협정을 체결하고 있어 "① 일반여권을 소지하고 90일 이내 단기체재 목적으로 일본에 입국하고자 하는 경우(사업을 운영하는 활동 또는 보수를 받는 활동은 제외함) ② 외교여권 또는 관용여권을 소지하고 외교, 공무 또는 90일 이내의 단기체재 목적으로 일본에 입국하고자 하는 경우"에는 따로 비자를 받지 않아도 된다. 일반적인 90일 이내의 관광, 여행 등은 ①에 해당하므로 여권 만료기한만 확인하자. 최소 3개월 이상 남아있어야 하며 6개월 이상이면 안심할 수 있다.

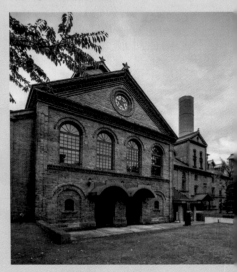

MISSION 5 숙소를 예약하자

1. 숙소 종류

리조트호텔
스키 천국인 홋카이도에는 스키장 내에 자리한 리조트호텔이 여럿 있다. 고급스럽고 전망 좋은 객실은 물론, 스파와 온천 등의 편의 시설을 잘 갖추었으며 계절에 따른 각종 액티비티를 즐길 수 있다. 스키장은 아니더라도 유명 관광지 인근에 자리한 리조트호텔도 종종 있는데 특히 가족 여행객들에게 좋다.

비즈니스호텔
역 앞에서 주로 보이는 도요코인이나 도미인, 루트인, 슈퍼호텔 등의 비즈니스호텔 체인은 교통 요지에 있으면서 소도시에도 존재하고, 잘 고르면 다다미방이나 온천 등의 이용도 가능하다. 가장 무난하게 추천하는 타입.

료칸&온천호텔
일본의 독특한 숙박문화인 료칸은 저녁식사가 포함되며 특히 온천이 함께 있는 료칸이라면 더더욱 묵을만하다. 대부분 다다미방을 갖추고 있고, 일본 전통 복장을 한 직원이 맞이하며, 식사를 하는 동안 잠자리가 준비된다. 료칸은 식사비가 큰 비중을 차지하며 1박 2식에 1인당 15,000~40,000엔 정도가 많다. 료칸은 한 방에 둘 이상부터 손님을 받는 경우가 일반적이다.

펜션
홋카이도의 펜션은 주인이 거주하거나 인근에 살면서 여행자에게 1인 1실 또는 2인 1실로 방을 빌려주고 거실 및 부엌, 욕실, 화장실 등을 공동으로 사용하는 형식이다. 보통 한 집의 숙박 인원이 10명이 넘지 않으며, 통금 시간과 공동 이용의 불편이 따르지만, 외딴 숲이나 호숫가에 자리해 홋카이도의 대자연을 느끼기에 이보다 더 좋을 수 없다. 또한 온천욕을 즐길 수 있는 곳이 많고 주인이 정성껏 차리는 식사도 꽤 맛있다.

유스호스텔
한 방에 다른 사람들과 함께 머물면서 욕실, 화장실, 부엌 등을 공동으로 사용하는 숙소 타입. 보통 2층 침대가 놓인 도미토리 타입과 트윈룸, 다다미방이 있다. 국제 공인의 유스호스텔인 경우 국제회원증이 있으면 할인 받을 수 있다. 한국유스호스텔연맹에서 발급하며 가입비가 있다. 홋카이도 전역에는 40여 곳의 국제 유스호스텔이 있으며 위치는 홈페이지를 참고하자.
한국유스호스텔연맹 www.youthhostel.or.kr
홋카이도유스호스텔협회 www.youthhostel.or.jp
(한국어 지원)

2. 숙소 예약

Check1 호텔 예약 사이트 적극 활용. 잘 찾아보면 좀 더 저렴하게 이용가능하고 요즘은 대부분 영어서비스 혹은 한국어서비스가 된다.
Check2 호텔 내의 자체 프로모션 항상 체크! 가끔씩 호텔 내의 프로모션이 더 나을 때가 있다
Check3 여행사의 에어텔 상품을 활용한다. 숙박업소들은 여행사에 프로모션가격을 제공하는 경우가 많아 개인이 예약하는 것보다 저렴한 경우가 있다.

자란넷 www.jalan.net (한국어 지원)
라쿠텐 트래블 travel.rakuten.com (한국어 지원)
재패니칸 www.japanican.com (한국어 지원)
야후 트래블 travel.yahoo.co.jp
호텔스닷컴 www.hotels.com
아고다 www.agoda.com
부킹닷컴 www.booking.com

D-15

MISSION 6 여행정보를 수집하자

1. 책을 펴자

최소한의 노력으로 최대한의 정보를 얻을 수 있는 것이 가이드북이다. 가이드북을 통해 홋카이도 여행에 대해 감을 잡고, 관심이 가는 부분은 추가로 다른 서적을 찾아보자. 감성적인 내용의 여행 에세이나 테마별 여행서 등 다양하게 나와 있다.

2. 인터넷을 열자

인터넷에서는 본인들이 직접 체험한 생생한 느낌을 전해들을 수가 있어 도움이 된다. 평소에 취향이 비슷한 사람이 있었다면 그들의 의견을 소중히 해도 될 것이다. 단 개인 블로그는 특성상 지극히 주관적인 경험이나 선입견이 반영될 수 있다는 점을 알아두자. 여행 정보를 얻을 수 있는 인터넷 카페에도 가입하자. 여행사들이 운영하는 홈페이지나 카페에는 살아있는 정보들이 많다.

유용한 인터넷 사이트

비지트홋카이도 kr.visit-hokkaido.jp
홋카이도 관광진흥지구의 홈페이지. 홋카이도 여행의 기본 상식을 익히는데 좋다.
뷰티풀재팬 www.beautifuljapan.or.kr
홋카이도뿐 아니라 일본 도호쿠 지역의 여행 정보가 한국어로 잘 정리되어 있다.
웰컴투삿포로 www.sapporo.travel/ko
삿포로 여행만 계획한다면 꼭 참고해야 할 사이트. 한국어도 지원한다.
트래블하코다테 www.hakodate.travel/kr
하코다테시의 공식 관광 홈페이지. 한국어도 지원하지만 일본어의 정보가 좀 더 자세하다.
홋카이도라이커스 www.hokkaidolikers.com
삿포로맥주가 운영하는 홋카이도 커뮤니티 사이트. 홋카이도에 관한 좀 더 깊은 내용이 기사 형식으로 되어 있다. 단 일본어만 지원.
다베로그(홋카이도) tabelog.com/hokkaido
일본의 유명 음식점 정보 사이트. 먹부림이 목적인 여행자들에게 유용하다. 일본만 지원.

3. 사람을 만나자

그곳을 미리 체험한 이들의 조언도 무시할 수 없다. 또 궁금한 부분이나 원하는 팁에 대한 정보를 바로바로 체크할 수 있다는 점에서 좋다. 소소하게 놓치기 쉬운 준비 사항들부터 폭넓은 여행에 이르기까지 즐겁게 대화하면서 삶과 여행을 배워보자.

4. 유용한 어플을 다운받자

삿포로관광청에서 제공하는 삿포로 어플은 삿포로 여행에 유용한 정보가 가득하다. 또 간단한 회화 관련 어플도 급할 때는 요긴하게 쓰인다. 여행 시 경비 지출이 신경 쓰인다면 가계부 어플이 도움 된다.

MISSION 7 여행자 보험과 국제운전면허증

1. 여행자 보험

일본 의료비는 비싸기 때문에 만약을 생각해서 가입하는 것이 좋다. 또 혹시라도 일어날 수 있는 지진 등의 피해에 대해서도 상해보험으로 보상을 받을 수 있으니 약관을 확인한다. 해외에서 질병, 또는 사고로 병원에서 치료를 받을 경우, 보통 진단서와 영수증 등을 귀국 후 보험회사에 제출해야 보험금 지급이 된다. 또한 휴대품 도난이나 파손 시 20만 원정도 보상되는 경우가 있는데, 이때에는 경찰서의 리포터가 필요할 수 있으며 보험 회사마다 규정이 다르니, 콜센터로 문의하자.

여행자 보험은 왜 들까?

외국인이 낯선 곳에서 여행을 하면서 어떤 일을 겪게 될지는 누구도 예상할 수 없는 일. 예상치 않게 귀중품을 도난당하는 일도 생길 수 있다. 이런 경우를 대비하는 것이 바로 여행자보험이다.

보상 내역을 꼼꼼하게 따져보자

여행자가 겪게 되는 일은 도난이나 상해가 대부분. 이 부분에 보장이 얼마나 잘 되어 있는가를 꼼꼼히 확인해보자. 보험비가 올라가는 핵심요소는 바로 도난보상 금액. 보상금액의 상한선이 올라가면 내야 할 보험비도 비싸진다.

보험 가입은 미리 하자

여행자보험은 인터넷이나 여행사를 통해 신청할 수도 있고 출발 직전 공항에서 가입할 수도 있다. 당연히 공항에서 드는 보험이 가장 비싼 편. 미리 여유 있게 가입해서 한 푼이라도 아끼자. 항공사 마일리지 적립 등 보험에 들면 혜택을 주는 상품도 많다. 보험사의 정책에 따라서 보험 혜택이 불가능한 항목들(고위험 액티비티 등)도 있으니 미리 확인할 것.

증빙 서류는 똑똑하게 챙기자

보험증서와 비상연락처는 여행 가방 안에 잘 챙겨두자. 도난을 당하거나 사고로 다쳤을 경우, 경찰서나 병원에서 받은 증명서와 영수증 등은 잘 보관해야 한다. 도난을 당했다면 가장 먼저 경찰서에 가서 도난증명서부터 받을 것. 서류가 미비하면 제대로 보상받기 힘들다.

보상금 신청은 제대로 하자

귀국 후에는 보험회사에 연락해 제반 서류들을 보내고 보상금 신청 절차를 밟는다. 병원 치료를 받은 경우 진단서와 영수증 등을 꼼꼼하게 첨부한다. 도난을 당했을 경우 '분실Lost'이 아니라 '도난Stolen'으로 기재된 도난증명서를 제출해야 한다. 도난 물품의 가격을 증명할 수 있는 쇼핑 영수증도 첨부할 수 있다면 좋다.

2. 국제운전면허증

홋카이도는 도심을 벗어나면 대중교통이 발달되지 않아 시간이나 비용 면에서 렌터카가 더 유용한 경우가 생긴다. 렌터카를 이용하기 위해서는 국제운전면허증이 필요하니 출국 전 발급 받아 두도록 하자. 전국 운전면허시험장 및 경찰서에서 당일 발급 받을 수 있다. 국제면허증의 유효기간은 발급일로부터 1년이다. 국제운전면허증과 함께 여권과 한국면허증을 지참하는 것이 좋다.

국제운전면허증 발급 신청 준비물
- 국제운전면허증 발급 신청서(해당기관에 구비)
- 본인 여권(사본 가능)
- 본인 운전면허증
- 여권용 사진(가로 3.5cm×세로 4.5cm) 또는 칼라반명함판(가로 3cm×세로 4cm) 1매
- 수수료 8,500원

MISSION 8 알뜰하게 환전하자

비짓재팬웹 등록하기

일본에 입국하기 위해 사전에 비짓재팬웹(www.vjw.digital.go.jp)을 통해 등록한다. 등록 시에는 계정을 먼저 만들고 이용자 정보, 입국 및 귀국 예정 정보, 일본 내 숙박지 전화번호 등을 등록하고, 입국 심사 등록, 세관 신고 등록을 순서대로 진행한다. 심사 완료 후 각 심사 완료 화면을 캡처해서 준비한다.

신용카드

현금에 비해 안전하고 부피도 적다. ATM에서 급할 때 현금서비스를 받을 수도 있다. 환율 하락 시기에는 내가 쓴 금액보다 적은 금액이 청구되기도 한다. 또한, 해외에서 사용한 금액에 비례해 은행에서 정한 요율(보통 1~2.5%)로 수수료가 부과되니 염두해 두자. 후불 호텔인 경우 체크인 시에 보증용으로 신용카드를 요구하기도 하므로 사용 예정이 없더라도 준비해 가면 좋다. 일본에서는 카드 결제 시 일시불/할부 중 선택해야 하는데, "잇카츠데 오네가이시마스(일시불로 해주세요)"라 답하면 된다.

현금카드

내 통장에 있는 현금을 현지 화폐로 바로 인출할 수 있다. 현지 은행 ATM에서 그때그때 필요한 만큼만 출금하니 미리 환전할 필요도 없다. 카드 뒷면에 'PLUS', 'Cirrus' 글자가 있는지 미리 확인하고, 해당 은행에 '해외인출 가능 여부'를 한 번 더 문의하면 확실하다. ATM에 따라서 약간의 수수료가 붙는다. 한편 출금 시점의 환율이 적용되기 때문에 여행 도중 환율이 올라가면 미리 환전하지 않은 것을 후회할 수도 있다. 한국에서 발급받은 시티은행의 현금카드로 일본 내의 시티은행 ATM에서 출금할 경우, 인출 금액의 0.2%와 1달러의

수수료가 붙는다. 일본어 혹은 영어로 메뉴가 표시되니 은행관련 표현을 알아두면 좋다.

여행자수표

도둑맞거나 분실했을 때 재발급이 가능하다. 한국에서는 현찰보다 조금 더 좋은 환율로 환전할 수 있으며 아메리칸 익스프레스American Express 여행자수표가 많이 사용된다. 환전은 은행에서 가능하다. 여행자수표는 주로 고액권이며 대형 상점, 호텔에서 사용하거나 은행에 가서 환전을 통해 현금화한 후 사용해야 한다는 점이 약간 번거롭다. 여행자수표에는 2개의 사인 공란이 있는데 한 곳은 수표를 구입하자마자 서명해 두는 자리, 다른 한 곳(Countersign)은 환전할 때 서명하는 자리다. 이 두 서명과 여권 서명이 일치해야만 환전할 수 있다. 신분증 지참도 필수! 수표의 일련번호를 적어서 따로 보관하고 수표를 사용할 때마다 하나씩 지워가자.

MISSION 9 완벽하게 짐 꾸리자

꼭 가져가야 하는 준비물

여권 없으면 출국부터 불가능. 사진 부분의 복사본을 2~3장 따로 보관해 두고, 여권용 사진도 몇 장 챙긴다. 자신의 이메일이나 휴대폰에 여권 스캔본을 저장해 두면 비상시에 유용하다.

항공권 전자티켓이라도 예약확인서를 미리 출력해 두자. 공항으로 떠나기 전 여권과 함께 반드시 다시 확인할 것. 또 현지에서 사용할 교통패스 등을 미리 구매했다면 현지에서 실제 티켓으로 교환할 수 있는 장소에 대해서도 체크해두자.

여행경비 현금, 여행자수표, 신용카드, 현금카드 등 빠짐없이 준비. 현지에 도착해서 바로 사용할 현금을 챙길 것.

각종 증명서 국제+국내운전면허증(렌터카 운전 시 둘 다 필요), 국제학생증, 여행자보험 등.

의류&신발 반팔, 긴팔에 바람막이 점퍼 같은 겉옷도 챙기자. 고급식당에 갈 때 입을 정장 등 상황에 맞는 옷과 구두가 있으면 분위기를 낼 수 있다. 공동욕실이 있는 숙소를 이용할 예정이라면 샤워 시 사용할 슬리퍼도 준비하면 편리하다.

가방 여권, 지갑, 책, 카메라 등을 넣어 다닐 수 있는 가볍고 작은 가방.

우산 부피 적은 3단 접이식 우산. 비와 눈을 피할 때 유용하다.

전대 도미토리를 주로 이용할 배낭여행자라면 필요하다.

세면도구 공동욕실이 있는 숙소를 예약했다면 치약, 칫솔, 샴푸, 수건 등 개인 세면용품을 챙겨가자.

화장품 작은 용기에 덜어서 가져갈 것.

비상약품 감기약, 소화제, 진통제, 지사제, 반창고, 연고 등 기본적인 약 준비.

생리용품 평소 자신이 사용하던 것을 발견하기가 쉽지 않다. 한국에서 미리 챙겨가자.

110V 어댑터 일명 '돼지코'. 일본은 100V전압을 사용하므로 11자 모양의 플러그가 필요하다. 현지에서는 구하기 쉽지 않으니 꼭 챙기자.

가이드북 정보가 없으면 여행이 힘들어진다.

가져가면 편리한 준비물

휴대전화 로밍을 해가면 비상시에 유용하다. 알람시계로 쓸 수도 있다.

반짇고리 단추가 떨어지거나 가방이 망가졌을 때 유용.

소형자물쇠 소매치기 방지를 위해 가방의 지퍼 부분을 잠가두면 든든하다.

지퍼백 젖은 빨래거리나 남은 음식 보관 등 용도는 무궁무진.

소형 변압기 프리볼트(100~240V에 자유롭게 사용 가능하다는 뜻)가 아닌 가전제품을 사용할 예정이라면 필요하다. 일부 헤어드라이기, 고데기, 카메라 충전기 등은 프리볼트가 아닌 경우가 많으니 미리 확인하자.

소음제거 귀마개 소음에 민감하다면 호스텔의 도미토리를 이용할 경우나 비행기 안에서 잠을 청할 때 유용하다.

D-day

MISSION 10 홋카이도로 입국하자

1. 공항도착

잊고 내리는 물건이 없는지 다시 한 번 확인하자.

2. 입국심사

(대기시간 별도, 심사는 보통 1~2분 정도 소요)

입국심사를 대기 줄은 외국여권 소지자Non-Citizen와 일본인방문자 및 특별영주자로 구분된다. 대기시간과 별도로 심사는 보통 1~2분 정도 소요된다. 입국심사대에 여권을 제시하면 몇 가지 질문을 하는데 보통 여행 목적, 머무는 기간 등에 관한 것이다. 이때 심사관이 출국항공권을 보여 달라고 할 수도 있으니, 꺼내기 쉬운 곳에 보관하자. 질의문답이 끝나면 심사관이 지문 채취기계를 가리키는데, 양손의 검지를 대고 소리가 날 때까지 꾹 누른다. 지문을 남긴 다음에는 작은 화면을 보라고 하는데, 그 위에 카메라가 달려있어 본인의 얼굴이 나온다. 모자는 벗어야 한다. 사진 찍기를 마치면 여권에 입국 씰을 붙여주고, 출국심사에 내야 할 출입국카드를 스테이플러로 고정시켜준다.

3. 수하물 찾기

해당 항공편이 표시된 레일로 이동해 짐을 찾는다. 수하물이 분실됐다면 배기지 클레임 태그Baggage Claim Tag를 가지고 분실신고를 한다.

4. 세관

신고할 것이 없으면 녹색 사인 'Nothing to declare' 쪽으로 나간다.

일본 입국 시의 면세범위는 아래와 같다.

(휴대품, 별송품 포함)
– 주류 3병 (약 760ml/1병)
– 담배 400개비, 입담배 100개비, 전자담배 10갑 (20개비), 그 외 250g까지
– 향수 2온스 (오데코롱, 오드투알레트는 포함되지 않음)
– 그 외는 해외시가 합계 20만 엔까지

그 외 자세한 사항은 신치토세공항 종합 안내소에 문의하면 된다. +81-123-23-0111

홋카이도
일본 최북단의 섬으로 도호쿠(북부), 도토(동부), 도오(중앙), 도난(남부) 지역으로 크게 구분 된다. 수도인 삿포로는 도오 지역에 속하지만 대표 도시인만큼 보통 따로 취급된다.
면적은 834만ha로 우리나라 면적의 80%에 해당하며, 일본 전체의 22%를 차지한다. 홋카이도 전체 면적의 10%는 천혜의 환경을 간직한 자연공원이다.

인구
약 520만 명이고 최대 도시인 삿포로의 인구가 약 180만 명이다(2022년 기준).

언어
일본어를 사용하며 원주민의 언어인 아이누어가 종종 지명 등에 남아 있는 경우가 있다.

시차
없으나, 우리나라보다 동쪽에 위치한 만큼 해가 지고 뜨는 것이 이르다. 겨울철에는 오후 4시가 조금 넘으면 해가 지기 시작한다.

기후
1년 내내 쾌청하고 적당한 기온을 유지하며 사계절이 뚜렷하다. 장마는 없지만 겨울 적설량은 일본 내 최고로 11월 말부터 내리기 시작해 4월까지 오는 경우도 있다. 다이세츠잔 산 정상부에는 6월까지 눈이 남아 있기도 한다.

통화
엔화를 사용하며, 100엔에 990엔(2023년 5월 현재)

긴급번호
119로 우리나라와 같이 응급환자와 화재를 함께 처리한다. 경찰은 110번이다.

주 삿포로 대한민국 총영사관(여권 분실 시)
Access 삿포로 지하철 도자이선 니시11초메 1번 출구에서 도보 13분
Add 日本国北海道札幌市中央区北2条西12-1-4
Open 월~금요일 08:45~12:00, 13:30~17:30
Tel 011-218-0288
Fax 011-218-8158
여권분실 및 사건·사고 등 긴급 연락처
080-1971-0288

전압
100V로 전자제품을 사용하려면 일명 '돼지코'가 필요하다.

이건 꼭 읽자!
홋카이도 여행 주의사항 TOP 5

NO.1

여권 소지는 필수! 꼭 지참하자

국제신분증으로 사용할 수 있는 여권은 가급적 어딜 가든 지참하도록 하자. 경찰이 신분 확인을 위해 여권 제시를 요청할 수도 있다. 알코올 음료를 마실 경우 혹시 있을 수 있는 신분증 확인에도 사용된다. 만일 여권을 분실했다면, 삿포로 총영사관(011-218-0288)에 가서 재발급 받을 수 있다.

NO.2

간단한 일본어를 알아가자

일본에서는 영어가 쉽게 통하지 않는다. 말을 거는 것도, 알아 듣는 것도 힘들다. "익스큐즈미"보다 "스미마셍"이 말을 들어줄 확률이 높다. 길을 잃고 싶지 않다면 지도를 확실히 챙기고, 사고 싶은 것이 있다면 정식 명칭을 미리 챙겨간다. 명사만으로도 어느 정도 원하는 정보를 얻을 수 있다.

NO.3

현금을 충분히 가지고 가자

호텔, 대형 마트, 백화점 등을 제외하고 편의점이나 소규모 상점 및 작은 레스토랑에서는 카드를 사용할 수 없는 경우가 많다.

NO.4

팁은 없다

만약 테이블에 팁을 놓고 나왔다면 점원이 돌려주려 달려 나올지도 모른다.

NO.5

야생 동물에 주의하자

도심을 조금만 벗어나면 숲이나 호숫가에서 야생 다람쥐, 여우, 사슴 등을 만나는 일이 드물지 않다. 야생 동물에게 함부로 먹이를 주는 일은 절대 금물이다. 특히 한적한 국도에서 불쑥 야생 동물이 튀어나오는 경우가 있으니 운전 중이라면 과속하지 않도록 하자.

INDEX

INDEX

꿈의 여행지로 안내하는 친절한 길잡이

최고의 휴가는 **홀리데이 가이드북 시리즈**와 함께~